数据库系统工程师 5 天修炼

钟志宏　编著

中国水利水电出版社
www.waterpub.com.cn
·北京·

内 容 提 要

近几年来，随着企业和政府信息化过程的加速，大数据、云计算、数据挖掘的应用日新月异，社会对大量拥有数据库工程师资质的专业人才的需求不断提高。当前，"数据库系统工程师"已成为软考科目中较为热门的考试，成为 IT 技术从业人员获得薪水和职称提升的必要条件。然而，考试知识点繁多，有一定的难度。因此，本书总结了作者多年来从事软考教育培训与试题研究的心得体会，将知识体系中所涉及的主要内容按照面授 5 天的形式进行了安排。

在 5 天的学习内容中，详细剖析了考试大纲，解析了有关数据库专业领域的各方面知识点，每个学时还配套了课堂练习题，讲述了解题的方法与技巧，总结了一套记住知识点和公式的方法，提供了帮助记忆和解题的参考口诀，最后还给出一套全真的模拟试题并详细作了讲评。

本书可作为参加"数据库系统工程师"考试的考生自学用书，也可作为软考培训班的教材和数据库相关领域从业者的参考用书。

图书在版编目（C I P）数据

数据库系统工程师5天修炼 / 钟志宏编著. -- 北京：中国水利水电出版社，2019.9（2023.7 重印）
ISBN 978-7-5170-8080-0

Ⅰ．①数… Ⅱ．①钟… Ⅲ．①数据库系统－资格考试－自学参考资料 Ⅳ．①TP311.13

中国版本图书馆CIP数据核字(2019)第219081号

责任编辑：周春元　　　加工编辑：王开云　　　封面设计：李　佳

书　　名	数据库系统工程师 5 天修炼 SHUJUKU XITONG GONGCHENGSHI 5 TIAN XIULIAN
作　　者	钟志宏　编著
出版发行	中国水利水电出版社 （北京市海淀区玉渊潭南路 1 号 D 座　　100038） 网址：www.waterpub.com.cn E-mail：mchannel@263.net（答疑） 　　　　sales@mwr.gov.cn 电话：（010）68545888（营销中心）、82562819（组稿）
经　　售	北京科水图书销售有限公司 电话：（010）68545874、63202643 全国各地新华书店和相关出版物销售网点
排　　版	北京万水电子信息有限公司
印　　刷	三河市德贤弘印务有限公司
规　　格	184mm×240mm　　16 开本　　27 印张　　629 千字
版　　次	2019 年 9 月第 1 版　　2023 年 7 月第 3 次印刷
印　　数	5001—7000 册
定　　价	88.00 元

前　言

　　"全国计算机技术与软件专业技术资格考试"（简称"软考"）在国家人力资源和社会保障部、工业和信息化部领导下，对全国计算机与软件专业技术人员进行职业资格、专业技术资格认定和专业技术水平测试。"软考"既是职业资格考试，又是职称资格考试。

　　"数据库系统工程师"考试已成为相关 IT 技术人员获得薪水或职称提升的必要条件，在企业和政府的信息化过程中也需要大量拥有数据库工程师资质的专业人才，同时，随着北上广等大城市积分落户制度的实施，软考中级以上职称证书也是获得积分的重要一项，因此，每年都会有大批的技术人员、学生参加这个考试。在每年的考前辅导中，与很多"准数据库工程师"交流，都反映出一个心声："考试面涉及太广，通过考试不容易"。在这些学员当中，有的基础扎实，有的薄弱；有的是计算机专业科班出身，有的是学其他专业转行的；有的人工作很忙，没有工夫来学习；有的人理论性的知识不用多年，重新拾起不容易；有的人理论扎实，但是经验欠缺。据此，考生最希望能得到老师给出的所谓的考试重、难点。

　　为了帮助"准数据库工程师"们，作者给合多年来辅导的心得，就以历次培训经典的 5 天时间作为学习时序，取名为《数据库系统工程师 5 天修炼》，寄希望于考生能在 5 天的时间里有所飞跃。5 天的时间很短，但真正深入学习也挺不容易。真诚地希望"准数据库工程师"们能抛弃一切杂念，静下心来，花仅仅 5 天的时间，把对本书的学习当作一个修炼项目来做，相信您一定会有意外的收获。

　　然而，"数据库系统工程师"考试的范围十分广泛，并且有一定的难度；本书致力于对大纲重难点、考点的归纳总结，不仅满足知识点的覆盖范围，同时也突出热点考点，并配备了大量习题，从根本上解决了学员学习效率偏低、训练偏少、解题能力不足的问题。

　　希望本书能帮助各位考生顺利获取"数据库系统工程师"证书，祝各位考生考证路上一路顺风。同时，由于作者水平、时间所限，书中难免会有疏漏，欢迎各位考生批评、指正。

　　联系邮箱：zzhstudio@126.com　　　钟老师课堂在线见以下二维码。

作者

2019 年 5 月

目　录

第 5 天　模拟真题实战

参考文献

考前准备及考试形式解读

◎冲关前的准备

不管基础如何、学历如何，5 天的冲刺学习并不需要过多的准备。不过还是在此罗列出来，以帮助读者有条不紊、有序应对。

（1）本书。

（2）一叠草稿纸。

（3）两支笔。红色笔用于本书勾画要点，黑色笔用于演算书写。

（4）处理好自己的工作和生活，以使这 5 天能静下心来学习。

◎考试形式解读

"数据库系统工程师"考试有两场，分为上午考试和下午考试，目前都采用笔试形式，两场考试都必须过关才能算通过考试。

上午考试为基础知识，考查计算机相关科目与数据库知识的基本概念和简单计算。上午考试总共 75 道题，共计 75 分，考试时间为 150 分钟；上午题全部是单项选择题，其中含 5 分的计算机英语完形填空；按 60%计，上午题一般 45 分算过关。

下午考试为应用技术，考查内容是数据库系统分析与设计。下午考试一般为 5 道大题，每道大题 15 分，有若干个小问，总计 75 分，考试时间为 150 分钟；下午题考试形式主要是填空、简答、绘图；按 60%计，下午题一般 45 分算过关。

只有上午考试、下午考试均达到 45 分，才是通过考试，才能获取"数据库系统工程师"证书。

◎答题注意事项

一、上午考试答题注意事项

（1）准备文具。带上削好的 2B 铅笔、橡皮、黑色中性笔、透明直尺。上午考试答题采用填涂答题卡的形式，是由机器阅卷的，所以需要使用 2B 以上的铅笔；带好用的橡皮是为了修改选项时擦得比较干净；在试卷及答题卡上填写姓名和准考证号需要黑色中性笔；下午题绘制 ER 图时，有透明直尺方便很多。

（2）注意把握考试时间。上午考试时间有 150 分钟，一共 75 道题，做一道题还不到 2 分钟，因为还要留出 10 分钟左右来填涂答题卡和检查核对；建议做 20 道左右的试题就在答题卡上填涂完这 20 道题，这样不会慌张，也不会明显地影响进度。

（3）做题先易后难。上午考试一般前面的试题会容易一点，大多是知识概念及辨析题目，但也会有一些计算题，有些题还会有一定的难度，个别试题还会出现新概念题（即教材没有相关知识点内容）。考试时建议先将容易做的和自己会的做完，其他的先跳过去，后续再集中精力做难题。

二、下午考试答题注意事项

下午考试答题采用的是专用答题纸，主要涉及数据流图（Data Flow Diagram，DFD）分析、ER 图分析与绘制、SQL 查询语句、规范化理论、事务并行分析以及存储过程与触发器，主要是简答与填空题，且主观性较强。

（1）把握时间、先易后难。下午题为分析题，需要大量时间阅读相关说明和图表，时间常常不够用，因此必须合理分配时间，果断答题，并尽快填写答题纸。建议在阅读相关说明时对出现的实体、存储、动词、逻辑说明、规则等进行标注，便于答题时快速找到相关信息。

先大致浏览一下 5 道考题，同样先将自己最为熟悉和最有把握的题完成，再重点攻关难题。

（2）简答题回答尽量精准。简答题回答一般要求精简明了、概念与知识点明确。在回答时，尽量采用关键术语、规则判断、特征关键字来回答；避免漫无边际的啰嗦，即希望通过字数来获取同情分。

◎制订复习计划

5 天的冲刺学习与备课，对每个考生来说都是一个极大的挑战。大量的知识点要在短短的 5 天时间内全部学习，并且要掌握相关的解题技巧，是很不容易的，也是异常紧张的，但同时也是值得的。5 天的学习，相信您会感到非常充实，考试也会胜券在握，信心大增。数据库系统工程师的 5 天修炼内容安排见表 0-1。

表 0-1　数据库系统工程师 5 天修炼学习计划表

时间		学习内容
第 1 天 计算机基础模块一	第 1 学时	计算机系统知识
	第 2 学时	计算机系统知识模拟习题
	第 3 学时	程序语言基础知识
	第 4 学时	程序语言基础模拟习题
	第 5 学时	数据结构与算法
	第 6 学时	数据结构与算法模拟习题
第 2 天 计算机基础模块二	第 1 学时	操作系统知识
	第 2 学时	操作系统基础模拟习题
	第 3 学时	网络基础知识
	第 4 学时	网络基础知识模拟习题
	第 5 学时	系统开发和运行知识
	第 6 学时	标准化和知识产权基础知识
第 3 天 数据库基础	第 1 学时	数据库技术基础
	第 2 学时	数据库技术基础模拟习题
	第 3 学时	关系数据库
	第 4 学时	关系数据库模拟习题
	第 5 学时	结构化查询语言（SQL）
	第 6 学时	结构化查询语言（SQL）模拟习题
第 4 天 数据库应用	第 1 学时	数据库设计
	第 2 学时	数据库设计模拟习题
	第 3 学时	事务管理
	第 4 学时	事务管理模拟习题
	第 5 学时	数据库发展和新技术
	第 6 学时	数据库发展和新技术模拟习题
第 5 天 模拟真题实战	第 1～3 学时	数据库系统工程师上午题模拟试卷及其解析
	第 4～6 学时	数据库系统工程师下午题模拟试卷及其解析

现在，让我们整理思绪、平复心情，开始修炼之旅吧。

第1天
计算机基础模块一

第1学时 计算机系统知识

本学时考点

（1）计算机系统的组成：计算机的发展以及硬件、软件组成。

（2）计算机的基本工作原理：数制、汉字编码。

（3）计算机体系结构：计算机体系结构的发展和分类、存储系统、指令系统、输入输出技术、流水线、总线、并行处理等。

（4）计算机安全：安全的概述、加密和认证技术、计算机病毒。

（5）计算机系统的可靠性及其性能的评估。

（6）多媒体技术基础知识。

1.1.1 计算机系统的组成

1.1.1.1 冯·诺依曼计算机结构模型

冯·诺依曼体系将现代计算机的构成分为：运算器、控制器、存储器、输入设备、输出设备 5 个部分，其中运算器与控制器又共同组成了中央处理器（Central Processing Unit，CPU）。其总体结构如图 1-1 所示。

冯·诺依曼提出了现代计算机的两大特征：

（1）数制采用二进制，从而简化硬件系统设计。

（2）计算机按照程序顺序执行并进行存储，从而使计算机具有了多应用能力。

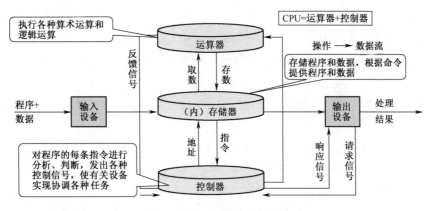

图 1-1　冯·诺依曼体系结构

1.1.1.2　中央处理单元（CPU）

CPU 由运算器、控制器、寄存器组、内部总线四大部件构成，如图 1-2 所示。

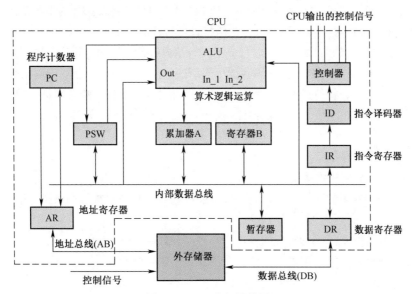

图 1-2　CPU 内部结构图

1. CPU 的功能

程序控制：CPU 通过执行指令来控制程序的执行顺序。

操作控制：CPU 产生每条指令的操作信号并送往不同的部件，控制相应的部件按指令的功能要求进行操作。

时间控制：CPU 对各种操作进行时间上的控制。

数据处理：CPU 通过对数据进行算术运算及逻辑运算等方式进行加工处理，数据处理是 CPU 最主要的功能。

2. 运算器

功能：完成算术运算和逻辑运算，完成对数据的加工和处理。

组成：算术/逻辑运算单元（ALU）、累加器（ACC）、寄存器组、数据总线。

3. 控制器

功能：控制指令执行。执行指令一般分为 4 个步骤：取指令、指令译码、按指令操作码执行、形成下一条指令地址。

组成：程序计数器（PC）、状态条件寄存器（PSW）、时序产生器、指令寄存器（IR）、指令译码器（ID）、数据寄存器（DR）、地址寄存器（AR）、控制总线（CB）。

4. 控制器工作过程

程序计数器（PC）：PC 具有寄存信息和计数两种功能，又称为指令计数器。程序的执行分两种情况：一是顺序执行；二是转移执行。

（1）程序开始执行前：将程序的起始地址送入 PC，此时 PC 的内容即是程序第一条指令的地址。

（2）执行指令时：CPU 将自动修改 PC，使 PC 保持的总是将要执行的下一条指令的地址。顺序执行时，PC 中地址加 1 即可；转移执行时保持直接转移的地址。

指令寄存器（IR）：CPU 执行指令时，先把指令从内存储器取出，再送入 IR 暂存。

指令译码器（ID）：指令分为操作码和地址码两部分，ID 从 IR 中获取当前指令，并对指令进行分析，确定指令类型、指令所要完成的操作以及寻址方式，并控制相关部件完成工作。

状态条件寄存器（PSW）：用于保存指令执行完成后产生的条件码。

1.1.2 计算机信息表示

1.1.2.1 常见进制数及其转换

信息编码：采用有限的基本符号，通过确定的规则对这些基本符号加以组合用来描述大量的、复杂多变的信息。

信息编码的两大要素：基本符号的种类，符号组合规则。

冯·诺依曼计算机只能识别机器代码，即由 0 和 1 表示的数据。

1. 常见进制数

十进制基本符号：0，1，2，3，4，5，6，7，8，9。基数为 10，逢十进一。

二进制基本符号：0，1。基数为 2，逢二进一。

八进制基本符号：0，1，2，3，4，5，6，7。基数为 8，逢八进一。

十六进制基本符号：0，1，2，3，4，5，6，7，8，9，A（10）、B（11）、C（12）、D（13）、E（14）、F（15）。基数为 16，逢十六进一。

2. 转换为十进制（位权法）

二进制转换为十进制：$(111)_2 = (1\times2^2+1\times2^1+1\times2^0)_{10}$

八进制转换为十进制：$(157)_8 = (1\times8^2+5\times8^1+7\times8^0)_{10}$

十六进制转换为十进制：$(1CF.A)_{16}=(1\times16^2+12\times16^1+15\times16^0+10\times16^{-1})_{10}$

3. 十进制转化为二进制

将$(35.6875)_{10}$转换成二进制数，分别对整数部分（除二取余）和小数部分（乘二取整）进行转换，计算过程如下所示。

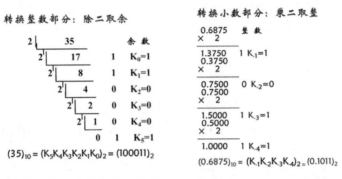

4. 二进制与八进制、十六进制直接的转换

（1）二进制与八进制：因为$2^3=8$，所以八进制数的1位需要3位二进制数表示。

【例1-1】将$(11010101.0100101)_2$转换成八进制数，由小数点分别向左、向右3位二进制数为一组进行划分，前后不足3位时补"0"。

$$(011\quad 010\quad 101 . 010\quad 010\quad 100)_2$$

$$(\quad3\quad\quad 2\quad\quad 5 . 2\quad\quad 2\quad\quad 4 \quad)_8$$

即：$(11010101.0100101)_2=(325.224)_8$

【例1-2】将八进制数$(652.307)_8$转换成二进制数，把1位八进制数转换为3位二进制数。

$$(6\quad 5\quad 2 . 3\quad 0\quad 7)_8$$

$$(110\quad 101\quad 010 . 011\quad 000\quad 111)_2$$

即：$(652.307)_8=(110101010.011000111)_2$

（2）二进制与十六进制：因为$2^4=16$，所以十六进制数的1位需要4位二进制数表示。

【例1-3】将$(1011010101.0111101)_2$转换成十六进制数，由小数点分别向左、向右4位二进制数为一组进行划分，前后不足4位时补"0"。

$$(0010\ 1101\ 0101 . 0111\ 1010)_2$$

$$(2\quad\quad D\quad\quad 5 . 7\quad\quad A)_{16}$$

即：$(1011010101.0111101)_2=(2D5.7A)_{16}$

【例 1-4】将十六进制数$(1C5.1B)_{16}$转换成二进制数，把 1 位十六进制数转换为 4 位二进制数。

$$(\quad 1 \quad C \quad 5 \quad . \quad 1 \quad B \quad)_{16}$$

$$(\quad 0001 \ 1100 \ 0101 \ . \ 0001 \ 1011 \quad)_2$$

即：$(1C5.1B)_{16}=(111000101.00011011)_2$

5. 二进制数运算规则

（1）四则数学运算。

二进制加法：逢二进一　　0+0=0　　1+0=1　　0+1=1　　1+1=10

二进制减法：借一当二　　0-0=0　　1-0=1　　1-1=0　　10-1=1

二进制乘法：　　　　　　0×0=0　　1×0=0　　0×1=0　　1×1=1

二进制除法：除 0 为非法　　1÷1= 1　　　　0÷1=0

（2）逻辑运算。

二进制与运算，又称为逻辑乘　　$0 \wedge 0=0$　　$0 \wedge 1=0$　　$1 \wedge 0=0$　　$1 \wedge 1=1$

二进制或运算，又称为逻辑加　　$0 \vee 0=0$　　$0 \vee 1=1$　　$1 \vee 0=1$　　$1 \vee 1=1$

二进制异或运算，左右不同为 1　　$0 \odot 0=0$　　$0 \odot 1=1$　　$1 \odot 0=1$　　$1 \odot 1=0$

1.1.2.2 原码、反码、补码、移码及其运算

1. 数的符号问题

最高位"1"表示"-"号，"0"表示"+"号。例如：

　　-8：11000

　　+15：01111

机器数：连同符号位一起数字化的数。机器数有 2 个特点：①符号数字化；②数值的大小受机器字长的限制。每个机器数所占的二进制位数受机器硬件规模的限制，与机器字长有关。超过机器字长的数位要被舍去。

真值：机器数中除"+""-"符号外，其余部分表示的值。

2. 机器数的分类

无符号数：机器字长的所有二进制位均表示数值。

带符号数：数值部分和符号均用二进制代码表示，通常符号位位于最高位，如图 1-3 所示。

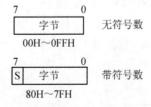

图 1-3　无符号数与带符号数的二进制表示

3. 原码

（1）原码是保持原有的数值部分的形式不变，在数值前增加 1 位符号位（即最高位为符号位：

正数为 0，负数为 1）。

纯小数表示：

$[x]_{原}=x$　　　　　　　　当 $0 \leq x < 1$　　　　$[0.10011001]_{原}=0.10011001$

$[x]_{原}=1+|x|$　　　　　　当 $-1 < x \leq 0$　　　$[-0.10011001]_{原}=1.10011001$

纯整数表示：

$[x]_{原}=$ 　　x　　　　　　当 $0 \leq x < 2^n$　　　$[10011001]_{原}=010011001$

$[x]_{原}=2^n - x = 2^n + |x|$　当 $-2^n < x \leq 0$　　$[-10011001]_{原}=110011001$

【例 1-5】设机器字长为 8 位，写出 +37 和 -37 的二进制原码。

$(+37)_{10}=(100101)_2 =(00100101)_2$　　　$[00100101]_{原}=00100101$

$(-37)_{10}=(-100101)_2 =(-00100101)_2$　　$[-00100101]_{原}=10100101$

注意：将 $[x]_{原}$ 的符号取反即可得到 $[-x]_{原}$

（2）原码中 0 的表示不唯一。

纯小数原码：$[+0]_{原}=0.00...0$　　$[-0]_{原}=1.00...0$

纯整数原码：$[+0]_{原}=00...0$　　$[-0]_{原}=10...0$

原码的移位规则：符号位不变，数值部分左移或右移，移出的空位填 "0"。

【例 1-6】$[0.0110000]_{原}= 0.0110000$

　　　　　　$[0.0110000]_{原} \div 2=0.0011000$

　　　　　　$2 \times [0.0110000]_{原}=0.1100000$

4. 反码

（1）反码与原码的关系。

若 $x \geq 0$，则 $[x]_{反}=[x]_{原}$

若 $x < 0$，则将除符号位以外的 $[x]_{原}$ 各位取反（符号位不变），即得到 $[x]_{反}$。

同理，若 $x < 0$，将除符号位以外的 $[x]_{反}$ 的各位取反（符号位不变），即得到 $[x]_{原}$。

【例 1-7】

x=+0.1001100　　则 $[x]_{反}=0.1001100$　　x=-0.1001100　　则 $[x]_{反}=1.0110011$

x=+1001100　　则 $[x]_{反}=01001100$　　x=-1001100　　则 $[x]_{反}=10110011$

（2）反码中 0 的表示不唯一。

$[+0]_{反}=00\cdots0$　　　　　　　　$[-0]_{反}=11\cdots1$

5. 补码

（1）引入补码的目的是使得减法也可以按照加法的方式来计算；同时，补码可以将数的符号位和数值域采用统一方式处理。

模的概念：$(5-2) \bmod 10=(5+8) \bmod 10=3$，对于某一确定的模，某数减去一个数，可以用加上那个数的负数的补数来代替，如当模为 10 时，-2 的补数为 8。

若 $x \geq 0$，$[x]_{补}=(M+x) \bmod M=x$，正数的补数等于其本身。

若 $x < 0$，$[x]_{补}=(M+x) \bmod M=M-|x|$，负数的补数等于模与该数绝对值之差。

（2）补码与原码、反码的关系。

若 $x \geq 0$，$[x]_补=[x]_反=[x]_原$。

若 $x < 0$，$[x]_补=[x]_反+1$；显然，$[x]_反=[x]_补-1$。

【例 1-8】对于字长为 8 的计算机，其原码、反码、补码如下。

$[+37]_补=[+37]_反=[+37]_原=00100101$

$[-37]_原=10100101$ \qquad $[-37]_反=11011010$ \qquad $[x]_补=[-37]_反+1=11011010+1=11011011$

（3）补码的特点。

补码中"0"的表示是唯一的：$[+0]_补=00000000$，$[-0]_补=00000000$。

补码的表数范围比原码大。

6. 移码

移码也称为增码、余码，主要用于表示浮点数的阶码，因此一般表示整数。

（1）移码的定义。

纯小数移码：$[x]_移=1+x$ \quad $-1 \leq x < 1$

纯整数移码：$[x]_移=2^n+x$ \quad $-2^n \leq x < 2^n$

（2）移码与补码的关系。

整数补码的数值部分不变，符号取反即得整数移码。反之亦然。即：

若 $x \geq 0$，$[x]_移=[x]_补+2^n$ \qquad 若 $x < 0$，$[x]_移=[x]_补-2^n$

【例 1-9】

$x=+1101010$，$[x]_补=01101010$，$[x]_移=11101010$

$x=-1101010$，$[x]_补=10010110$，$[x]_移=00010110$

【例 1-10】在字长为 8 位的机器中，$[x]_移=2^7+x$

设 $x=+1100101$ 则 $[x]_移=2^7+1100101=10000000+1100101=11100101$

设 $x=-1100101$ 则 $[x]_移=2^7+(-1100101)=10000000-1100101=00011011$

【例 1-11】求 +12 和 -3 的 8 位移 127 码的二进制编码形式。

$(+12)_{10}=1100$，$[+12]_{移127码}=127+12=(139)_{10}=(1111111+1100)_2=(10001011)_2$

$(-3)_{10}=11$，$[-3]_{移127码}=127-3=(124)_{10}=(1111111-11)_2=(01111100)_2$

（3）移码的特点。

移码中"0"的表示是唯一的：$[+0]_移=[-0]_移=10000000$（纯整数）。

移码的表数范围与补码一致。

7. 不同码制之间的转换

数的真值、原码、反码、补码、移码的相互转换规则如图 1-4 所示。

1.1.2.3 浮点数

1. 定点小数

任何一个数均可表示为：$(N)_R=\pm S \times R^{\pm e}$

R：基值。计算机中常用的 R 可取 2、8、16 等。

S：尾数。代表数 N 的有效数字。计算机中一般表示为纯小数。

e：阶码。代表数 N 的小数点的实际位置。一般表示为纯整数。

【例 1-12】$(123.45)_{10}=12345\times10^{-2}=0.12345\times10^{3}$

$(11011.101)_{2}=0.11011101\times2^{5}=11011101\times2^{-3}$

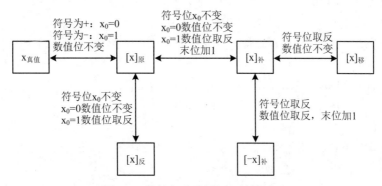

图 1-4　数的各种编码相互转换规则

定点表示：约定计算机中所有数据的小数点位置均是相同的，而且是固定不变的，即阶码 e 的取值固定不变的机器数表示，如图 1-5 所示。

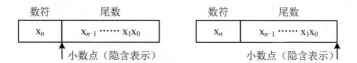

图 1-5　定点小数的两种表示方法

e=0，表示纯小数，小数点在符号位与最高数值位之间。

e=n，表示纯整数，小数点在最低有效数值位之后。

2. 浮点小数

浮点小数的小数点位置不是固定，而是可以浮动的，即 $(N)_{R}=\pm S\times R^{\pm e}$ 的 e 取值可变，因此在机器中必须将 e 表示出来，浮点小数的表示如图 1-6 所示。

阶符	阶码	数符	尾数
1 位	m 位	1 位	n 位

图 1-6　浮点小数的表示方法

尾数的位数决定了数据表示的精度，为带符号的纯小数。

阶码的位数决定了数据表示的范围，为带符号的纯整数。

3. 浮点数的规格化

（1）如何尽可能多地保留有效数字？

（2）如何保证浮点表示的唯一？

【例 1-13】0.001001×2^5 有多种表示：$0.001001 \times 2^5 = 0.100100 \times 2^3 = 0.00001001 \times 2^7$。

规格化思想：尽可能去掉尾数中的前置 "0"，尽量使小数点后第一位为 "1"。

对于二进制数，就是要满足：$1/2 \leqslant |S| < 1$

【例 1-14】将 0.001001×2^5 表示为 0.100100×2^3。

4. 原码规格化

若$[S]_原=Sf.S1S2 \cdots Sn$，规格化标志是：$S1 = 1$，即：$[S]_原 = 0.1xx \cdots x$ 或 $[S]_原 = 1.1xx \cdots x$。

【例 1-15】

$[S]_原 = 0.1101101$、$[S]_原 = 1.1101101$ 是规格化数

$[S]_原 = 0.0101101$、$[S]_原 = 1.0101101$ 不是规格化数

5. 补码规格化

若$[S]_补 = Sf.S1S2 \cdots Sn$，规格化标志是：$Sf \oplus S1 = 1$，即：$[S]_补 = 0.1xx \cdots x$ 或 $[S]_补 = 1.0xx \cdots x$，其中 "$\oplus$" 表示异或运算。

【例 1-16】

$[S]_补 = 0.1101101$、$[S]_补 = 1.0101101$ 是规格化数

$[S]_补 = 0.0101101$、$[S]_补 = 1.1101101$ 不是规格化数

6. IEEE 754 浮点数标准

IEEE 754 标准在表示浮点数时，每个浮点数均由三部分组成：符号位 S，指数部分 E 和尾数部分 M。32 位单精度浮点数表示格式如图 1-7 所示。

S	E	M
1 位	8 位	23 位

图 1-7　IEEE 754 浮点数表示方法

S：数符，0 表示 "+"，1 表示 "-"。

E：指数，即阶码部分。其中包括 1 位阶符和 7 位数值。采用移 127 码表示，移码值为 127。即

$$阶码 = 127 + 实际指数值$$

M：共 23 位。由于尾数采用规格化表示，所以 IEEE 754 标准约定在小数点左部有一位隐含位为 1，从而使尾数的实际有效位为 24 位，即尾数的有效值为 1.M。

例如：利用 IEEE 754 标准将数 176.0625 表示为单精度浮点数。

（1）将该十进制转换成二进制数：

$(176.0625)_{10} = (10110000.0001)_2$

（2）对二进制数进行规格化处理：

$10110000.0001 = 1.01100000001 \times 2^7$

（3）将小数部分扩展为单精度浮点数所规定的 23 位尾数为 01100000001000000000000。

（4）求阶码，指数为 7 位数值，偏移量为 127。

$E=7+127=134=(10000110)_{移}$

最后得 176.0625 的单精度浮点数表示为：0 10000110 01100000001000000000000。

1.1.2.4　校验码

1. 校验码概述

数据在计算机系统内形成、存取和传送过程中，可能会因为某种原因而产生错误。为减少和避免这类错误，一方面是从电路、电源、布线等方面采取多种措施提高系统的抗干扰能力，尽可能提高计算机硬件本身的可靠性，另一方面是在数据编码上采取检错、纠错的措施。

数据校验码具有检测错误或带有自动纠正错误能力的数据编码方式。

（1）数据校验码的实现原理。在正常编码中加入一些冗余位，即在正常编码组中加入一些非法编码，当合法数据编码出现某些错误时，就成为非法编码；以此，可以通过检测编码是否合法来达到自动发现、定位乃至改正错误的目的。

（2）编码的距离（码距）。通常把一组编码中任何两个编码之间代码不同的位数称为这两个编码的距离，也称海明距离。例如编码 0011 与 0001，仅有一位不同，称其海明距离为 1。

【例 1-17】四位二进制编码表示 16 种状态，从 0000 到 1111 这 16 种编码都用到了，因此码距为 1。

由于码距为 1，在编码中任何一个状态的四位码中的一位或几位出错，都会变成另一个合法编码，所以这组编码没有查错和纠错能力。

【例 1-18】四位二进制编码表示 8 种状态，编码 0000、0011、0101、0110、1001、1010、1100、1111 用作合法编码，而将另外 8 种编码作为非法编码，因此码距为 2。

从一个合法编码改为另一个合法编码需要修改 2 位。如果在数据传输过程中，任何一个合法编码有 1 位发生了错误，就会出现非法编码。

（3）码距与校验码的检错和纠错能力的关系。

$d \geqslant e+1$　　可检验 e 个错。

$d \geqslant 2t+1$　　可纠正 t 个错。

$d \geqslant e+t+1$　　且 $e>t$　　可检 e 个错并能纠正 t 个错。

校验位越多，码距越大，编码的检错和纠错能力越强。

【例 1-19】考虑下面只有四个合法编码的 8 位编码组

0000000000，0000011111，1111100000，1111111111

这个编码组的码距为 5，说明它只能纠两位错。如果在数据传输过程中，接收方接收到一个编码 0000000111，就能够知道原来的正确编码应该是 0000011111（必须假定不会出现两位以上的错误）。

2. 奇偶校验码

奇偶校验（又称垂直冗余校验）：如果采用奇校验，发送端发送一个字符编码（含校验位共 8 位），"1" 的个数一定为奇数个，接收端对 8 个二进位中 "1" 的个数进行统计，若为偶数个则表明发生差错；偶校验反之亦然。

【例 1-20】求 7 位信息码 1100111 的奇校验码和偶校验码（设校验位在最低位）。

（1）奇校验码：因为 1100111 中"1"的个数为奇，所以奇校验位 P=0，则奇校验码为 11001110。

（2）偶校验码：因为 1100111 中"1"的个数为奇，所以偶校验位 P=1，则偶校验码为 11001111。

奇偶校验码只能发现奇数个错误，而无法发现偶数个错误，也不能纠错。因此，提出了采用海明码，通过增加码距，从而提高奇偶校验能力。

3. 海明校验码

海明校验码是在奇偶校验的基础上，增加校验位的位数，构成多组奇偶校验，以便发现错误并自动纠正错误。

（1）海明校验码校验位数。设有效信息位的位数为 n，校验位数为 k，则能够检测 1 位出错并能自动纠正 1 位错误的海明校验码应满足表达式：$2^k \geqslant n+k+1$。

【例 1-21】如数据位为 8 位，利用海明码进行编码时，校验位为多少位？

$$2^k \geqslant 8+k+1 = k+9$$

显然，只有 $k=4$ 时，才能满足 $2^4 \geqslant 4+9$。

（2）海明校验码的编码方法。若校验码位号从右向左（或从左向右）按从 1 到 $n+k$ 排列，则校验位的位号分别为 $2^i (i=0,\cdots,k)$。

$$H_{12} \quad H_{11} \quad H_{10} \quad H_9 \quad H_8 \quad H_7 \quad H_6 \quad H_5 \quad H_4 \quad H_3 \quad H_2 \quad H_1$$

$$D_7 \quad D_6 \quad D_5 \quad D_4 \quad P_4 \quad D_3 \quad D_2 \quad D_1 \quad P_3 \quad D_0 \quad P_2 \quad P_1$$

k 个校验位构成 k 组奇偶校验，每个有效信息位都被 2 个或 2 个以上的校验位校验。被校验的位号等于校验它的校验位位号之和。

例如 D_3 是第 7 位，则 $7=2^0+2^1+2^2=1+2+4$，所以 D_3 被 P_1、P_2、P_3 校验。

（3）海明码的校验关系。海明码个数位和校验位的基本关系见表 1-1。

表 1-1 海明码校验关系表

海明码	海明码的下标	校验位组	说明（偶校验）
$H_1(P_1)$	1	P_1	P_1 校验：P_1、D_0、D_1、D_3、D_4、D_6 即 $P_1=D_0 \oplus D_1 \oplus D_3 \oplus D_4 \oplus D_6$
$H_2(P_2)$	2	P_2	
$H_3(D_0)$	3=1+2	P_1、P_2	
$H_4(P_3)$	4	P_3	P_2 校验：P_2、D_0、D_2、D_3、D_5、D_6 即 $P_2=D_0 \oplus D_2 \oplus D_3 \oplus D_5 \oplus D_6$
$H_5(D_1)$	5=1+4	P_1、P_3	
$H_6(D_2)$	6=2+4	P_2、P_3	
$H_7(D_3)$	7=1+2+4	P_1、P_2、P_3	P_3 校验：P_3、D_1、D_2、D_3、D_7 即 $P_3=D_1 \oplus D_2 \oplus D_3 \oplus D_7$
$H_8(P_4)$	8	P4	
$H_9(D_4)$	9=1+8	P_1、P_4	
$H_{10}(D_5)$	10=2+8	P_2、P_4	P_4 校验：P_4、D_4、D_5、D_6、D_7 即 $P_4=D_4 \oplus D_5 \oplus D_6 \oplus D_7$
$H_{11}(D_6)$	11=1+2+8	P_1、P_2、P_4	
$H_{12}(D_7)$	12=4+8	P_3、P_4	

上述校验为偶校验，如果是奇校验，上面 P_1、P_2、P_3、P_4 取反即可。

【例 1-22】 设数据为 01101001，试采用 4 个校验位求其偶校验方式的海明码。

解： $D_7D_6D_5D_4D_3D_2D_1D_0$=01101001，根据公式

$P_1=D_0 \oplus D_1 \oplus D_3 \oplus D_4 \oplus D_6=1 \oplus 0 \oplus 1 \oplus 0 \oplus 1=1$

$P_2=D_0 \oplus D_2 \oplus D_3 \oplus D_5 \oplus D_6=1 \oplus 0 \oplus 1 \oplus 1 \oplus 1=0$

$P_3=D_1 \oplus D_2 \oplus D_3 \oplus D_7=0 \oplus 0 \oplus 1 \oplus 0=1$

$P_4=D_4 \oplus D_5 \oplus D_6 \oplus D_7=0 \oplus 1 \oplus 1 \oplus 0=0$

因此，求得的海明码为

H_{12}	H_{11}	H_{10}	H_9	H_8	H_7	H_6	H_5	H_4	H_3	H_2	H_1
D_7	D_6	D_5	D_4	P_4	D_3	D_2	D_1	P_3	D_0	P_2	P_1
0	1	1	0	0	1	0	0	1	1	0	1

（4）校验分组方法。先取 $2^i(i=0,\cdots,k)$ 开头的连续 2^i 位，接着去掉连续的 2^i 位，再取 2^i 位，以此类推。校验位对应分组如下：

$P_1(2^0=1)$，校验 1、3、5、7、$\cdots$位

$P_2(2^1=2)$，校验 2、3、6、7、10、11、$\cdots$位

$P_3(2^2=4)$，校验 4、5、6、7、12、13、14、15、$\cdots$位

$P_4(2^3=8)$，校验 8、9、10、11、12、13、14、15、$\cdots$位

（5）海明校验码的校验。

$G_1=P_1 \oplus D_0 \oplus D_1 \oplus D_3 \oplus D_4 \oplus D_6$

$G_2=P_2 \oplus D_0 \oplus D_2 \oplus D_3 \oplus D_5 \oplus D_6$

$G_3=P_3 \oplus D_1 \oplus D_2 \oplus D_3 \oplus D_7$

$G_4=P_4 \oplus D_4 \oplus D_5 \oplus D_6 \oplus D_7$

若采用偶校验，则 $G_4G_3G_2G_1$ 全为 0 时表示接收到的数据无错误（奇校验则应全为 1）。

若 $G_4G_3G_2G_1$ 不全为 0 说明发生了差错，而且 $G_4G_3G_2G_1$ 的十进制值指出了发生错误的位置。

例如：$G_4G_3G_2G_1=(1010)_2=10$，说明 $H_{10}(D_5)$ 出错了，将其取反即可纠正错误。

4．循环冗余校验码

循环冗余校验（Cyclic Redundancy Check，CRC）又称多项式编码。

（1）差错检测原理。收发双方预先约定一个生成多项式 G(x)，发送方根据发送的数据和 G(x) 计算出 CRC 校验和并把它加在数据的末尾。接收方则用 G(x) 去除接收到的数据，若有余数，则说明传输有错。G(x) 的最高位和最低位必须是 1。CRC 的代码格式如图 1-8 所示。

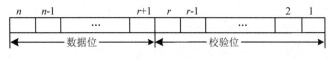

图 1-8　CRC 代码格式

校验码是由信息码产生的，校验码位数越多，校验能力就越强。在求 CRC 编码时，采用的是模 2 除法。

模二除法：0+0=0，1+0=1，1+1=1，1-0=0-1=1

【例 1-23】将 4 位有效信息 1101 编成 7 位 CRC 码。其中生成多项式为 4 位多项式，G(x)=x^3+x^1+1。

解：

M(x)=1101=x^3+x^2+1，M(x)左移 3 位，得：M(x)· x^3=1101000

G(x)=x^3+x^1+1=1011

将 M(x)· x^3 模 2 除以 G(x)得到余数：R(x)=001

因为　M(x)· x^3+R(x)=1101000+001=1101001

所以　M(x)的 7 位 CRC 码为 1101001。

在该编码中，由于 n=4，n+k=7，故称(7,4)码。

（2）CRC 码的校验。把接收到的 CRC 码用原约定的生成多项式 G(x)作模 2 除，若除得余数为 0，表示没有错误；若除得余数不为 0，表示有 1 位出错。根据余数值可确定出错的位置。

上例中(7,4)码的出错模式[G(x)=1011]见表 1-2。

表 1-2　CRC 码校验示例

	A7	A6	A5	A4	A3	A2	A1	余数	出错位
正确码	1	1	0	1	0	0	1	000	无
错误码	1	1	0	1	0	0	**0**	001	1
	1	1	0	1	0	**1**	1	010	2
	1	1	0	1	**1**	0	1	100	3
	1	1	0	**0**	0	0	1	011	4
	1	1	**1**	1	0	0	1	110	5
	1	**0**	0	1	0	0	1	111	6
	0	1	0	1	0	0	1	101	7

1.1.2.5　字符与汉字编码

1. 美国信息交换标准码（American Standard Code for Information Interchange，ASCII）。

（1）ASCII 码用 7 位二进制码来表示 128 个符号。

计算机内，用 1 个字节（8 位二进制数）表示 7 位 ASCII 码字符时，最高位取 0。例如："A"的 ASCII 码是 1000001，系统自动转换为 01000001 进行存储。

符号构成：34 个非图形字符（控制字符）、94 个图形字符（可打印字符），见表 1-3。

（2）一些常用字符按其 ASCII 码值符合以下关系：

空格（space）< 数字（0～9）< 大写字母（A～Z）< 小写字母（a～z）

空格：32、"0"：48、"A"：65、"a"：97

表 1-3　ASCII 码信息表

Dec	Hx	Oct	Char		Dec	Hx	Oct	Html	Chr	Dec	Hx	Oct	Html	Chr	Dec	Hx	Oct	Html	Chr
0	0	000	NUL	(null)	32	20	040	&#32;	Space	64	40	100	&#64;	@	96	60	140	&#96;	`
1	1	001	SOH	(start of heading)	33	21	041	&#33;	!	65	41	101	&#65;	A	97	61	141	&#97;	a
2	2	002	STX	(start of text)	34	22	042	&#34;	"	66	42	102	&#66;	B	98	62	142	&#98;	b
3	3	003	ETX	(end of text)	35	23	043	&#35;	#	67	43	103	&#67;	C	99	63	143	&#99;	c
4	4	004	EOT	(end of transmission)	36	24	044	&#36;	$	68	44	104	&#68;	D	100	64	144	&#100;	d
5	5	005	ENQ	(enquiry)	37	25	045	&#37;	%	69	45	105	&#69;	E	101	65	145	&#101;	e
6	6	006	ACK	(acknowledge)	38	26	046	&#38;	&	70	46	106	&#70;	F	102	66	146	&#102;	f
7	7	007	BEL	(bell)	39	27	047	&#39;	'	71	47	107	&#71;	G	103	67	147	&#103;	g
8	8	010	BS	(backspace)	40	28	050	&#40;	(	72	48	110	&#72;	H	104	68	150	&#104;	h
9	9	011	TAB	(horizontal tab)	41	29	051	&#41;	)	73	49	111	&#73;	I	105	69	151	&#105;	i
10	A	012	LF	(NL line feed, new line)	42	2A	052	&#42;	*	74	4A	112	&#74;	J	106	6A	152	&#106;	j
11	B	013	VT	(vertical tab)	43	2B	053	&#43;	+	75	4B	113	&#75;	K	107	6B	153	&#107;	k
12	C	014	FF	(NP form feed, new page)	44	2C	054	&#44;	,	76	4C	114	&#76;	L	108	6C	154	&#108;	l
13	D	015	CR	(carriage return)	45	2D	055	&#45;	-	77	4D	115	&#77;	M	109	6D	155	&#109;	m
14	E	016	SO	(shift out)	46	2E	056	&#46;	.	78	4E	116	&#78;	N	110	6E	156	&#110;	n
15	F	017	SI	(shift in)	47	2F	057	&#47;	/	79	4F	117	&#79;	O	111	6F	157	&#111;	o
16	10	020	DLE	(data link escape)	48	30	060	&#48;	0	80	50	120	&#80;	P	112	70	160	&#112;	p
17	11	021	DC1	(device control 1)	49	31	061	&#49;	1	81	51	121	&#81;	Q	113	71	161	&#113;	q
18	12	022	DC2	(device control 2)	50	32	062	&#50;	2	82	52	122	&#82;	R	114	72	162	&#114;	r
19	13	023	DC3	(device control 3)	51	33	063	&#51;	3	83	53	123	&#83;	S	115	73	163	&#115;	s
20	14	024	DC4	(device control 4)	52	34	064	&#52;	4	84	54	124	&#84;	T	116	74	164	&#116;	t
21	15	025	NAK	(negative acknowledge)	53	35	065	&#53;	5	85	55	125	&#85;	U	117	75	165	&#117;	u
22	16	026	SYN	(synchronous idle)	54	36	066	&#54;	6	86	56	126	&#86;	V	118	76	166	&#118;	v
23	17	027	ETB	(end of trans. block)	55	37	067	&#55;	7	87	57	127	&#87;	W	119	77	167	&#119;	w
24	18	030	CAN	(cancel)	56	38	070	&#56;	8	88	58	130	&#88;	X	120	78	170	&#120;	x
25	19	031	EM	(end of medium)	57	39	071	&#57;	9	89	59	131	&#89;	Y	121	79	171	&#121;	y
26	1A	032	SUB	(substitute)	58	3A	072	&#58;	:	90	5A	132	&#90;	Z	122	7A	172	&#122;	z
27	1B	033	ESC	(escape)	59	3B	073	&#59;	;	91	5B	133	&#91;	[	123	7B	173	&#123;	{
28	1C	034	FS	(file separator)	60	3C	074	&#60;	<	92	5C	134	&#92;	\	124	7C	174	&#124;		
29	1D	035	GS	(group separator)	61	3D	075	&#61;	=	93	5D	135	&#93;	]	125	7D	175	&#125;	}
30	1E	036	RS	(record separator)	62	3E	076	&#62;	>	94	5E	136	&#94;	^	126	7E	176	&#126;	~
31	1F	037	US	(unit separator)	63	3F	077	&#63;	?	95	5F	137	&#95;	_	127	7F	177	&#127;	DEL

2. 汉字的处理过程

ASCII 码对英文字母、数字、标点符号进行了编码，为了能够处理汉字字符，也需要对汉字进行编码。从汉字编码的角度，计算机对汉字信息的处理过程实际上是各种汉字编码的转换过程，如图 1-9 所示。

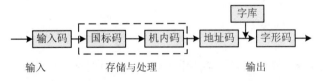

图 1-9　汉字编码转换过程

3. 汉字编码

（1）输入码（又称外码）。输入码是将汉字输入到计算机时使用的编码。

同一个汉字，不同的输入法有不同的输入码。如"中"字：

全拼输入码：zhong

双拼输入码：vs

五笔输入码：kh

（2）《信息交换用汉字编码字符集　基本集》（GB 2312－1980）（国标码）。国标码基本集收录汉字共 6763 个：一级汉字为 3755 个常用汉字（按汉语拼音字母排序），二级汉字为 3008 个非常用汉字（按偏旁部首排序）。

国标码用两个字节表示一个汉字，每个字节最高位为 0。

（3）区位码。将国标码中的汉字分为 94 行（区）、94 列（位），并用区号和位号来表示汉字的位置，则构成了区位码。

区位码最多可以表示 94×94=8836 个汉字。区位码由 4 位十进制数字组成，前 2 位为区号，后 2 位为位号。例如"中"字区位码为 5448，则说明其在第 54 行、第 48 列。

区位码与国标码的换算：

1）区位码是 4 位十进制，国标码是 4 位十六进制。

2）将区位码的区号和位号分别转换为十六进制数。

3）分别加上 20H（十进制为 32）。

例如，汉字"中"字的转换：

	十进制	十六进制
区位码	5448D	3630H
国标码	8680D	5650H

（4）内码。汉字的内码是汉字在计算机内部存储、处理的编码。外码是形式多样的，但内码是唯一的。

内码用两个字节存储一个汉字，每个字节的最高位为"1"。

国标码到内码的转换：十六进制国标码每个字节各加 80H。

例如，汉字"中"字的转换：

	十六进制
区位码	3630H
国标码	5650H
内　码	D6D0H

（5）字形码（汉字字模）。

汉字字形码用于在屏幕或打印机上输出汉字。字形码有两种表示方式：

1）点阵式。字形放大后，显示效果变差，如图 1-10 的"春"字表示。

2）矢量式。描述汉字轮廓，显示效果与文字大小、分辨率无关。

【例 1-24】如 24×24 点阵的汉字，描述汉字需要多少空间？

24×24 点阵表示将网格分为 24 行 24 列，每个小格用 1 位二进制编码表示，有点的用"1"表示，无点的用"0"表示。则一行需要 24 位进制，即 3B 存储，整个汉字需要 3B×24=72B。

（6）地址码。汉字地址码指字库中存储汉字字形码的逻辑地址码。在输出汉字时，必须首先通过地址码在字库中获取字形码的位置，再

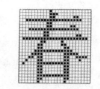

图 1-10　汉字的点阵表示

输出对应字形码。

（7）其他汉字内码。

GBK：收录了2万多个简体、繁体汉字。2B表示一个汉字。

UCS：可表示中、日、韩等文字。4B表示一个字符。

Unicode：可表示65536个字符，可统一表示世界所有的语言的字符编码。2B表示一个字符。

BIG5：中国台湾、中国香港使用的繁体汉字编码。

1.1.3　计算机体系结构

1.1.3.1　计算机体系结构的发展

计算机体系结构（Computer Architecture）是指计算机的概念性结构、功能和性能特性。

1. 计算机体系结构分类

（1）宏观上，按处理机的数量分类：单处理系统、并行处理与多处理系统、分布式处理系统。

（2）微观上，按并行程度分类：

1）Flynn（弗林）分类法：按指令流和数据流的多少进行分类，分为 SISD、SIMD、MISD、MIMD。

2）Kuck（库克）分类法：用指令流和执行流进行分类，分为 SISE、SIME、MISE、MIME。

2. 指令系统

（1）机器指令是计算机能够识别并执行的基本操作，是特定的一串二进制代码。指令的构成如图1-11所示。

图1-11　机器指令的构成

（2）指令集分类。

按暂存机制分类：堆栈指令集、累加器指令集、寄存器指令集。

按设计与优化分类：复杂指令集计算机（Complex Instruction Set Computer，CISC）、精简指令集计算机（Reduced Instruction Set Computer，RISC）。

（3）CISC的特点。

1）指令集过分庞杂，指令长短不一。

2）每条指令都要通过微程序才能完成，增加了CPU周期，降低了机器的处理速度。

3）由于指令系统过分庞大，使高级语言编译程序选择目标指令的范围很大，并使编译程序本身冗长而复杂，难以优化目标代码。

4）CISC强调完善的中断控制，势必导致动作繁多，设计复杂，研制周期长。

5）CISC给芯片设计带来很多困难，使芯片种类增多，出错几率增大，成本提高而成品率降低。

（4）RISC 的特点。

1）指令长度固定、指令格式种类少。

2）降低硬件设计的复杂度，使指令能单周期执行。

3）优化编译，提高指令的执行速度。

4）采用硬线控制逻辑，优化编译程序。

5）采用三种流水技术：超流水线、超标量、超长指令字 VLIW，提高了并发度。

3. 流水线技术

流水线技术是通过并行硬件来提高系统性能的常用方法，是一种任务的分解技术；将一件任务分解为若干顺序执行的子任务，不同的子任务由不同的执行机构负责执行，而这些机构可以同时并行工作。如图 1-12 所示，一个任务由输入（I）、计算（C）、打印（P）3 个子任务构成，4 个任务的多个子任务形成了并行执行的现象。

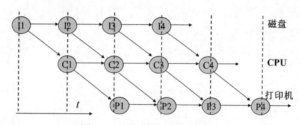

图 1-12　多任务的流水线处理

（1）流水线性能指标。

吞吐率：$p=1/\text{MAX}\{\Delta t_i\}$ 单位时间里流水线处理任务的个数，其中 $\text{MAX}\{\Delta t_i\}$ 为作业流水线瓶颈时间。

流水线建立时间：若 m 个子过程所用时间一样，均为 Δt_0，则建立时间 $T_0 = m\Delta t_0$。

（2）流水线例题。

【例 1-25】指令流水线将一条指令的执行过程分为 4 步，其中第 1、2 步和第 4 步的经过时间为 Δt，如图 1-13 所示。若该流水线顺序执行 50 条指令共用时 $153\Delta t$，并且不考虑相关问题，则该流水线的瓶颈第 3 步的时间为（　　）Δt。

图 1-13　4 步骤指令

解：采用流水线技术，执行周期取决于时间最长的步骤。本题中

$$总时间\ T=(t_1+t_2+t_3+t_4)+(50-1)*t_3=153\ \Delta t$$

4. 并行处理机

（1）并行性：包括同时性和并发性两个方面。

（2）同时性：指两个或两个以上事件在同一时刻发生。

（3）并发性：指两个或两个以上的事件在同一时间间隔内连续发生。

提高计算机系统并行性可以提高性能，并行性主要从时间重叠、资源重复和资源共享 3 个方面来提高。

1.1.3.2 存储系统与总线结构

计算机存储系统主要用于保存数据和程序，存储系统追求高速存取、大容量和低成本。解决这一难点的方法就是采用多级存储体系结构。

1. 存储器的分类

（1）按存储器所处位置分类。

1）内存（主存）：存储当前正在执行的程序、数据。内存的特点是存取速度快、容量小、断电可能丢失数据。其分类如下。

①随机存储器（Random Access Memory，RAM）。

RAM 指计算机主存，即内存条。

特点：可读可写、断电则数据丢失。

②只读存储器（Read Only Memory，ROM）。

ROM 用于存放固化的、不变的信息，如主板系统程序。

特点：只读、断电数据不丢失。

③ROM 的分类。

可编程 ROM（PROM）：可写入操作，但仅允许写一次。

可擦除可编程 ROM（EPROM）：可反复擦写。

电可擦除可编程 ROM（EEPROM）：可反复擦写，擦除方式采用高电场完成。

高速缓冲存储器（Cache）：Cache 为内存与 CPU 交换数据提供缓冲区，以解决内存与 CPU 速度的不匹配问题。

2）外存（辅存）：用来存放需要长期保留的数据。外存的特点是存取速度较慢、容量大、断电不会丢失数据。其基本分类如下。

①硬盘（Hard Disk）。

②快闪存储器（Flash Memory）。

③光盘（Optical Disc）：用激光技术实现对光盘信息的写入和读出。运用光盘盘面的凸凹不平，表示"0"和"1"的信息，光驱利用激光头产生激光扫描光盘盘面，读取"0"和"1"的信息。包含只读型光盘、一次写入型光盘、可重写型光盘。

（2）按介质材料分类。

1）磁存储器：用磁性介质做成的存储器，如磁带、磁盘、U 盘等。

2）半导体存储器：以半导体电路作为存储媒体的存储器，如内存。

3）光存储器：如光盘存储器。

（3）按寻址方式分类。

1）随机存储器：这种存储器可对任何存储单元存入或读取数据，访问任何一个存储单元所需的时间是相同的。

2）顺序存储器：访问数据所需要的时间与数据所在的存储位置相关，如磁带。

3）直接存储器：介于随机存取和顺序存取之间的一种寻址方式。磁盘是一种直接存取存储器，它对磁道的寻址是随机的，而在一个磁道内则是顺序寻址。

2. 存储器指标和性能

字（Word）：字是存储器组织的基本单元，其实际大小依赖于具体的机器实现。一个字的二进制位数称为字长。

存取时间 t：对于随机存取，存取时间就等于完成一次读或写所花的时间。

存储周期：主要是针对随机存取而言，一个存储周期就等于两次相邻的存取之间所需的时间。

数据传输率：每秒钟输入/输出的数据位数。对于随机存取而言，数据传输率是存储器周期的倒数。

存储器带宽：每秒钟能访问的位数。如果存储器周期是 500ns，而每个周期可访问 4 字节，则带宽为 64Mb/s。

3. 高速缓存

高速缓冲存储器（Cache）：指内存与 CPU 交换数据提供缓冲区，以解决内存与 CPU 速度的不匹配问题，用来存放当前最活跃的程序和数据，作为主存局部域的副本。高速缓存的理论依据为局部性原理（空间局部性和时间局部性）。

在 CPU 工作时，送出的是主存的地址，而应从 Cache 存储器中读写信息。这就需要将主存地址转换成 Cache 存储器的地址，这种地址的转换叫做地址映像。

地址映像有三种方法：直接映像、全相联映像和组相联映像。

（1）直接映像。直接映像中主存的块与 Cache 中块的对应关系是固定的，主存中的块只能存放在 Cache 存储器的相同块号中。其组织方式如图 1-14 所示。

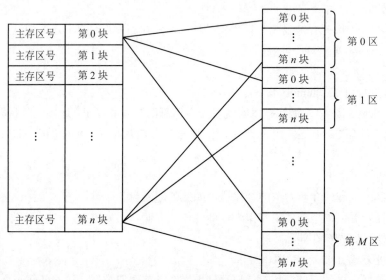

图 1-14　Cache 的直接映像

只要主存地址中的主存区号与 Cache 中的主存区号相同，则表明访问 Cache 命中。以主存地址中的区内块号立即可得到要访问的 Cache 存储器中的块。直接映像的特点是硬件简单，不需要相联存储器，访问速度快（无需地址变换），但是 Cache 块冲突概率高导致 Cache 空间利用率很低。

（2）全相联映像。全相联映像中主存的块与 Cache 中块的对应关系是不固定的，允许主存的任一块可以调入 Cache 存储器的任何一个块的空间中。其组织方式如图 1-15 所示。

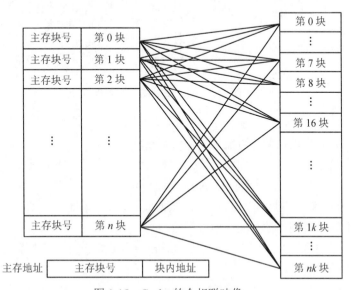

图 1-15　Cache 的全相联映像

利用主存地址高位表示的主存块号与 Cache 中的主存块号进行比较，若相同即为命中。块内地址就是主存的低位地址。全相联映像的特点是十分灵活，但缺点是无法从主存块号中直接获得 Cache 的块号，变换比较复杂，联目录表容量大导致成本高、速度比较慢。

（3）组相联映像。组相联映像是直接相联映像与全相联映像的折中。Cache 中的块分组，主存区的块也对应分组。主存任何区的 0 组只能存到 Cache 的 0 组中，1 组只能存到 Cache 的 1 组中，以此类推。组内的块则采用全相联映像方式，即一组内的块可以任意存放。主存一组中的任意块可以存入 Cache 相应组中任意块中。组相联映像的组织方式如图 1-16 所示。组相联映象的块冲突概率较低、块利用率较高，同时得到较快的速度和较低的成本。

4. 虚拟存储器

程序在计算机中运行，通常具有两个重要的特征：①一次性。程序必须全部装入才能执行；②驻留性。程序直到执行完毕，都驻留在内存不换出。这样导致内存使用率下降，很多阻塞作业占据了本该执行的作业空间。

（1）虚拟存储管理的理论依据——局部性原理。

时间局部性：如果程序中的某条指令一旦执行，则不久以后该指令可能再次执行；如果某数据被访问过，则不久以后该数据可能再次被访问。

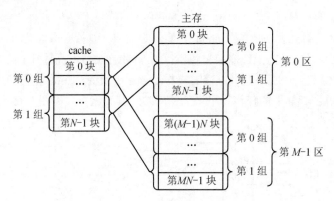

图 1-16　Cache 的组相联映像

空间局部性：一旦程序访问了某个存储单元，在不久之后，其附近的存储单元也将被访问，即程序在一段时间内所访问的地址，可能集中在一定的范围之内。

局部性原理的意义：程序运行前不必全部装入，仅需装入必要的页或段。

（2）虚拟存储管理的技术手段——对换（Swapping）技术。

基本概念：①将阻塞进程暂时不用的程序、数据换出内存；②将具备运行条件的进程换入内存。

引入目的：提高内存利用率，实现虚拟存储。

虚拟存储实现的主要方式：请求分页系统、请求分段系统、请求段页系统。

5．磁盘阵列

磁盘阵列是由多台磁盘存储器组成的一个快速、大容量、高可靠的外存子系统。常见的为廉价冗余磁盘阵列（RAID），RAID 的不同级别具有不同的特性，其分类见表 1-4。

表 1-4　RAID 的级别及其特性

RAID 级别	特性
RAID-0	RAID-0 是一种不具备容错能力的磁盘阵列。由 N 个磁盘存储器组成的 0 级阵列，其平均故障间隔时间（MTBF）是单个磁盘存储器的 N 分之一，但数据传输率是单个磁盘存储器的 N 倍
RAID-1	RAID-1 是采用镜像容错改善可靠性的一种磁盘阵列
RAID-2	RAID-2 是采用海明码作错误检测的一种磁盘阵列
RAID-3	RAID-3 减少了用于检验的磁盘存储器的台数，从而提高了磁盘阵列的有效容量。一般只有一个检验盘
RAID-4	RAID-4 是一种可独立地对组内各磁盘进行读写的磁盘阵列，该阵列也只有一个检验盘
RAID-5	RAID-5 是对 RAID-4 的一种改进，它不设置专门的检验盘。同一台磁盘上既记录数据，也记录检验信息，这就解决了前面多台磁盘机争用一台检验盘的问题
RAID-6	RAID-6 磁盘阵列采用两级数据冗余和新的数据编码以解决数据恢复问题，使在两个磁盘出现故障时仍然能够正常工作。在进行写操作时，RAID-6 分别进行两个独立的校验运算，形成两个独立的冗余数据，写入两个不同的磁盘

6. I/O 控制方式

I/O 控制的主要目的是：尽量减少 CPU 对 I/O 控制的干预。

I/O 控制的主要类型有：程序 I/O→中断 I/O→DMA 控制 I/O→通道控制 I/O。

从左到右各种 I/O 控制方式的特点：速度越来越快、需 CPU 干预越来越少、并行度越来越高。详细内容请参考相关的操作系统基础知识。

7. 总线结构

计算机系统各部件之间的通信都是通过总线来实现的。总线性能指标一般有：工作频率、带宽、位宽。计算机系统中总线的体系结构如图 1-17 所示。

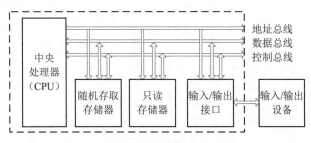

图 1-17　总线体系结构示意图

（1）总线性能指标。

总线的带宽（总线数据传输速率）：指的是单位时间内总线上传送的数据量，即每秒钟传送 MB 的最大稳态数据传输率。总线的带宽=总线的工作频率×总线的位宽。

总线的位宽：是总线能同时传送的二进制数据的位数，或数据总线的位数。

总线的工作频率：以 MHz 为单位，工作频率越高，总线工作速度越快，总线带宽越宽。

（2）根据传递的数据类型，总线可分为地址总线、数据总线、控制总线。

（3）根据连接电器元件的类型，可分为以下三种。

1）内部总线：用于芯片一级的互连，分为芯片内总线和元件级总线。

2）系统总线：用于插件板一级的互连，用于构成计算机各组成部分（如 CPU、内存和接口等）的连接，如 ISA、EISA、PCI 总线等。

3）外部总线：又称通信总线，用于设备一级的互连，通过该总线和其他设备进行信息与数据交换，如 RS-232C、SCSI、USB 等。

1.1.3.3　安全性

1. 计算机安全概述

计算机安全是指计算机资产（系统资源和信息资源）的安全，不受自然和人为的有害因素的威胁和危害。

（1）信息安全的基本要素。

1）机密性。确保信息不暴露给未授权的实体或进程。

2）完整性。只有得到允许的人才能修改数据，并能够判别出数据是否已被篡改。

3）可用性。得到授权的实体在需要时可访问数据。

4）可控性。可以控制授权范围内的信息流向及行为方式。

5）可审查性。对出现的安全问题提供调查的依据和手段。

（2）计算机系统中的三类安全性：技术安全性、管理安全性、政策法律安全性。

为了使用户或制造商有可遵循的指导规则，对其计算机系统内敏感信息安全操作的可信程度做评估，1985 年美国国防部正式颁布《可信计算机系统评估标准》（TCSEC），见表 1-5。

表 1-5 可信计算机系统评估标准

组	安全级别	定义
1	A1	可验证安全设计。提供 B3 级保护，同时给出系统的形式化隐秘通道分析，非形式化代码一致性验证
2	B3	安全域。该级的 TCB 必须满足访问监控器的要求，提供系统恢复过程
	B2	结构化安全保护。建立形式化的安全策略模型，并对系统内的所有主体和客体实施自主访问和强制访问控制
	B1	标记安全保护。对系统的数据加以标记，并对标记的主体和客体实施强制存取控制
3	C2	受控访问控制。实际上是安全产品的最低档次，提供受控的存取保护，存取控制以用户为单位
	C1	只提供了非常初级的自主安全保护，能实现对用户和数据的分离，进行自主存取控制，数据的保护以用户组为单位
4	D	最低级别，保护措施很小，没有安全功能

TCSEC 体系特点：TCSEC 分为四组七个等级、按系统可靠或可信程度逐渐增高、各安全级别之间具有一种偏序向下兼容的关系。

（3）安全威胁。典型的安全威胁见表 1-6。

表 1-6 典型的安全威胁

威胁	说明
授权侵犯	为某一特权使用一个系统的人却将该系统用作其他来授权的目的
拒绝服务	对信息或其他资源的合法访问被无条件地拒绝，或推迟与时间密切相关的操作
窃听	信息从被监视的通信过程中泄露出去
信息泄露	信息被泄露或暴露给某个未授权的实体
截获/修改	某一通信数据项在传输过程中被改变、删除或替代
假冒	一个实体（人或系统）假装成另一个实体
否认	参与某次通信交换的一方否认曾发生过此次交换
非法使用	资源被某个未授权的人或者未授权的方式使用

续表

威胁	说明
人员疏忽	一个授权的人为了金钱或利益，或由于粗心将信息泄露给未授权的人
完整性破坏	通过对数据进行未授权的创建、修改或破坏，使数据一致性受到损坏
媒体清理	信息被从废弃的或打印过的媒体中获得
物理入侵	一个入侵者通过绕过物理控制而获得对系统的访问
资源耗尽	某一资源（如访问端口）被故意超负荷地使用，导致其他用户的服务被中断

安全威胁分为被动攻击和主动攻击。

（1）被动攻击：攻击者只是监听密码通信信道上所有信息。

（2）主动攻击：攻击者对通信道上传输的消息进行截取、修改甚至主动发送信息。

2．加密技术

数据加密的基本过程就是对原来为"明文"的文件或数据按某种加密算法进行处理，使其成为不可读的"密文"。数据加密解密基本过程如图 1-18 所示。

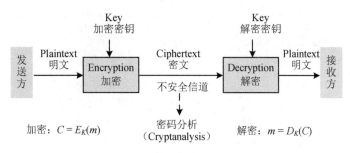

图 1-18　数据加密解密过程

数据加密的技术分为两类：对称加密（私人密钥加密）和非对称加密（公开密钥加密）。

（1）对称加密。对称加密指使用相同的密钥加密和解密信息，即通信双方建立并共享一个密钥，如图 1-19 所示。

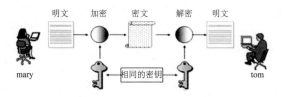

图 1-19　对称加密的加密解密过程

DES 数据加密标准：采用替换和移位方法加密，密钥为 56 位。

三重 DES（3DES）：在 DES 的基础上采用三重 DES。

RC-5：是由 Ron Rivest（公钥算法的创始人之一）在 1994 年开发出来的。

IDEA 国际数据加密：似于三重 DES，密钥为 128 位。

AES 高级加密标准：基于排列和置换运算加密算法。

（2）非对称加密。非对称加密也称公开密钥加密算法，使用一对密钥：共钥和私钥。采用公钥对数据进行加密，只有对应的私钥才能解密，反之亦然。非对称加密的加密解密过程如图 1-20 所示。

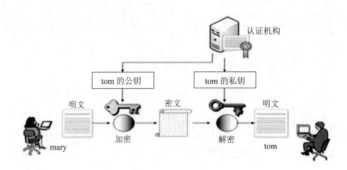

图 1-20　非对称加密的加密解密过程

公开密钥加密算法主要有：RSA、Diffie-Hellman 等。

优点：消除了最终用户交换密钥的需要。

缺点：加密和解密花费时间长、速度慢，不适合对文件加密，只适用于对少量数据进行加密。

密钥管理内容：管理密钥对的安全，包括密钥产生、密钥备份、密钥恢复、密钥更新等。

（3）认证技术。认证技术主要解决网络通信过程中通信双方的身份认可。

常见的认证技术包括 Hash 摘要、数字签名、时间戳、SSL 等。

1.1.3.4　计算机系统可靠性

1．计算机系统常见可靠性指标

可靠性 $R(t)$：系统从开始运行到某时刻 t 这段时间内能正常运行的概率。

失效率 λ：是指单位时间内失效的元件数与元件总数的比例。

平均无故障时间 MTBF：$MTBF=1/\lambda$，两次故障之间系统能正常工作的时间的平均值。

平均修复时间 MTRF：即可维修性 S，指从故障发生到修复平均所需要的时间。

可用性 A：计算机的使用效率，$A=MTBF/(MTRF+MTBF)$。

计算机的 RAS 技术就是指用可靠性 R、可用性 A 和可维修性 S 三个衡量指标。

2．可靠性模型

可靠性模型指通过建立数学模型，把大系统分割成若干个子系统，便于分析计算机系统的可靠性。

（1）串联模型。当且仅当所有的子系统都能正常工作时，系统才能正常工作，如图 1-21 所示。

图 1-21　子系统串联模型

可靠性 $R=R_1R_2\cdots R_N$　　失效率 $\lambda=\lambda_1+\lambda_2+\cdots+\lambda_N$

【例 1-26】设计算机系统由 CPU、存储器、I/O 三部分组成，其可靠性分别为 0.95、0.90 和 0.85。求计算机系统的可靠性。

解：$R=R_1R_2R_3=0.95\times0.90\times0.85=0.73$

（2）并联模型。只要有一个子系统正常工作，系统就能正常工作，如图 1-22 所示。

可靠性：$R=1-(1-R_1)(1-R_2)\cdots(1-R_N)$

失效率：$\lambda=\dfrac{1}{\dfrac{1}{\lambda}\sum_{j=1}^{n}\dfrac{1}{j}}$

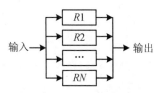

图 1-22　子系统并联模型

【例 1-27】设一个系统由三个相同的子系统构成，其可靠性为 0.9，平均无故障时间为 10000 小时，求系统的可靠性和平均无故障时间。

（1）$R=1-(1-R_1)(1-R_2)(1-R_3)=1-(1-0.9)^3=0.999$

（2）$\lambda_1=\lambda_2=\lambda_3=1/10000$

MTBF$=1/\lambda=(10000)\times(1+1/2+1/3)=18333$h

1.1.3.5　系统性能评测

常见基准测试程序如下：

（1）整数测试程序 Dhrystone：数值越大，性能越好。

（2）浮点测试程序 Linpack 和 Whetstone。

（3）SPEC 基准程序：是一套复杂的基准程序集，能较全面地反映机器的综合性能。

（4）TPC 基准程序：评价计算机事务处理性能。

1.1.4　多媒体基础知识

多媒体是对多种媒体的融合，是能够同时采集、处理、编辑、存储和展示两个或以上不同类型信息媒体的技术，这些信息媒体包括文字、声音、图形、图像、动画和视频等。

多媒体技术当前日新月异，是非常热门的技术和学科，例如数据可视化、游戏设计、动画设计、虚拟现实、GIS 等。

1.1.4.1　多媒体概述

1. 媒体（Medium）在计算机领域中的两种含义

（1）存储信息的载体：如磁盘、光盘、磁带和半导体存储器等。

（2）表示信息的载体：如文本、声音、图形、图像、视频、动画等。

2. 媒体的分类（CCITT 标准）

（1）感觉媒体：指直接作用于人的感觉器官，使人产生直接感觉的媒体。

（2）表示媒体：指用于数据交换的编码，如图像编码（JPEG、MPEG)。

（3）表现媒体：指进行信息输入和输出的媒体，如键盘、鼠标、扫描仪、显示器等。

（4）存储媒体：指用于存储表示媒体的物理介质，如硬盘、磁带等。

（5）传输媒体：指传输表示媒体的物理介质，如电缆、光缆等。

3. 多媒体的特征

多媒体的特征主要表现在以下几个方面。

（1）多样性。主要表现在信息媒体的多样化。

（2）集成性。多媒体信息的集成是将各种信息媒体按照一定的数据模型和组织结构集成为一个有机的整体。

（3）交互性。引入交互性后则可实现人对信息的主动选择、使用、加工和控制。

（4）非线性。借助超文本链接的方法，把内容以一种更灵活、更具变化的方式呈现给读者。

（5）实时性。在人的感官系统允许的情况下进行多媒体处理和交互。

（6）信息使用的方便性。用户可以按照自己的需要、兴趣、任务要求、偏爱和认知特点来使用信息，获取图、文、声等信息表现形式。

（7）信息结构的动态性。用户可以按照自己的目的和认知特征重新组织信息。

4. 虚拟现实

虚拟现实（Virtual Reality，VR）是利用计算机生成一种模拟环境，通过多种传感设备使用户浸入该环境中，实现用户与该环境直接进行自然交互的技术。

（1）虚拟现实技术的主要特征。

1）多感知：视觉感知、听觉感知、力觉感知、触觉感知、运动感知、味觉感知和嗅觉感知等。

2）沉浸（又称临场感）：用户感到作为主角存在于模拟环境中的真实程度。

3）交互：交互是指用户对模拟环境内物体的可操作程度和从环境得到反馈的自然程度。

（2）虚拟现实技术的分类。

1）桌面虚拟现实：利用个人计算机和低级工作站进行仿真，将计算机的屏幕作为用户观察虚拟境界的一个窗口。

2）完全沉浸的虚拟现实：利用头盔式显示器或其他传感设备，把参与者的视觉、听觉和其他感觉封闭起来，并提供一个新的、虚拟的感觉空间，利用位置跟踪器、数据手套、其他手控输入设备和声音等使得参与者产生一种身临其境、全心投入和沉浸其中的感觉。

3）增强现实性的虚拟现实：能够增强现实中无法感知或不方便的感受。

4）分布式虚拟现实：多个用户可通过网络对同一虚拟世界进行观察和操作，以达到协同工作的目的。

1.1.4.2 声音基础知识

1. 声音的基本概念

声音是通过空气传播的一种连续的波，称为声波。声波在时间和幅度上都是连续的模拟信号，通常称为模拟声音（音频）信号。

人对声音感觉的三个指标如下。

（1）音量：也称响度，指声音的强弱程度，取决于振幅的大小和强弱。

（2）音调。音调的高低，取决于声波的基频，即人们常说的声音尖锐或低沉。

（3）音色。由混入基音（基波）的泛音（谐波）所决定，谐波越丰富，音色越好。

人耳能听到的音频信号的频率范围是 20Hz～20kHz。低于 20Hz 的声波信号称为亚音信号（也称次声波），高于 20kHz 的信号称为超音频信号（也称超声波）。

2. 脉冲码调制

声音信号是连续的模拟信号，而计算机只能存储和处理离散的数字信号。脉冲码调制（Pulse Code Modulation，PCM）通过采样、量化和编码三个步骤，将模拟信号转变为数字信号。PCM 示意如图 1-23 所示。

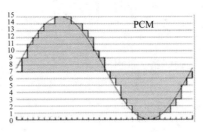

图 1-23　PCM 示意图

（1）调制的三个步骤。

采样：即每隔一定的时间间隔，获取声音信号的幅度值，作为样本。为了不产生失真，采样频率不应低于声音信号最高频率的两倍。

量化：将样本幅度值用数字来表示，通常以某一最小值作为基数。表示幅值的二进制位数称为量化位数，量化位数越大，采样精度就越高，声音效果就越好。

编码：将模拟信号的量化值用一组二进制数字代码来表示。

（2）声道。

单声道：记录声音时，一次只产生一组声波数据。

双声道：记录声音时，一次产生两组声波数据。

（3）音频文件大小计算。音频数据量（数据传输率）计算公式：

音频数据量（B）=采用时间（s）×采用频率（Hz）×量化位数（b）×声道数/8

【例 1-28】计算 3 分钟双声道、16 位量化、44.1kHz 采样频率的声音数据量为

音频数据量=180×44100×16×2÷8=31752000B=30.28MB

（4）数字语音压缩。由于数字波形声音数据量非常大，所以在存储和传输时进行数据压缩是必须的。常见数字语音压缩方法如下。

1）波形编码。直接对取样、量化后的波形进行压缩处理的方法。例如，脉冲编码调制（PCM）。语音质量好，压缩比低。

2）参数编码。也称为模型编码，是基于声音生成模型的压缩方法。例如，线性预测编码（Linear Predictive Coding，LPC）和声码器（Vocoder）。语音质量差，压缩比高。

3）混合编码。上述两种方法的结合。例如，码激励线性预测（Code Excited Linear Prediction，CELP）和混合激励线性预测（Mixed Excitation Linear Prediction，MELP）。语音质量好，压缩比高。

（5）声音合成。多媒体系统中的声音，除了波形声音外，还有一类是用符号来表示的由计算机合成的声音。

1）语音合成（文语转换）：语音合成目前主要指从文本到语音的转换，如图 1-24 所示。

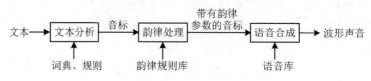

图 1-24 语音合成过程

2）音乐合成：根据一定的协议标准，采用音乐符号记录方法来记录和解释乐谱，可以对乐谱进行修改和编辑，通过合成器把数字乐谱变换成模拟声音波形。乐谱的基本组成单元是音符，最基本的音符有 7 个，所有不同音调的音符少于 128 个。

音乐与噪声的区别主要在于它们是否有周期性。

（6）常见的声音文件格式。

WAV：微软公司采用的波形声音文件格式。

MPEG：采用 mp1、mp2、mp3 音频压缩标准压缩的文件格式，其中 mp3 是目前网络非常流行的音频格式。

RealAudio：Real Network 公司采用的网络音频文件格式，包含 RA、RM、RMX 三种格式。

MIDI：电子乐器数字接口规定了电子设备之间交换音乐信息的文件格式，能指挥各音乐设备的运转，CD 往往都是利用 MIDI 制作出来的。

Audio：Sun 公司数字声音文件格式，是因特网上常用的声音文件格式。

1.1.4.3 图形和图像

色彩是创建图像的基础，是通过光被人们感知的，物体由于质地的不同，受光线照射后，产生光的分解现象，从而呈现出不同的色彩。所以，色彩和光源、被光照射的物体密切相关，并与观察者的位置有关。

1. 色彩三要素

（1）亮度（V）。描述光作用于人眼时引起的明暗程度感觉，是指颜色明暗深浅程度。颜色光辐射的功率越大，亮度越高。

（2）色调（H）。指颜色的类别，如红色、绿色、蓝色。不同波长的光呈现不同的颜色。

（3）色饱和度（S）。指某一颜色的深浅程度（或浓度）。其饱和度越高，则颜色越深。

2. 三基色原理

从理论上讲，任何一种颜色都可以用三种基本颜色按不同比例混合得到。自然界常见的各种颜色光，都可由红（Red）、绿（Green）、蓝（Blue）三种颜色光按不同比例相配而成。

（1）彩色空间。

RGB 彩色空间：发光物体采用的红、绿、蓝加色系统。

CMY 彩色空间：反射体采用的青、品红、黄减色系统，也用于印刷配色。

YUV 彩色空间：现代彩色电视中成像的系统，亮度信号 Y、色差信号 U（R-Y）和 V（B-Y）。

红色+绿色+蓝色=白色，彩色空间示意如图 1-25 所示。

RGB 彩色空间　　　　　CMY 彩色空间

图 1-25　彩色空间示意

（2）补色。凡是两种色光混合而形成白光的，这两种色光互为补色。

红色+青色=绿色+品红=蓝色+黄色=白色

（3）计算机中的图形数据表示。

图形：基于线条表示的几何图形或矢量图形。

图像：基于材质、纹理和光照表示的真实感图形，点阵图像或位图图像。

（4）图像的属性。

分辨率：又称显示分辨率或图像分辨率，指横纵像素点的数目。例如，显示分辨率为 1024×768；另外每英寸点数（Dots Per Inch，DPI）也是一个用于点阵数码影像的量度单位。

图像深度：每个像素存储颜色所用的位数，一幅彩色图像的每个像素用 R、G、B 三个分量表示，若三个分量的像素位数分别为 4、4、2，则最大颜色数目为 $2^{4+4+2}=2^{10}=1024$。

真彩色：组成一幅彩色图像的每个像素值中，有 R、G、B 三个基色分量，每个基色分量直接决定显示设备的基色强度，这样产生的彩色称为真彩色。

伪彩色：图像中每个像素的颜色不是由三个基色分量的数值直接表达，而是把像素值作为地址索引在彩色查找表中查找这个像素实际的 R、G、B 分量，将图像的这种颜色表达方式称为伪彩色。

（5）图形文件大小计算。图像分辨率越高，图像深度越深，则数字化后的图像效果越逼真，图像数据量越大。

$$图像数据量（B）=图像的总像素×图像深度/8$$

【例 1-29】一幅 640×480 的 256（2^8）色图像，其文件大小约为=640×480×8/8≈300KB。

（6）图形数据压缩。

无损压缩（压缩比低）：不会丢失原始数据信息，压缩后的数据不失真，能够完整地恢复原始信息。常见算法有行程编码、霍夫曼编码。

有损压缩（压缩比高）：将会丢失部分原始数据信息，不能够通过压缩文件还原原始信息。如预测编码、交换编码。

（7）图形图像常见文件格式。

bmp：位图图像文件。

gif：联机图像交换使用的图像文件，可支持动画。

jpg（jpeg）：JPEG 图片以 24 位颜色存储单个光栅图像。JPEG 是与平台无关的格式，支持最高级别的压缩。由 ISO 和 IEC 制定。

tiff：二进制图像文件格式，可跨操作系统。

png：可移植网络图形格式，用于替代 gif 和 tiff 图像文件的格式。

dif：绘图交换文件。DXF 是 Autodesk 公司开发的用于 AutoCAD 与其他软件之间进行 CAD 数据交换的 CAD 数据。

eps：用 Postscript 语言描述的 ASCII 图形文件。

1.1.4.4 动画和视频

动画或视频实质是由多个静态图像构成的，当这些静态图像以每秒大于 25 帧（动画中的每一幅静态图像）的速度播放时，人感觉这些图像是连续的。

1. 动画分类

实时动画：采用各种算法来实现运动物体的运动控制。

矢量动画：是由矢量图衍生出的动画形式。

二维动画：对传统绘制动画的改进。

三维画面：设计过程（造型—着色—动画生成），造型中模型分为线框模型、表面模型、实体模型，着色分类为材质、纹理、光照射。

2. 模拟视频

电视系统不具备交互性，传播的信号是模拟信号。常见的彩色数字电视制式见表 1-7，（美国）国家电视标准委员会又称恩制（National Television Standards Committee，NTSC），NTSCM 即 NTSC-M，是标准的彩色电视制式。PAL 制（Phase Alteration Line）又移为帕尔制。SECAM（Sequentiel Couleur A Memoire）为塞康制。中国电视制式标准为 PAL。

表 1-7 常见的彩色数字电视制式

TV 制式	帧频/Hz	行/帧	亮度带宽/MHz	彩色副载波/MHz	色度带宽/MHz	声音载波/MHz
NTSCM	30	525	4.2	3.58	1.3（I）、0.6（Q）	4.5
PAL	25	625	6.0	4.43	1.3（U）、1.3（V）	6.5
SECAM	25	625	6.0	4.25	>1.0（U）、>1.0（V）	6.5

3．数字视频

数字视频：视频数字化的目的是将模拟信号经模数转换和彩色空间变换等过程，转换成计算机可以显示和处理的数字信号。

数字视频标准：国际无线电咨询委员会（Internatinal Radio Consultative Committee，CCIR）制定的广播级质量数字电视编码标准（即 CCIR601 标准），为 PAL、NTSC 和 SECAM 电视制式之间确定了共同的数字化参数。

采样频率：13.5MHz。

分辨率：一扫描行的有效样本点数均为 720 个。

数据量：每个样本点都按 8 位数字化，即有 256 个等级。

4．视频压缩

视频压缩的目的是在尽可能保证视觉效果的前提下减少视频数据。

（1）视频压缩分类。

1）无损压缩与有损压缩：压缩后能够还原为原始数据是无损压缩，反之则称为有损压缩。

2）帧内和帧间压缩：帧内压缩（空间压缩）的压缩比小，帧间压缩（时间压缩）的压缩比大。

3）对称和不对称编码：对称编码指压缩与解压缩使用的算法是一致的，如不一致，则称为不对称编码。对称算法适合实时压缩和传送视频，非对称算法适合电子出版和其他多媒体应用。

（2）压缩编码的标准。常见视频压缩编码的标准见表 1-8。

表 1-8　常见压缩编码标准

名称	源图像格式	压缩后的码率	主要应用
MPEG-1	CIF 格式	1.5Mb/s	适用于 VCD
CCITT H.261	CIF 格式 QCIF 格式	$P\times 64$kb/s $P=1$、2 时支持 QCIF $P\geq 6$ 时支持 QIF	应用于视频通信，如可视电话、会议电视等
MPEG-2	$720\times 576\times 25$ $352\times 288\times 25$ $1440\times 1152\times 50$	5～15Mb/s <5Mb/s 80Mb/s	DVD、150 路卫星电视直播等交互式多媒体应用等 HDTV 领域
MPEG-4	多种不同的视频格式	最低可达 64kb/s	虚拟现实、远程教育、交互式视频等

5．视频常见文件格式

AVI：其含义是 Audio Video Interactive，由 Microsoft 开发的把视频和音频编码混合在一起储存文件的格式。

WMV：Microsoft 开发的波形文件格式。

MPEG：MPEG 广泛地用于标准 3G 手机上。

RM/RMVB：RealNetworks 开发的一种视频格式。

MOV：QuickTime Movie 是由苹果公司开发的视频文件格式，是影视制作行业的通用格式。

DV：数字视频，通常用于数字格式捕获和储存视频的设备（诸如便携式摄像机等）中。

Flic：Autodesk 公司 2D/3D 彩色动画文件格式。

1.1.4.5　多媒体网络与多媒体计算机

网络具备传播信息的强大功能，多媒体空间的合理分布和有效的协作操作将极大地缩小个体与群体、局部与全球的工作差距。

超文本：是将文本中相关的内容通过链接组织在一起。其三个基本要素为节点（信息块或信息点）、链（节点间连接）和网络（节点与链构成）。

超媒体：用超文本方式组织和处理多媒体信息就是超媒体。

网页（Web 页）：由超文本标记语言 HTML（HyperText Markup Language）编写的文件。

1．多媒体网络

流媒体是指在网络中使用流式传输技术的连续时序媒体，而流媒体技术是指把连续的影像和声音信息经过压缩处理之后放到专用的流服务器上，让浏览者一边下载一边观看、收听，而不需要等到整个多媒体文件下载完成就可以即时观看和收听的技术。

（1）常见的流媒体系统。常见的流媒体系统（服务）有 Windows Media 系统、Real System 系统、Quick Time 系统等，一般需要应用实时传输协议 RTP 和实时流协议 RTSP。

（2）客户端可使用以下多种方法来读取声音和影视文件。

1）通过 Web 浏览器把声音/影视文件从 Web 服务器传送给媒体播放器，Web 浏览器能够通过 HTTP 中内建的 MIME 来标记 Web 上的多媒体文件格式。

2）直接把声音/影视文件从 Web 服务器传送给媒体播放器。

3）通过多媒体流放服务器将声音/影视文件传送给媒体播放器。

2．多媒体计算机系统

通常将具有对多种媒体进行处理能力的计算机称为多媒体计算机，多媒体系统是由多媒体硬件系统和多媒体软件系统组成的。

（1）多媒体硬件系统。多媒体硬件系统有音频卡（又称声卡）、视频卡（又称显卡）、光盘驱动器、扫描仪、光学字符阅读、触摸、数字化仪、操纵杆、绘图仪、投影仪、激光视盘播放器等。

（2）多媒体计算机软件系统包括以下几种。

1）多媒体操作系统：Apple 公司的 Quick Time 或 Windows 的系列产品。

2）多媒体创作工具软件：页面模式类、时序模式类、图标模式类、窗口模式类。

3）多媒体编辑软件：文本、图形图像、视频、动画、VR 等。

4）多媒体应用软件：主要是一些创作工具或多媒体编辑工具，包括字处理软件、绘图软件、图像处理软件、动画制作软件、声音编辑软件以及视频软件。

1.1.5　本学时要点总结

冯·诺依曼计算机组成：运算器、控制器、存储器、输入设备、输出设备。

CPU 构成：运算器、控制器。

运算器：算术/逻辑运算单元（ALU）、累加器（ACC）、寄存器组、数据总线。

控制器：程序计数器（PC）、状态条件寄存器（PSW）、时序产生器、指令寄存器（IR）、指令译码器（ID）、数据寄存器（DR）、地址寄存器（AR）、控制总线。

执行指令一般分为 4 个步骤：取指令、指令译码、按指令操作码执行、形成下一条指令地址。

二进制、八进制、十六进制及其转换。

原码、反码、补码、移码及其转换。

原码、反码的 0 表示不唯一，补码、移码的 0 表示唯一。

数据校验码：具有检测错误或带有自动纠正错误能力的数据编码方式。

常用数据校验码：奇偶校验码、循环冗余校验码、海明校验码。

海明校验码：校验位 K 长度、构造海明码、海明码的检验。

内存：随机存储器（RAM）、只读存储器（ROM）、高速缓冲存储器（Cache）。

外存：硬盘、快闪存储器、光盘。

高速缓冲存储器地址映像方法：直接映像、全相联映像和组相联映像。

虚拟存储器：局部性原理。

廉价冗余磁盘阵列（RAID）0 到 6 级中的特征。

总线：地址总线、数据总线、控制总线；内部总线、系统总线、外部总线。

信息安全 5 要素：①机密性；②完整性；③可用性；④可控性；⑤可审查性。

计算机系统中的三类安全性：技术安全性、管理安全性、政策法律安全性。

安全威胁分为两类：故意（如黑客渗透）和偶然（如信息发往错误的地址）。

两类数据加密技术：对称加密（私人密钥加密）和非对称加密（公开密钥加密）。

非对称加密：公钥和私钥。

认证技术：Hash 摘要、数字签名、时间戳、SSL。

计算机系统常见可靠性指标：可靠性、失效率、平均无故障时间、可用性。

可靠性模型：串联模型、并联模型。

常见基准测试程序：整数测试程序 Dhrystone、浮点测试程序 Linpack 和 Whetstone、SPEC 基准程序、TPC 基准程序。

多媒体是对多种媒体的融合。

媒体在计算机领域中有两种含义：存储载体、表示载体。

媒体的分类（CCITT 标准）：感觉媒体、表示媒体、表现媒体、存储媒体、传输媒体。

多媒体的特征：多样性、集成性、交互性、非线性、实时性。

虚拟现实技术的主要特征：多感知、沉浸、交互。

虚拟现实技术的分类：桌面虚拟现实、完全沉浸的虚拟现实、增强现实性的虚拟现实、分布式虚拟现实。

声音是通过空气传播的一种连续的波，称为声波。声波在时间和幅度上都是连续的模拟信号，通常称为模拟声音（音频）信号。

人对声音感觉的三个指标：音量（也称响度）、音调、音色。

人耳能听到的音频信号的频率范围是 20Hz～20kHz。

脉冲码调制 PCM，通过采样、量化和编码三个步骤，将模拟信号转变为数字信号。

音频数据量（B）=采用时间（s）×采用频率（Hz）×量化位数（b）×声道数/8

数字语音压缩方法：波形编码、参数编码、混合编码。

计算机合成的声音：语音合成、音乐合成。

彩色产生的原理。

色彩三要素：亮度（V）、色调（H）、色饱和度（S）。

三基色原理：RGB 彩色空间、CMY 彩色空间、YUV 彩色空间。

补色：凡是两种色光混合而成白光，则这两种色光互为补色。红色+青色=绿色+品红=蓝色+黄色=白色。

图形和图像的区别。

图像的属性：分辨率、图像深度、真彩色、伪彩色。

图像数据量（B）=图像的总像素×图像深度/8

数据压缩分类：无损压缩、有损压缩。

图形图像常见文件格式：.bmp、.gif、.jpg（jpeg）、.tiff、.png、.dif、.eps。

动画分类：实时动画、矢量动画、二维动画、三维画面（造型—着色—动画生成）。

视频分类：模拟视频（中国电视制式标准为 PAL）、数字视频。

视频压缩编码：无损压缩与有损压缩、帧内和帧间压缩、对称和不对称编码。

视频常见文件格式：.AVI、.WMV、.MPEG、.RM/RMVB、.MOV、.DV、Flic。

超文本：将文本中遇到的相关内容通过链接组织在一起。

超文本三个基本要素：节点、链和网络。

超媒体：用超文本方式组织和处理多媒体信息就是超媒体。

流媒体是指在网络中使用流式传输技术的连续时序媒体,不需要等到整个多媒体文件下载完成就可以即时观看和收听。

具有对多种媒体进行处理能力的计算机称为多媒体计算机。

多媒体计算机软件系统：多媒体操作系统、多媒体创作工具软件、多媒体编辑软件、多媒体应用软件。

第 2 学时　计算机系统知识模拟习题

1.（　　）不属于计算机控制器中的部件。

    A．指令寄存器（IR）   B．程序计数器（PC）

    C．算术逻辑单元（ALU）   D．程序状态字寄存器（PSW）

2．在 CPU 与主存之间设置高速缓冲存储器（Cache），其目的是（　　）。

    A．扩大主存的存储容量   B．提高 CPU 对主存的访问效率

    C．既扩大主存容量，又提高存取速度   D．提高外存储器的速度

3．下面的描述中，（　　）不是 RISC 设计应遵循的设计原则。

    A．指令条数应少一些

    B．寻址方式尽可能少

    C．采用变长指令，功能复杂的指令长度长而简单指令长度短

    D．设计尽可能多的通用寄存器

4．某系统的可靠性结构框图如下所示。该系统由 4 个部件组成，其中 2、3 两部件并联冗余，再与 1、4 部件串联。假设部件 1、2、3 的可靠性分别为 0.90、0.70、0.70，若要求该系统的可靠性不低于 0.75，则进行系统设计时，分配给部件 4 的可靠性至少应为（　　）。

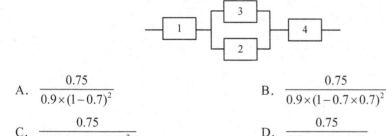

    A．$\dfrac{0.75}{0.9\times(1-0.7)^2}$ B．$\dfrac{0.75}{0.9\times(1-0.7\times0.7)^2}$

    C．$\dfrac{0.75}{0.9\times[1-(1-0.7)^2]}$ D．$\dfrac{0.75}{0.9\times(0.7+0.7)}$

5．指令流水线将一条指令的执行过程分为 4 步，其中第 1、2 和 4 步的经过时间为 Δt，如图所示。若该流水线顺序执行 50 条指令共用时 $153\Delta t$，并且不考虑相关问题，则该流水线的瓶颈第 3 步的时间为（　　）Δt。

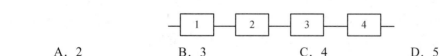

    A．2   B．3   C．4   D．5

6．在指令系统的各种寻址方式中，获取操作数最快的方式是　(1)　。若操作数的地址包含在指令中，则属于　(2)　方式。

    （1）A．直接寻址   B．立即寻址   C．寄存器寻址   D．间接寻址

    （2）A．直接寻址   B．立即寻址   C．寄存器寻址   D．间接寻址

7．系统响应时间和作业吞吐量是衡量计算机系统性能的重要指标。对于一个持续处理业务的系统而言，（　　），表明其性能越好。

    A．响应时间越短，作业吞吐量越小   B．响应时间越短，作业吞吐量越大

    C．响应时间越长，作业吞吐量越大   D．响应时间不会影响作业吞吐量

8. 若每一条指令都可以分解为取指、分析和执行三步。已知取指时间 $t_1= 4\Delta t$，分析时间 $t_2= 3\Delta t$，执行时间 $t_3= 5\Delta t$，如果按串行方式执行完 100 条指令需要___(1)___ Δt，如果按照流水线方式执行，执行完 100 条指令需要___(2)___ Δt。

(1) A. 1190   B. 1195   C. 1200   D. 1205

(2) A. 504   B. 507   C. 508   D. 510

9. 在计算机体系结构中，CPU 内部包括程序计数器（PC）、存储器数据寄存器（MDR）、指令寄存器（IR）和存储器地址寄存器（MAR）等。若 CPU 要执行的指令为"MOV R0 ,#100"（即将数值 100 传送到寄存器 R0 中），则 CPU 首先要完成的操作是（ ）。

A. 100→R0   B. 100→MDR   C. PC→MAR   D. PC→IR

10. 内存按字节编址，地址从 90000 到 CFFFFH，若用存储容量为 $16K\times 8b$ 的存储器芯片构成该内存，至少需要（ ）片。

A. 2   B. 4   C. 8   D. 16

11. CPU 中的数据总线宽度会影响（ ）。

A. 内存容量的大小   B. 系统的运算速度

C. 指令系统的指令数量   D. 寄存器的宽度

12. 利用高速通信网络将多台高性能工作站或微型机互连构成集群系统，其系统结构形式属于（ ）计算机。

A. 单指令流单数据流（SISD）   B. 多指令流单数据流（MISD）

C. 单指令流多数据流（SIMD）   D. 多指令流多数据流（MIMD）

13. 海明校验码是在 n 个数据位之外增设 k 个校验位，从而形成一个 $k+n$ 位的新的码字，使新的码字的码距比较均匀地拉大。n 与 k 的关系是（ ）。

A. $2^k-1\geqslant n+k$ B. $2^{n-1}\leqslant n+k$ C. $n=k$ D. $n-1\leqslant k$

14. 计算机中常采用原码、反码、补码和移码表示数据，其中，± 0 编码相同的是（ ）。

A. 原码和补码   B. 反码和补码   C. 补码和移码   D. 原码和移码

15. 某指令流水线由 5 段组成，第 1、3、5 段所需时间为 Δt，第 2、4 段所需时间分别为 $3\Delta t$、$2\Delta t$，如图所示。那么连续输入 n 条指令时的吞吐率（单位时间内执行的指令个数）TP 为（ ）。

A. $\dfrac{n}{5\times(3+2)\Delta t}$ B. $\dfrac{n}{(3+3+2)\Delta t+3\times(n-1)\Delta t}$

C. $\dfrac{n}{(3+2)\Delta t+(n-3)\Delta t}$ D. $\dfrac{n}{(3+2)\Delta t+5\times 3\Delta t}$

16. 中断响应时间是指（ ）。

A. 从中断处理开始到中断处理结束所用的时间

B. 从发出中断请求到中断处理结束后所用的时间

C. 从发出中断请求到进入中断处理所用的时间

D. 从中断处理结束到再次中断请求的时间

17．在单指令流多数据流计算机（SIMD）中，各处理单元必须（　　）。

A. 以同步方式，在同一时间内执行不同的指令

B. 以同步方式，在同一时间内执行同一条指令

C. 以异步方式，在同一时间内执行不同的指令

D. 以异步方式，在同一时间内执行同一条指令

18．单个磁头在向盘片的磁性涂料层上写入数据时，是以（　　）方式写入的。

A. 并行　　　　　　　B. 并一串行　　　　　C. 串行　　　　　　D. 串一并行

19．容量为 64 块的 Cache 采用组相联方式映像，字块大小为 128 个字，每 4 块为一组。若主存容量为 4096 块，且以字编址，那么主存地址应该为__(1)__位，主存区号为__(2)__位。

（1）A. 16　　　　　　B. 17　　　　　　　C. 18　　　　　　D. 19

（2）A. 5　　　　　　 B. 6　　　　　　　 C. 7　　　　　　 D. 8

20．在计算机中，最适合进行数字加减运算的数字编码是__(1)__，最适合表示浮点数阶码的数字编码是__(2)__。

（1）A. 原码　　　　　B. 反码　　　　　　C. 补码　　　　　D. 移码

（2）A. 原码　　　　　B. 反码　　　　　　C. 补码　　　　　D. 移码

21．如果主存容量为 16MB，且按字节编址，表示该主存地址至少应需要（　　）位。

A. 16　　　　　　　　B. 20　　　　　　　C. 24　　　　　　D. 32

22．操作数所处的位置可以决定指令的寻址方式。操作数包含在指令中，寻址方式为__(1)__；操作数在寄存器中，寻址方式为__(2)__；操作数的地址在寄存器中，寻址方式为__(3)__。

（1）A. 立即寻址　　　B. 直接寻址　　　　C. 寄存器寻址　　D. 寄存器间接寻址

（2）A. 立即寻址　　　B. 相对寻址　　　　C. 寄存器寻址　　D. 寄存器间接寻址

（3）A. 相对寻址　　　B. 直接寻址　　　　C. 寄存器寻址　　D. 寄存器间接寻址

23．现有四级指令流水线，分别完成取指、取数、运算、传送结果 4 步操作。若完成上述操作的时间依次为 9 ns、10 ns、6 ns、8 ns，则流水线的操作周期应设计为（　　）ns。

A. 6　　　　　　　　 B. 8　　　　　　　　C. 9　　　　　　 D. 10

24．如果 I/O 设备与存储器设备进行数据交换不经过 CPU 来完成，这种数据交换方式是（　　）。

A. 程序查询　　　　　B. 中断方式　　　　C. DMA 方式　　D. 无条件存取方式

25．在关于主存与 Cache 地址映射的方式中，以下叙述（　　）是正确的。

A. 全相联映射方式适用于大容量 Cache

B. 直接映射是一对一的映射关系，组相联映射是多对一的映射关系

C. 在 Cache 容量相等的条件下，直接映射方式的命中率比组相联方式有更高的命中率

D. 在 Cache 容量相等的条件下，组相联方式的命中率比直接映射方式有更高的命中率

26．下列关于计算机性能评价的说法中，正确的叙述是（　　）。

①主频高的机器一定比主频低的机器速度高

②基准程序测试法能比较全面地反映实际运行情况，但各个基准程序测试的重点不同

③平均指令执行速度（MIPS）能正确反映计算机执行实际程序的速度

④MFLOPS 是衡量向量机和当代高性能机器性能的主要指标之一

    A. ①②③④   B. ②③   C. ②④   D. ①

27．在高速并行结构中，速度最慢但通用性最好的是（   ）。

    A. 相联处理机   B. 数据流处理机   C. 多处理机系统   D. 专用多功能单元

28．与十进制数 873 相等的二进制数是 (1) ，八进制数是 (2) ，十六进制数是 (3) ，BCD 码是 (4) 。

    （1）A. 1101101001   B. 1011011001   C. 1111111001   D. 1101011001

    （2）A. 1331   B. 1551   C. 1771   D. 1531

    （3）A. 359   B. 2D9   C. 3F9   D. 369

    （4）A. 100101110011   B. 100001110011   C. 100000110111   D. 100001110101

29．假设某计算机具有 1MB 的内存，并按字节编址，为了能存取该内存各地址的内容，其地址寄存器至少需要二进制 (1) 位。为使 4 字节组成的字能从存储器中一次读出，要求存放在存储器中的字边界对齐，一个字的地址码应 (2) 。若存储周期为 200ns，且每个周期可访问 4 个字节，则该存储器带宽为 (3) b/s。假如程序员可用的存储空间为 4MB，则程序员所用的地址为 (4) ，而真正访问内存的地址为 (5) 。

    （1）A. 10   B. 16   C. 20   D. 32

    （2）A. 最低两位为 00 B. 最低两位为 10 C. 最高两位为 00 D. 最高两位为 10

    （3）A. 20 M   B. 40M   C. 80M   D. 160M

    （4）A. 有效地址   B. 程序地址   C. 逻辑地址   D. 物理地址

    （5）A. 指令地址   B. 物理地址   C. 内存地址   D. 数据地址

30．若某个计算机系统中 I/O 地址统一编址，则访问内存单元和 I/O 设备靠（   ）来区分。

    A. 数据总线上输出的数据   B. 不同的地址代码

    C. 内存与 I/O 设备使用不同的地址总线   D. 不同的指令

31．一个双面 5 英寸软盘，每面 40 道，每道 8 个扇区，每个扇区 512 个字节，则盘片总容量为 (1) 。若该盘驱动器转速为 600r/min，则平均等待时间为 (2) ，最大数据传输率为 (3) 。

    （1）A. 160KB   B. 320KB   C. 640KB   D. 1.2MB

    （2）A. 25ms   B. 50ms   C. 100ms   D. 200ms

    （3）A. 10kb/s   B. 20kb/s   C. 40kb/s   D. 80kb/s

32．为了保证网络的安全，常常使用防火墙技术。防火墙是（   ）。

    A. 为控制网络访问而配置的硬件设备

    B. 为防止病毒攻击而编制的软件

    C. 指建立在内外网络边界上的过滤封锁机制

D．为了避免发生火灾专门为网络机房建造的隔离墙

33．甲通过计算机网络给乙发消息，表示甲已同意与乙签订合同，不久后甲不承认发过该消息。为了防止这种情况的出现，应该在计算机网络中采取（　　）技术。

    A．数据压缩　　　　　B．数据加密　　　　　C．数据备份　　　　D．数字签名

34．大容量的辅助存储器常采用 RAID 磁盘阵列。RAID 的工业标准共有 6 级。其中（　　）是镜像磁盘阵列，具有最高的安全性。

    A．RAID0　　　　　B．RAID1　　　　　C．RAID5　　　　D．RAID3

35．在声音数字化的过程中，为了不产生失真，采样频率不能低于声音最高频率的（　　）倍。

    A．1　　　　　　　B．2　　　　　　　C．3　　　　　　D．4

36．在多媒体的音频处理中，由于人所敏感的音频最高为　（1）　赫兹（Hz），因此，数字音频文件中对音频的采样频率为　（2）　赫兹（Hz）。对于一个双声道的立体声，保持 1 秒钟的声音，其波形文件所需的字节数为　（3）　，这里假设每个采样点的量化位数为 8 位。

    （1）A．50　　　　　B．10k　　　　　C．22k　　　　　D．44k

    （2）A．44.1k　　　　B．20.05k　　　　C．10k　　　　　D．88k

    （3）A．22050　　　　B．88200　　　　C．176400　　　　D．44100

37．MIDI 是一种数字音乐的国际标准，MIDI 文件存储的　（1）　，它的重要特色是　（2）　。

    （1）A．不是乐谱而是波形　　　　　　　B．不是波形而是指令序列

        C．不是指令序列而是波形　　　　　D．不是指令序列而是乐谱

    （2）A．占用的存储空间少　　　　　　　B．乐曲的失真度小

        C．读写速度快　　　　　　　　　　D．修改方便

38．如果在某色调的彩色光中掺入别的彩色光，会引起　（1）　的变化，掺入白光会引起　（2）　的变化。

    （1）A．亮度　　　　　B．色调　　　　　C．色饱和度　　　　D．光强

    （2）A．亮度　　　　　B．色调　　　　　C．色饱和度　　　　D．光强

39．打印机中使用的彩色空间是　（1）　，彩色电视机中使用的彩色空间是　（2）　。

    （1）A．YUV　　　　　B．XYZ　　　　　C．RGB　　　　　D．CMY

    （2）A．YUV　　　　　B．XYZ　　　　　C．RGB　　　　　D．CMY

40．若每个像素具有 8 位的颜色深度，则可表示　（1）　种不同的颜色，若某个图像具有 640×480 个像素点，其未压缩的原始数据需占用　（2）　字节的存储空间。

    （1）A．8　　　　　　　B．128　　　　　C．256　　　　　D．512

    （2）A．1024　　　　　B．19200　　　　C．38400　　　　D．307200

41．中国采用的电视的制式是　（1）　，采用　（2）　彩色空间，它的帧频是　（3）　，电视数字化的标准是　（4）　。

    （1）A．NTSC　　　　　B．PAL　　　　　C．SECAM　　　　D．HIS

    （2）A．RGB　　　　　B．YUV　　　　　C．CMY　　　　　D．XYZ

（3）A. 10   B. 25   C. 30   D. 50

（4）A. JPEG   B. H.261   C. CCIR601   D. H.263

42. 图像序列中的两幅相邻图像，后一幅图像与前一幅图像之间有较大的相关，这是（   ）。

     A. 空间冗余   B. 时间冗余   C. 信息冗余   D. 视觉冗余

43. 超文本是一种信息管理技术，其组织形式以（   ）作为基本单位。

     A. 文本（Text）   B. 节点（Node）   C. 链（Link）   D. 环球网（Web）

44. 渐显效果可以使用户在图像全部收到之前就看到这幅图的概貌，下列图像文件格式中（   ）支持渐显效果。

     A. BMP   B. GIF   C. JPG   D. TIF

45. 在彩色喷墨打印机中，将油墨进行混合后得到的颜色称为（   ）色。

     A. 相减   B. 相加   C. 互补   D. 比例

46. 设计制作一个多媒体地图导航系统，使其能根据用户需求缩放地图并自动搜索路径，最适合的地图数据应该是（   ）。

     A. 真彩色图像   B. 航拍图像   C. 矢量化图形   D. 高清晰灰度图像

47. 对同一段音乐可以选用 MIDI 格式或 WAV 格式来记录存储。以下叙述中（   ）是不正确的。

     A. WAV 格式的音乐数据量比 MIDI 格式的音乐数据量大

     B. 记录演唱会实况不能采用 MIDI 格式的音乐数据

     C. WAV 格式的音乐数据没有体现音乐的曲谱信息

     D. WAV 格式的音乐数据和 MIDI 格式的音乐数据都能记录音乐波形信息

48. 当图像分辨率为 800×600 像素，屏幕分辨率为 640×480 像素时，（   ）。

     A. 屏幕上显示一幅图像的 64 %左右   B. 图像正好占满屏幕

     C. 屏幕上显示一幅完整的图像   D. 图像只占屏幕的一部分

49. 计算机获取模拟视频信息的过程中首先要进行（   ）。

     A. A/D 变换   B. 数据压缩   C. D/A 变换   D. 数据存储

50. 声音的三要素为音调、音强和音色，音色是由混入基音的（   ）决定的。

     A. 响度   B. 泛音   C. 高音   D. 波形声音

51. 数据压缩技术是多媒体信息处理中的关键技术之一，数据压缩技术可分为__（1）__两大类；__（2）__是一种与频度相关的压缩和编码方法；__（3）__是一种主要用于视频信息的压缩；__（4）__则常用于静止图片的信息压缩。基于三基色（RGB）原理的 RGB 颜色空间在多媒体技术中最常用，此外还有多种颜色空间，但__（5）__不是计算机上使用的颜色空间。

    （1）A. 可逆与不可逆   B. 高速与低速   C. 编码与非编码   D. 冗余与非冗余

    （2）A. MIPS   B. ISON   C. Huffman   D. Gauss

    （3）A. MIPS   B. MPEG   C. JPEG   D. JIPS

    （4）A. MIPS   B. MPEG   C. JPEG   D. JIPS

    （5）A. YUV   B. HIS   C. XYZ   D. IMG

52. 下面关于计算机图形图像的描述中，不正确的是（　　）。

　　A．图像都是由一些排成行列的点（像素）组成的，通常称为位图或点阵图

　　B．图像的最大优点是容易进行移动、缩放、旋转和扭曲等变换

　　C．图形是计算机绘制的画面，也称矢量图

　　D．图形文件中只记录生成图的算法和图上的某些特征点，数据量较小

53. W3C 制定了同步多媒体集成语言规范，称为（　　）规范。

　　A．XML　　　　　　　　B．SMIL　　　　　　　C．VRML　　　　　　　D．SGML

54. MPEG 是一种__(1)__，它能够__(2)__。

（1）A．静止图像的存储标准　　　　　　B．音频、视频的压缩标准

　　　C．动态图像的传输标准　　　　　　D．图形图像传输标准

（2）A．快速读写　　　　　　　　　　　B．高达 200:1 的压缩比

　　　C．无失真地传输视频信号　　　　　D．提供大量基本模板

参考答案：

1～5	CBCCB	6	BA	7	B	8	CB
9～13	CDBDA	14～15	CB	16	C	17～18	BC
19	BD	20	CD	21	C	22	ACD
23～27	DCDCC	28	ABDB	29	CADCB	30	B
31	BBC	32～34	CDB	35	B	36	CAB
37	BA	38	BC	39	DA	40	CD
41	BBBC	42～46	BBBAC	47～50	DAAB	51	ACBCD
52～53	BB	54	BB				

第 3 学时　程序语言基础知识

本学时考点

（1）程序设计语言的基础知识：程序语言的分类、典型的程序设计语言以及适用情况、程序语言的基本处理过程。

（2）汇编程序的基本原理：语言分类，汇编程序处理过程。

（3）编译程序的基本原理：编译系统的组成和原理，自动机、文法规则与正则表达式。

（4）解释程序的基本原理：解释系统的工作原理，与编译系统的对比。

1.3.1　程序设计语言基础

程序是按照一定的顺序执行的，能够完成某一任务的指令集合。程序设计语言是人与计算机沟

通的语言，是软件（程序）的基础和组成。

程序设计语言总体分类如图 1-26 所示。

程序设计语言
- 高级语言：与机器无关，接近自然语言
  - 命令式语言：Fortran、Pascal、C
  - 函数式语言：Lisp
  - 逻辑式语言：Prolog
  - 对象式语言：C++、Java、C#、Python
- 低级语言：面向机器的语言
  - 机器语言：00000011程序用二进制代码编写
  - 汇编语言：ADD X Y程序用汇编指令编写

图 1-26　程序设计语言总体分类

1. 程序设计语言比较

机器语言、汇编语言及高级语言的特征比较见表 1-9。

表 1-9　机器语言、汇编语言及高级语言的特征比较

比较项	机器语言	汇编语言	高级语言
硬件识别	是唯一可以识别的语言	不可识别	不可识别
是否可直接执行	可直接执行	不可直接执行，需汇编、连接	不可直接执行，需编译/解释、连接
特点	面向机器 占用内存少 执行速度快 使用不方便	面向机器 占用内存少 执行速度快 较为直观 与机器语言一一对应	面向问题/对象 占用内存大 执行速度相对慢 标准化程度高 便于程序交换，使用方便 具有跨平台、块语言能力
类型	低级语言，极少使用	低级语言，很少使用	高级语言，种类多，常用

2. 语言翻译

汇编语言和高级语言计算机是不能直接识别和执行的，需要翻译为机器语言（二进制形式）。

源程序：由高级语言或汇编语言编写的程序。

目标程序：由源程序翻译成的机器语言程序。

可执行程序：由机器语言组成的程序。

汇编程序的功能：把汇编语言程序翻译成等价的机器语言程序，如图 1-27 所示。

编译程序的功能：把高级语言程序翻译成等价的机器语言程序，如图 1-28 所示。

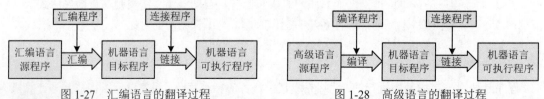

图 1-27　汇编语言的翻译过程　　　　图 1-28　高级语言的翻译过程

3. 按程序设计的方式将语言分类

命令式程序设计语言：命令式语言是基于动作的语言，在这种语言中，计算被看成是动作的序列。如 Fortran、Pascal 和 C 等。

面向对象程序设计语言：支持对象和类的概念，支持数据隐藏、数据抽象、用户定义类型、继承和多态等新的程序设计技术。如 C++、Java、Smalltalk、C#、VB、JavaScript 等。

函数式程序设计语言：以 λ 演算为基础的语言，主要应用于人工智能、机器学习等领域。如 LISP、Scala、Scheme、APL 等。

逻辑型程序设计语言：以形式逻辑为基础的语言，其代表是建立在关系理论和一阶谓词理论基础上的 PROLOG；适用于编写自动定理证明、专家系统和自然语言理解等问题的程序。

4. 静态与动态语言

程序设计语言按照运行时数据类型是否改变分为静态语言和动态语言。

静态语言：编译时确定数据类型，编译型语言或者强类型语言。如 Fortran、Pascal、C、C++、C#、Java、Basic 等。源程序和数据在编译阶段进行处理，在程序运行时数据类型不改变。

动态语言：运行时确定数据类型，解释型语言或者弱类型语言。如 PHP、ASP、JavaScript、Ruby、Python、Perl、SQL 等。在程序运行时数据类型会根据上下文发生改变，一般为解释执行源程序，通常不生成目标程序。

5. 解释程序的基本工作原理

解释程序通常可以分成两部分：分析部分、解释部分。解释程序的基本工作过程如图 1-29 所示。

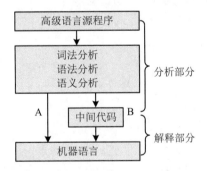

图 1-29　解释程序的基本工作过程

注意：中间代码常采用逆波兰表示形式。

6. 程序语言的控制结构

程序语言都有三种逻辑控制结构：顺序、选择、循环。

程序语言的基本成分包括：数据、运算、控制、传输。

7. 程序语言函数中参数传递方法

传值调用（call by value）：实参向形参传递相应类型的值（副本），形参的变化不影响实参，即形变实不变。

引用调用（call by reference）：实参的地址传给相应的形参，函数中对形参的访问和修改实际上就是针对相应实参的访问和修改，即形变实变。

传名调用（call by name）：在函数内部进行参数表达式的值计算，每次使用传名调用时，解释器都会计算一次表达式的值，效率较低。如 Scala 语言中使用函数情况。

宏扩展（macro expansion）即宏调用：宏定义如：# define MAX(A,B)((A) > (B)?(A):(B))。宏调用与函数调用的区别是函数调用在程序运行时实行，而宏调用是在编译的预处理阶段进行；函数调用占用程序运行时间，宏调用只占编译时间；函数调用对实参有类型要求，而宏调用实参与宏定义形参之间没有类型的概念，只有字符序列的对应关系；函数调用可返回一个值，宏调用返回一串代码。

1.3.2 编译程序的基本原理

编译程序的功能是把高级语言程序翻译成等价的机器语言程序。程序编译基本处理过程如图1-30 所示。

根据处理方式的不同，编译过程又可以分为两个大的阶段：

（1）分析阶段：词法分析、语法分析、语义分析。

（2）综合阶段：中间代码生成、代码优化、目标代码生成。

1.3.2.1 词法分析

词法分析的主要功能是自动分词+词性标注。词法分析的主要任务是从左到右一个字符一个字符地读入源程序，对构成源程序的字符流进行扫描和分解，从而识别出一个个单词。

单词通常包括保留字、标识符、运算符、分界符等。

表达式的词法分析处理过程如图 1-31 所示。

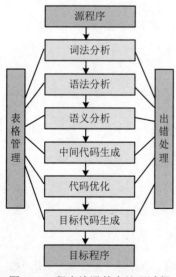

图 1-30　程序编译基本处理过程

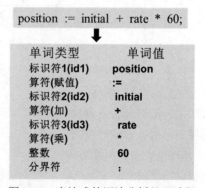

图 1-31　表达式的词法分析处理过程

1.3.2.2 语法分析（自动句法分析）

语法分析用于确定程序的结构元素及其关系。通常将语法分析的结果表示为分析树或语法树。语法分析的主要任务是在词法分析的基础上，将单词解析成各类语法短语。

程序的层次结构通常由递归的规则表示，如表达式的定义如下：

（1）任何一个标识符是一个表达式。

（2）任何一个数是一个表达式。

（3）如果 $expr_1$ 和 $expr_2$ 是表达式，则 $expr_1+expr_2$、$expr_1*expr_2$、$(expr_1)$也都是表达式。

表达式的语法分析处理过程如图 1-32 所示。

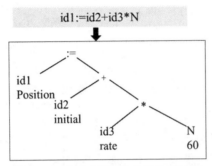

图 1-32 表达式的语法分析处理过程

1.3.2.3 语义分析（语义审查）

语义分析是按照语法树的层次关系和先后次序，逐个语句地进行语义的审查。语义分析的主要任务是类型审查；每个运算符是否符合语言规范；数组的下标是否合法；过程调用时，形参与实参个数、类型是否匹配等。

1.3.2.4 中间代码生成

中间代码生成的主要任务是将源程序变成一种内部表示的中间代码形式,如三元式、四元式等。中间代码的特点：易于产生、易于翻译成目标代码。

中间代码的四元式（算符，运算对象 1，运算对象 2，结果）表示方法如图 1-33 所示。

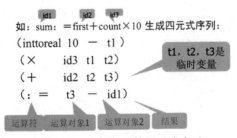

图 1-33 中间代码的四元式表示

1.3.2.5 代码优化

代码优化的主要任务是对中间代码进行变换，使目标代码更高效，即节省时间和空间。

```
id1:= id2 + id3 * 60
(1)    (inttoreal    60       -       t1       )
(2)    ( *           id3      t1      t2       )
(3)    ( +           id2      t2      t3       )
(4)    ( :=          t3       -       id1      )
```

变换为

```
(1) ( *    id3    60.0    t1    )
(2) ( +    id2    t1      id1   )
```

1.3.2.6 目标代码生成

目标代码生成的主要任务是将中间代码变换成特定机器上的绝对指令代码或可重定位的汇编指令代码，主要与硬件系统结构和指令含义有关，如图 1-34 所示。

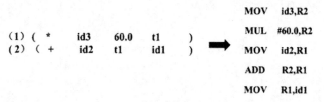

图 1-34 中间代码转换为汇编指令

注意要点：

（1）解释型语言不生成目标代码。

（2）解释型语言一般是在其虚拟机中执行其中间代码。

1.3.2.7 符号表管理

符号表管理的主要任务是记录源程序中使用的标识符，及其各种属性信息（类型、作用域、分配存储信息等）。

标识符的各种属性是在编译的各个不同阶段填入符号表的，表 1-10 为符号表示例。

表 1-10 符号表示例

名字	种类	类型	层次	偏移量
m	过程		0	
a	变量	real	1	d
b	变量	real	1	d+4
c	变量	real	1	d+8

1.3.3 语言和文法

语言（L）是有限字母表（Σ）上有限长度字符串的集合，集合中的每个字符串都是按照一定的规则（即文法）生成的。

1.3.3.1 字母表和符号串

字母表Σ和字符：字母表是字符的非空有穷集合，字符是字母表中的一个元素。例如Σ＝{a,b}，a、b 是字符。

1. 字符串

字符串：又称句子或字，是 ∑ 中的字符组成的有穷序列。例如 a，ab，aaa 等。

字符串的长度：指字符串中的字符个数，如 labal=3。

空串 α：由零个字符组成的串，|ε|= 0。

前缀：字符串 α 的前缀是指从字符串 α 的末尾删除 0 个或多个字符后得到的字符串。如：univ 是 university 的前缀。

后缀：字符串 α 的后缀是指从字符串 α 的开头删除 0 个或多个字符后得到的符号串。如：sity 是 university 的后缀。

子串：字符串 α 的子串是指删除了 α 的前缀和后缀后得到的字符串。如：ver 是 university 的子串。

真前缀、真后缀、真子串：如果非空字符串 β 是 α 的前缀、后缀或子串，并且 β≠α，则称 β 是 α 的真前缀、真后缀或真子串。

子序列：字符串 α 的子序列是指从 α 中删除 0 个或多个字符（这些字符可以是不连续的）后得到的字符串。如：nvst 是 university 的子序列。

2. 字符串的运算

（1）连接：若 α=ab，β=cd，则 αβ=abcd，βα=cdba。对任何字符串 α 来说，都有 εα=αε=α。

（2）幂：若 α 是字符串，α 的 n 次幂表示为 $α^n$。当 $n=0$ 时，$α^0$ 是空串 ε。

设 α=ab，则有：$α^0=ε$　　　$α^1=ab$　　　$α^2=abab$　　……　　$α^n=abab…ab$。

1.3.3.2 语言

语言是有限字母表上有限长度字符串的集合。空集 φ，集合 {ε}，也是语言。

语言的运算：假设 L 和 M 表示两个语言，则

（1）L 和 M 的并记作 L∪M：L∪M={s|s∈L 或 s∈M}。

（2）L 和 M 的连接记作 LM：LM={st|s∈L 并且 t∈M}。

（3）L 的幂：$L^0=\{ε\}$，$L^n=L^{n-1}L$，于是 L^n 是语言 L 与其自身的 $n-1$ 次连接。

（4）L 的闭包记作 L^*：即 L 的 0 次或若干次连接，即包括空集 ε，公式为

$$L^* = \bigcup_{i=0}^{\infty} L^i = L^0 \cup L^1 \cup L^2 \cup L^3 \cup \cdots\cdots$$

（5）L 的正则闭包记作 L^+：即 L 的 1 次或若干次连接，即不包括空集 ε，公式为

$$L^+ = \bigcup_{i=0}^{\infty} L^i = L^1 \cup L^2 \cup L^3 \cup L^4 \cup \cdots\cdots$$

1.3.3.3 文法及其形式定义

1. 文法的定义

文法是描述语言的语法结构的形式规则。任何一个文法都可以表示为一个四元组 G=(V_T,V_N,S,φ)，其中：

（1）V_T 是一个非空的有限集合，它的每个元素称为终结符号。

（2）V_N 是一个非空的有限集合，它的每个元素称为非终结符号，且 V_T∩V_N = φ。

（3）S 是一个特殊的非终结符号，称为文法的开始符号，它至少要在一条产生式中作为左部出现。

（4）φ是一个非空的有限集合，它的每个元素称为产生式。

产生式的形式为：$\alpha \rightarrow \beta$，"$\rightarrow$"表示"定义为"（或"由……组成"）

$$\alpha、\beta \in (V_T \cup V_N)^*，\alpha \neq \varepsilon$$

左部相同的产生式$\alpha \rightarrow \beta_1$、$\alpha \rightarrow \beta_2$、$\cdots$、$\alpha \rightarrow \beta_n$可以缩写：$\alpha \rightarrow \beta_1|\beta_2|\cdots|\beta_n$，其中"|"表示"或"，每个$\beta_i(i=1,2,\cdots,n)$称为$\alpha$的一个候选式。

2. 文法书写约定

（1）终结符：不可拆分的最小元素。

小写字母，如 a、b、c。

运算符号，如+、–、*、/。

各种标点符号，如括号、逗号、冒号、等号。

数字 1、2、$\cdots$、9。

黑体字符串，如 id、begin、if、then。

（2）非终结符：一个可拆分元素。

次序靠前的大写字母，如 A、B、C。

大写字母 S 常用作文法的开始符号。

小写的斜体符号串，如 *expr*、*term*、*factor*、*stmt*。

（3）文法符号串：小写的希腊字母，如α、β、γ、δ等。

【例 1-30】考虑简单算术表达式的文法 G：

G=({+,*,(,),i},{E，T，F},E,φ)

φ： $E \rightarrow E + T | T$

$T \rightarrow T * F | F$

$F \rightarrow （E）| i$

G=(V_T,V_N,S, φ)?

3. 乔姆斯基文法

根据对产生式施加的限制不同，乔姆斯基（Chomsky）定义了四类文法和语言，见表 1-11。

表 1-11　乔姆斯基文法

文法类型	产生式形式的限制	文法产生的语言类
0 型文法	$\alpha \rightarrow \beta$ 其中α，$\beta \in (V_T \cup V_N)^*$ $|\alpha| \neq 0$，α至少含一个非终结符	0 型语言（图灵机）
1 型文法，即上下文有关文法	$\alpha \rightarrow \beta$ 其中α，$\beta \in (V_T \cup V_N)^*$ $|\alpha| \leq |\beta|$，不允许用 ε 替换	1 型语言，（线性有界自动机）

文法类型	产生式形式的限制	文法产生的语言类
2 型文法，即上下文无关文法	$A \rightarrow \beta$ 其中 $A \in V_N$，$\beta \in (V_T \cup V_N)^*$	2 型语言，（下推自动机）
3 型文法，即正规文法（线性文法）	$A \rightarrow a$ 或 $A \rightarrow aB$（右线性），或 $A \rightarrow a$ 或 $A \rightarrow Ba$（左线性） 其中 A，$B \in V_N$，$a \in V_T \cup \{\varepsilon\}$	3 型语言，（有限状态自动机）

1.3.3.4　推导和短语

从文法的开始符号出发，反复使用产生式对非终结符号进行替换和展开，直到最终全由终结符号组成的串的集合，即得到该文法定义的语言。

1. 推导

定义：假定 $A \rightarrow \gamma$ 是一个产生式，α 和 β 是任意的文法符号串，则有：$\alpha A \beta \Rightarrow \alpha \gamma \beta$。

（1）"$\Rightarrow$"表示"一步推导"，即利用产生式对左边符号串中的一个非终结符号进行替换，得到右边的符号串。

（2）称 $\alpha A \beta$ 直接推导出 $\alpha \gamma \beta$，或说 $\alpha \gamma \beta$ 直接归约到 $\alpha A \beta$。

（3）如果有直接推导序列：$\alpha_1 \Rightarrow \alpha_2 \Rightarrow \cdots \Rightarrow \alpha_n$，称这个序列是从 α_1 到 α_n 的长度为 n 的推导。

2. 从文法开始符号 E 推导出符号串"i+i"的详细过程

简单算术表达式的文法 G：

$G = (\{+,*,(,),i\},\{E，T，F\},E,\varphi)$

φ:　　$E \rightarrow E + T \mid T$

　　　　$T \rightarrow T * F \mid F$

　　　　$F \rightarrow （E） \mid i$

串"i+i"的产生过程见表 1-12。

表 1-12　串"i+i"产生过程

$\alpha A \beta$	$\alpha \gamma \beta$	α	β	所用产生式	从 E 到 $\alpha \gamma \beta$ 的推导长度
E	E+T	ε	ε	$E \rightarrow E+T$	1
E+T	T+T	ε	+T	$E \rightarrow T$	2
T+T	F+T	ε	+T	$T \rightarrow F$	3
F+T	i+T	ε	+T	$F \rightarrow i$	4
i+T	i+F	i+	ε	$T \rightarrow F$	5
i+F	i+i	i+	ε	$F \rightarrow i$	6

由表 1-12 可知，其推导过程为：$E \Rightarrow E+T \Rightarrow T+T \Rightarrow F+T \Rightarrow i+T \Rightarrow i+F \Rightarrow i+i$。

3. 最左推导

如果 $\alpha \overset{*}{\Rightarrow} \beta$，并且在每"一步推导"中，都替换 α 中最左边的非终结符号，记作：$\alpha \overset{*}{\underset{lm}{\Rightarrow}} \beta$。

则对于上述文法 G，其最左推导为：E ⇒ E+T ⇒ T+T ⇒ F+T ⇒ i+T ⇒ i+F ⇒ i+i。

4. 最右推导（又称规范推导）

如果 $\alpha \overset{*}{\Rightarrow} \beta$，并且在每"一步推导"中，都替换 α 中最右边的非终结符号，记作：$\alpha \overset{*}{\underset{rm}{\Rightarrow}} \beta$。

则对于上述文法 G，其最右推导为：E ⇒ E+T ⇒ E+F ⇒ E+i ⇒ T+i ⇒ F+i ⇒ i+i。

5. 句型

对于文法 $G=(V_T,V_N,S,\varphi)$，如果 $S \overset{*}{\Rightarrow} \alpha$，则称 α 是当前文法的一个句型。

若 $S \overset{*}{\underset{lm}{\Rightarrow}} \alpha$，则 α 是当前文法的一个左句型，若 $S \overset{*}{\underset{rm}{\Rightarrow}} \alpha$，则 α 是当前文法的一个右句型。

句子：仅含有终结符号的句型是文法的一个句子。

语言：文法 G 产生的所有句子组成的集合是文法 G 所定义的语言，记作 L(G)。

$$L(G)=\{ \alpha | S \overset{+}{\Rightarrow} \alpha，并且 \alpha \in V_T^* \}$$

6. 短语

对于文法 $G=(V_T,V_N,S,\varphi)$，假定 $\alpha\beta\delta$ 是文法 G 的一个句型，称 β 是句型 $\alpha\beta\delta$ 关于非终结符号 A 的短语，当且仅当如果存在：

$$S \overset{*}{\Rightarrow} \alpha A\delta，并且 A \overset{+}{\Rightarrow} \beta$$

称 β 是句型 $\alpha\beta\delta$ 关于非终结符号 A 的直接短语，如果存在：

$$S \overset{*}{\Rightarrow} \alpha A\delta，并且 A \Rightarrow \beta$$

句柄：一个句型的最左直接短语称为该句型的句柄。

【例 1-31】对于文法 G，有如下规则：①S→aAcBe；②A→b；③A→Ab；④B→d。

最右推导（规范推导）：   S => aAcBe => aAcde => aAbcde => abbcde

最左推导：   S => aAcBe => aAbcBe => abbcBe => abbcde

显然串"abbcde"为一个句子，左推导分析见表 1-13。

表 1-13　串"abbcde"的左推导

句型	句柄	规约规则
S		
aAcBe	aAcBe	S→aAcBe
aAbcBe	Ab	A→Ab
abbcBe	b	A→b
abbcde	d	B→d

7. 分析树（推导树）

（1）分析树的特点。分析树是一棵有序有向树，因此具有树的性质。

分析树中每一个节点都有标记：

1）根节点由文法的开始符号标记。

2）每个内部节点由非终结符号标记，它的子节点由这个非终结符号的这次推导所用产生式的右部各符号从左到右依次标记。

3）叶节点由非终结符号或终结符号标记，它们从左到右排列起来，构成句型。

分析树如图1-35所示，其推导过程如下：

E⇒T⇒T*F⇒T*(E)⇒F*(E)⇒i*(E)⇒i*(E+T)⇒i*(T+T)⇒i*(F+T)⇒i*(i+T)

E⇒T⇒T*F⇒F*F⇒i*F⇒i*(E)⇒i*(E+T)⇒i*(T+T)⇒i*(F+T)⇒i*(i+T)

（2）语法树的性质。如果一个文法的某个句子有不止一棵分析树，则这个句子是二义性的。含有二义性句子的文法是二义性文法。

【例1-32】文法　G=({+,*,（,）,i},{E},E,φ)

　　　φ：E→ E+E | E*E | (E) | id

句子"id+id*id"存在两个不同的最左推导：

　　　E⇒E+E⇒id+E⇒id+E*E⇒id+id*E⇒id+id*id

　　　E⇒E*E⇒E+E*E⇒id+E*E⇒id+id*E⇒id+id*id

句子"id+id*id"有两棵不同的分析树，如图1-34所示。

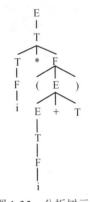

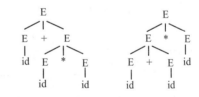

图1-35　分析树示例　　　　　　图1-36　句子"id+id*id"两棵不同的分析树

1.3.3.5　正规式及与正规文法的转化

词法分析是编译过程的第一个阶段，主要任务是从左到右逐个字符地对源程序进行扫描，产生一个个单词序列，用以语法分析。

单词的描述技术：正规文法、正规式。

单词的识别机制：确定有穷自动机、不确定有穷自动机。

词法分析程序的自动构造原理：正规式和有穷自动机的等价性。

1. 正规表达式与正规集

字母表Σ上的正规表达式定义为：

（1）ε是正规表达式，它表示的语言是{ε}。

（2）如果 a∈Σ，则 a 是正规表达式，它表示的语言是{a}。

（3）如果 r 和 s 都是正规表达式，分别表示语言 L(r)和 L(s)，则：

1）(r)|(s) 是正规表达式，表示的语言是 L(r)∪L(s)。

2）(r)(s) 是正规表达式，表示的语言是 L(r)L(s)。

3）(r)* 是正规表达式，表示的语言是(L(r))*。

4）(r) 是正规表达式，表示的语言是 L(r)。

正规表达式表示的语言叫作正规集。如果两个正规表达式 r 和 s 表示同样的语言，即 L(r)=L(s)，则称 r 和 s 等价，写作 r=s。如：(a|b)=(b|a)。表 1-14 为正规式与正规集的一些示例。

表 1-14　正规式与正规集示例

正规式	正规集说明
ab	字符串 ab 构成的集合
a|b	字符串 a 或者 b 构成的集合
a*	由 0 个或多个 a 构成的字符串集合
(a|b)*	字符 a 和 b 构成的任意字符串的集合
a(a|b)*	以 a 为首字符，跟随 a 和 b 构成的任意字符串的集合
(a|b)*abb	以 abb 结尾的，a 和 b 构成的任意字符串的集合

如果两个正规式表示的正规集相同，则二者等价。例如：b(ab)*=(ba)*b，(a|b)*=(a*b*)*。

2.　正规表达式遵从的代数定律

正规表达式的基本运算规则见表 1-15。

表 1-15　正规表达式的基本运算规则

定律	说明
r|s=s|r	"并"运算是可交换的
r|(s|t)=(r|s)|t	"并"运算是可结合的
(rs)t=r(st)	连接运算是可结合的
r(s|t)=rs|rt (s|t)r=sr|tr	连接运算对并运算的分配
εr=r,rε=r	对连接运算而言，ε 是单位元素
r*=(r|s)	*和 ε 之间的关系
r**=r*	*是等幂的
r*=r+|ε，r+=rr*	+和*之间的关系

3. 正规文法和正规式的等价性

一个正规语言可以由正规文法定义，也可以用正规式定义。对于任意一个正规文法，存在一个定义同一语言的正规式。对每一个正规式，存在一个生成同一语言的正规文法。

（1）正规式⇒正规文法（将正规式转换为正规文法）。将 Σ 上的一个正规式 r 转换为一个正规文法 G=（V_N，V_T，P，S）的规则：

1）令 V_T=Σ，对正规式 r，选择一个非终结符 S 生成 S→r，S 为 G 的开始符号。

2）不断拆分 r 直到符合正规文法要求的规则形式：

规则 1：若 x，y 都是正规式，对形如 A→xy 的产生式，写成 A→xB，B→y，其中 B∈V_N。

规则 2：对形如 A→x^*y 的产生式，写为：A→xA，A→y。

规则 3：对形如 A→x|y 的产生式，写为：A→x，A→y。

【例 1-33】将正规表达式 R=a(a|d)*变换成正规文法，如图 1-37 所示，令 S 是文法开始符号。

解：

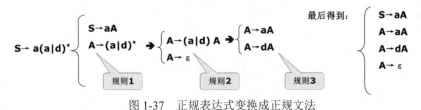

图 1-37　正规表达式变换成正规文法

（2）正规文法⇒正规式（将正规文法转换为正规式）。将正规文法转换为正规式的规则：

规则 1：A→xB，B→y　　正规式为：A=xy。

规则 2：A→xA|y　　　　正规式为：A=x^*y。

规则 3：A→x，A→y　　正规式为：A=x|y。

不断收缩产生式规则，直到剩下一个开始符号定义的正规式（字母均为终结符），如图 1-38 所示。

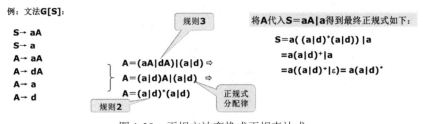

图 1-38　正规文法变换成正规表达式

1.3.4　自动机及其相互转化

1.3.4.1　有穷自动机

有穷自动机是一种自动识别装置，能正确识别正规集；是词法分析程序的工具和方法。有穷自动机分为确定的有限自动机（Deterministic Finite Automation，DFA）和非确定的有限自动机（Non-deterministic Finite Automation，NFA）。

1. 确定的有限自动机（DFA）

确定的有限自动机 M 是一个五元组：$M=(\sum, Q, q_0, F, \delta)$。

其中 $\sum$ 为一个字母表，它的每个元素称为一个输入符号；Q 为一个有限的状态集合；$q_0 \in Q$ 为 q_0 称为初始状态；$F \subseteq Q$ 为 F 称为终结状态集合；δ：一个从 $Q \times \sum$ 到 Q 的单值映射。

转换函数 $\delta(q,a)=q'$（其中 $q,q' \in Q, a \in \sum$）表示当前状态为 q，输入符号为 a 后，自动机将转换到下一个状态 q'，q' 称为 q 的一个后继。即在当前状态下，输入一个符号，转换到唯一的下一个状态。

2. 状态转换矩阵

若 $Q=\{q_1,q_2,\cdots,q_n\}$，$\sum=\{a_1,a_2,\cdots,a_m\}$，则 $Q \times \sum = (\delta(q_i,a_j))_{n \times m}$ 是一个 n 行 m 列的矩阵，它称为确定的有限自动机 M 的状态转换矩阵，也称为转换表，如图 1-39 所示。

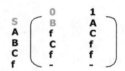

图 1-39　DFA 状态转换矩阵

示例：有 DFA $M=(\{0,1\},\{A,B,C,S,f\},S,\{f\},\delta)$

其中　$\delta(S,0)=B$　　$\delta(A,0)=f$　　$\delta(B,0)=C$　　$\delta(C,0)=f$

　　　　$\delta(S,1)=A$　　$\delta(A,1)=C$　　$\delta(B,1)=f$　　$\delta(C,1)=f$

如图 1-39 所示，状态转换矩阵有 5 行，每行表示一个状态；有 2 列，每列表示一个输入符号。M[S,0]表示从 S（行标）状态输入 0（列标），得到 B 状态（矩阵元素）。

3. 状态转换图

（1）状态转换图是一个有向图，图中节点代表状态，用圆圈表示；图中只含有限个状态，有一个初始状态，可以有若干个终结状态，终态用双圆圈表示；边上的标记表示在射出节点状态下可能出现的输入符号，如图 1-40 所示。

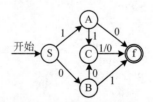

图 1-40　状态转换图

（2）状态转换图识别符号串的方法。从起始状态 S 到终止状态路径上的标记构成了一个符号串。

状态转换图所能识别的全体符号串称为该状态转换图所识别的语言。图 1-40 状态图识别的语言为：$L(M)=\{10,110,111,01,000,001\}$。

4. 非确定的有限自动机（NFA）

非确定的有限自动机 M 是一个五元组：M=(Σ，Q，q_0，F，δ)。

其中　Σ 为一个字母表，它的每个元素称为一个输入符号；Q 为一个有限的状态集合；$q_0 \in Q$ 为 q_0 称为初始状态；F$\subseteq$Q 为 F 称为终结状态集合；δ 为一个从 Q×Σ 到 Q 的子集的映射，即 δ：Q×Σ→2^Q。2^Q 是 Q 的幂集，也就是 Q 的所有子集组成的集合。

非确定的有限自动机在当前状态下输入一个符号，可能有两种以上（不唯一）可选择的后继状态，并且非确定的有限自动机所对应的状态转换图可以有标记为 ε 的边。

NFA 示例：设有 NFA M=({a,b},{0,1,2,3},0,{3},δ)

其中 $\delta(0,a)=\{0,1\}$　　$\delta(0,b)=\{0\}$　　$\delta(1,b)=\{2\}$　　$\delta(2,b)=\{3\}$

NFA 状态转换图和状态转换矩阵如图 1-41 和图 1-42 所示。

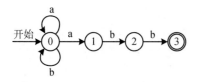

	a	b
0	{0,1}	{0}
1	-	{2}
2	-	{3}
3	-	-

图 1-41　NFA 状态转换图　　　　　　图 1-42　NFA 状态转换矩阵

NFA M 所识别的语言为：L(M)={(a|b)*abb}。

1.3.4.2　NFA 到 DFA 的转换

定理：对任何一个 NFA M，都存在一个与之等价的 DFA D，即 L(M)=L(D)。

1. 子集构造法

构造与 NFA M 等价的 DFA D 的基本步骤：

（1）列出 NFA M 的每个子集及该子集相对于每个输入符号的后继子集。

（2）对所有子集重新命名，得到 DFA D 的状态转换矩阵。

【例 1-34】构造与下面的 NFA M 等价的 DFA D。

NFA M=（{a,b}，{A,B}，A，{B}，δ），其中 δ：$\delta(A,a)=\{A,B\}$　　$\delta(A,b)=\{B\}$　　$\delta(B,b)=\{A,B\}$。

1）画出该 NFA M 的状态转换图，如图 1-43 所示。

2）NFA M 的状态转换矩阵，如图 1-44 所示。

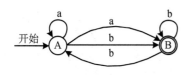

状态子集 ＼ 输入	a	b
{A}	{A,B}	{B}
{B}	—	{A,B}
{A,B}	{A,B}	{A,B}

图 1-43　M 状态转换图　　　　　　图 1-44　M 状态转换矩阵

3）DFA D 的状态转换矩阵，如图 1-45 所示。

4）绘制 DFA D 的状态转换图，如图 1-46 所示。

输入 状态子集	a	b
0	2	1
1	—	2
2	2	2

图 1-45 D 状态转换矩阵

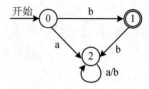

图 1-46 D 状态转换图

2. 具有 ε 转移的非确定有限自动机

有 NFA M=({a,b},{0,1,2,3,4},0,{2,4},δ)，其中δ(0,ε)={1,3}，δ(1,a)={1,2}，δ(3,b)={3,4}。
NFA M 的状态转换矩阵和状态转换图如图 1-47 和图 1-48 所示。

$$
\begin{array}{c|ccc}
 & \varepsilon & a & b \\
\hline
0 & \{1,3\} & - & - \\
1 & - & \{1,2\} & - \\
2 & - & - & - \\
3 & - & - & \{3,4\} \\
4 & - & - & - \\
\end{array}
$$

图 1-47 ε-NFA M 状态转换矩阵

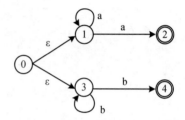

图 1-48 ε-NFA M 状态转换图

NFA M 所识别的语言为 L(M)={ $a^+|b^+$ }。

定理：对任何一个具有 ε 转移的 NFA M，都存在一个与之等价的 DFA D。

（1）子集构造法。DFA D 的每个状态对应 NFA M 的一个状态子集。

ε_closure(q)={q′ |从 q 出发，经过ε-道路可以到达状态 q′}

$$\varepsilon\_closure(T)= \bigcup_{i=1}^{n} \varepsilon\_closure(q_i) \quad 其中(q_i)\in T$$

从 T 中任一状态出发，经过ε-道路后可以到达的状态集合。

$$move(T,a)=\{q \mid \delta(q_i,a)=q，其中 q_i \in T \}$$

从某个状态 $q_i \in T$ 出发，经过输入符号 a 之后可到达的状态集合。

【例 1-35】如图 1-49 所示，非确定型自动机的相关计算如下：

I={1}, ε-closure(I)={1,2}

I={5}, ε-closure(I)={5,6,2}

move({1,2},a)={5,3,4}

ε-closure({5,3,4})={2,3,4,5,6,7,8}

（2）具有 ε 的 NFA M_2 转换为等价的 DFA D_2，M2 状态转换
图如图 1-50 所示。

【例 1-36】有如下 NFA M_2，其字母表 $\sum$={a,b}，初态为 A，
A=ε_closure(0)={0,1,2,4,7}。

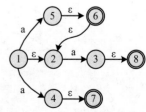

图 1-49 示例 NFA 状态转换图

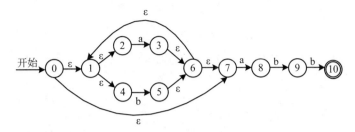

图 1-50　M_2 状态转换图

1）DTT[A,a]=ε_closure(move(A,a))

　　=ε_closure(move(0,a)∪move(1,a)∪move(2,a)∪move(4,a)∪move(7,a))

　　=ε_closure({3,8})=ε_closure(3)∪ε_closure(8)={1,2,3,4,6,7,8}=B

　　DTT[A,b]=ε-closure(move(A,b))=ε-closure(5)={1,2,4,5,6,7}=C

2）DTT[B,a]=ε-closure(move(B,a))=ε-closure({3,8})=B

　　DTT[B,b]=ε-closure(move(B,b))=ε-closure({5,9})={1,2,4,5,6,7,9}=D

3）DTT[C,a] = ε-closure(move(C,a)) = ε-closure({3,8}) = B

　　DTT[C,b] = ε-closure(move(C,b)) = ε-closure(5) = C

4）DTT[D,a] = ε-closure(move(D,a)) = ε-closure({3,8}) = B

　　DTT[D,b] = ε-closure(move(D,b)) = ε-closure({5,10}) = {1,2,4,5,6,7,10} = E

5）DTT[E,a] = ε-closure(move(E,a)) = ε-closure({3,8}) = B

　　DTT[E,b] = ε-closure(move(E,b)) = ε-closure(5) = C

6）DFA D_2 有 5 个状态，即 A、B、C、D、E，其中 A 为初态，E 为终态（因为 E 的状态集合中包括原 NFA M_2 的终态 10）。

7）DFA D_2 的状态转换矩阵和状态转换图如图 1-51 和图 1-52 所示。

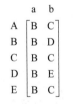

图 1-51　D_2 状态转换矩阵

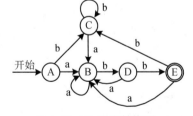

图 1-52　D_2 状态转换图

3. DFA 的最小化

DFA 的化简：对于任何一个含有 n 个状态的 DFA，都存在含有 $m(m>n)$ 个状态的 DFA 与之等价。存在一个最少状态的 DFA D"，使 L(D)=L(D")，并且这个 D" 是唯一的。

（1）DFA 最小化步骤。

1）消除多余状态和死状态。

2）合并等价状态。

死状态：从该状态出发，任何输入串也不能到达终止状态的那个状态。

存在死状态 D 的状态转换图和删除 D 的状态转换图如图 1-53 和图 1-54 所示。

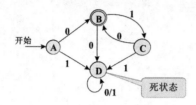 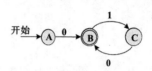

图 1-53　存在死状态 D 的状态转换图　　　图 1-54　删除 D 的状态转换图

多余状态：从开始状态出发，任何输入串也不能到达的那个状态。

在表 1-16 中，S4、S6、S8 为多余状态，简化后的结果见表 1-17。

等价状态：设 s,t∈Q，状态 s 和 t 等价的条件：

1）兼容性（一致性）条件：同是终态或同是非终态。

2）传播性（蔓延性）条件：对于所有输入符号，状态 s 和状态 t 必须转换到等价的状态里。

表 1-16　存在多余状态的转化表

	0	1	
S0	S1	S5	0
S1	S2	S7	1
S2	S2	S5	1
S3	S5	S7	0
S4	**S5**	**S6**	0
S5	S3	S1	0
S6	**S8**	**S0**	1
S7	S0	S1	1
S8	**S3**	**S6**	0

表 1-17　消除多余状态的转化表

	0	1	
S0	S1	S5	0
S1	S2	S7	1
S2	S2	S5	1
S3	S5	S7	0
S5	S3	S1	0
S7	S0	S1	1

（2）DFA 最小化算法。

1）把 D 的状态集合分割成一些互不相交的子集，使每个子集中的任何两个状态是等价的，而任何两个属于不同子集的状态是可区分的。

把状态集合 Q 划分成两个子集：终态子集 F 和非终态子集 G。

对每个子集进行划分：取某个子集 A={s₁,s₂,…,sₖ}；取某个输入符号 a，检查 A 中的每个状态对该输入符号的转换；如果 A 中的状态相对于 a 转换到不同子集中的状态，则要对 A 进行划分；使 A 中能够转换到同一子集的状态作为一个新的子集。

重复上述过程，直到每个子集都不能再划分为止。

2）在每个子集中任取一个状态作"代表"，删去该子集中其余的状态，并把射向其他节点的边改为射向"代表"节点。

3）删除得到的 DFA 中的死状态、多余状态。

（3）DFA 最小化示例。有 DFA D_3 如图 1-55 所示，进行最小化的过程如下。

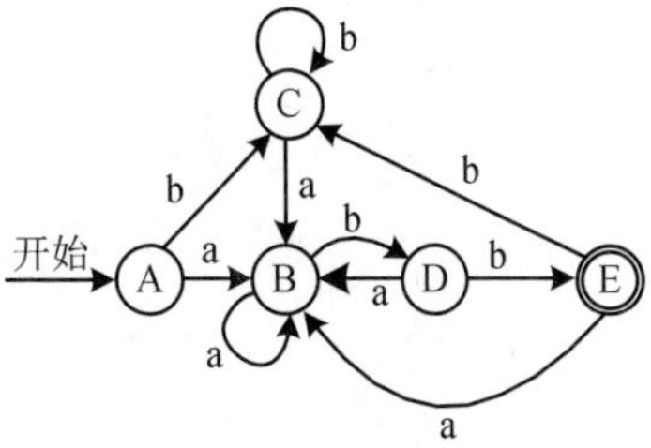

第一步：把 DFA D_3 的状态集合划分为子集，使每个子集中的状态相互等价，不同子集中的状态可区分。

1）把 D_3 的状态集合划分为两个子集：{A,B,C,D}和{E}。

图 1-55　D_3 状态转换图

2）考察非终态子集{A,B,C,D}。

a. 对于 a，状态 A、B、C、D 都转换到状态 B，所以对输入符号 a 而言，该子集不能再划分。

b. 对于 b，状态 A、B、C 都转换到子集{A,B,C,D}中的状态，而状态 D_3 则转换到子集{E}中的状态。

c. 应把子集{A,B,C,D}划分成两个新的子集{A,B,C}和{D}。

D_3 的状态集合被划分为：{A,B,C}、{D}和{E}。

3）考察子集{A,B,C}。

a. 对于 a，状态 A、B、C 都转换到状态 B，所以对输入符号 a 而言，该子集不能再划分。

b. 对于 b，状态 A、C 转换到 C，状态 B 转换到 D。状态 C 和 D 分属于不同的子集。

c. 应把子集{A,B,C}划分成两个新的子集{A,C}和{B}。

D_3 的状态集合被划分为：{A,C}、{B}、{D}和{E}

4）考察子集{A,C}。

a. 对于 a，状态 A,C 都转换到状态 B。

b. 对于 b，状态 A,C 都转换到状态 C。

c. 该子集不可再划分。

D_3 的状态集合最终被划分为：{A,C}、{B}、{D}和{E}。

第二步：构造最小 DFA-D'。为每个子集选择一个代表状态。

D_3 的状态集合最终被划分为{A,C}、{B}、{D}和{E}，选择 A 为子集{A,C}的代表状态，最终，D_3 被最小化为 D'，其状态转换图和转换矩阵分别如图 1-56 和图 1-57 所示。

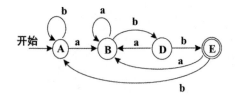

图 1-56　D'状态转换图

状态	输入符号	
	a	b
A	B	A
B	B	D
D	B	E
E	B	A

图 1-57　D'的状态转换矩阵

1.3.5　正规式与有穷自动机

定理：对任何一个正规表达式 r，都存在一个 FA M，使 L(r)=L(M)，反之亦然。

1.3.5.1 正规式转化为有穷自动机

设 r 是 ∑ 上的一个正规表达式，则存在一个具有 ε 转移的 NFA M 接受 L(r)。

1. 转化规则

（1）为正规表达式 r 构造如图 1-58 所示的拓广转换图。

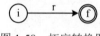

图 1-58　拓广转换图

（2）按照下面的转换规则，如图 1-59 所示，对正规表达式 r 进行分裂、加入新的节点，直到每条边的标记都为基本符号为止。

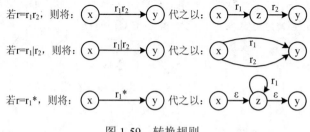

图 1-59　转换规则

2. 示例

为正规表达式 $(a|b)^*abb$ 构造等价的 NFA。转换后的 NFA 状态转换图如图 1-60（d）所示。

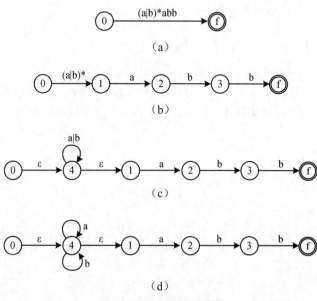

图 1-60　NFA 状态转换图

1.3.5.2　有穷自动机转化为正规式

设有 FA M，则存在一个正规表达式 r，它表示的语言即该 FA M 所识别的语言。

1. 转化规则

（1）在 FA M 的转换图中增加两个节点 i 和 f，并且增加 ε 边，将 i 连接到 M 的所有初态节点，并将 M 的所有终态节点连接到 f。形成一个新的与 M 等价的 NFA N。

（2）反复利用图 1-61 的替换规则，逐步消去 N 中的中间节点，直到只剩下节点 i 和 f 为止。

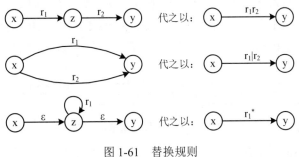

图 1-61　替换规则

2. 示例

构造与图 1-62 所示的 NFA M_3 等价的正规表达式 r。转换后的正规表达式如图 1-63（c）所示。

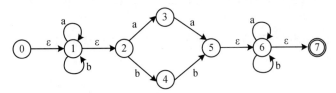

图 1-62　M_3 状态转换图

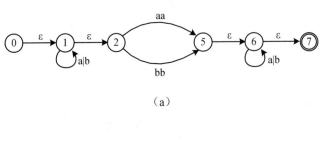

（a）

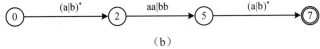

（b）

图 1-63　NFA M_3 状态转换图

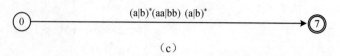

（c）

图 1-63　NFA M_3 状态转换图（续图）

1.3.6　中间代码表示

对源程序进行语义分析之后就可以直接生成目标代码,但由于源程序与目标代码的逻辑结构差别很大，使翻译一次到位很困难。中间代码（Intermediate Code）是源程序的一种内部表示,不依赖目标机器的结构,易于机器生成目标代码的中间表示。中间代码生成流程图如图 1-64 所示。

图 1-64　中间代码生成流程图

采用中间代码作为过渡的优点：

（1）便于编译程序的建立和移植。

（2）便于进行与机器无关的代码优化工作。

中间代码的表示形式有语法树表示、逆波兰式（后缀式）、三元式、四元式。

1.3.6.1　语法树

语法树根节点为运算符，子树为运算对象。示例如图 1-65 和图 1-66 所示。

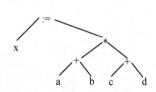

图 1-65　x:=(a+b)*(c+d)表达式语法树

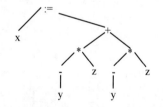

图 1-66　x:=(-y)*z+(-y)*z 表达式语法树

1.3.6.2　逆波兰式（后缀式）

逆波兰式把运算对象写在前面，运算符号写在后面；即对语法树进行深度优先遍历，访问子节点先于父节点。该表示形式的优点是根据运算对象和算符的出现次序进行计算，不需要使用括号，也便于用栈实现求值。

图 1-65 和图 1-66 语法树左、右图的逆波兰式分别为 x a b + c d + * := 和 x y -z * y -z * + :=。

1.3.6.3　三元式

表达式可表示成一组三元式（算符、第一运算对象、第二运算对象），如图 1-67 所示。

① (+, a, b)
② (+, c, d)
③ (*, ①, ②)
④ (:=, x, ③)

（a）x:=(a+b)*(c+d)

① (−, y)
② (*, ①, z)
③ (−, y)
④ (*, ③, z)
⑤ (+, ②, ④)
⑥ (:=, x, ⑤)

（b）x:=(−y)*z+(−y)*z

图 1-67　三元式表达式

1.3.6.4　四元式

四元式是一种普遍采用的中间代码形式（算符、第一运算对象、第二运算对象、运算结果），如图 1-68 所示。

① (+, a, b, t1)
② (+, c, d, t2)
③ (*, t1, t2, t3)
④ (:=, t3, _, x)

（a）x:=(a+b)*(c+d)

① (−, y, _, t1)
② (*, t1, z, t2)
③ (−, y, _, t3)
④ (*, t3, z, t4)
⑤ (+, t2, t4, t5)
⑥ (:=, t5, _, x)

（b）x:=(−y)*z+(−y)*z

图 1-68　四元式表达式

1.3.7　本学时要点总结

程序设计语言基本内容如图 1-69 所示。

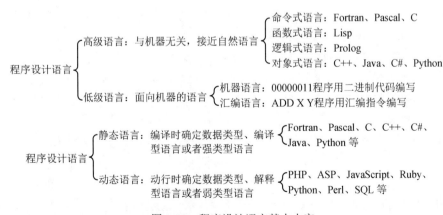

图 1-69　程序设计语言基本内容

汇编程序、编译程序、解释程序的基本功能。

编译程序的功能：把高级语言程序翻译成等价的低级语言程序。

程序语言函数中参数传递方法：传值调用、引用调用、传名调用、宏扩展。

编译的基本过程：词法分析、语法分析、语义分析、中间代码生成、代码优化、目标代码生成、表格管理和错误管理的作用。

解释型语言不生成目标代码。

字符串（句子、字）的基本概念：长度、空串 ε、前缀、后缀、子串、子序列、真前缀、真后缀、真子串。

语言的运算：并、连接、幂、闭包 L^*、正则闭包 L^+。

乔姆斯基（Chomsky）定义了四类文法和语言：0 型、1 型（上下文有关文法）、2 型（上下文无关文法 ）、3 型（正规文法）。

推导：假定 A→γ 是一个产生式，α和β是任意的文法符号串，则有：$\alpha A\beta \Rightarrow \alpha\gamma\beta$。

最左推导、最右推导（规范推导）、句型、句子、语言、短语、句柄。

正规式、正规文法以及相互转换规则。

有穷自动机的两种表示方式：状态转换矩阵、状态转换图。

DFA 最小化步骤：①消除多余状态和死状态；②合并等价状态。

NFA 转化为 DFA：子集构造法（主要通过状态矩阵来划分）。

正规表达式转换为 NFA（主要能够根据正则表达式或者制动机推导出其表示的串）。

中间代码的表示形式：语法树表示、逆波兰式（后缀式）、三元式、四元式。

第4学时　程序语言基础模拟习题

1．程序设计语言可划分为低级语言和高级语言两大类。与高级语言相比，用低级语言开发的程序，其 __(1)__ ，但在 __(2)__ 的场合，还经常全部或部分地使用低级语言。在低级语言中，汇编语言与机器语言十分接近，它使用了 __(3)__ 来提高程序的可读性。高级语言有许多种类，其中，Prolog 是一种 __(4)__ 型语言，它具有很强的 __(5)__ 能力。

（1）A．运行效率低，开发效率低　　　　B．运行效率低，开发效率高

　　　C．运行效率高，开发效率低　　　　D．运行效率高，开发效率高

（2）A．对时间和空间有严格要求　　　　B．并行处理

　　　C．事件驱动　　　　　　　　　　　D．电子商务

（3）A．简单算术表达式　B．助记符号　C．伪指令　　D．定义存储语句

（4）A．命令　　　　　B．交互　　　　C．函数　　　　D．逻辑

（5）A．控制描述　　　B．输入/输出　　C．函数定义　　D．逻辑推理

2．通常，编译程序是把高级语言书写的源程序翻译为 __(1)__ 程序。一个编译程序除了可能包括词法分析、语法分析、语义分析和中间代码生成、代码优化、目标代码生成之外，还应包括 __(2)__ 。其中 __(3)__ 和优化部分不是每个编译程序都必需的。

（1）A．Basic 程序　　　　B．中间语言　　　　C．另一种高级语言　D．低级语言

（2）A．符号执行器　　　　B．模拟执行器　　　C．解释器　　　　　　D．表格管理和出错处理

（3）A．词法分析　　　　　B．语法分析　　　　C．中间代码生成　　　D．目标代码生成

3．在高级程序设计语言中，一种语言（或编译器）使用哪种参数传递方法是很重要的，因为子程序的运行依赖于参数传递所用的方法，参数传递方法有传值调用、引用调用、传名调用和宏扩展。传值调用是把实际参数的　(1)　传递给相应的形式参数，子程序通过这种传值，形参　(2)　；引用调用是指把实际参数的　(3)　传给相应的形式参数，此时子程序对形式参数的一次引用或赋值被处理成对形式参数的　(4)　访问。C 语言中的函数，以　(5)　方式进行参数传递。

（1）（3）A．地址　　　　B．名　　　　　　C．值

　　　　　D．地址和值　　E．值和名　　　　F．名和地址

（2）A．可传回结果的值

　　　B．可传回存放结果的地址

　　　C．可传回结果的值和存放结果的地址

　　　D．引用或赋值

（4）A．直接　　　　　　B．间接　　　　　　C．变址　　　　　　D．引用或赋值

（5）A．传值调用　　　　B．引用调用　　　　C．传名调用　　　　D．宏扩展

4．下列关于程序语言的说法中，错误的是（　　）。

　　A．脚本语言属于动态语言，其程序结构可以在运行中改变

　　B．脚本语言一般通过脚本引擎解释执行，不产生独立保存的目标程序

　　C．PHP、JavaScript 属于静态语言，其所有成分可在编译时确定

　　D．C 语言属于静态语言，其所有成分可在编译时确定

5．开发专家系统时，通过描述事实和规则由模式匹配得出结论，适用的开发语言是（　　）。

　　A．面向对象语言　　B．函数式语言　　　C．过程式语言　　　D．逻辑式语言

6．高级程序设计语言中用于描述程序中的运算步骤、控制结构及数据传输的是（　　）。

　　A．语句　　　　　　B．语义　　　　　　C．语用　　　　　　D．语法

7．　(1)　是面向对象程序设计语言不同于其他语言的主要特点，是否建立了丰富的　(2)　是衡量一个面向对象程序设计语言成熟与否的重要标志之一。

（1）A．继承性　　　　　B．消息传递　　　　C．多态性　　　　　D．静态联编

（2）A．函数库　　　　　B．类库　　　　　　C．类型库　　　　　D．方法库

8．形式语言的短语结构文法一般用四元组 G=(V$_T$, V$_N$, S,P) 表示。根据　(1)　的分类，把文法分成 0 型、1 型、2 型、3 型四种类型。各类文法所对应的自动机顺次为　(2)　。

（1）A．终结符号集 V$_T$　B．非终结符号集 V$_N$　C．产生式集 P　　D．起始符 S

（2）A．有限状态自动机、线性有界自动机、下推自动机、图灵机

　　　B．图灵机、线性有界自动机、下推自动机、有限状态自动机

　　　C．图灵机、下推自动机、有限状态自动机、线性有界自动机

D. 线性有界自动机、有限状态自动机、下推自动机、图灵机

9. 高级语言编译程序中常用的语法分析方法中，递归子程序法属于__(1)__分析方法，算符优先法属于__(2)__分析方法。

    A. 自左至右   B. 自右至左   C. 混合方式

    D. 自顶向下   E. 自底向上

10. 表达式采用逆波兰式表示时可以不用括号，而且可以用基于__(1)__的求值过程进行计算，与逆波兰式 ab+c*d+ 对应的中缀表达式是__(2)__。

（1）A. 栈   B. 队列   C. 符号表   D. 散列表

（2）A. a+b+c*d   B. (a+b)*c+d   C. (a+b)*(c+d)   D. a+b*c+d

11. 对于以下编号为①、②、③的正规式，正确的说法是（   ）。

    ①(aa*|ab)*b   ②(a|b)* b   ③((a|b)*|aa)*b

    A. 正规式①、②等价   B. 正规式①、③等价

    C. 正规式②、③等价   D. 正规式①、②、③互不等价

12. 文法 G[S]: S→xSx|y 所描述的语言是（   ）（$n \geq 0$）。

    A. $(xyx)^n$ B. xyx^n C. xy^nx D. x^nyx^n

13. 语言 L={AmBn|$m \geq 0, n \geq 0$} 的正规表达式是（   ）。

    A. A*BB*   B. aa*bb*   C. aa*b*   D. a*b*

14. 下图所示为一个测定有限自动机的状态转换图，与该自动机等价的正规表达式是__(1)__，图中的__(2)__是可以合并状态。

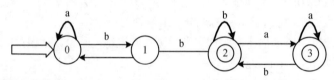

（1）A. (a|b)*bb(a*b*)*   B. (a|b)*bba*|b*

    C. (a*b*)bb(a|b)*   D. (a*|b*)*bb(a*|b*)

（2）A. 0 和 1   B. 2 和 3   C. 1 和 2   D. 0 和 3

15. 已知文法 G[S]:S→A0|B1,A→S1|1,B→S0|0；该文法属于乔姆斯基定义的__(1)__文法，它不能产生串__(2)__。

（1）A. 0 型   B. 1 型   C. 2 型   D. 3 型

（2）A. 0011   B. 1010   C. 1001   D. 0101

参考答案：

1	CABDD	2	DDC	3	CDABA	4~6	CDA
7	AB	8	CB	9	DE	10	AB
11~13	CDA	14	AB	15	DA		

第 5 学时　数据结构与算法

本学时考点

（1）线性表、顺序表和链表：掌握线性表的概念，顺序存储和链式存储结构的实现、优缺点及两种存储结构上的基本操作。

（2）栈与队列：栈和队列的概念、应用及其操作，循环队列的操作及特点。

（3）串的基本运算和模式匹配、串的基本运算的含义、了解模式匹配算法及其时间复杂度。

（4）多维数组和广义表：多维数组及特殊矩阵的地址公式，广义表的运算和存储。

（5）树和二叉树：树、二叉树的定义及其术语，二叉树的性质、存储、遍历、应用等。

（6）图：图的定义、术语，图的存储、遍历以及算法（最小生成树、拓扑排序、关键路径、最短路径）概念。

（7）表和树的查找：查找的概念、平均比较次数，二叉排序树和平衡二叉树的插入、删除，了解 B 树的定义及性质。

（8）Hash 技术：哈希表的构造、解决冲突的方法及哈希表的查找。

（9）排序算法：直接插入排序、冒泡排序、简单选择排序、快速排序、堆排序、归并排序和希尔排序算法和时间复杂度，了解基数排序、外排序的概念和算法。

（10）算法设计方法：分治法、递推法、贪心法、回溯法、动态规划法和分支限界法的基本思想，了解相应算法的应用例子。

1.5.1　算法与数据结构基本概念

1.5.1.1　算法基本概念

算法是解题方案的准确而完整的描述。通常人们解决问题时，首先研究问题，然后设计解决问题的方案；程序设计也一样，开发人员总是先研究程序的算法，再根据算法编写代码。

算法不等于程序，程序不可能优于算法。

1. 算法的四个基本特性

可行性：根据实际问题设计，算法执行应能得到满意结果。

确定性：算法的每一步骤必须有明确定义，不允许有多义性。

有穷性：算法必须能在有限的时间内做完。

输入与输出：算法必须拥有足够的输入和输出，方可执行。

2. 算法的二个基本要素

（1）对数据对象的运算和操作。

算术运算：+、-、×、÷等。

逻辑运算：>、<、=、>=、<=、!=等。

关系运算：and、or、not 等。

数据传输：r（读）、w（写）等。

（2）算法的控制结构。控制结构是指算法中各操作之间的执行顺序，算法的三种基本结构为顺序、选择、循环。

3. 算法常用的描述工具

算法常用的描述工具有：PDL（伪码）、PFD（程序流程图）、N-S（方盒图）、决策表（判定表）。

4. 算法的复杂度

（1）时间复杂度。算法的时间复杂度是指算法执行所需要的计算工作量，通常用 O 表示。如计算次数函数 $H(n)=n^2+64n+128$，则算法的时间复杂度为 $O(n^2)$，称为多项式复杂度。

工作量用算法所执行的基本运算次数来度量。

算法的工作量是问题规模的函数：算法的工作量$=f(n)$，即同一算法的时间复杂度随问题规模的增大而增加。

（2）空间复杂度。算法的空间复杂度指执行这个算法所需要的内存空间。

存储空间包括：①算法程序所占的空间；②输入数据所占的空间；③算法执行过程中所需要的额外空间。

5. 算法设计基本方法

（1）列举：根据问题列举所有可能的情况，并用问题中给定的条件检验哪些是需要的，哪些是不需要的。

（2）归纳：通过列举少量的特殊情况，经过分析，最后找出一般的、普遍的关系。

（3）递推：从已知的初始条件出发，逐次推导出所要求的各中间结果和最后结果。

（4）递归：将问题逐层分解的过程。

（5）减半递推技术："减半"是指将问题规模减半，而问题性质不变；"递推"是指重复"减半"过程。

（6）回溯：分析问题，找出一个解决方案的总线索，然后沿着这个线索逐步试探。

1.5.1.2 数据结构基本概念

数据结构是一门研究数据组织、存储和运算的学科。数据结构研究的主要目的是提高数据的效率：提高数据处理的速度，尽量节省在数据处理过程中所占用的存储空间。数据结构部分基本知识构成如图 1-70 所示。

1. 数据结构三要素

（1）逻辑结构：描述数据集合中各元素的信息，及元素之间所固有的逻辑关系（前后件关系）。

（2）存储结构：描述各数据元素在计算机中的存储关系。

（3）数据操作：对各种数据结构进行的运算。

2. 数据元素（Data Element）

数据元素是数据的基本单位，即数据集合中的个体，数据元素也称为节点或记录。

一个数据元素可由若干数据项（Data Item）组成，数据项是数据的最小单位。如图书记录作为数据元素，可以包含书名、作者名、分类、出版年月等数据项。

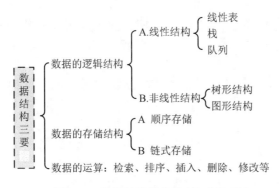

图 1-70　数据结构部分基本知识构成

数据结构包含两方面信息：数据元素信息、数据元素之间的前后件关系。

数据结构可通过二元组 B=(D,R) 来描述，其中 D 为有限个数据元素的集合、R 为有限个节点间关系的集合。

【例 1-37】家庭成员数据结构表示，如图 1-71 所示。

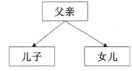

　　B=(D,R)

　　D={父亲，儿子，女儿}

　　R={(父亲，儿子)，(父亲，女儿)}

图 1-71　家庭成员之间的关系

3. 数据的逻辑结构

（1）数据的逻辑结构是指元素之间所固有的逻辑关系（前后件关系），是数据元素之间最基本的关系。四种基本逻辑结构如图 1-72 所示。

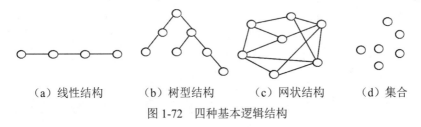

　（a）线性结构　　　（b）树型结构　　　（c）网状结构　　　（d）集合

图 1-72　四种基本逻辑结构

线性结构：元素之间为一对一的关系。

树型结构：元素之间一对多的关系。

网状结构（图）：元素之间多对多的关系。

集合结构：元素之间的关系是"同属一个集合"，是一种非常松散的结构。

（2）逻辑结构分类。逻辑结构根据数据元素前后件的关系，可分为线性结构和非线性结构。

1）线性结构条件：有且只有一个根节点。每一个节点最多有一个前件，也最多有一个后件。显然根节点无前件，尾节点无后件。

2）非线性结构：不满足线性结构条件的数据结构。

要点：在一个线性结构中插入或删除任何一个节点后还应是线性结构；否则，不能称为线性结构。没有数据元素的数据结构称为空数据结构。线性结构和非线性结构都可以是空数据结构。一个空数据结构属于哪种结构，要根据其具体情况（即操作方式）而定。

4. 数据的存储结构

数据的存储结构（又称物理结构）是指数据的逻辑结构在存储空间中的组织存放方式。常用的存储结构有顺序存储结构、链式存储结构、索引映射、散列映射等。

（1）存储结构的要点。

1）为表示数据的逻辑关系，存储结构中不仅要存放数据元素信息，还需存放数据元素之间的前后件关系的信息。

2）一种数据的逻辑结构根据需要可以表示为多种存储结构。

3）数据元素在计算机存储空间中的位置关系与它们的逻辑关系不一定相同。

4）程序执行的效率与数据的存储结构密切相关。

（2）线性表的顺序存储。线性表的顺序存储是将逻辑上相邻的数据元素存储在物理上相邻的存储单元里，又称顺序表。具有结构简单（数据连续存放）、可随机存取的特点。

如图 1-73 所示，元素 i 的存储地址可以计算为：$\mathrm{Loc}(ai)=\mathrm{L}_0+(i-1)*m$。其中，$m$ 为元素的存储大小，L_0 为顺序表的首地址。

（3）线性表的链式存储结构。线性表的链式存储结构中，节点由两部分组成：数据域和指针域。

数据域：存放元素本身的数据。

指针域：存放后续节点的地址，元素之间的逻辑关系。

存储地址	存储内容
L_0	元素 1
L_0+m	元素 2
	...
$\mathrm{L}_0+(i-1)*m$	元素 i
	...
$\mathrm{L}_0+(n-1)*m$	元素 n

图 1-73　顺序表存储结构

四个节点的线性链表如图 1-74 所示，其物理存储地址映射关系如图 1-75 所示。显然逻辑上相邻的数据元素其存储位置可以不相邻。

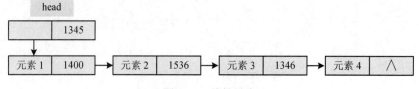

图 1-74　线性链表

存储地址	存储内容	指针
1345	元素 1	1400
1346	元素 4	NULL
……	……	……
1400	元素 2	1536
……	……	……
1536	元素 3	1346

图 1-75　物理存储的地址映射表

1.5.2 线性结构

1.5.2.1 线性表及其存储结构

1. 线性表的基本概念

线性表是由一组相同数据类型的 n（$n \geq 0$）个数据元素构成的有限序列，数据元素的位置只取决于其序号，元素之间的相对位置是线性的，可表示为$(a_1, a_2, \cdots, a_i, \cdots, a_n)$，如图 1-76 所示。

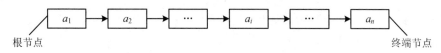

根节点   终端节点

图 1-76　线性表的逻辑结构

非空线性表的结构特征。

（1）有且只有一个根节点 a_1，它无前件；有且只有一个终端节点 a_n，它无后件。

（2）其他所有节点有且只有一个前件，也有且只有一个后件。

节点个数 n 称为线性表的长度，当 $n=0$ 时，称为空表。

2. 线性表的顺序存储

采用顺序存储是表示线性表最简单的方法，即将线性表中的元素依次存储在一片连续相邻的存储区域中。因此顺序存储表示的线性表也称为顺序表，存储结构如图 1-73 所示。

（1）顺序表的特征。

1）所有元素所占的存储空间是连续的。

2）各数据元素在存储空间中是按逻辑顺序依次存放的。

3）数据的逻辑结构与数据的存储结构一致。

4）线性表的基本操作：初始化、求长度、取元素、修改、插入、删除、检索、排序等。

（2）顺序表的元素检索。在顺序表中读取元素的内容，修改元素的内容，都必须首先要找到该元素，即检索元素。顺序表元素的存储单元是连续的，并且与元素的序号对应。

求取任何一个元素 a_i 的存储地址的过程为：

1）获取顺序表首地址 L_0。

2）$Loc(a_i) = L_0 + (i-1) * m$，其中 m 为每个元素的存储空间大小。

由上可知，对于顺序表中的任意元素，只需要知道元素序号，就能立刻找到该元素的存储单元，获取元素信息。这样的查找称为**随机查找**。

（3）顺序表的元素插入。在顺序表 L 中第 i 个数据元素之前插入数据元素 X，分三步：

1）把原来 $a_i \sim a_n$（共 $n-i+1$ 个）元素依次后移一个元素的位置。

2）把新数据元素放在第 i 个位置上。

3）修正顺序表的数据元素个数（即 last 指针位置）。

知识要点：

1）在含有 n 个数据元素的顺序表中进行插入操作时，若假定在 $n+1$ 个位置上插入元素的可能性均等，则平均移动元素的个数为：$n/2$。最坏情况（在 a_1 前插入元素），则移动 n 个。

2）顺序表插入操作的时间复杂度为 $O(n)$。

（4）顺序表的元素删除。在顺序表 L 中删除第 i 个数据元素 a_i，分二步：

1）将 $a_{i+1} \sim a_n$ 元素顺序向前移动一个位置。

2）修改 last 指针（相当于修改表长）使之仍指向最后一个元素。

知识要点：

1）在含有 n 个数据元素的顺序表中进行删除操作时，则平均移动元素的个数为：$(n-1)/2$。最坏情况（删除 a_1 元素），则移动 $n-1$ 个。

2）顺序表删除操作的时间复杂度为 $O(n)$。

（5）线性表顺序存储的三个缺点。

1）插入或删除操作时，需移动大量元数。

2）必须一次性分配连续的存储空间。

3）表的容量难以扩充。

3. 线性表的链式存储

线性表的链式存储结构参考前一节。

（1）其特点如下：

1）比顺序存储结构的存储密度小，因为链表中的节点由数据域和指针域组成。

2）逻辑上相邻的节点物理上不必相邻。

3）插入、删除灵活（不必移动节点，仅改变节点中的指针）。

4）既可表示线性结构，也可表示非线性结构。

5）采用的是顺序存取结构，即查找特定元素时必须从开头元素逐一进行。

6）适应于数据的动态变化。

（2）线性链表分类。

单链表：每个节点只有一个指针域，只能由该指针找到其后件节点。

循环链表：最后一个节点的指针非空，而是指向头节点，使链表首尾相连，构成环状。

双向链表：在每个节点中设置两个指针，一个指向后继，一个指向前驱；可直接确定一个节点的前驱和后继节点。

1.5.2.2 栈和队列

栈和队列是两种在运算时要受到某些特殊限制的线性表，故也称为限定性的数据结构。

1. 栈

栈是指限定只能在表的一端进行插入和删除的特殊的线性表，此种结构称为后进先出（Last In First Out，LIFO），如图 1-77 所示。

（1）栈的基本概念。设栈 s=$(a_1,a_2,\cdots,a_i,\cdots,a_n)$，其中 a_1 是栈底元素，a_n 是栈顶元素，如图 1-77 所示。

栈顶（top）是允许插入和删除的一端。

栈底（bottom）是不允许插入和删除的一端。

top 始终指向新数据元素将存放的位置。

栈顶元素是最后插入、最先删除的元素。

栈底元素是最先插入、最后删除的元素。

栈即可采用顺序存储也可采用链式存储。

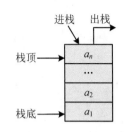

图 1-77　栈的存储结构

（2）栈的操作。利用一组地址连续的存储单元依次存放自栈底到栈顶的数据元素，称为顺序栈。stacksize 称为该栈的最大容量，表示系统分配给栈的最大存储单元。

插入元素（入栈）：先 top+1，再插入元素。

删除元素（出栈）：先出栈，再 top-1。

空栈的判断：top=0 或 top=bottom。

求栈内元素个数：num=top-bottom。

栈满判断：top=stacksize。

（3）栈的典型应用。栈的典型应用包括表达式求值、括号匹配、递归函数调用、数制转换等。

2. 队列

队列是指限定只能在表的一端（队尾 rear）进行插入，在表的另一端（队头 front）进行删除的线性表，此种结构称为先进先出（First In First Out，FIFO）线性表。如图 1-78 所示。

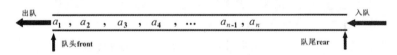

图 1-78　队列结构示意图

（1）队列的主要运算。

空队列时：rear=front=-1；元素个数=rear-front；元素入队 rear+1；元素出队 front+1。

非空队列中，rear 始终指向队头元素前一个位置，而 front 始终指向队尾元素的位置。

（2）队列的典型应用。有打印队列和事件排队。

3. 循环队列

循环队列是指首尾相接的队列，逻辑上形成一个环状，其元素存储过程如图 1-79 所示。

令循环队列最大容量为 MAXSIZE，n 表示当前队列中元素个数。

入队：rear=(rear+1)mod MAXSIZE。

出队：front=(front+1)mod MAXSIZE。

空队列判断条件：front=rear，且 n=0。

满队列判断条件：front=rear，且 n=MAXSIZE。

循环队列元素个数：n=(rear-front+ MAXSIZE) mod MAXSIZE。

循环队列中，rear 可以大于 front，front 也可以大于 rear。

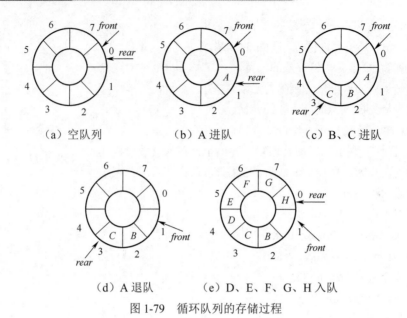

（a）空队列　　　（b）A 进队　　　（c）B、C 进队

（d）A 退队　　（e）D、E、F、G、H 入队

图 1-79　循环队列的存储过程

1.5.2.3　串

计算机中非数值处理的对象基本上都是字符串数据，例如"zhangsan""数据结构"。

1. 串的定义

串的逻辑结构和线性表相似，故看作一种线性表：$s = 'a_1a_2\cdots a_n'$（$n\geq 0$）。

例如：str1='abc'，str2=''，str3=''，str4='b'。

串长：即串的长度，指字符串中的字符个数，如 str1 的长度为 3。

空串：长度为 0 的串，空串不包含任何字符，如 str2。

空格串：由一个或多个空格组成的串，如 str3。

子串：由串中任意长度的连续字符构成的序列称为子串。含有子串的串称为主串。空串是任意串的子串，任意串是其自身的子串。如 str4 是 str1 的一个子串。

串相等：指两个串长度相等且对应位置上的字符也相同。

串比较：两个串比较大小时以字符的 ASCII 码值作为依据。

2. 串的存储

（1）串的定长顺序存储：用一组固定长度的地址连续的存储单元存储串的字符序列，如图 1-80 所示。

图 1-80　串的定长顺序存储结构

（2）串的堆分配存储：动态申请一组地址连续的存储单元存储串值的字符序列。

```
char      * SString;
```

（3）串的块链存储（链表）：每个节点可以存放一个字符，也可以存放固定多个字符，如图 1-81 所示。

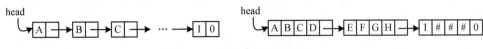

图 1-81　串的块链存储结构

1.5.3　数组与矩阵

1.5.3.1　数组

1. 数组的定义

（1）一维数组是长度固定的线性表，数组中的每个元素数据类型相同，结构一致。

（2）n 维数组是定长线性表在维数上的扩张。n 维数组 $A[b_1,b_2,\cdots,b_n]$ 中的每个元素 $A[j_1,j_2,\cdots,j_n]$ 又是一个线性表，其中 $1 \leqslant j_i \leqslant b_i$，1 为每一维的下界，$b_i$ 为第 i 维的上界。

2. 数组结构的特点

（1）数据元素数目固定。一旦定义了一个数组结构，就不再有元素的增减变化。

（2）数据元素具有相同的数据类型。

（3）数据元素的下标有上下界的约束且下标有序。

3. 数组的顺序存储

二维数组的顺序存储结构可分为两种：按行存储（图 1-82）、按列存储（图 1-83）。

以行为主序（按行存储）：pascal、C

$$A[m][n] = \begin{bmatrix} a_{00} & a_{01} & a_{02} & \cdots & a_{0,n-1} \\ a_{10} & a_{11} & a_{12} & \cdots & a_{1,n-1} \\ \vdots & \vdots & \vdots & & \vdots \\ a_{m-1,0} & a_{m-1,1} & a_{m-1,2} & \cdots & a_{m-1,n-1} \end{bmatrix}$$

图 1-82　二维数组按行存储

以列为主序（按列存储）：Fortran

$$A[m][n] = \begin{bmatrix} a_{00} \\ a_{10} \\ \vdots \\ a_{m-1,0} \end{bmatrix} \begin{bmatrix} a_{01} \\ a_{11} \\ \vdots \\ a_{m-1,1} \end{bmatrix} \begin{bmatrix} a_{02} \\ a_{12} \\ \vdots \\ a_{m-1,2} \end{bmatrix} \cdots \begin{bmatrix} a_{0,n-1} \\ a_{1,n-1} \\ \vdots \\ a_{m-1,n-1} \end{bmatrix}$$

图 1-83　二维数组按列存储

（1）行存储二维数组 $A[m][n]$ 数组元素 a_{ij} 的存储位置为：

$$\text{Loc}(i,j) = \text{Loc}(0,0) + (n \times i + j)L$$

如，

$$\text{Loc}(1,1) = \text{Loc}(0,0) + (n \times 1 + 1)L$$

（2）列存储二维数组 $A[m][n]$ 数组元素 a_{ij} 的存储位置为：

$$\text{Loc}(i,j) = \text{Loc}(0,0) + (m \times j + i)L$$

如，

$$\text{Loc}(1,1) = \text{Loc}(0,0) + (m \times 1 + 1)L$$

上述表达式中，$\text{Loc}(0,0)$ 是 a_0 的存储地址，L 是每个数组元素占用的存储单元长度。

1.5.3.2　矩阵

矩阵是很多科学与工程计算问题中研究的数学对象。在数据结构中主要讨论如何在尽可能节省存储空间的情况下，使矩阵的各种运算能高效地进行。

实际应用中，存在许多特殊矩阵，例如在矩阵中有许多值相同的元素或者零元素；如图 1-84 所示为一稀疏矩阵，如用定长数组存储，则会造成空间浪费，为了节省存储空间，需要对这类矩阵进行压缩存储。

压缩存储是指为多个值相同的元素只分配一个存储空间；对零元素不分配存储空间。

$$
\begin{bmatrix}
10 & 0 & \cdots & 10 \\
0 & 10 & \cdots & 0 \\
\vdots & \vdots & & \vdots \\
10 & 0 & \cdots & 0
\end{bmatrix}
$$

图 1-84　稀疏矩阵

1. 矩阵分类

（1）特殊矩阵：矩阵中元素（或非零元素）的分布有一定的规律，如对称矩阵、三角矩阵、对角矩阵等。一般采用行序顺序存储，如图 1-85 所示的三角矩阵。

（2）稀疏矩阵：非零元素的个数远远少于零元素的个数，且非零元素的分布没有规律。采用三元组顺序存储、十字链表存储等，如图 1-86 所示。

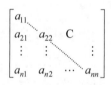

$$
\begin{bmatrix}
a_{11} & & & \\
a_{21} & a_{22} & \text{C} & \\
\vdots & \vdots & & \vdots \\
a_{n1} & a_{n2} & \cdots & a_{nn}
\end{bmatrix}
$$

图 1-85　三角矩阵

$$
\begin{bmatrix}
0 & 12 & 9 & 0 & 0 & 0 & 0 \\
0 & 0 & 0 & 0 & 0 & 0 & 0 \\
-3 & 0 & 0 & 0 & 0 & 14 & 0 \\
0 & 0 & 24 & 0 & 0 & 0 & 0 \\
0 & 18 & 0 & 0 & 0 & 0 & 0 \\
0 & 0 & 0 & -7 & 0 & 0 & 0
\end{bmatrix}
$$

图 1-86　稀疏矩阵

2. n 阶对称矩阵

矩阵 A 满足：$a_{ij} = a_{ji}$，则称 A 为对称矩阵。可用一维数组 $SA[n(n+1)/2]$ 存储 n 阶对称矩阵 A，即 n^2 个矩阵元素只需占用 $n(n+1)/2$ 个存储空间。

A 矩阵元素在数组 SA 中的位置表示为：

$$
k = \begin{cases}
\dfrac{i(i-1)}{2} + j - 1 & \text{当 } i \geqslant j \\
\dfrac{j(j-1)}{2} + i - 1 & \text{当 } i < j
\end{cases}
$$

3. 三角矩阵

下（上）三角矩阵指矩阵的上（下）三角（不包括对角线）中的元素均为常数 C 的 n 阶矩阵，如图 1-85 所示。

用一维数组 $SA[k]$ 存储下（上）三角中的元素之后，再增加一个存储单元存放 C。

矩阵元素在数组 SA 中的位置表示为：

$$k = \begin{cases} \dfrac{i(i-1)}{2} + j - 1 & \text{当 } i \geq j \\[2mm] \dfrac{n(n+1)}{2} & \text{当 } i < j \end{cases}$$

4. 对角矩阵

所有的非零元素都集中在以主对角线为中心的带状区域中的矩阵，称为对角矩阵，如图 1-87 所示。

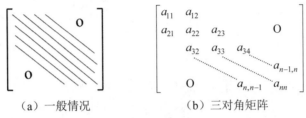

（a）一般情况　　　　（b）三对角矩阵

图 1-87　对角矩阵

用一维数组 $SA[k]$ 存储三对角矩阵，矩阵元素在数组 SA 中的位置表示为：$K = 2i + j - 3$（$|i-j| \leq 1$）。

5. 稀疏矩阵的存储

稀疏矩阵通常采用三元顺序存储或十字链表存储方式。

（1）三元顺序存储。用三元组(i, j, a_{ij})表示稀疏矩阵中的非零元素，对如图 1-86 所示的稀疏矩阵，采用三元顺序存储表示，结果如图 1-88 所示。

i	j	a_{ij}
1	2	12
1	3	9
3	1	−3
3	6	14
4	3	24
5	2	18
6	4	−7

图 1-88　稀疏矩阵的三元顺序存储

（2）十字链表存储。稀疏矩阵中每个非零元素既是某个行链表中的节点，又是某个列链表中的节点，整个矩阵构成了一个十字交叉的链表，故称为十字链表结构。

十字链表节点构成为

i	j	e
down	right	

其中：i 为非零元素行号；j 为非零元素列号；e 为非零元素的值；Right 为本行下一个非零元素、Down 为本列下一个非零元素。

图 1-89 所示的稀疏矩阵的十字链表存储结构如图 1-90 所示。

$$M_{3\times5} = \begin{bmatrix} 3 & 0 & 0 & 5 \\ 0 & -1 & 0 & 0 \\ 2 & 0 & 0 & 0 \end{bmatrix}$$

图 1-89　3×5 稀疏矩阵

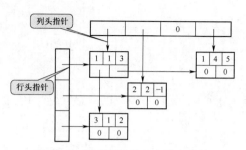

图 1-90　稀疏矩阵的十字链表存储

1.5.4　树与二叉树

树是一种非线性结构，节点间有明显的层次结构关系，如图 1-82 所示。

树的特点：①有且仅有一个根节点，没有双亲。②其他节点分成多个互不相交的子树，有且仅有一个双亲，有 0 个或多个子女。

现实世界中，能用树的结构表示的有单位的组织结构、人类的家族谱等。

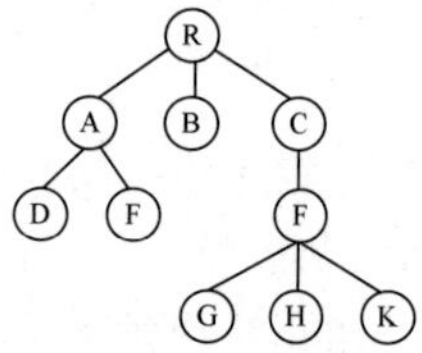

1.5.4.1　树的基本概念

节点（Node）：树中的元素，例如 R、A、B、C 等。

节点的度（Degree）：节点拥有的子树的个数，如 R 的度为 3，A 的度为 2。

图 1-91　树

节点的层次：从根节点开始算起，根为第 1 层，A 的层次为 2。

根（root）：没有前件的节点称为树的根节点，如节点 R 是树的根节点。

叶子（Leaf）：度为零的节点，也称端节点，如节点 D、E、B、G、H、K。

孩子（Child）：节点子树的根称为该节点的孩子节点，如 A、B、C 是 R 的子节点。

兄弟（Sibling）：同一双亲的孩子，如 A、B、C 为兄弟。

双亲（Parent）：子节点的上层节点，称为其的双亲，如 R 是 A、B、C 的双亲。

深度（Depth）：树中节点的最大层次数，图 1-91 示例树的层次为 4。

子树（Subtree）：孩子节点以及其下面的所有的节点所构成的树，如 A、D、E 为 R 的子树。

森林（Forest）：M 棵互不相交的树的集合。

1.5.4.2　二叉树及其基本性质

与一般的树结构相比，二叉树在结构上具有规范性和确定性的特点，因此得到了广泛的应用。

1. 二叉树的定义

二叉树是一个有限节点的集合，树中每个节点最多只有两棵子树，且子树有左右之分，次序不能颠倒。

（1）二叉树的特点。

1）二叉树可以为空。空二叉树没有节点，非空二叉树有且只有一个根节点。

2）每个节点最多有两棵子树，即二叉树中不存在度大于 2 的节点。

3）二叉树的子树有左右之分，其次序不能任意颠倒。

（2）二叉树的 5 种基本形态，如图 1-92 所示。

（a）空二叉树（b）仅有根节点（c）右子树为空（d）左子树为空（e）左右子树均非空

图 1-92　二叉树的 5 种基本形态

2. 满二叉树和完全二叉树

满二叉树和完全二叉树是两种特殊形态的二叉树。

（1）满二叉树。满二叉树指除了最后一层外，每一层上的所有节点都有两个子节点的二叉树。

在满二叉树中，只有度为 2 和度为 0 的节点，没有度为 1 的节点。所有度为 0 的节点即叶子节点都在同一层，即最后一层。如图 1-93 所示是一棵满二叉树，其深度为 3。

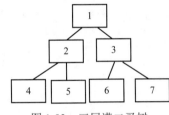

图 1-93　三层满二叉树

（2）完全二叉树。完全二叉树是指除最后一层外，每一层都取最大节点数，最后一层节点都集中在该层最左边的若干位置。

在图 1-94 所示的二叉树中，（a）、（b）、（c）都是深度为 3 的完全二叉树，（d）、（e）不是完全二叉树。

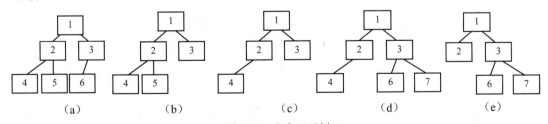

（a）　　　　　　（b）　　　　　　（c）　　　　　　（d）　　　　　　（e）

图 1-94　完全二叉树

注意：满二叉树一定是完全二叉树，完全二叉树不一定是满二叉树。

3. 二叉树的基本性质

（1）性质 1：在二叉树的第 k 层上，最多有 2^{k-1}（$k \geq 1$）个节点。

例如，二叉树的第 1 层最多有 $2^0=1$ 个节点，第三层最多有 $2^{3-1}=4$ 个节点，满二叉树就是每层的节点数都是最大节点数的二叉树。

（2）性质 2：度为 h 的二叉树中，最多有 2^h-1 个节点。

例如，深度为 3 的二叉树，最多有 $2^3-1=7$ 个节点。

（3）性质 3：对于任何一棵二叉树，度为 0 的节点 $n0$（即叶子节点）总是比度为 2 的节点 $n2$ 多一个，即 $n0=n2+1$。

（4）性质 4：有 n 个节点的二叉树，其深度至少为：$[\log_2 n]+1$；其中 $[\log_2 n]$ 表示取 $\log_2 n$ 的整数部分，方括号表示取整。

例如，有 6 个节点的二叉树中，其深度至少为 $[\log_2 6]+1=2+1=3$。

（5）性质 5：设一个完全二叉树共有 n 个节点，如果从根节点开始，从左到右按层序用自然数 1，2，…，n 给节点进行编号（$i=1,2,\cdots,n$），则有以下结论：

1）若 $i=1$，则该节点为根节点，它没有父节点，若 $i>1$，则该节点的父节点编号为 $[i/2]$，其中 $[i/2]$ 表示取 $i/2$ 整数部分。

2）若 $2i>n$，则该节点无左子节点；若 $2i \leq n$，则编号为 i 的节点的左子节点编号为 $2i$。

3）若 $2i+1>n$，则该节点无右子节点；若 $2i+1 \leq n$，则编号为 i 节点的右子节点编号为 $2i+1$。

（6）性质 6：完全二叉树节点的计算。根据完全二叉树的定义，在一棵完全二叉树中，最多有 1 个度为 1 的节点($n1 \leq 1$)。因此，设一棵完全二叉树具有 n 个节点：

1）若 n 为偶数：$n0=n/2, n2=n/2-1, n1=1$

2）若 n 为奇数：$n0=[n/2]+1, n2=[n/2], n1=0$

例：设一棵完全二叉树共有 700 个节点，则在该二叉树中有多少个叶子节点。

分析：完全二叉树共有 700 个节点，700 是偶数，所以，

$n0=n/2=350$

$n2=n/2-1=349$

$n1=1$

则树中有 350 个叶子节点，349 个度为 2 的节点，还有 1 个是度为 1 的节点。

4. 二叉树的存储结构

对于非线性结构的二叉树，在物理结构上可以使用顺序存储结构或链式存储结构。

二叉树的顺序存储：

（1）用一组连续的存储单元存放二叉树的数据元素，节点在数组中的相对位置蕴含着节点之间的关系。

（2）用数组存储时，若父节点在数组中 i 下标处，其左孩子在 $2*i$ 处，右孩子在 $2*i+1$ 处。

（3）二叉树采用顺序存储结构时，必须按照完全二叉树的形式存储，如图 1-95 所示，首先将二叉树补充为完全二叉树，总共 11 个节点，需 11 个空间存储，浪费 5（0 节点）个存储空间。

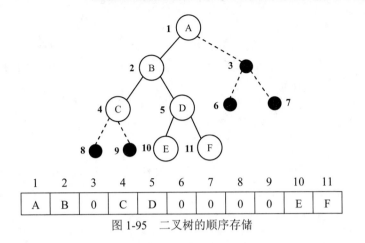

图1-95　二叉树的顺序存储

5. 二叉树的链式存储结构

在顺序存储结构中，对于非完全二叉树，需要将空缺的位置用特定的符号填补，若空缺节点较多，势必造成空间利用率的下降。在这种情况下，就应该考虑使用链式存储结构。

常见的二叉树节点结构如下所示：

Lchild	item	Rchild

其中，Lchild 为左子树指针；item 为元素；Rchild 为右子树指针。

Lchild	Item	Rchild	parent

其中，Lchild 为左子树指针；item 为元素；Rchild 为右子树指针；parent 为父指针。

利用链式存储方式存放二叉树的形式如图1-96所示，其中^表示空指针。

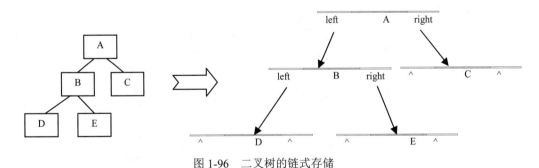

图1-96　二叉树的链式存储

6. 二叉树的遍历

遍历就是按照某条路径访问树中的每个节点，使每个节点被访问且仅被访问一次。

（1）先序遍历（DLR）：访问根节点；先序遍历左子树；先序遍历右子树。

（2）中序遍历（LDR）：中序遍历左子树；访问根节点；中序遍历右子树。

（3）后序遍历（LRD）：后序遍历左子树；后序遍历右子树；访问根节点。

如图 1-97 所示的四节点二叉树，分别采用上述三种遍历方式，节点遍历的顺序为：

1）先序（根左右）：AB<u>DC</u>

2）中序（左根右）：B<u>D</u>A<u>C</u>

3）后序（左右根）：<u>DBCA</u>

一棵二叉树无论哪种遍历算法，都有以下要点：

1）所有叶子节点先后顺序不变，总是从左到右排列。上述三种遍历中，叶子节点排列顺序为 DC。

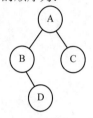

图 1-97　四节点二叉树

2）左子树的节点，总是出现在右子树节点的前面。上述三种遍历中，BD 总是出现在 C 的前面。

1.5.4.3　树与森林

1. 将树转换为二叉树

每棵树都能表示成一棵二叉树，转换规则如下：

（1）从树根节点开始。

（2）令二叉树节点的左子树为该节点的第一个儿子、右子树为该节点的右侧兄弟。

如图 1-98 中的树转化为二叉树，步骤如下：

1）将 R 作为根节点，其左子树为 A，右子树为空，因为 R 没有兄弟节点。

2）将 A 作为根，其左子树为 D，右子树为 B（右边第一个兄弟节点）。

3）重复上述规则，直到完成所有节点的遍历。

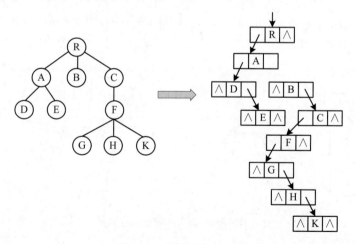

图 1-98　树转化为二叉树

2. 森林转换成二叉树

森林转换成二叉树的转换规则如下：

（1）增加一个根节点，作为原森林中各树根节点的父节点。

（2）将新树转换成二叉树。

（3）删除二叉树的根节点。

如图 1-99 中森林转化为二叉树的步骤如下：

1）以三棵树（森林）的根 A、E、G 节点为子树，添加节点 R 作为大树的根。

2）按照上节中将树转换为二叉树的方法，得到转换后的二叉树。

3）删除添加的节点 R，得到转换完毕的最终二叉树。

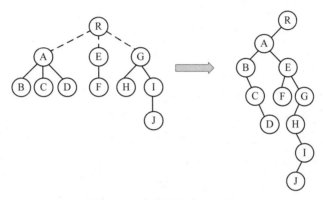

图 1-99　森林转化为二叉树

3. 二叉树转换成森林

二叉树转换成森林的转换规则如下：

（1）增加一个新根节点，原二叉树根节点作为新根节点的左儿子。

（2）将新二叉树转换成树：左儿子为左子树、右儿子转换为兄弟。

（3）删除树的根节点变为森林。

将图 1-99 中右侧的二叉树转换为左侧的森林，步骤如下：

1）增加 R 作为树的根，将原树的根 A 作为 R 的左子树。

2）将 A 的左子树依然作为左子树，将右子树的根 E 作为 A 的兄弟，即 R 的一个子树。

3）反复应用上面的规则（1），完成所有节点的转换。

4）删除 R 节点，形成以 A、E、G 为根节点的三棵树组成的森林。

1.5.4.4　最优二叉树与二叉查找树

1. 基本概念

（1）从树中一个节点到另一个节点之间的分支构成了这两个节点之间的路径。

（2）路径上的分支数目称作节点到节点的路径长度，图 1-100 的二叉树中，X 到 Y 的路径长度为 2，X 到 Z 的路径长度为 3。

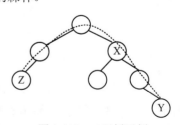

图 1-100　二叉树示例

（3）树的路径长度是从树根到每一个节点的路径长度之和，图 1-100 中二叉树的路径长度为 11。

2. 带权二叉树

带权二叉树为每个节点增加一个权值 w，如图 1-101 所示。

（1）节点的带权路径长度：从根节点到该节点之间的路径长度与节点上权值的乘积，如 A 的带权路径长度=2×7=14。

（2）树的带权路径长度：为树中所有叶子节点的带权路径长度之和，通常记做 WPL，公式如下：

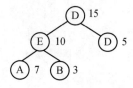

图 1-101　带权二叉树

$$WPL = \sum_{k=1}^{n} w_k L(v_k)$$

式中，w_k 为叶子节点 v_k 的权值；$L(v_k)$ 为叶子节点 v_k 的路径长度。

当前树的 $WPL=2×7+2×3+1×5=25$。

3. 霍夫曼（Huffman）树（最优二叉树）

假设有 n 个权值 $\{w_1,w_2, \cdots w_n\}$，试构造一棵有 n 个叶子节点 v_i（$i=1 \cdots n$）的二叉树，每个叶子节点权值为 w_i，则其中带权路径长度 WPL 最小的二叉树称作最优二叉树或霍夫曼树。

（1）霍夫曼树构造算法。

1）根据给定的 n 个权值 $\{w_1,w_2, \cdots w_n\}$ 生成 n 个具有权值 w_i 的节点，构成一个节点集合。

2）从中选取两个具有最小权值(w_i, w_j)的节点，分别作为左、右子节点，并生成一个新节点作为父节点，且父节点的权值 w' 为其左、右子节点的权值之和 $w' = w_i + w_j$。

3）在原来的节点集中删除 2）中的两个节点，同时将新生成的父节点加入节点集合中。

4）重复 2）和 3），直到最终只剩下一个节点为止。

（2）霍夫曼树构造示例。五个叶子节点 a、b、c、d、e，权值分别为 7、2、3、5、4。根据（1）中的算法，构造完成的最优二叉树如图 1-102 所示。

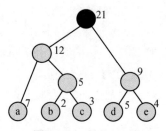

图 1-102　最优二叉树

4. 霍夫曼编码

（1）编码和译码。编码和译码的过程如图 1-103 所示，在传送字符串"ABACCD"时。首先对字符 A、B、C、D 分别编码为 00、01、10、11；然后发送编码后的二进制串 000100101011（共 12 位）；接收方接收到二进制串后，采用二位一分进行译码，最后得到"ABACCD"。

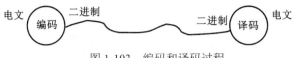

图 1-103　编码和译码过程

在电文编码时，人们总是希望编码总长度越短越好；如果对每个字符设计长度不等的编码，且让电文中出现次数较多的字符采用较短的编码，则可以减短电文的总长。

例如，对 A、B、C、D 重新编码为 0、00、1、01，则 ABACCD 电文编码为 00001101（共 8 位），总长度减短了。

虽然总长度减小了，但是也出现了新的问题：译码存在二义性。

例如，0000 有多种译法：ABA、AAAA、BB、BAA。

（2）前缀编码。编码的前缀是指该编码的任意首部，例如 01101 的前缀为 0、01、011、0110、01101 等。

若设计的长短不等的编码满足任一个编码都不是另一个编码的前缀，则这样的编码称为前缀编码。

例如 A、B、C、D 的编码如下，其中编码 3）为前缀编码。

1）0、11、10、101

2）0、11、10、110

3）0、11、101、100

（3）二叉树与前缀编码。利用二叉树设计的二进制编码恰好就是前缀编码。

1）叶子节点表示 A、B、C、D 这四个符号。

2）左分支标注"0"，右分支标注"1"。

3）从根节点到叶子节点的路径上经过的二进制符号串就作为该叶子节点字符的编码。

如图 1-104 所示，各节点的前缀编码可以表示为：A(0)、B(110)、C(10)、D(111)。

（4）霍夫曼编码。通过构造霍夫曼（Huffman）树（最优二叉树），可以构造编码最短的霍夫曼编码。

例：某通信系统可能出现 A、B、C、D、E、F、G、H 等 8 个字符，其概率分别为 0.05、0.29、0.07、0.08、0.14、0.23、0.03、0.11，试设计霍夫曼编码。

1）首先设各字符的概率分别表示权值，都乘以 100，得到初始的节点权值集合为：

$$W=\{5,29,7,8,14,23,3,11\}$$

2）利用"3.霍夫曼树"中的规则构造霍夫曼树，如图 1-105 所示。

3）得到的霍夫曼编码为：

A (0110)、B (10)、C (1110)、D (1111)、E (110)、F (00)、G (0111)、H (010)

（5）霍夫曼编码的译码方法。将接收到的二进制霍夫曼编码翻译成字符，其译码规则如下：

1）从左至右扫描编码。

2）从根节点出发，若为"0"则走左分支，若为"1"则走右分支，直至叶节点为止。

3）取叶节点字符为译码结果，返回重复执行 1）、2）、3）直至全部译完为止。

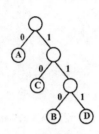

图 1-104　前缀编码二叉树

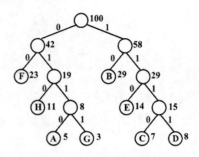

图 1-105　构造霍夫曼编码

例如，霍夫曼编码串 0110　1110　110　0110，翻译后为 ACEA。

5.　二叉查找树

二叉查找树（又称二叉排序树）或者是一棵空树；或者是具有下列性质的二叉树：

（1）左子树上所有节点的值均小于等于它的根节点的值。

（2）右子树上所有节点的值均大于它的根节点的值。

（3）根节点的左、右子树也分别为二叉查找树。

对于给定的序列（13、8、23、5、18、37），利用插入操作可以构造一棵如图 1-106 所示的二叉查找树，其基本构造步骤如下：

1）将第 1 个值 13 作为根节点。

2）在 13 的左子树位置插入第 2 个值 8。

3）第 3 个值为 23，比 13 要大，则将 23 插入到 13 右子树的位置。

4）第 4 个值为 5，比 13 小，应插入到左子树，又比 8 小，最后插入到 8 的左子树位置。

5）第 5 个值为 16，比 13 大，应插入到右子树，但比 23 小，因此插入到 23 的左子树位置。

6）第 6 个值为 37，比 13 大，应插入到右子树，又比 23 大，因此插入到 23 的右子树位置。

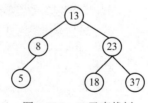

图 1-106　二叉查找树

1.5.5　图及其相关算法

1.5.5.1　图的概述

图结构中，节点（图中称为顶点）间的连接是任意的，图中任意两个节点之间都可能相关。

1.　图的分类

（1）有向图：在有向图中，$<v_1,v_3>$ 表示从 v_1 到 v_3 的一条弧。v_1 为弧尾或初始点，v_3 为弧头或终端点。即，弧从一个顶点到另一个顶点具有方向性，如图 1-107 所示的有向图 G1。

（2）无向图：在无向图中，(v_1,v_4) 表示 v_1 和 v_4 之间的一条边，无方向性，如图 1-108 所示的无向图 G2。

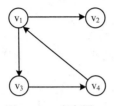

图 1-107　有向图 G1

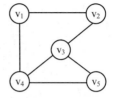

图 1-108　无向图 G2

2. 图的表示

图用二元组 G=(v,e) 来表示，v 表示图中顶点的结合，e 表示图中的弧或边。

（1）有向图 G1 表示为 G1=(v,e)，$v=\{v_1, v_2, v_3, v_4\}$，$e=\{<v_1,v_3>, <v_3,v_4>, <v_1,v_2>, <v_4,v_1>\}$。

（2）无向图 G2 表示为 G2=(v,e)，$v=\{v_1, v_2, v_3, v_4, v_5\}$，$e=\{(v_1,v_4), (v_1,v_2), (v_4,v_3), (v_3,v_2), (v_3,v_5)\}$。注意 (v_1, v_2) 与 (v_2, v_1) 表示同一条边。

3. 图的基本概念

（1）顶点的度。

顶点的度：依附于该顶点的边数或弧数。

无向图：顶点 v 的度是和 v 相关联的边的数目，记做 TD(v)，图 1-108 中 $TD(v_3)=3$。

有向图：顶点 v 的度 TD(v) 分为入度 ID、出度 OD，顶点 v 的度为 TD(v)=ID(v)+OD(v)。

入度：（仅对有向图）以该顶点为尾的弧数，用 ID(v) 表示。

出度：（仅对有向图）以该顶点为头的弧数，用 OD(v) 表示。

在图 1-107 中，顶点 v_1：ID(v)=1、OD(v)=2，则 TD(v)=3。

（2）图的性质 1。对于一个图（无向图、有向图），如果顶点 v_i 的度为 $TD(v_i)$，那么顶点个数 n、条边或弧条数 e，必满足如下关系：

$$e = \frac{1}{2}\sum_{i=1}^{n} TD(v_i)$$

（3）图的性质 2。若用 n 表示图的顶点数目，用 e 表示边或弧的数目，且图中不存在顶点到自身的边或弧，则

1）无向图：$0 \leq e \leq n(n-1)/2$

2）有向图：$0 \leq e \leq n(n-1)$

3）有 $n(n-1)/2$ 条边的无向图称为无向完全图，如图 1-109 所示。

4）有 $n(n-1)$ 条弧的有向图称为有向完全图，如图 1-110 所示。

（4）子图。假设有两个图 G=(v, e) 和 G'=(v', e')，如果 $v' \subseteq v$，且 $e' \subseteq e$，则称 G' 为 G 的子图。子图的求解过程如图 1-111 所示。

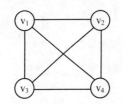

图 1-109　无向完全图

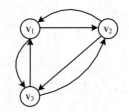

图 1-110　有向完全图

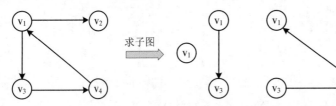

图 1-111　子图的求解过程

（5）路径、回路、链、简单路径。无向图 G 中若存在一条有穷非空序列 w = $v_0 e_1 v_1 e_2 v_2 \cdots e_k v_k$，其中 v_i 和 e_i 分别为顶点和边，则称 w 是从顶点 v_0 到 v_k 的一条路径，如图 1-112 所示。

图 1-112　图的路径与回路

顶点 v_0 和 v_k 分别称为路径 w 的起点和终点。

路径的长度是路径上的边的数目：w 的长度为 k。

起点和终点相同的路径称为回路（或环）。

若路径 w 的边 e_1，e_2，$\cdots$，e_k 互不相同，则称 w 为链。

若路径 w 的顶点 v_0，v_1，$\cdots$，v_k 互不相同，则称 w 为简单路径。

（6）连通、连通图、连通分量。

无向图 G，如果从顶点 v 到顶点 v'有路径，则称 v 和 v'是连通的。

无向图 G 中任意两个顶点 v_i，v_j ∈ V，v_i 和 v_j 都是连通的，则称 G 是连通图。

连通分量指的是无向图中的极大连通子图，目的是为了确定两个顶点是否连通。连通分量的求解如图 1-113 所示。

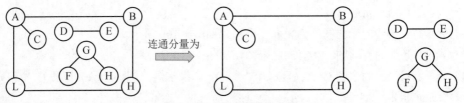

图 1-113　连通分量的求解

（7）强连通图、强连通分量。有向图 G，如果从顶点 v 到顶点 v'有路径或从顶点 v'到顶点 v 有路径，则称 v 和 v'是连通的。

在有向图 G 中，如果对于每一对 v_i, $v_j \in V$, $v_i \neq v_j$，从 v_i 到 v_j 和从 v_j 到 v_i 都存在路径，则称 G 是强连通图。

有向图中的极大强连通子图称作有向图的强连通分量。强连通分量的求解如图 1-114 所示。

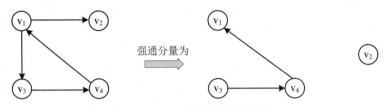

图 1-114　强连通分量的求解

1.5.5.2　图的存储

1. 邻接矩阵（图的顺序存储）

（1）设图 G = (v,e) 具有 $n(n \geq 1)$ 个顶点 v_1, v_2, $\cdots$, v_n 和 m 条边或弧 e_1, e_2, $\cdots$, e_m，则 G 的邻接矩阵是 n×n 阶矩阵，记为 $A(G)$。

其每一个元素 a_{ij} 定义为：$a_{ij}=0$，顶点 v_i 与 v_j 不相邻接；否则 $a_{ij}=1$。

（2）邻接矩阵优点。

1）容易判断任意两个顶点之间是否有边或弧。

2）容易求取各个顶点的度。

如图 1-115 的有向图，顶点 v_i 的出度是邻接矩阵中第 i 行的元素之和，顶点 v_i 的入度是邻接矩阵中第 i 列的元素之和，图中 v_1 的度为 2+1=3。

如图 1-116 的无向图，顶点 v_i 的度是邻接矩阵中第 i 行或第 i 列的元素之和。图中 v_1 的度为 2，v_2 的度为 3。

通常，无向图的邻接矩阵都是对称矩阵，有向图的邻接矩阵一般不对称。

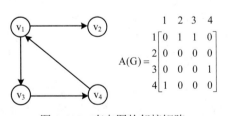

图 1-115　有向图的邻接矩阵

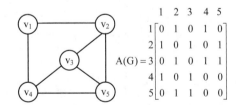

图 1-116　无向图的邻接矩阵

（3）带权图（网）的邻接矩阵。

其每一个元素 a_{ij} 定义为：$a_{ij}=\infty$，顶点 v_i 与 v_j 不相邻接，否则，$a_{ij}=w_{ij}$。图 1-117 所示的带权图表示为如图 1-118 所示的邻接矩阵。

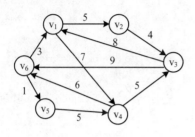

图 1-117　带权图

图 1-118　带权图的邻接矩阵

2. 邻接表（图的链式存储）

为图中每一个顶点建立一个单链表，指示与该顶点邻接的顶点和关联的边或出弧。

（1）无向图的邻接表。图 1-119 左侧是给定的无向图，右侧是链式存储的顶点节点和边节点的数据结构。

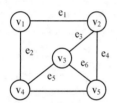

顶点节点

| vexinfo | firstarc |

vexinfo：顶点的信息
firstarc：第一条关联边节点

边节点

| adjvex | arcinfo | nextarc |

adjvex：邻接顶点在顶点节点的位置
arcinfo：边的信息
nextarc：下一条关联边节点

图 1-119　无向图及其邻接表的节点

根据上面的定义，得到的邻接表如图 1-120 所示。

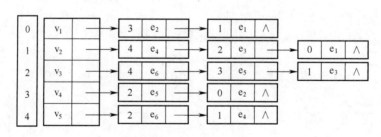

图 1-120　无向图的邻接表

顶点节点采用顺序存储，序号为存储位置；v_1 顶点第一个邻接点 v_4 序号为 3，且序号从小到大。

性质：无向图（设 n 个顶点，e 条边）需要存储空间：$n + 2e$（边要重复）；顶点 v_i 的度为第 i 条链中的节点数，如 v_1 的度为 2。

（2）有向图的邻接表。图 1-121（a）是给定的有向图，图 1-121（b）是其对应的邻接表，图 1-121（c）是其对应的逆邻接表（节点为该顶点连接弧的弧头，目的是为了方便求顶点的入度）。

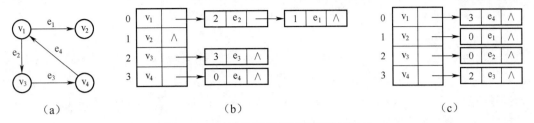

图 1-121　有向图及其邻接表和逆邻接表

性质： 有向图邻接表存储的特点如下。

1）需要存储空间：$2n + 2e$。

2）顶点 v_i 的出度为邻接表第 i 条链中的节点数，如图 1-121 中，v_1 的出度为 2。

3）顶点 v_i 的入度为逆邻接表第 i 条链中的节点数，如图 1-121 中，v_1 的入度为 1。

1.5.5.3　图的遍历

图的遍历与树的遍历类似，即从图中某一顶点出发访遍图中所有顶点，且使每个顶点仅被访问一次，这一过程称为图的遍历。

图的遍历有两种算法：深度优先搜索、广度优先搜索。

1. 深度优先搜索

深度优先搜索是类似于树的先序遍历的一种方法，基本步骤如下：

（1）基节点。

（2）第一个邻接节点所能导出的连通子图。

（3）其他邻接顶点所能导出的连通子图。

如图 1-122 所示的深度优先搜索顺序为：v_1、v_2、v_4、v_8、v_5、v_3、v_6、v_7。一般用栈实现深度优先搜索。

2. 广度优先搜索

广度优先搜索类似于树的层次遍历，把图人为地分层，按层遍历，只有父辈节点被访问后才会访问子孙节点。

如图 1-123 所示的广度优先搜索顺序为：v_1、v_2、v_3、v_4、v_5、v_6、v_7、v_8。一般用队列实现广度优先搜索。

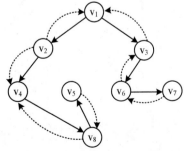

图 1-122　图的深度优先遍历

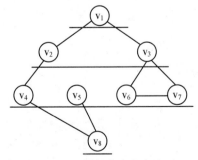

图 1-123　图的广度优先遍历

1.5.5.4 图的相关算法

1. 最小生成树

生成树的概念（对无向图而言）：设图 G=(v，e) 是连通图，当从图中任一顶点出发遍历图 G 时，将边集 e(G) 分为两个集合 A(G) 和 B (G)。其中 A(G) 是遍历时所经过的边的集合，B(G) 是遍历时未经过的边的集合。则，G_1=(V, A) 是图 G 的子图，称子图 G_1 为连通图 G 的生成树。

（1）生成树有如下性质：

1）一个有 n 个顶点的连通图的生成树有且仅有 n-1 条边。

2）少于 n-1 条边，为非连通图。

3）多于 n-1 条边，则一定为环。

4）一个连通图的生成树并不唯一。

连通网的边是带权值的，生成树的各边也带权值，把生成树各边的权值总和称为生成树的权，把权值最小的生成树称为最小生成树。

（2）普里姆（Prim）最小生成树算法

1）从连通网 G=(V,E) 中的某一顶点 v_0 出发，选择与它关联的具有最小权值的边(v_0, v)，将其顶点加入到生成树顶点集合 U 中。

2）从一个顶点在 U 中，而另一个顶点不在 U 中的各条边中选择权值最小的边(u,v)，把它的顶点加入到集合 U 中。

3）重复 1）、2）步，直到 G 中的所有顶点都加入到生成树顶点集合 U 中为止。

采用邻接矩阵作为图的存储表示。利用普里姆算法产生最小生成树的过程如图 1-124 所示。

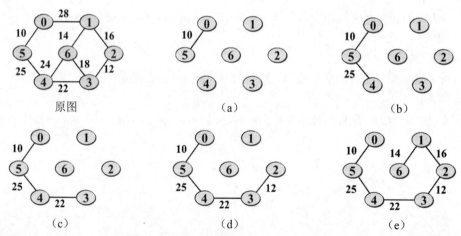

图 1-124 普里姆算法的最小生成树产生过程

（3）克鲁斯卡尔（Kruskal）最小生成树算法。

1）设有一个有 n 个顶点的连通网 G=(V,E)，最初先构造一个只有 n 个顶点，没有边的非连通图 T = {V, ∅}，图中每个顶点自成一个连通分量。

2）在 e 中选择具有最小权值的边，若该边的两个顶点落在不同的连通分量上，则将此边加入到 T 中；否则将此边舍去，重新选择一条权值最小的边。

3）重复 1）、2）步，直到 G 中的所有顶点在同一个连通分量上为止。

利用克鲁斯卡尔算法产生最小生成树的过程如图 1-125 所示。

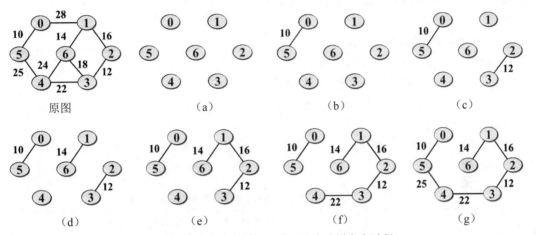

图 1-125　克鲁斯卡尔算法的最小生成树产生过程

2. 拓扑排序（AOV 网络）

在工程领域，一个大的工程项目通常被划分为许多较小的子工程（称为活动），当这些子工程都完成时，整个工程也就完成了。若以顶点表示活动，用有向弧表示活动之间的优先关系，则称这样的有向图为以顶点表示活动的网（Activity On Vertex network，AOV 网）。

AOV 网常用于工程进度管理。例如，通过 AOV 网可以使人们了解到：

（1）完成整个工程至少需要多少时间（假设网络中没有环）？——关键路径。

（2）为缩短完成工程所需的时间，应当加快哪些活动？——关键活动。

完成整个工程所需的时间取决于从源点到汇点的最长路径长度，即路径上所有活动的持续时间之和，这条最长的路径就叫做**关键路径**（Critical Path），关键路径不唯一。关键路径上的所有活动都是**关键活动**。

【例 1-38】如图 1-126 所示工程活动图，活动 1 为起点，活动 6 为终点。

当前有 4 条路径可以从活动 1 到活动 6：

路径 L1：1、2、5、6，总天数 $W=7$。

路径 L2：1、2、4、6，总天数 $W=7$。

路径 L3：1、3、4、6，总天数 $W=8$。

路径 L4：1、3、6，总天数 $W=5$。

显然路径 L3 为关键路径，1、3、4、6 为其关键活动。

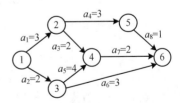

图 1-126　工程活动图

3. 图的最短路径

最短路径问题：如果从图中某一顶点（称为源点）到达另一顶点（称为终点）的路径可能不止一条，如何找到一条路径使得沿此路径上各边上的权值总和达到最小。

单源点最短路径：指给定带权有向图 G 和源点 v_0，求从 v_0 到 G 中其余各顶点的最短路径。

迪杰斯特拉（Dijkstra）算法：按路径长度递增的次序产生最短路径。

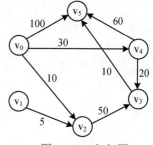

图 1-127　加权图

（1）把网中所有的顶点分成两个集合 S 和 T，S 集合的初态只包含顶点 v_0，T 集合的初态包含除 v_0 之外的所有顶点。

（2）凡以 v_0 为源点，已经确定了最短路径的终点并入 S 集合中，按各顶点与 v_0 间最短路径长度递增的次序，逐个把 T 集合中的顶点加入到 S 集合中去。

例：如图 1-127 所示的加权图，从 v_0 到各终点的 D 值和最短路径的求解过程见表 1-18。

表 1-18　迪杰斯特拉算法求解过程

终点	从 v_0 到各终点的 D 值和最短路径的求解过程				
	$i=1$	$i=2$	$i=3$	$i=4$	$i=5$
v_1	∞	∞	∞	∞	∞ 无
v_2	10 (v_0,v_2)				
v_3	∞	60 (v_0,v_2,v_3)	50 (v_0,v_4,v_3)		
v_4	30 (v_0,v_4)	30 (v_0,v_4)			
v_5	100 (v_0,v_5)	100 (v_0,v_5)	90 (v_0,v_4,v_5)	60 (v_0,v_4,v_3,v_5)	
v_j	v_2	v_4	v_3	v_5	
$S\{v_0\}$	$\{v_0,v_2\}$	$\{v_0,v_2,v_4\}$	$\{v_0,v_2,v_3,v_4\}$	$\{v_0,v_2,v_3,v_4,v_5\}$	

1.5.6　查找算法

查找是指在一个给定的数据结构中，根据给定的条件找到满足条件的节点。不同的数据结构采用不同的查找方法。查找的效率直接影响数据处理的效率。

1.5.6.1　查找的基本概念

1. 查找类型

（1）静态查找：查找时只进行元素的查询和检索，查找表长度不变。如顺序查找、二分查找、分块查找等。

（2）动态查找：查找时不仅进行元素的检索，还进行元素的添加、删除等操作。如二叉搜索（排序）树、平衡二叉树、哈希表等。

2．查找结果

查找成功：找到满足条件的节点。

查找失败：找不到满足条件的节点。

平均查找长度（Average Search Length，ASL）：查找过程中比较的次数。

1.5.6.2　顺序查找

顺序查找，又称线性查找，对给定的关键字 K，如图 1-128 中的 15，从线性表的一端开始，逐个将元素的关键字和 K 进行比较，直到找到关键字等于 K 的元素或到达表末尾。

5	3	7	33	15	20	40	35

图 1-128　顺序表

可以采用从前向后查，也可采用从后向前查的查找方法。

1．基本性质

（1）平均查找长度 $ASL=(n+1)/2$。

（2）时间复杂度 $=O(n)$。

2．只能采取顺序查找的两种情况

（1）线性表为无序表（元素排列是无序的）。

（2）即使是有序线性表，但采用的是链式存储结构，线性链表如图 1-129 所示。

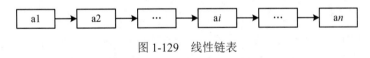

图 1-129　线性链表

1.5.6.3　索引顺序查找（分块查找）

1．算法思想

（1）将表分成若干块，每一块中关键字不一定有序，但块之间是有序的，即后一块中所有记录的关键字均大于前一个块中最大的关键字。

（2）建立一个"索引表"，索引表按关键字有序。

2．查找过程分

（1）在索引表中确定待查记录所在的块。

（2）在块内顺序查找。

查找过程如图 1-130 所示，索引表中 23 所对应的块是（23,13,7,16），49 对应的块是（34,38,49,35），75 对应的块是（61,75,59）。

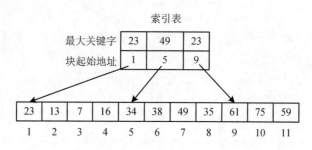

图 1-130　索引顺序查找过程

3．查询效率

分块查找的平均查找长度不仅与表长 n 有关，而且和每一块中的记录数 s 有关。当 s 取 $\sqrt{n}$ 时，$ASL=\sqrt{n}+1$。

1.5.6.4　折半查找（二分法查找）

思想： 先确定待查找记录所在的范围，然后逐步缩小范围，直到找到或确认找不到该记录为止。

前提： 必须在顺序存储结构的有序表中进行。

特点： 折半查找的效率要比顺序查找高得多。对于长度为 n 的有序线性表，在最坏情况下，二分查找只需要比较 $\log_2 n$ 次。

1．折半查找的计算过程

假设查找表存放在数组 a 的 $a[1]\sim a[n]$ 中，且升序，查找关键字值为 k。折半查找的主要步骤为：

（1）设置初始查找范围：low=1，high=n。

（2）求查找范围中间项：mid=(low+high)/2。

（3）将指定的关键字值 k 与中间项 $a[mid].key$ 比较。

1）若相等，则查找成功，找到的数据元素为此时 mid 指向的位置。

2）若小于，则查找范围的低端数据元素指针 low 不变，高端数据元素指针 high 更新为 mid-1。

3）若大于，则查找范围的高端数据元素指针 high 不变，低端数据元素指针 low 更新为 mid+1。

（4）重复步骤（2）、（3）直到查找成功或查找范围空（low>high），即查找失败为止。

（5）如果查找成功，返回找到元素的存放位置，即当前的中间项位置指针 mid；否则返回查找失败标志。

2．二分法查找过程

二分法查找过程示例如图 1-131 所示。

1.5.6.5　二叉查找树

二叉查找树（二叉排序树）或者是一棵空树，或者是具有下列性质的二叉树：

（1）左子树上所有节点的值均小于等于它的根节点的值。

（2）右子树上所有节点的值均大于它的根节点的值。

（3）根节点的左、右子树也分别为二叉查找树。

查找23的过程如图：9元素

mid=(low+high)/2不进位取整

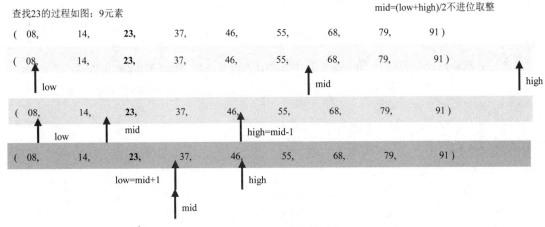

图1-131　二分法查找过程

前提： 必须是有序表。

特点： 对二叉查找树进行中序遍历，可得到一个关键码递增有序的节点序列。

对于图1-132所示的二叉查找树，中序遍历序列为：5 8 9 13 18 23 37。

1.5.6.6　哈希表查找

前面讨论的几种查找方法，由于元素的存储位置与其关键字之间不存在确定的关系，所以查找时都要通过一系列对关键字的比较，才能确定被查元素的位置。理想的情况是依据元素的关键字直接得到对应的存储位置，即要求元素的关键字与其存储位置之间存在一一对应的关系，通过这个关系能很快地由关键字找到元素。

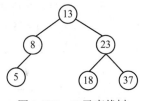

图1-132　二叉查找树

1．哈希表的基本概念

将一组关键字映射到一个有限连续的地址区间上，并以关键字的哈希函数 Hash(key) 作为元素在表中的存储位置，这种表称为哈希表，这一映射过程称为哈希造表或散列，所得到的存储位置称为哈希地址或散列地址。

例如：

哈希函数为：$H(key) = key \bmod p$（$p = 21$）

关键字：　 28　 35　 63　 77　 105

哈希地址： 7　 14　 0　 14　 0

哈希冲突：对于不同的关键字可能得到同一哈希地址，即 $key1 \neq key2$，而 $H(key1)=H(key2)$。

哈希算法必须解决两个问题：哈希函数的构造、哈希冲突的解决。

2．哈希函数常见构造方法

（1）直接定址法：取关键字或关键字的某个线性函数值为哈希地址，如 $H(key)=a*key+b$。

（2）数字分析法：对关键字进行按"位"分析，取重复度小的若干位组合成哈希地址。

（3）平方取中法：取关键字平方后结果的中间几位作为哈希函数。

（4）折叠法：将关键字从低到高分割成位数相同的几部分，然后取各部分的叠加和作为哈希函数。

（5）随机数法：取关键字的随机函数值作为哈希地址，如 H(key)=random(key)。

（6）除留余数法：取关键字与某一整数的余数作为哈希函数，如 H(key)=key mod p。

3. 哈希冲突常见解决方法

（1）开放定址法。设哈希函数如下所示：

$$H(\text{key}) = (\text{key}) \bmod m$$

$$H(\text{key}) = (\text{key} + d_i) \bmod m$$

其中：H(key)为哈希函数；m 为哈希表长度；d_i 为增量序列。

冲突解决方法： 如 key mod m 发现冲突，则使用增量 d_i 进行新的探测，直至无冲突出现为止。

d_i 计算方法：

1）线性探测法　$d_i = 1, 2, 3, \cdots, m\text{-}1$

2）二次探测法　$d_i = 1^2, -1^2, 2^2, -2^2, 3^2, \cdots, +k^2$

3）随机探测法　d_i =随机数

设关键字序列为(17，60，29，38)，哈希表长 $m = 11$，计算 Hash 值：

　　　　H(17) = 17 mod 11=6　　　　　H(60) = 60 mod 11=5

　　　　H(29) = 29 mod 11=7　　　　　H(38) = 38 mod 11=5

显然 60 和 38 的 Hash 值发生了冲突，如采用线性探测法，过程如图 1-133 所示。

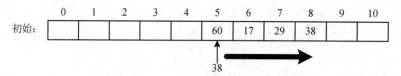

图 1-133　线性探测法示例

在线性探测法解决冲突的方式下，进行哈希查找有两种可能情况：

1）在某一位置上查到了关键字等于 key 的记录，查找成功。

2）按探测序列查不到关键字为 key 的记录而又遇到了空单元，则元素不在表中，查找失败。

（2）链地址法。

链地址法冲突解决方法：将具有同一哈希地址的记录存储在一条线性链表中。

链地址法解决冲突构造的哈希表中查找元素过程：根据哈希函数得到元素所在链表的头指针，然后在链表中进行顺序查找。

如哈希函数采用除留余数法，H(key)=(key) mod 13，设关键字为 (18，14，01，68，27，55，79)，哈希地址为 (5，1，1，3，1，3，1)，则其链地址法表示如图 1-134 所示。

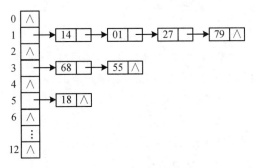

图 1-134　链地址法示例

1.5.7　排序算法

排序是指将一个无序序列整理成按值递减或递增的顺序排列的有序序列。

1.5.7.1　排序的基本概念

1. 排序的意义

将一个数据元素（或记录）的任意序列，重新排成按关键字有序的序列。例如，将序列（3、10、5、78、36）按从小到大排序为（3、5、10、36、78）。

2. 排序的基本步骤

（1）比较两个关键字的大小。

（2）将元素从一个位置移动到另一个位置。

3. 排序的稳定性

设序列中存在两个记录，R_i 和 R_j，满足 $K_i = K_j$，且排序前序列中 R_i 领先于 R_j：

（1）若在排序后的序列中 R_i 仍领先于 R_j，则称排序方法是**稳定**的。

（2）若在排序后的序列中 R_j 领先于 R_i，则称排序方法是**不稳定**的。

例：序列　　3　　15　　_8_　　8　　6　　9

稳定排序：3　　6　　_8_　　8　　9　　15

不稳定排序：3　　6　　8　　_8_　　9　　15

4. 排序的分类

（1）按数据存储的位置分类。

1）内部排序：待排序记录全部存放在计算机随机存储器（内存）中进行的排序过程。

2）外部排序：待排序记录的数量很大，以致内存一次不能容纳全部记录，在排序过程中尚需外存进行辅助存储的排序过程。

（2）内部排序分类。本书主要讨论内部排序的基本算法，通常的内部排序分类如下。

1）插入排序：直接插入排序、折半插入排序、希尔排序。

2）选择排序：简单选择排序、树形选择排序、堆排序。

3）交换排序：冒泡排序、快速排序。

4）归并排序：二路归并排序。

1.5.7.2　直接插入排序

直接插入排序（又称简单插入排序）指将无序序列中的各元素依次插入已经有序的线性表中。其思想是从数组的第 2 号元素开始，依次取出后续元素，插入其左端已有序的数组的适当位置。

1. 算法效率

（1）在最坏情况下，简单插入排序需要 $n(n-1)/2$ 次比较。

（2）对于有 n 个数据元素的待排序列，插入操作要进行 $n-1$ 次。

（3）时间复杂度为 $O(n^2)$，适合于 n 较小的情况。

2. 直接插入排序法

直接插入排序法示例如下。

待排元素序列：	[53]	27	36	15	69	42
第一次排序：	[27	53]	36	15	69	42
第二次排序：	[27	36	53]	15	69	42
第三次排序：	[15	27	36	53]	69	42
第四次排序：	[15	27	36	53	69]	42
第五次排序：	[15	27	36	42	53	69]

3. 直接插入排序的特点

（1）若待排序记录序列按关键字基本有序，则排序效率可大大提高。

（2）待排序记录总数越少，排序效率越高。

1.5.7.3　折半插入排序

折半插入排序在寻找插入位置时，不是逐个比较而是利用**折半查找**的原理寻找插入位置。待排序元素越多，改进效果越明显。

例：有 6 个记录，在前 5 个已排序的基础上，对第 6 个记录排序。

```
[ 15      27      36      53      69    ]      42
 ↑low           ↑mid            ↑high
( 42>36 )
[ 15      27      36      53      69    ]      42
                         ↑low  ↑high
                         ↑mid
                         ( 42<53 )
[ 15      27      36      53      69    ]      42
                 ↑high  ↑low
[ 15      27      36      42      53      69  ]
```

最后插入 42，由于 high<low，查找结束，插入位置为 low 或 high+1。

1.5.7.4　希尔排序

直接插入排序在 n 较小时，具有较高排序效率，但并不适用于 n 较大的排序。希尔排序是对直接插入排序的优化与改进。

1. 希尔排序过程

（1）先将待排序记录序列分割成为若干子序列分别进行直接插入排序，子序列是由相隔某个"增量 d"的记录构成。

（2）待整个序列中的记录基本有序后，再全体进行一次直接插入排序。

2. 希尔排序示例

将序列{49, 38, 65, 97, 76, 13, 27, 48, 55, 4,19}按由小到大排序。

（1）第一趟排序：d=5，如图 1-135 所示。

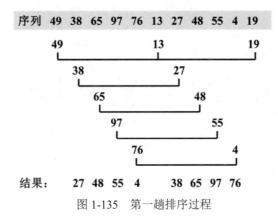

图 1-135　第一趟排序过程

（2）第二趟排序：d=3，如图 1-136 所示。

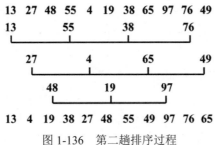

图 1-136　第二趟排序过程

（3）第三趟排序：d=1。

4　　13　　19　　27　　38　　48　　49　　55　　65　　76　　97

1.5.7.5　冒泡排序

交换类排序是借助数据元素之间的互相交换位置进行排序的一种方法,此处介绍冒泡排序法与快速排序法。

1. 基本思想

冒泡排序的基本思想是小的浮起，大的沉底。

2. 计算步骤

（1）第一趟：第 1 个元素与第 2 个元素比较，大则交换；第 2 个元素与第 3 个元素比较，大则交换，……，直到关键字最大的元素交换到最后一个位置上。

（2）第二趟：对前 n-1 个元素进行（1）的操作，关键字次大的记录交换到第 n-1 个位置上。

（3）以此类推，则完成排序。

3. 算法效率

（1）正序：时间复杂度为 $O(n)$。

（2）逆序：时间复杂度为 $O(n^2)$。

（3）排序 n 个记录，最多需要 n-1 趟冒泡排序。

4. 示例

根据冒泡排序算法步骤，为相关序列按从小到大排序，排序过程见表 1-19。

表 1-19　冒泡排序算法的排序过程

初始状态	第一趟	第二趟	第三趟	第四趟	第五趟	第六趟
25	25	25	25	11	11	**11**
56	49	49	11	25	25	**25**
49	56	11	49	41	36	**36**
78	11	56	41	36	**41**	
11	65	41	36	**49**		
65	41	36	**56**			
41	36	**65**				
36	**78**					

1.5.7.6 快速排序

快速排序是冒泡排序的一种改进算法。

1. 排序思想

设要排序的数组是 $A[0]\cdots A[n-1]$，首先任意选取一个数据（通常选用数组的第一个数）作为关键数据，然后将所有比它小的数都放到它左边，所有比它大的数都放到它右边，这个过程称为一趟快速排序。

一趟快速排序的算法：

（1）设置两个变量 i、j，排序开始的时候：$i=0$，$j=n-1$。

（2）以第一个数组元素作为关键数据，赋值给 key，即 key$=A[0]$。

（3）从 j 开始向前搜索，即由后开始向前搜索(j--)，找到第一个小于 key 的值 $A[j]$，将 $A[j]$ 和 $A[i]$ 的值交换。

（4）从 i 开始向后搜索，即由前开始向后搜索(i++)，找到第一个大于 key 的 $A[i]$，将 $A[i]$ 和 $A[j]$ 的值交换。

（5）重复第（3）、（4）步，直到 $i=j$。

2．示例

采用快速排序算法，将序列{ 49，38，65，97，76，13，27，52 }按从小到大排序。

（1）第一趟排序选取 key=49。

（2）第一趟排序结果：27，38，13，49，76，97，65，52；第二趟选取 key=27 和 key=76。

（3）第二趟排序结果：13，27，38，49，52，65，76，97；第三趟选取 key=52。

（4）最终有序序列为：13，27，38，49，52，65，76，97。

快速排序不是一种稳定的排序算法，也就是说，多个相同的值的相对位置也许会在算法结束时产生变动。

选择排序的主要排序思想：每一趟都选出一个最大或最小的元素，并放在合适的位置。此处介绍简单选择排序、树形选择排序、堆排序。

1.5.7.7　简单选择排序

1．基本思想

（1）从 1~n 个元素中选出关键字最小的记录交换到第一个位置上。然后再从第 2 个到第 n 个元素中选出次小的记录交换到第二个位置上，以此类推。

（2）时间复杂度为 $O(n^2)$，最坏情况下需要比较 $n(n-1)/2$ 次。

（3）适用于待排序元素较少的情况。

2．示例

根据简单选择排序算法步骤，将序列{ 49，38，97，65，76 }按从小到大排序，其排序过程如图 1-137 所示。

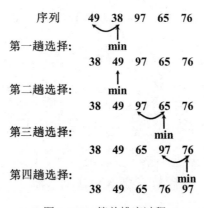

图 1-137　简单排序过程

1.5.7.8 树形选择排序

树形选择排序又称锦标赛排序。

1. 基本思想

首先对 n 个记录两两比较，然后对 $[n/2]$ 个较小者之间进行两两比较，如此重复，直到选出最小值为止。

2. 基本步骤

（1）将待排序序列作为完全二叉树的叶子节点。

（2）构造非终节点，其关键字为左右子树中较小的关键字。

（3）构造的完全二叉树的根为最小关键字。

（4）把最小关键字从根去掉，并将最小关键字的叶子节点设置为∞，重新构造完全二叉树。

（5）重复第（4）步，直到叶子节点都是∞为止。

3. 示例

根据树形选择排序算法，将序列{ 49，38，65，97，76，13，27，50 }按从小到大排序，其排序过程如下。

第一趟，求得 13 为最小关键节点，并将叶子 13 标为∞，如图 1-138 所示。

第二趟，求得 27 为最小关键节点，并将叶子 27 标为∞，如图 1-139 所示。

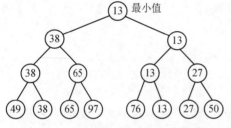

图 1-138 树形选择排序第一趟结果

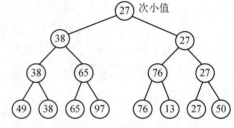

图 1-139 树形选择排序第二趟结果

第三趟，求得 38 为最小关键节点，并将叶子 38 标为∞，如图 1-140 所示。

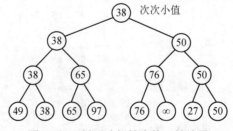

图 1-140 树形选择排序第三趟结果

以此类推，当叶子节点均为∞时，前面每步得到的最小关键节点序列就是最终排序序列。

1.5.7.9 堆排序

堆排序法也属于选择类排序法。

1. 基本概念

具有 n 个元素的序列（h_1, h_2, …, h_n），当且仅当满足条件：

$$\begin{cases} h_i \geqslant h_{2i} \\ h_i \geqslant h_{2i+1} \end{cases} \quad \text{或} \quad \begin{cases} h_i \leqslant h_{2i} \\ h_i \leqslant h_{2i+1} \end{cases}$$

（$i=1, 2, …, n/2$）时称之为堆。可见，堆顶元素（即第一个元素）必为最大项或最小项。

2. 堆的定义

一棵完全二叉树，任一个非终端节点（根节点）的值均小于等于（小顶堆）或大于等于（大顶堆）其左、右子树节点的值。如图 1-141 中，（a）图为小顶堆，（b）图为大顶堆。

3. 示例

根据堆排序算法步骤，将序列{ 49，38，65，97，76，13，27，50 }按从小到大排序，其排序过程如图 1-142 所示。

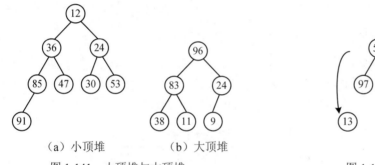

（a）小顶堆　　　（b）大顶堆

图 1-141　小顶堆与大顶堆　　　　　　　图 1-142　堆排序过程

（1）按顺序依次构造成完全二叉树的节点。

（2）把完全二叉树改造成堆（从下向上，父子交换）。

（3）取得最小值 13。

（4）删除 13，重新改造成新堆。

（5）取得次小值 27。

（6）删除 27，重新改造成新堆。

（7）取得次次小值 38。

以此类推，最终排序结果为{13，27，38，49，50，65，76，97}。

堆排序的方法对于规模较小的线性表并不适合，但对于**较大规模的线性表来说是很有效的**。在最坏情况下，堆排序需要比较的**次数为 $O(n\log_2 n)$**。

1.5.7.10 归并排序

1. 基本概念

将两个或两个以上的有序表合并成一个新的有序表。若每次将两个有序表合并排序，则称为二路归并排序。

2. 基本性质

（1）由于是折半分割的思想，归并排序需进行 $\log_2 n$ 趟。

（2）每趟的归并都需扫描全部记录，且一遍即可完成，时间复杂度为 $O(n)$。

（3）二路归并排序算法的时间复杂度为 $O(n\log_2 n)$。

3. 示例

利用二路归并排序将序列{49，38，65，97，76，13，27}按从小到大排序，其排序过程如图 1-143 所示。

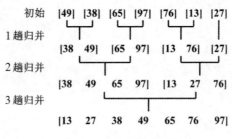

图 1-143 归并排序过程

1.5.7.11 各种排序法比较

在数据库系统工程师考试中，排序部分除了考查各种排序基本算法步骤之外，也常常考查排序算法的时间复杂度，即效率。表 1-20 给出了各种排序算法的比较。

表 1-20 内存排序算法比较表

排序方法	最好时间	平均时间	最坏时间	辅助空间	稳定性
直接插入排序	$O(n)$	$O(n^2)$	$O(n^2)$	$O(1)$	稳定
简单选择排序	$O(n^2)$	$O(n^2)$	$O(n^2)$	$O(1)$	不稳定
冒泡排序	$O(n)$	$O(n^2)$	$O(n^2)$	$O(1)$	稳定
希尔排序	—	$O(n^{1.25})$	—	$O(1)$	不稳定
快速排序	$O(n\log_2 n)$	$O(n\log_2 n)$	$O(n^2)$	$O(\log_2 n) \sim O(n)$	不稳定
堆排序	$O(n\log_2 n)$	$O(n\log_2 n)$	$O(n\log_2 n)$	$O(1)$	不稳定
归并排序	$O(n\log_2 n)$	$O(n\log_2 n)$	$O(n\log_2 n)$	$O(n)$	稳定

相关要点如下：

（1）n 较小时，采用直接插入排序、简单选择排序。

（2）数据初始状态基本有序，则选择直接插入排序、冒泡排序。

（3）n 较大时，采用快速排序、堆排序、归并排序。

（4）快速排序是目前内部排序方法中被认为是最好（总体适应度而言）的方法。

1.5.8　本学时要点总结

算法定义：解题方案的准确而完整的描述。算法不等于程序，程序不可能优于算法。

算法四个基本特性：可行性、确定性、有穷性、输入与输出。

算法常用描述工具：PDL（伪码）、PFD（程序流程图）、N-S（方盒图）、决策表（判定表）。

算法的复杂度：时间复杂度、空间复杂度。

数据结构是一门研究数据组织、存储和运算的学科。

数据结构三要素：数据的逻辑结构、数据的存储结构、对各种数据结构进行的运算。

数据的四种基本逻辑结构：线性结构、树型结构、网状结构、集合结构。

逻辑结构根据数据元素前后件的关系，分为线性结构和非线性结构。

数据的存储结构（物理结构）：数据的逻辑结构在存储空间中的存放方式；包括顺序存储结构、链式存储结构。

线性表（$a1,a2, \cdots,ai, \cdots,an$）：由一组相同数据类型的 n（$n \geqslant 0$）个数据元素构成有限序列，数据元素的位置只取决于自己的序号。

线性表的顺序存储特点：数据的逻辑结构与数据的存储结构一致、元素可以随机查找[$\text{Loc}(ai)=L_0+(i-1)*m$]、插入删除元素的时间复杂度 $O(n)$。

线性表的顺序存储缺点：插入或删除操作时，需移动大量元数；必须一次性分配连续的存储空间；表的容量难以扩充。

线性表的链式存储结构特点：逻辑上相邻的节点物理上不必相邻；插入、删除灵活不必移动节点；适应于数据的动态变化；查找特定元素时必须从开头元素逐一进行。

栈：后进先出。

队列：先进先出。

循环队列：循环队列元素个数计算 $n=(\text{rear-front}+ \text{MAXSIZE}) \bmod \text{MAXSIZE}$

$s = $ '$a1a2\dots an$' 串的存储结构：定长顺序存储、堆分配存储、块链存储（链表）。

数组的定义：一维数组、n 维数组。

数组结构的特点：数据元素数目固定、类型相同、下标关系具有上下界的约束且下标有序。

二维数组的顺序存储结构（按行存储、按列存储），以及表示方法和元素位置推导公式。

特殊矩阵：对称矩阵、三角矩阵、对角矩阵等，采用行序顺序存储。

稀疏矩阵：非零元素的个数远远少于零元素的个数，且非零元素的分布没有规律；采用三元组顺序存储、十字链表存储。

树的定义：一种非线性结构，节点间有明显的层次结构关系。有且仅有一个根节点，没有双亲；其他节点分成多个互不相交的子树，有且仅有一个双亲，有 0 个或多个子女。

树的基本概念：节点、节点的度、节点的层次、叶子、孩子、兄弟、双亲、深度、子树、森林。

二叉树是一种特殊的树型结构，特点是树中每个节点只有两棵子树，且子树有左右之分，次序不能颠倒。

二叉树的五种基本形态：空二叉树、仅有根节点、右子树为空、左子树为空、左右子树均非空。

满二叉树、完全二叉树、完全二叉树节点的计算。

二叉树节点的顺序存储和链式存储。

二叉树的遍历：先序遍历（ＤＬＲ）、中序遍历（ＬＤＲ）、后序遍历（ＬＲＤ）。

将树转换为二叉树：令二叉树节点的两个链域分别指向该节点的第一个儿子、该节点的右边的亲兄弟。

森林转换成二叉树：增加一个根节点，作为原森林中各树根节点的父节点，然后把新树转换为二叉树即可。

二叉树转换成森林：增加一个新根节点，原二叉树根节点做为新根节点的左儿子，将新二叉树转换成树。

霍夫曼树（最优二叉树）：假设有 n 个权值 $\{w_1, w_2, \cdots, w_n\}$，试构造一棵有 n 个叶子节点 $v_i (i=1 \cdots n)$ 的二叉树，每个叶子节点带权为 w_i，则其中带权路径长度 WPL 最小的二叉树称作最优二叉树或霍夫曼树。

霍夫曼树构造算法。

霍夫曼编码：前缀编码、二叉树设计的二进制编码恰好就是前缀编码、译码方法。

二叉查找树（二叉排序树）：定义、构造方法。

图：节点（图中称顶点）间的连接是任意的，分为有向图、无向图。

网：带权的图通常称为网。

顶点的度：依附于该顶点的边数（度）或弧数（出度、入度）。

完全图［有 $n(n-1)/2$ 条边的无向图］、有向完全图［有 $n(n-1)$ 条弧的有向图］。

子图：假设有两个图 $G=(V, E)$ 和 $G'=(V', E')$，如果 $V' \subseteq V$，且 $E' \subseteq E$，则称 G' 为 G 的子图。

路径、回路（环）、链、简单路径。

连通、连通图、连通分量（对无向图）；强连通图、强连通分量（对有向图）。

邻接矩阵：图的顺序存储、无向图顶点 v_i 的度、有向图顶点 v_i 的度。

带权图（网）的邻接矩阵。

邻接表：图的链式存储、无向图顶点 v_i 的度、有向图顶点 v_i 的度。

图的遍历：深度优先搜索（先序遍历、栈实现）、广度优先搜索（层次遍历、队列实现）。

生成树性质：一个有 n 个顶点的连通图的生成树有且仅有 $n-1$ 条边；一个连通图的生成树并不唯一。

生成森林：非连通图的各连通分量的生成树构成了非连通图的生成森林。

最小生成树算法：普里姆（Prim）算法、克鲁斯卡尔（Kruskal）算法。

AOE 网络在工程上的应用：路径长度最长的路径就叫作关键路径，关键路径不唯一。

单源点最短路径算法：迪杰斯特拉（Dijkstra）算法。

查找方法和内部排序方法知识要点如图 1-44 所示。

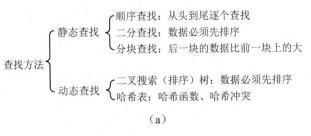

（a）

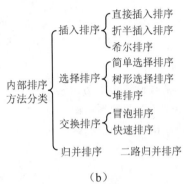

（b）

图 1-144 查找方法和内部排序方法知识要点

第6学时 数据结构与算法模拟习题

1. 下列叙述中正确的是（ ）。

   A. 算法的效率只与问题规模有关，与存储结构无关

   B. 算法的时间复杂度是指执行算法所需的计算工作量

   C. 数据的逻辑结构与存储结构是一一对应的

   D. 算法的时间复杂度与空间复杂度一定相关

2. 算法的时间复杂度取决于（ ）。

   A. 问题的规模

   B. 问题的困难度

   C. 待处理的数据的初始状态

   D. A 项和 C 项

3. 下列不属于描述算法的常用方法的是（ ）。

   A. 传统流程图

   B. N-S 结构化流程图

   C. 伪码描述语言

   D. UML 类图

4. 数据结构中，与所使用的计算机无关的是数据的（ ）。

   A. 存储结构 　　B. 物理结构 　　C. 逻辑结构 　　D. 物理和存储结构

5. 根据数据结构中各数据元素之间前后件关系的复杂程度，一般将数据结构分成（ ）。

   A. 动态结构和静态结构

   B. 紧凑结构和非紧凑结构

  C．线性结构和非线性结构   D．内部结构和外部结构

6．数据处理的最小单位是（ ）。

  A．数据   B．数据元素   C．数据项   D．数据结构

7．数据结构作为计算机的一门学科，主要研究数据的逻辑结构、对各种数据结构进行的运算，以及（ ）。

  A．数据的存储结构   B．计算方法

  C．数据映像   D．逻辑存储

8．数据（ ）包括集合、线性结构、树形结构和图 4 种类型。

  A．算法描述   B．基本运算   C．逻辑结构   D．存储结构

9．下列叙述中正确的是（ ）。

  A．程序执行的效率与数据的存储结构密切相关

  B．程序执行的效率只取决于程序的控制结构

  C．程序执行的效率只取决于所处理的数据量

  D．以上都不对

10．给定 C 语言的数据结构

```
struct T{
int w;
union T {char c; int i; double d;} U;
};
```

  假设 char 类型变量的存储区大小是 1 字节，int 类型变量的存储区大小是 4 字节，double 类型变量的存储区大小是 8 字节，则在不考虑字对齐方式的情况下，为存储一个 struct T 类型变量所需要的存储区域至少应为（ ）字节。

  A．4   B．8   C．12   D．17

11．线性表 $L=(a1,a2,a3,\cdots,ai,\cdots,an)$，下列说法正确的是（ ）。

  A．每个元素都有一个直接前件和直接后件

  B．线性表中至少要有一个元素

  C．表中诸元素的排列顺序必须是由小到大或由大到小

  D．除第一个元素和最后一个元素外，其余每个元素都有一个且只有一个直接前件和直接后件

12．线性表采用链式存储结构时，则内存中可用存储单元地址（ ）。

  A．必须是连续的   B．部分地址必须是连续的

  C．一定是不连续的   D．连续不连续都可以

13．在一个长度为 n 的顺序表中，向第 i 个元素位置插入一个新元素时，需要向后移动（ ）个元素。

  A．n-i B．i C．n-i-1   D．n-i+1

14．从一个具有 n 个节点的单链表中查找其值等于 z 的节点时，在查找成功的情况下，需平均比较（ ）个元素节点。

A．*n*/2　　　　　B．*n*　　　　　C．(*n*+1)/2　　　　D．(*n*-1)/2

15．线性表的顺序存储结构和线性表的链式存储结构分别是（　　）。

　　A．顺序存取的存储结构、顺序存取的存储结构

　　B．随机存取的存储结构、顺序存取的存储结构

　　C．随机存取的存储结构、随机存取的存储结构

　　D．任意存取的存储结构、任意存取的存储结构

16．设栈 *s* 和队列 *q* 的初始状态为空。元素 *a*、*b*、*c*、*d*、*e* 依次进入栈 *s*，当一个元素从栈中出来后立即进入队列 *q*，若从队列的输出端依次得到元素 *c*、*d*、*b*、*a*、*e*，则元素的出栈顺序是 (1) ，栈 *s* 的容量至少为 (2) 。

　（1）A．*a*、*b*、*c*、*d*、*e*　　　　　B．*e*、*d*、*c*、*b*、*a*

　　　　C．*c*、*d*、*b*、*a*、*e*　　　　　D．*e*、*a*、*b*、*d*、*c*

　（2）A．2　　　　　B．3　　　　　C．4　　　　　D．5

17．如果进栈序列为 *e*1,*e*2,*e*3,*e*4，则可能的出栈序列是（　　）。

　　A．*e*3,*e*1,*e*4,*e*2　　B．*e*2,*e*4,*e*3,*e*1　　C．*e*3,*e*4,*e*1,*e*2　　D．任意顺序

18．一些重要的程序语言（如 C 语言和 Pascal 语言）允许过程的递归调用。而实现递归调用中的存储分配通常用（　　）。

　　A．栈　　　　　B．堆　　　　　C．数组　　　　　D．链表

19．在顺序栈中进行退栈操作时，（　　）。

　　A．谁先谁后都可以　　　　　　　　B．先移动栈顶指针，后取出元素

　　C．不分先后，同时进行　　　　　　D．先取出元素，后移动栈顶指针

20．对于循环队列，下列叙述中正确的是（　　）。

　　A．队列指针是固定不变的

　　B．队头指针一定大于队尾指针

　　C．队头指针一定小于队尾指针

　　D．队头指针可以大于队尾指针，也可以小于队尾指针

21．在一个容量为 25 的循环队列中，若头指针 front=16，尾指针 rear=9，则该循环队列中共有（　　）个元素。

　　A．25　　　　　B．19　　　　　C．18　　　　　D．16

22．用链表表示线性表的优点是（　　）。

　　A．便于随机存取

　　B．花费的存储空间较顺序存储少

　　C．便于插入和删除操作

　　D．数据元素的物理顺序与逻辑顺序相同

23．下列叙述中正确的是（　　）。

　　A．线性链表是线性表的链式存储结构　　B．栈与队列是非线性结构

C．双向链表是非线性结构　　　　　　　D．只有根节点的二叉树是线性结构

24．空串与空格字符组成的串的区别在于（　　）。

    A．没有区别　　　　　　　　　　　　B．两串的长度不相等

    C．两串的长度相等　　　　　　　　　D．两串包含的字符不相同

25．一个子串在包含它的主串中的位置是指（　　）。

    A．子串的最后那个字符在主串中的位置

    B．子串的最后那个字符在主串中首次出现的位置

    C．子串的第一个字符在主串中的位置

    D．子串的第一个字符在主串中首次出现的位置

26．下列说法中，只有（　　）是正确的。

    A．字符串的长度是指串中包含的字母的个数

    B．字符串的长度是指串中包含的不同字符的个数

    C．若 T 包含在 S 中，则 T 一定是 S 的一个子串

    D．一个字符串不能说是其自身的一个子串

27．设二维数组 $a[0\cdots m-1][0\cdots n-1]$ 按列优先顺序存储在首地址为 $Loc(a[0][0])$ 的存储区域中，每个元素占 d 个单元，则 $a[i][j]$ 的地址为（　　）。

    A．$Loc(a[0][0])+(j\times n+i)\times d$　　　　B．$Loc(a[0][0])+(j\times m+i)\times d$

    C．$Loc(a[0][0])+((j-1)\times n+i-1)\times d$　　D．$Loc(a[0][0])+((j-1)\times m+i-1)\times d$

28．已知二维数组 $A[10,10]$ 中，元素 a_{20} 的地址为 560，每个元素占 4 个字节，则元素 a_{10} 的地址为（　　）。

    A．520　　　　　　B．522　　　　　　C．524　　　　　　D．518

29．树是节点的集合，它的根节点的数目是（　　）。

    A．有且只有 1　　B．1 或多于 1　　C．0 或 1　　　　D．至少 2

30．在深度为 5 的满二叉树中，叶子节点的个数为（　　）。

    A．32　　　　　　B．31　　　　　　C．16　　　　　　D．15

31．已知一棵二叉树前序遍历和中序遍历分别为 ABDEGCFH 和 DBGEACHF，则该二叉树的后序遍历为（　　）。

    A．GEDHFBCA　　B．DGEBHFCA　　C．ABCDEFGH　　D．ACBFEDHG

32．具有 3 个节点的二叉树有（　　）。

    A．2 种形态　　　B．4 种形态　　　C．7 种形态　　　D．5 种形态

33．一棵二叉树中，共有 70 个叶子节点与 80 个度为 1 的节点，则其总节点为（　　）。

    A．219　　　　　　B．221　　　　　　C．229　　　　　　D．231

34．设有二叉树如右图，中序遍历的结果为（　　）。

    A．ABCDEF　　　　　　　　　　　　B．DBEAFC

    C．ABDECF　　　　　　　　　　　　D．DEBFCA

35. 在一棵二叉树的先序遍历、中序遍历、后序遍历所产生的序列中，所有叶子节点的先后顺序（　　）。

    A．中序和后序相同，而与先序不同　　　　　B．完全相同

    C．先序和中序相同，而与后序不同　　　　　D．都不相同

36. 二叉树　(1)　。在完全二叉树中，若一个节点没有　(2)　，则它必定是叶节点。每棵树都能唯一地转换成与它对应的二叉树。由树转换成的二叉树里，一个节点 N 的左子树是 N 在原树里对应节点的　(3)　，而 N 的右子树是它在原树里对应节点的　(4)　。二叉排序树的平均检索长度为　(5)　。

    (1) A．是特殊的树　　　　　　　　　　　B．不是树的特殊形式

        C．是两棵树的总称　　　　　　　　　　D．是只有两个根节点的树状结构

    (2) A．左子树　　　　　　　　　　　　　B．右子树

        C．左子树或没有右子树　　　　　　　　D．兄弟

    (3)、(4) A．最左子树　　　　　　　　　B．最右子树

            C．最邻近的右兄弟　　　　　　　D．最邻近的左兄弟

    (5) A．$O(n^2)$　　　　　B．$O(n)$　　　　　C．$O(\log_2 n)$　　　　　D．$O(n\log_2 n)$

37. 在一棵完全二叉树中，其根的序号为 1，（　　）可判定序号为 p 和 q 的两个节点是否在同一层。

    A．$[\log_2 p] = [\log_2 q]$　　　　　　　　B．$\log_2 p = \log_2 q$

    C．$[\log_2 p] + 1 = [\log_2 q]$　　　　　　D．$[\log_2 p] = [\log_2 q] + 1$

38. 假定一棵三叉树的节点数为 50，则它的最小高度为（　　）。

    A．3　　　　　　　　B．4　　　　　　　　C．5　　　　　　　　D．6

39. 在一棵度为 3 的树中，度为 3 的节点数为 2，度为 2 的节点数为 1，度为 1 的节点数为 2，则度为 0 的节点数为（　　）。

    A．4　　　　　　　　B．5　　　　　　　　C．6　　　　　　　　D．7

40. 某通信可能出现 A、B、C、D 等 4 个字符，其概率分别为 0.1、0.3、0.4、0.2，霍夫曼编码中 D 的编码为（　　）。

    A．000　　　　　　　B．01　　　　　　　C．1　　　　　　　　D．001

41. 在一个具有 n 个顶点的有向图中，若所有顶点的出度数之和为 s，则所有顶点的度数之和为（　　）。

    A．s　　　　　　　B．$s-1$　　　　　　C．$s+1$　　　　　　D．$2s$

42. 在一个具有 n 个顶点的无向图中，若具有 e 条边，则所有顶点的度数之和为（　　）。

    A．n　　　　　　　B．e　　　　　　　C．$n+e$　　　　　　D．$2e$

43. 在一个具有 n 个顶点的无向完全图中，所含的边数为（　　）。

    A．n　　　　　　　B．$n(n-1)$　　　　C．$n(n-1)/2$　　　D．$n(n+1)/2$

44. 某项目主要由 A～I 任务构成。其计划图展示了各任务之间的前后关系以及每个任务的工

期（单位：天），该项目的关键路径是___(1)___。在不延误项目总工期的情况下，A 最多可以推迟开始的时间是___(2)___天。

（1）A. A→G→I　　　　　B. A→D→F→H→I　C. B→E→G→I　　D. C→F→H→I

（2）A. 0　　　　　　　　B. 2　　　　　　　　C. 5　　　　　　　　D. 7

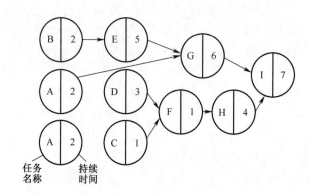

45. 已知无向图的邻接表如下所示，此邻接表对应的无向图为___(1)___。此图从 F 开始的深度优先遍历为___(2)___，从 F 开始的广度优先遍历为___(3)___。从 F 开始的深度优先生成树为___(4)___，从 F 开始的广度优先生成树为___(5)___。

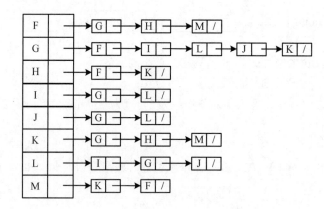

（1）A. 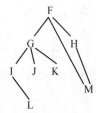 　　　　B. 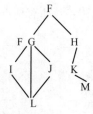 　　　　C.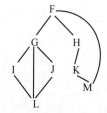

（2）A. FGILJMKH　　B. FGILJKHM　　C. FGILJKMH　　D. FGHMILJK

（3）A. FGILJKMH　　B. FGHMILJK　　C. FGHILJKM　　D. FGHMKILJ

（4）A. 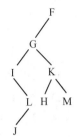　B. 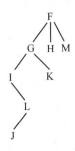　C.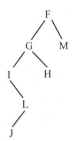

（5）A. 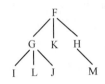　B. 　C.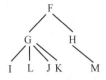

46．带权有向图的邻接表如下所示。以节点 V_1 出发深度遍历图 G 所得的节点序列为 ___（1）___；广度遍历图 G 所得的节点序列为 ___（2）___；G 的一种拓扑序列是 ___（3）___；从节点 V_1 到 V_8 的最短路径是 ___（4）___；从节点 V_1 到 V_8 的关键路径是 ___（5）___。

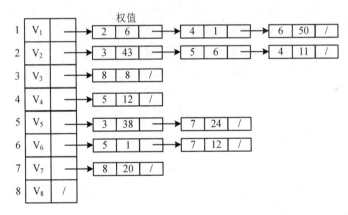

（1）A. V_1, V_2, V_3, V_4, V_5, V_6, V_7, V_8　　　B. V_1, V_2, V_3, V_8, V_4, V_5, V_6, V_7
　　 C. V_1, V_2, V_3, V_8, V_4, V_5, V_7, V_6　　　D. V_1, V_2, V_3, V_8, V_5, V_7, V_4, V_6

（2）A. V_1, V_2, V_3, V_4, V_5, V_6, V_7, V_8　　　B. V_1, V_2, V_4, V_6, V_5, V_3, V_7, V_8
　　 C. V_1, V_2, V_4, V_6, V_3, V_5, V_7, V_8　　　D. V_1, V_2, V_4, V_6, V_7, V_3, V_5, V_8

（3）A. V_1, V_2, V_3, V_4, V_5, V_6, V_7, V_8　　　B. V_1, V_2, V_4, V_6, V_5, V_3, V_7, V_8
　　 C. V_1, V_2, V_4, V_6, V_3, V_5, V_7, V_8　　　D. V_1, V_2, V_4, V_6, V_7, V_3, V_5, V_8

（4）、（5）A. V_1, V_2, V_4, V_5, V_3, V_8　　　B. V_1, V_6, V_5, V_3, V_8
　　　　　 C. V_1, V_6, V_7, V_8　　　　　　　　　D. V_1, V_2, V_5, V_7, V_8

47．关于查找运算及查找表的说法，错误的是（　　）。

　　A．散列表可以动态创建

B．二叉排序树属于动态查找表

C．二分查找要求查找表采用顺序存储结构或循环链表结构

D．顺序查找方法既适用于顺序存储结构，也适用于链表结构

48．假设线性表的长度为 n，则在最坏的情况下，冒泡排序需要的比较次数为（　　）。

A．$\log_2 n$　　　　　B．n^2　　　　　C．$O(n)$　　　　　D．$n(n-1)/2$

49．对于给定的一组关键字（12，2，16，30，8，28，4，10，20，6，18），按照下列算法进行递增排序，写出每种算法第一趟排序后得到的结果：希尔排序（增量为 5）得到　(1)　，快速排序（选第一个记录为基准元素）得到　(2)　，二路归并排序得到　(3)　，堆排序得到　(4)　。

（1）A．2，4，6，8，10，12，16，18，20，28，30

　　　B．6，2，10，4，8，12，28，30，20，16，18

　　　C．12，2，10，20，6，18，4，16，30，8，28

　　　D．30，10，20，12，2，4，16，6，8，28，18

（2）A．10，6，18，8，4，2，12，20，16，30，28

　　　B．6，2，10，4，8，12，28，30，20，16，18

　　　C．2，4，6，8，10，12，16，18，20，28，30

　　　D．6，10，6，28，20，18，2，4，12，30，16

（3）A．2，12，16，8，28，30，4，6，10，18，20

　　　B．2，12，16，30，8，28，4，10，6，20，18

　　　C．12，2，16，8，28，30，4，6，10，28，18

　　　D．12，2，10，20，6，18，4，16，30，8，28

（4）A．30，28，20，12，18，16，4，10，2，6，8

　　　B．20，30，28，12，18，4，16，10，2，8，6

　　　C．2，6，4，10，8，28，16，30，20，12，18

　　　D．2，4，10，6，12，28，16，20，8，30，18

50．哈希存储的基本思想是根据　(1)　来决定　(2)　，冲突（碰撞）指的是　(3)　，　(4)　越大，发生冲突的可能性也越大。处理冲突的两种主要方法是　(5)　。

（1）、（2）A．存储地址　　　　　　　　　B．元素的序号

　　　　　　 C．元素个数　　　　　　　　　D．关键码值

（3）A．两个元素具有相同序号

　　　B．两个元素的关键码值不同，而非码属性相同

　　　C．不同关键码值对应到相同的存储地址

　　　D．数据元素过多

（4）A．非码属性　　　B．平均检索长度　　　C．负载因子　　　D．哈希表空间

（5）A．线性探查法和双散列函数法　　　　　　B．建溢出区法和不建溢出区法

　　　C．除余法和折叠法　　　　　　　　　　　D．拉链法和开放地址法

51. 设哈希表长 m=11，哈希函数 H(key) =key%11。表中已有 4 个节点：addr(15)=4，addr(38)=5，addr(61)=6，addr(84)=7，其余地址为空，如果二次探测再散列处理冲突，关键字为 49 的节点地址是（　　）。

    A．8　　　　　　B．3　　　　　　C．5　　　　　　D．9

52.（　）从二叉树的任一节点出发到根的路径上，所经过的节点序列必按其关键字降序排列。

    A．二叉排序树　　　B．大顶堆　　　　C．小顶堆　　　　D．平衡二叉树

53．堆是一种数据结构，（　　）是堆。

    A．(10，50，80，30，60，20，15，18)　　　B．(10，18，15，20，50，80，30，60)

    C．(10，15，18，50，80，30，60，20)　　　D．(10，30，60，20，15，18，50，80)

54．某顺序存储的表格，其中有 90000 个元素，已按关键字递增有序排列，现假定对各个元素进行查找的概率是相同的，并且各个元素的关键字皆不相同。用顺序查找法查找时，平均比较次数约为 　(1)　，最大比较次数为 　(2)　。

    （1）A．25000　　　B．30000　　　C．45000　　　D．90000

    （2）A．25000　　　B．30000　　　C．45000　　　D．90000

55．利用逐点插入法建立序列（50，72，43，85，75，20，35，45，65，30）对应的二叉排序树以后，查找元素 30 要进行（　　）次元素间的比较。

    A．4　　　　　　B．5　　　　　　C．6　　　　　　D．7

56．对给定的整数数列（541，132，984，746，518，181，946，314，205，827）进行从小到大的排序时，采用冒泡排序和简单选择排序时，若先选出大元素，则第一次扫描结果分别是 　(1)　、(2)　。

    （1）A．(181，132，314，205，541，518，946，827，746，984)

        B．(132，541，746，518，181，946，314，205，827，984)

        C．(205，132，314，181，518，746，946，984，541，827)

        D．(541，132，984，746，827，181，946，314，205，518)

    （2）A．(541，132，827，746，518，181，946，314，205，984)

        B．(541，132，827，746，518，181，946，314，205，984)

        C．(132，541，746，518，181，946，314，205，827，984)

        D．(132，541，746，518，181，946，314，205，827，984)

参考答案：

1～5	BDDCC	6～10	CDCAC	11～15	DDDCB	16	CB
17～20	BADD	21～25	CCABD	26～30	CBACC	31～35	BDABB
36	AAACC	37～40	ACCD	41～43	DDC	44	CC
45	CBBAB	46	DCBDB	47～48	CD	49	CBBC
50	DACCD	51～53	BCB	54	CD	55	B
56	BB						

第**2**天
计算机基础模块二

经过第 1 天 6 个学时的紧张学习，熟悉了计算机基础模块一的相关知识要点、难点以及通关模拟题，全面掌握了"计算机系统知识""程序语言基础知识"和"数据结构与算法"的考点。第 2 天将继续学习计算机基础模块二中的相关内容，包括"操作系统知识""网络基础知识""系统开发和运行知识"及"标准化和知识产权基础知识"4 个部分。

第 1 学时　操作系统知识

本学时考点

（1）操作系统的作用、类型、特征、功能和结构。

（2）处理机管理：并行与并发、单道与多道、进程与线程、同步与互斥、进程状态和状态转换、处理机调度。

（3）存储管理：内存管理、虚存管理。

（4）设备管理：设备的分类、虚拟设备、块设备管理。

（5）文件管理：文件存储空间管理、目录管理、文件的读写管理和存取控制。

（6）作业管理：作业调度、人机交互和用户界面管理。

（7）常见操作系统：主要是 Linux 操作系统命令。

2.1.1　操作系统基础知识

操作系统（Operating System，OS）是计算机硬件系统的一级扩充，是一组控制和管理计算机硬件和软件资源、合理地对各类作业进行调度以及方便用户使用的程序集合。

2.1.1.1　操作系统的作用

1. 作为计算机系统资源的管理者

处理机管理：分配和控制处理机。

存储器管理：分配及回收内存。

I/O（Input/Output）设备管理：I/O 分配与操作。

文件管理：文件存取、共享和保护。

2. 作为用户与计算机硬件系统之间的接口

接口方式有三种：命令方式、系统调用方式、图形（窗口）方式。

2.1.1.2　操作系统的类型

OS 从 20 世纪 50 年代中期开始出现，随着硬件资源的不断换代更新、价格不断下降、各种新兴应用的不断发展，操作系统的功能也由弱到强，使用越来越方便，运行越来越高效。操作系统的发展经历了无操作系统的计算系统（人工操作方式、脱机方式）、单道批处理系统、多道批处理系统、分时系统、实时系统、网络操作系统及分布式操作系统、个人操作系统、嵌入式操作系统等。

1. 无操作系统的计算系统

（1）人工操作方式。

1）用户直接使用计算机硬件（纸带输入机）。

2）特点是用户独占全机及 CPU 等待人工操作。

3）资源利用率低，人机矛盾突出。

（2）脱机 I/O 方式。脱机 I/O 指 I/O 在外围机控制下完成，即在脱离主机的情况下进行；反之，称为联机 I/O。

1）引入脱机 I/O 机目的是解决无操作系统所带来的人机矛盾。

2）减少了 CPU 的空闲时间，提高 I/O 速度。

2. 单道批处理系统

最早出现的一种 OS，采用把一批作业以脱机方式输入到磁带，在系统监督程序控制之下，使这批作业一个接一个地连续处理的方式。内存中始终只保持一道作业，因此称为单道批处理系统。其特点包括自动性、顺序性、单道性。

3. 多道批处理系统

多道性：内存中同时驻留多道程序，并允许它们并发执行，提高系统吞吐量。

无序性：内存中的多个作业在调度算法下执行，与进入顺序无关。

调度性：包括作业调度（从后备队列中选择多个作业调入内存）、进程调度（在内存中选择一个作业执行）。

4. 分时系统

分时系统是指一台主机上连接多个带有显示器和键盘的终端，同时允许多个用户共享主机资源，各个用户都可通过自己的终端以交互方式使用计算机系统。

多道批处理系统的产生源于提高资源利用率和系统吞吐量；分时系统的产生源于用户需求（人

机交互性、共享主机、便于用户上机等）。

（1）关键问题。

及时接收：用多终端卡接收多个用户的输入、用输入缓冲区暂存用户的输入以便后续执行。

及时处理：交互作业要求运行速度快、响应时间短，一般采用时间片轮转方法。

（2）分时系统与多道批处理系统相比的特点。

多路性：允许主机连接多台终端，系统按分时原则轮流为用户服务。

独立性：用户独立终端，独立操作，互不干扰。

及时性：用户能在可接受的时间内获得系统响应。

交互性：通过终端用户与系统进行人机对话。

5. 实时系统

实时系统是指系统能及时（或即时）响应外部事件的请求，在规定的时间内完成对该事件的处理，并控制所有实时任务协调一致地运行。

（1）应用需求。

实时控制：工业生产过程控制系统、武器控制系统等。

实时信息处理：订票系统、情报检索系统、股票交易系统等。

（2）实时系统与分时系统的比较。

多路性、独立性：两者相同。

及时性：实时系统要求更高，以人为对象，以控制设备为对象。

交互性：分时系统交互性更强。

可靠性：实时系统要求更高。

6. 网络操作系统

网络操作系统使联网计算机能方便有效地共享网络资源，为网络用户提供所需的各种服务的软件和协议的集合。

7. 分布式操作系统

分布式操作系统具有网络系统所拥有的全部功能，同时又有透明性、可靠性和高性能等特征。在网络操作系统上工作时，用户必须知道具体的网络地址；而分布式系统中用户则不必知道计算机的确切地址，由分布式操作系统统一调度。

8. 嵌入式操作系统

嵌入式操作系统是运行在嵌入式智能芯片环境中，对整个智能芯片以及它所操作、控制的各种部件装置等资源进行统一协调、处理、指挥和控制的系统软件。

2.1.1.3　操作系统的特征

无论是批处理系统、分时系统还是实时系统，都必须具有 OS 的四大基本特征：并发（Concurrence）、共享（Sharing）、虚拟（Virtual）、异步性（Asynchronism）。

1. 并发

并发：指两个或多个事件在同一时间间隔内发生，但宏观上像同时发生。

并行：指两个或多个事件在同一时刻发生（多处理器）。

进程：系统中能独立运行并作为资源分配的基本单位。由一组机器指令、数据、堆栈等组成，实质是程序的一次执行。多个进程间可并发执行和交换信息；进程运行需要资源。

引入进程的目的：程序是静态实体，不能并发执行，系统必须为每个程序建立进程，从而实现并发。

线程的引入：提高系统的并发度。一个进程包含多个线程，从而使得进程作为分配资源的基本单位，而线程则作为独立运行的基本单位。

2. 共享

共享：系统资源可提供给内存中多个并发执行的进程共同使用。

共享有两种方式（由资源性质决定）。

（1）互斥共享（临界资源）：一段时间只允许一个进程访问的资源，又称为临界资源或独占资源。该类资源包括：多数物理设备，某些软件中的栈、变量和表格等。

（2）同时访问（共享资源）：宏观上在一段时间内多个进程"同时"访问。微观上仍是互斥的，是交替进行访问，但不必等到前一进程所有工作完成才访问。如磁盘设备等。

3. 虚拟

虚拟：通过某种技术把一个物理实体转变为若干个逻辑上的对应物。

虚拟技术：操作系统中一般使用分时技术来实现虚拟技术。如虚拟处理机、虚拟内存、虚拟外设、虚拟信道等。

虚拟的作用：提高资源的利用率，可使临界资源在某种程度上转变为共享资源。

虚拟的速度：若 n 是某一物理设备所对应的虚拟的逻辑设备数，则虚拟设备的速度必然是物理设备速度的 $1/n$。

4. 异步性

进程的异步性：进程运行推进的不可预知性。内存中的每个进程何时执行、何时暂停、以怎样的速度向前推进、每道程序总共需要多少时间才能完成等，都是不可预知的。

异步性产生的原因：进程必须在获得所需资源后才能执行，而临界资源的使用受到系统各因素的影响。

特点：只要运行环境相同，作业多次运行，结果将完全相同。

2.1.1.4　操作系统的功能

操作系统的主要任务：为多道程序的运行提供良好的运行环境，以保证多道程序能有条不紊、高效地运行，并能最大程度地提高系统的资源利用率和方便用户使用。

为实现上述任务，操作系统应具备四大资源管理功能、用户接口、适应网络发展的网络功能等。

操作系统的主要功能：处理机管理、文件管理、存储管理、设备管理、作业管理。

2.1.2　处理机管理

2.1.2.1　进程管理

程序只能采用顺序的方式执行，为了使程序能并发执行，引入了进程的概念，进程作为资源分配和独立运行的基本单位。操作系统所具有的四大特征都是基于进程建立起来的。

1. 程序的顺序执行及特征

（1）程序执行有固定的时序。应用程序一般可分为若干程序段，各程序段必须按某种先后次序顺序执行。如图 2-1 所示，其中 I 为输入，C 为计算，P 为打印。

图 2-1　两个程序的顺序执行

（2）顺序执行的基本特征。

1）顺序性：程序根据固有的逻辑次序顺序执行。

2）封闭性：程序在封闭的环境下执行，不会受到其他程序干扰。

3）可再现性：如环境和初始条件相同，程序执行结果相同。

2. 前趋图

前趋图（Precedence Graph，PG）是一有向无循环图，用于描述进程之间执行的前后关系，如图 2-2 所示。

前趋图基本概念。前趋图中的节点表示一个程序段或一个进程。

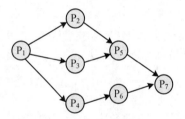　

（a）具有 7 个节点的前趋图　　　　　　　　（b）具有循环的前趋图

图 2-2　进程前趋图

图 2-2（a）中，节点的关系可表示为：

$$P_1 \rightarrow P_2,\ P_1 \rightarrow P_3,\ P_1 \rightarrow P_4,\ P_2 \rightarrow P_5,\ P_3 \rightarrow P_5,\ P_4 \rightarrow P_6,\ P_5 \rightarrow P_7,\ P_6 \rightarrow P_7$$

或

$$P=\{P_1,P_2,P_3,P_4,P_5,P_6,P_7,\} \rightarrow = \{(P_1,P_2),(P_1,P_3),(P_1,P_4),(P_2,P_5),(P_3,P_5),(P_4,P_6),(P_5,P_7),(P_6,P_7)\}$$

称 P_1 为初始节点，P_7 为终止节点，P_1 为 P_2、P_3、P_4 的直接前驱，而 P_2、P_3、P_4 为 P_1 的直接后继。

3. 程序的并发执行及其特征

（1）多个程序的并发执行。图 2-3 所示的前趋关系为：

$$I_i \rightarrow C_i,\ I_i \rightarrow I_{i+1}, C_i \rightarrow P_i, C_i \rightarrow C_{i+1},\ P_i \rightarrow P_{i+1}$$

其中 I_{i+1} 和 C_i 及 P_{i-1} 是重叠的，即 P_{i-1} 和 C_i 以及 I_{i+1} 之间，可以并发执行，即同时执行。

（2）并发执行的特征。

1）间断性：并发执行的多个进程具有"执行—暂停—执行"的特征。

2）失去封闭性：多个程序可能访问同一资源，主要由资源共享引起。

3）不可再现性：并发执行的多个进程运行推进速度不同、顺序不同，导致结果也不同。

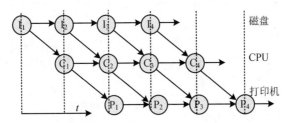

图 2-3　多个程序的并发执行

4. 进程的特征

为了对程序并发执行加以描述和控制，并保证其正确性，引入了进程的概念。进程是程序的一次执行过程，是系统进行资源分配和调度的基本单位。

（1）进程的组成。

进程=程序段+数据段+进程控制块（Process Control Block，PCB），称为进程实体。

创建和撤销进程，实质是创建和撤销 PCB。

（2）进程的特征。

1）动态性：是进程最基本特征，进程由"创建"而产生，由"调度"而执行，由得不到资源而阻塞，由撤消而消亡，整个过程称为进程的生命周期。

2）并发性：只有建立了进程，才能并发执行。

3）独立性：进程是独立运行、独立获得资源、独立调度的基本单位。

4）异步性：进程以独立且不可预知的速度推进。

5. 进程的状态

（1）进程的三种基本状态。

1）就绪状态：获得除 CPU 外的所有资源，放入就绪队列中。

2）执行状态：获得 CPU，正在执行，又称当前进程。

3）阻塞状态：也称等待状态，指执行中的进程由某种原因（如 I/O 请求等）不能继续执行，放弃 CPU 转入暂停状态，放入阻塞队列中。

进程的三种状态转换如图 2-4 所示。

（2）挂起状态。挂起状态是指进程暂时被换出内存的状态，引入的原因是提高系统的内存利用率。

进程的五状态转换如图 2-5 所示。

1）活动就绪转化为静止就绪；

2）活动阻塞转化为静止阻塞；

3）静止就绪转化为活动就绪；

4）静止阻塞转化为活动阻塞。

"活动"指进程在内存中,"静止"指进程在辅存中。

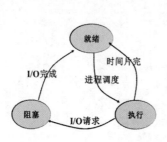

图 2-4 进程的三状态转换

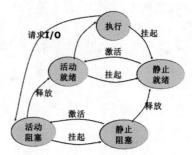

图 2-5 进程的五状态转换

6. 进程控制块

(1)进程控制块的作用。PCB 常驻内存,用于描述和控制进程的运行,是进程存在的唯一标志,是操作系统中最重要的记录型数据结构。

进程控制块中的信息包括:进程标识、处理机状态、进程调度信息、进程控制信息等,如图 2-6 所示。通常一个系统的 PCB 是有限的。

(2)PCB 的组织。系统中通常有大量的 PCB,为了对 PCB 进行有效的管理,通常采用以下的组织方式:

1)连接方式:把具有同一状态的 PCB,用其连接指针连接成一个队列,如图 2-7 所示。

2)索引方式:根据进程状态建立索引表,索引表中存放某个 PCB 在总 PCB 表中的地址,如图 2-8 所示。

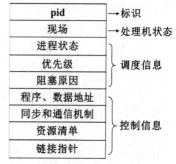

图 2-6 PCB 示意图

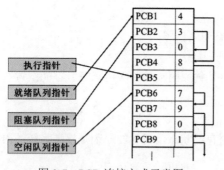

图 2-7 PCB 连接方式示意图

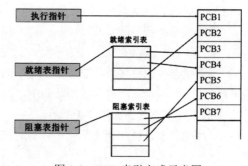

图 2-8 PCB 索引方式示意图

7. 进程控制

(1)进程创建。引起创建进程的 4 种事件:用户登录、作业调度、提供服务、应用请求。进程创建原语:create()。进程创建的四个步骤如下。

1)申请空白 PCB,获取 PCB 数字标识符。

2）为新进程分配资源，即为进程的程序、数据、用户栈分配内存空间。

3）初始化 PCB。①标识信息：把自己和父进程的标识符写入 PCB；②处理机状态：使程序计数器指向程序的入口地址；③处理机控制等信息：设置进程状态、优先级。

4）将新进程插入就绪队列。

（2）进程的终止。

引起进程终止的 3 种事件：

1）正常结束：如 Halt()、logoff()原语。

2）异常结束：运行期间出现错误和故障而被迫终止。如越界保护、非法指令、特权指令、运行超时、等待超时、算术运算错、I/O 故障等。

3）外界干预：系统员使用 kill 命令终止进程；父进程请求；父进程终止。

（3）进程的阻塞。

进程阻塞原语：block()。

引起进程阻塞的事件：

1）请求系统服务但得不到满足时，如请求打印，但打印机被其他进程占据。

2）启动某种操作而必须等待其完成时，如 I/O。

3）新数据尚未到达，如进程 A 先写，进程 B 在读，则 A 未写时，B 不能读。

4）无新工作可做：如数据传输进程未能获得需要传输的数据，而处于空闲状态。

阻塞是进程自身的主动行为。

（4）进程的唤醒。

唤醒原语：wakeup()。

导致阻塞的事件完成后，由相关进程调用 wakeup()原语将等待该事件的进程唤醒。

唤醒过程：修改 PCB 为就绪态，插入就绪队列。

（5）进程的挂起。

挂起原语：suspend()。

挂起过程：检查进程状态；更改为挂起状态，将 PCB 插入到挂起队列。

如果被挂起进程正在执行，则重新进行调度。

（6）进程的激活。

激活原语：active()。

激活过程：将进程从外存调入内存；改变进程状态；将 PCB 插入相应的队列。

静止就绪→活动就绪或静止阻塞→活动阻塞。

8. 线程的基本概念

（1）线程引入的原因。

1）减少并发执行的时空开销。进程既是调度单位，又是资源的分配单位；进程的创建、撤销、切换较费时空资源。

2）线程实现了资源分配与并发调度的分离，以"轻装上阵"。线程成为系统独立调度的基本单位，进程仍为资源分配的基本单位。线程基本上不拥有系统资源，只有少量必要资源（如 IP、寄存器、栈等），但共享其所属进程所拥有的全部资源。

3）线程满足了多处理机系统（Symmetrical Multi-Processing，SMP）的要求，能有效地改善多处理机系统的性能。

（2）线程的特征。线程是轻型实体、独立调度的基本单位、可并发执行（同一进程的多个线程可并发）、共享同一进程资源。系统中通过线程控制块（Thread Control Block，TCB）实现对线程的管理。

线程的状态包括：①执行状态；②就绪状态；③阻塞状态。

（3）线程实现的两种方式。

无论系统进程还是用户进程，其操作都是通过内核来完成的，基本过程为系统调用→内核→处理程序。但线程有两种实现方式：

1）用户级线程（User-Level Threads）：不依赖于内核，TCB 存在于用户空间，内核不知道其存在。

2）内核支持级线程（Kernel-Supported Threads）：依赖于内核，其创建、撤消和切换都由内核实现，存在于内核空间，通过 TCB 控制。

2.1.2.2　进程互斥与同步

多道程序系统中，多个进程可以并发执行，则进程间必然存在资源共享和相互合作的问题。本节主要对进程间如何协调的机制进行介绍。

1. 互斥与同步的基本概念

（1）互斥。进程间的互斥是指系统中各进程互斥地使用临界资源。由于各进程间访问临界资源而产生制约关系，所以又称为进程间接制约。

临界资源是指一次只允许一个进程访问的资源。有物理设备形式的临界资源（如打印机、输入机等），软件形式临界资源（共享的变量、缓存区、表格、队列等）。

临界区是指进程访问临界资源的那段代码，如下面进程 P1 与 P2 修改共享变量 count 的代码。

```
R1=count;          R2=count;
R1=R1+1            R2=R2+1
Count=R1           Count=R2
```

进程互斥的四个规则：

1）空闲让进（对临界区而言）。

2）忙则等待（对临界区而言）。

3）有限等待。应保证等待时间有限，不会产生死锁。

4）让权等待。不能进入临界区的执行进程应放弃 CPU，避免陷入"忙等"，提高 CPU 效率。

（2）同步。进程同步是并发执行的进程因相互通信、互相协调、互相等待等直接制约而引起的无序推进过程。

如图 2-9 所示，计算进程 Pc 与打印进程 Pp 共享缓冲区 Buffer，必须等 Pc 计算了结果 Pp 才能打印；同理，必须等 Pp 打印了结果，清空了缓冲区，Pc 才能计算。

图 2-9　共享单缓冲区的计算与打印进程

（3）进程同步与互斥的联系和区别。

1）资源共享关系：互斥，进程间接制约。

2）相互合作关系：同步，进程直接制约。

进程互斥从某种意义上可以看作进程同步的特例，只是进程的协调由临界资源来控制。

2. 用 PV 原语实现互斥与同步

典型的互斥与同步机制主要有信号量机制和管程机制。

1965 年，荷兰学者 Dijkstra 提出了进程同步工具——信号量（Semaphores）机制，在不断地发展中，经历了整型信号量、记录型信号量、信号量集等机制。

整型信号量：实现了互斥，但没有遵循"让权等待"原则，存在"忙等"问题。

记录型信号量：解决了"忙等"问题，且资源利用率较高。

信号量集：避免了"死锁"，但利用率较低。

（1）信号量。信号量表示系统中资源实体数目或资源使用情况的整型量，其值只能由 PV 原语操作改变。

1）公用信号量：用于互斥的信号量，初始值一般为资源的个数。

2）私用信号量：用于同步的信号量。

（2）PV 操作。P 操作表示申请一个资源，V 操作表示释放一个资源。PV 操作属于低级通信原语，在执行期间不可分割，基本流程如图 2-10 所示。

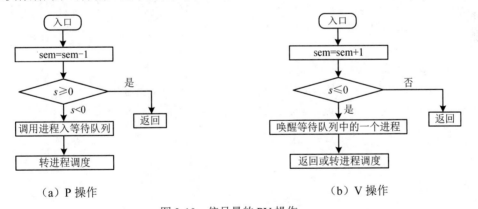

（a）P 操作　　　　　　　　　　（b）V 操作

图 2-10　信号量的 PV 操作

PV 操作的物理意义：

1）当 sem > 0 时，sem 值表示可使用资源的数目，初始值为资源个数。

2）当 sem = 0 时，表示无资源可使用，也无进程等待使用资源。

3）当 sem < 0 时，|sem| 值表示等待使用该资源的进程数目。

（3）PV 操作实现互斥。利用 PV 操作实现互斥的基本方法是把每个进程的临界区都置于 PV 原语之间，如图 2-11 所示。

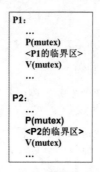

图 2-11　PV 操作实现互斥

基本步骤：

1）设置互斥信号量 mutex=1，表示开始时无进程使用该资源。

2）进程要进入临界区，必先执行 P 操作。

3）进程要退出临界区，必执行 V 操作。

mutex 的取值范围为：1 到-(n-1)，其中 n（$n \geq 2$）为进程数。即 n 为 2 时，mutex 取值为 1，0，-1。

1）1：无进程使用该资源，临界区空闲。

2）0：已经有进程使用资源，但无进程阻塞。

3）-1：阻塞队列有一个进程在等待该资源。

（4）PV 操作实现同步。利用 PV 操作实现同步的基本方法是，为每个进程设置一个私有信号量，相互制约。如图 2-9 所示，计算进程 Pc 与打印进程 Pp 共享缓冲区 Buffer。

基本步骤：

1）设置两个同步信号量 sc 和 sp。

2）sc=1，为 Pc 私有信号量，表示开始时 Pc 可以向缓冲 B 区输入计算结果。

3）sp=0，为 Pp 私有信号量，表示开始时 B 中没有数据可让 Pp 来取。

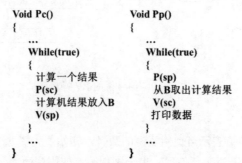

注意，这里只有一个缓冲区，如果有多个缓冲区，显然可以设置 sc=缓冲区个数。

3. 进程通信方式

进程间通信是指进程之间的信息交换。

（1）低级通信。进程间传送少量控制信号，如 PV 操作，缺点是编程难度大，效率低。

（2）高级通信。进程间传送大量数据，分为以下几类。

1）共享存储模式：相互通信的进程共享某些数据结构（或存储区）实现进程之间的通信。

2）消息传递模式：进程间的数据交换以消息为单位。

3）管道通信模式：用一个共享文件（pipe 文件）连接一个读进程和一个写进程。

4. 管程的基本概念

管程的引入：解决用信号量和 PV 操作实现进程的同步与互斥问题时的低效率问题。

管程的定义：管道是针对共享资源的一个数据结构和能为并发进程所执行的一组操作。

管程的构成：

1）管程的共享变量说明（资源状态描述）。

2）对该数据结构进行操作的一组过程（对资源的操作）。

3）对局部管程数据设置初值语句（资源初始状态）。

2.1.2.3　进程调度

在多道程序环境下，进程数目往往多于处理机数目。因此，要求系统能按某种算法，动态地把处理机分配给就绪队列中的一个进程，使之执行。该任务由处理机调度程序完成。

1. 处理机调度的基本概念

（1）高、中、低三级调度。一个批处理作业，从进入系统直到作业运行完毕，可能要经历三级调度：

1）高级调度（High Scheduling）：又称作业调度、长程调度、接纳调度。高级调度将外存作业调入内存，创建进程、分配资源，插入就绪队列。高级调度周转时间（T）长、系统效率低，一般采用 FCFS、短作业优先调度算法。

2）中级调度（Intermediate Level Scheduling）：又称中程调度，它决定处于交换区中的就绪进程哪个可以调入内存，以便直接参与对 CPU 的竞争。引入了"挂起状态"。

3）低级调度（Low Level Scheduling）：又称进程调度、短程调度，它决定处于内存中的就绪进程哪个可以占用 CPU。低级调度周转时间（T）短、系统效率高。

（2）高、中、低三级调度模型。具有高、中、低三级调度模型的调度过程如图 2-12 所示。

（3）抢占与非抢占式调度。

1）非抢占方式：进程一旦获得，处理机就一直执行，直到完成或阻塞。

基本特点：简单，开销小，实时性差。

2）抢占方式：暂停正在执行的进程，分配 CPU 给其他高优先级的进程。分配方式有时间片原则、优先权原则、短作业优先原则等。

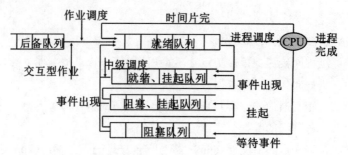

图 2-12　高、中、低三级调度模型

（4）常见调度性能指标。

平均周转时间：$T = \dfrac{1}{n}\left[\displaystyle\sum_{i=1}^{n} T_i\right]$

平均带权周转时间：$W = \dfrac{1}{n}\displaystyle\sum_{i=1}^{n} \dfrac{T_i}{T_s}$

式中，n 为进程数；T_i 为进程的周转时间；T_s 为进程的服务时间；带权 W 越小越好。

2. 进程调度算法

（1）先来先服务（FCFS）。先来先服务调度算法是根据进程提交的先后顺序，逐次调度。FCFS 的特点是：①简单；②有利于长作业（进程）；③有利于 CPU 繁忙性作业（进程），不利于 I/O 繁忙型。

（2）短作业进程优先调度算法[SJ(P)F]。短作业进程优先调度算法是根据进程执行的时间长短进行调度，所需时间越短，优先级越高。SJ(P)F 降低了平均周转时间和平均带权周转时间，从而提高了系统吞吐量。SJ(P)F 对长作业不利，有可能一直得不到服务，出现饿死现象。

表 2-1 为 FCFS 和 SJF 的调度及其计算得到的平均周转时间和平均带权周转时间，可以看到，SJF 的平均带权周转时间比 FCFS 的要小，说明 SJF 效率更高。

注意：周转时间=完成时间-到达时间；带权周转时间=周转时间÷服务时间。

（3）高响应比优先算法。高响应比优先算法又称动态优先权算法，作业或进程随着等待时间的增长，优先权不断提高，从而最终获得 CPU 提供服务。

算法优点：兼顾长短作业，照顾时间先后。

优先权=（等待时间+要求服务时间）÷要求服务时间

响应时间=等待时间+要求服务时间

响应比 RP=（响应时间）÷要求服务时间

优点：短作业 RP 大，有利于短作业；t_s（要求服务时间）相同时相当于 FCFS；长作业等待一段时间后 RP 变大，仍能得到系统服务。

缺点：需要计算 RP，增加了系统开销。

表 2-1　FCFS 及 SJF 调度算法

进程执行过程	进程名	A	B	C	D	E	平均
	到达时间	0	1	2	3	4	
	服务时间	4	3	5	2	4	
FCFS	完成时间	4	7	12	14	18	
	周转时间	4	6	10	11	14	9
	常权周转时间	1	2	2	5.5	3.5	2.8
SJF	完成时间	4	9	18	6	13	
	周转时间	4	8	16	3	9	8
	带权周期时间	1	2.67	3.1	1.5	2.25	2.1

（4）时间片轮转算法。时间片轮转算法将系统 CPU 服务时间进行划分，每个划分称为一个时间片，进程轮流获得指定时间片的 CPU 服务，如图 2-13 所示。

时间片选取所需考虑的问题：

1）系统对响应时间的要求：$T=nq$。

2）就绪队列中进程的数目 n。

3）系统的处理能力（应保证一个时间片能处理完一个常用命令）。

（5）多级反馈队列调度。多级反馈队列调度结合了时间片和优先级调度的优点。兼顾长、短作业，有较好的响应时间，不用指明进程长度，其调度过程如图 2-14 所示。特点如下：

1）短作业一次完成。

2）中型作业周转时间不长。

3）大型作业不会长期不处理。

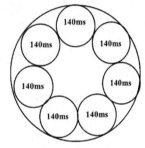

$T=1s$

图 2-13　时间片轮转算法

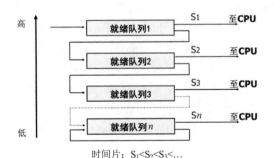

时间片：$S_1 < S_2 < S_3 < \cdots$

图 2-14　多级反馈队列调度

基本算法：

1）每一级队列中进程按 FCFS 调度。

2）i 级优先权高于 $i+1$ 级。

3）$i+1$ 级时间片比 i 级时间片长一倍。

4）仅当 $1\sim(i-1)$ 队列均空时，才调度 i 队列中的进程。

5）进程首先进入队列 1，在一个时间片内不能完成，则下降到队列 2，以此类推。

（6）实时调度。在实时系统中，硬实时任务和软实时任务都联系着一个截止时间。为保证系统能正常工作，实时调度必须能满足实时任务对截止时间的要求。因此，实现实时调度必须具备以下 4 个条件：

1）提供调度的必要信息。

2）考虑系统的处理能力。

3）采用抢占式调度机制。

4）具有快速切换机制。

（7）**最早截止时间优先（Earliest Deadline First，EDF）算法**。根据任务的开始截止时间（必须开始执行的时间）来确定任务的优先级。

截止时间越早，任务越迫切，优先级越高，如图 2-15 所示。

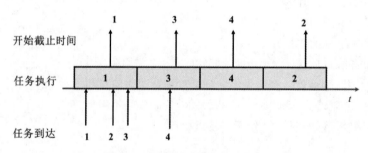

图 2-15　最早截止时间优先算法

（8）最低松弛度优先（Least Laxity First，LLF）算法。

$$P\text{ 的松弛度}=P\text{ 必须完成时间}-P\text{ 运行所需时间}-\text{当前时间}$$

松弛度越低则紧迫程度越高。松弛度最低的任务排在队首，调度程序总是从队首调度。

【例 2-1】A 必须在 200ms 完成，需执行 100ms，$t=0$；B 必须在 $t=400$ 完成，执行需 150ms，$t=10$ms。

A 的松弛度=200-100-0=100，B 的松弛度=400-150-10=240，显然 A 应该先于 B 执行。

【例 2-2】在一个单 CPU 的计算机系统中，有两台外部设备 R_1、R_2 和 3 个进程 P_1、P_2、P_3。系统采用可剥夺式优先级的进程调度方案，且所有进程可以并行使用 I/O 设备，3 个进程的优先级、使用设备的先后顺序和占用设备时间见表 2-2。

假设操作系统的开销忽略不计，3 个进程从投入运行到全部完成，CPU 的利用率约为（　　）%；R_2 的利用率约为（　　）%（设备的利用率指该设备的使用时间与进程组全部完成所占用时间的比率）。

表 2-2　三进程执行过程

进程	优先级	使用设备的先后顺序和占用设备时间
P_1	高	$R_2(30ms) \rightarrow CPU(10ms) \rightarrow R_1(30ms) \rightarrow CPU(10ms)$
P_2	中	$R_1(20ms) \rightarrow CPU(30ms) \rightarrow R_2(40ms)$
P_3	低	$CPU(40ms) \rightarrow R_1(10ms)$

解：绘制分析图如图 2-16 所示。

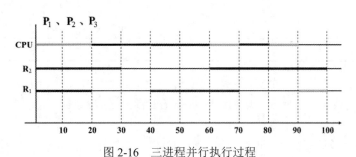

图 2-16　三进程并行执行过程

则，CPU 利用率=(20+30+40)/100=90%，R_2 利用率=(30+40)/100=70%。

2.1.2.4　死锁与解除

多道程序系统中，由于多个进程的并发执行，会出现一种死锁的现象。

死锁（Deadlock）是指多个进程因争夺资源而造成一种僵局，若无外力作用，相关进程都将无法再向前推进。

1. 产生死锁的原因

（1）竞争资源、进程间推进顺序非法。

（2）可剥夺资源（CPU、内存等）与非剥夺性资源（打印机，磁带机等）在竞争非剥夺性资源时将造成死锁。

2. 产生死锁的 4 个必要条件

（1）互斥条件：资源的临界性通常要求资源独占使用。

（2）请求和保持条件：在保持了现有资源的同时，提出对新资源的请求。

（3）不剥夺条件：只能由进程自己释放资源，而不能靠外力剥夺。

（4）环路等待：资源分配图中出现环路。

3. 处理死锁的基本方法

（1）预防：破坏 4 个条件之一。预防由于施加的限制太严格，使资源利用率低。

（2）避免：防止进入不安全态。施加限制较弱，提高了资源利用率，但实现较复杂。

（3）检测：检测到死锁再清除。不进行事先的预防，系统效率较高。

（4）解除：与"检测"配套使用。打破死锁进程之间的关系，使部分进程可以向前推进。

4. 避免死锁

避免死锁的思想：系统状态分为安全状态与不安全状态，如果处于安全状态，则系统可避免死锁。因此，避免死锁的实质在于系统分配资源时，保证处于安全状态。

进程的安全序列是指按某种执行顺序（$P_1,P_2,\cdots,P_n$），并发进程都能获得所需资源而完成执行。

安全状态：能找到安全序列的状态称为安全状态。

3 个进程共用 12 台磁带机在 T_1、T_2 两个时刻的资源分配见表 2-3 和表 2-4。

表 2-3　T_1 时刻资源分配表

进程	最大需求	已分配	可用
P_1	10	5	3
P_2	4	2	
P_3	9	2	

表 2-4　T_2 时刻资源分配表

进程	最大需求	已分配	可用
P_1	10	5	2
P_2	4	2	
P_3	9	3	

对于 T_1 时刻，能够找到一个安全序列：$P_2 \rightarrow P_1 \rightarrow P_3$，因此系统处于安全状态。

对于 T_2 时刻，找不到任何安全序列，所以系统处于不安全状态。

5. 银行家算法

Dijkstra 提出了银行家算法，该算法可以检测系统是否存在安全序列，以便进程按照安全序列进行推进，从而避免死锁。

（1）数据结构。可用资源向量 available[j]=k：系统现有 R_j 类资源 k 个。

最大需求矩阵 max[i,j]=k：进程 i 需要 R_j 的最大数为 k 个。

分配矩阵 alloc[i,j]=k：进程 i 已得到 R_j 类资源 k 个。

需求矩阵 need[i,j]=k：进程 i 还需要 R_j 类资源 k 个，need[i,j]= max[i,j]−alloc[i,j]。

请求向量 Request[i,j]=k：进程 P_i 请求 R_j 类资源 k 个。

工作向量 work[i]：进程 i 执行完后系统可用资源数。

完成向量 finish[i]：布尔量，表示进程 i 能否执行完成。

（2）算法示例。设 T_0 时刻系统状态为：进程{P_0,P_1,P_2,P_3,P_4}，资源{A=10, B=5, C=7}，是否存在一个安全序列？

其资源分配表见表 2-5。利用银行家算法求 T_0 时刻系统的安全序列的过程见表 2-6。

表 2-5　T_0 时刻的资源分配表

	max			allocation			need			available		
	A	B	C	A	B	C	A	B	C	A	B	C
P_0	7	5	3	0	1	0	7	4	3	3	3	2
P_1	3	2	2	2 (3	0 (0	0 2)	1 (0	2 2	2 0)	(2	3	0)
P_2	9	0	2	3	0	2	6	0	0			
P_3	2	2	2	2	1	1	0	1	1			
P_4	4	3	3	0	0	2	4	3	1			

表 2-6   利用银行家算法求 T_0 时刻系统的安全序列

T_0 时刻的安全序列：可用资源向量 available=（3 3 2）

	Work			need			alloc			Work+alloc			finish
	A	B	C	A	B	C	A	B	C	A	B	C	
P_1	3	3	2	1	2	2	2	0	0	5	3	2	true
P_3	5	3	2	0	1	1	2	1	1	7	4	3	true
P_4	7	4	3	4	3	1	0	0	2	7	4	5	true
P_2	7	4	5	6	0	0	3	0	2	10	4	7	true
P_0	10	4	7	7	4	3	0	1	0	10	5	7	true

1）当前系统的可用资源向量为 available=（3 3 2），满足 P_1 的需求向量（1 2 2），可以根据 P_1 的需求向量分配给 P_1；P_1 执行完毕后，将释放其当前已经分配的资源（2 0 0），则执行完 P_1 后系统的资源向量为 available=（5 3 2）。

2）根据上述计算步骤，不断用资源向量判断后续可执行的进程，如 finish 均为 true 则系统安全。

3）根据分析，系统存在安全序列{P_1, P_3, P_4, P_2, P_0}。

6. 进程数与资源数的关系

进程数与资源数不会产生死锁需要满足的条件为：

$$资源总数=进程数×（每进程资源需求数-1）+1$$

系统中有 5 个进程共享若干个资源 R，每个进程都需要 4 个资源 R，那么使系统不发生死锁的资源 R 的最少数目为：资源 R 数=5×（4-1）+1=16。

7. 死锁的检测和解除

（1）死锁检测。事先不对系统施加限制，而是采用相关的算法，不断地检测系统是否存在死锁，如果存在则做出相应的动作以解除。由于不施加限制，所以该策略能有效地提高系统性能。

判断死锁的规则：资源分配图中出现环路时，则产生死锁。

如图 2-17 所示的资源分配图，由于存在环路，则 P_1 和 P_2 陷入死锁。

资源分配图中，方块表示资源，圆圈表示进程，（进程→资源）表示请求资源，（资源→进程）表示已分配资源。

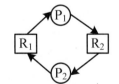
图 2-17   资源分配图

（2）死锁解除常用方法。

资源剥夺：从其他进程剥夺足够的资源分配给产生死锁的进程，从而解除死锁。

撤消进程：①撤消产生死锁的全部进程，重新执行全部进程；②撤消某些进程，直到资源满足剩下进程的需要，从而解除死锁；通常撤消代价最小的进程，如只读进程。

2.1.3   存储器管理

存储器管理的主要任务是为多道程序的运行提供良好的环境,提高存储器的利用率并能从逻辑上扩充内存，即主要是对主存（内存）进行管理。存储组织的功能是在存储技术和 CPU 寻址技术许可的范围内组织合理的存储结构，使得各层次的存储器都处于均衡的繁忙状态。

存储器管理的主要功能有内存分配、内存保护、地址映射、内存扩充。

2.1.3.1 存储器管理概述

1. 程序的装入和链接及其地址

程序由源程序到运行所需经历的过程：源文件→编译→链接→装入→运行。

（1）地址空间：把程序中由符号名组成的空间称为名空间。

（2）逻辑地址空间：又称相对地址、虚拟地址。源程序经过汇编或编译后再经过链接程序加工形成程序的装配模块，地址空间转换为逻辑地址，是以 0 为基址顺序进行编址的。

（3）物理地址空间：逻辑地址空间通过地址再定位机构转换到绝对地址空间。

2. 地址重定位

在可执行文件装入时，需要解决可执行文件中地址（指令和数据）与主存地址的对应关系，由操作系统中的装入程序（Loader）和地址重定位机构来完成。地址重定位是指将逻辑地址变换成主存物理地址的过程，如图 2-18 所示。

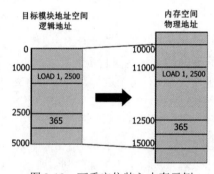

图 2-18　可重定位装入内存示例

（1）静态重定位。静态重定位是指在程序装入主存时完成逻辑地址到物理地址的变换，在程序的执行期间将不会再发生变化。其特点是：

1）必须给程序分配一个连续的存储区域。

2）执行期间不能扩充存储空间，也不能在主存中移动。

3）多个进程难以共享主存中的同一程序副本和数据。

（2）动态重定位。动态重定位是指程序运行期间完成逻辑地址到物理地址的变换，需要硬件重定位寄存器的支持。其特点是：

1）程序在执行期间可以换入和换出主存。

2）不必分配连续主存空间，能在主存中移动。

3）能实现程序共享。

3. 存储管理 .

存储管理（即内存空间分配）的主要目的是解决多个用户使用主存的问题，主要的任务是：

（1）为每道程序分配内存空间，各得其所。

（2）提高内存的利用率，减少不可用的内存空间。

（3）允许正在运行的程序申请附加的内存空间，以适应程序和数据动态增涨的需要。

存储管理策略主要包括：分区存储管理、分页存储管理、分段存储管理、段页式存储管理及虚拟存储管理。

2.1.3.2 分区管理

分区管理是把主存的用户区划分成若干个区域，每个区域分配给一个用户程序使用。分区管理属于连续内存分配方式，每个分区是一个连续的内存空间。

分区管理分为：单一连续分区、固定分区、可变（动态）分区、可重定位分区。

1. 单一连续分区

单一连续分区把主存的用户区全部分配给一个用户程序使用，如图 2-19 所示。单一连续分区仅适用于单用户、单任务操作系统。

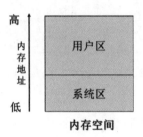

图 2-19　单一连续分区

2. 固定分区

固定分区是将内存用户区划分为多个大小固定（可相等、或不等）的区域，每一区域可装入一道程序。固定分区是最简单的运行多道程序的存储管理方式，其内存分配形式如图 2-20 所示。

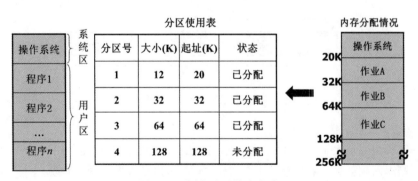

图 2-20　固定分区的内存分配

固定分区的缺点：程序大小不可能刚好与分区一致，可能造成空间浪费。通常把已分配分区内的未用空间叫作零头或内碎片。

3. 可变（动态）分区

可变分区是根据进程大小的实际需要，动态地为之分配内存空间方式，分区的个数是变化的。

动态分区分配的实现要点：①数据结构。空闲分区表或空闲分区链。②分配算法。按照一定的策略，从空闲分区表（链）中把空闲分区分配给新装入的作业；常见的有四种分配算法，如首次适应算法、循环首次适应算法、最佳适应算法、最差适应算法。③分区回收方法。

（1）数据结构。

空闲分区表：在分区之外，记录空闲分区的分配情况。

空闲分区链：在分区内部，建立首尾指针形成双向链，如图 2-21 所示。

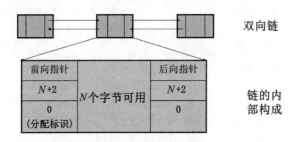

图 2-21　空闲分区链及其节点示意图

（2）首次适应分配算法。

算法描述：①分区按地址到高址链接；②从低址开始查找，第一个大小满足的分区将被分配；③如未找到大小满足的分区，则分配失败。

算法特点：①低址内存使用频繁；②保留了高址的大空闲区，利于大作业内存分配；③地址不断划分，易产生碎片，增加查询开销。

首次适应算法空闲分区查询过程如图 2-22 所示。

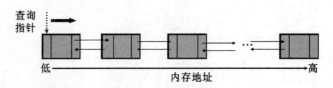

图 2-22　首次适应算法空闲分区查询过程

（3）循环首次适应分区算法。

算法描述：①避免每次从低址开始查询，而是从上次找到的空闲分区的下一个分区开始查找；②到达链尾后则返回到链头，继续查找；③找到合适的分区则分配，否则失败。

算法特点：①空闲分区分布均匀；②提高了查找速度；③大空闲分区缺乏。

循环首次适应算法空闲分区查询过程如图 2-23 所示。

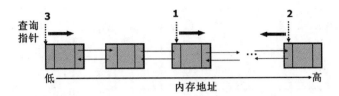

图 2-23 循环首次适应算法空闲分区查询过程

（4）最佳适应算法。

算法描述：①总是把既能满足要求，又是最小的空闲分区分配给作业，避免"大材小用"；②分区按由小到大递增排列；③将第一次找到的满足需要的分区进行分配。

算法特点：①释放分区时需要插入到空闲分区链的适当位置；②可能留下大量碎片。

最佳适应算法空闲分区查询过程如图 2-24 所示。

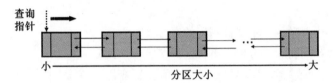

图 2-24 最佳适应算法空闲分区查询过程

（5）最差适应算法。

算法描述：①系统总是将用户作业装入最大的空白分区；②分区按由大到小递减排列；③将第一次找到的满足需要的分区进行分配。

算法特点：将一个最大的分区一分为二，所以剩下的空白区通常也较大，不容易产生外碎片。

最差适应算法空闲分区查询过程如图 2-25 所示。

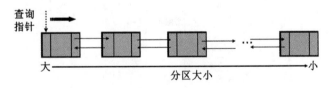

图 2-25 最差适应算法空闲分区查询过程

（6）分区回收。在程序执行完毕或资源释放后，释放的空闲分区需要回收。可变分区常见的分区回收方法如图 2-26 所示。

（a）上邻空闲区：合并，修改大小。

（b）下邻空闲区：合并，修改大小，合并后的首址修改为回收区首地址。

（c）上、下邻空闲区：合并，修改大小，空闲分区表项减少。

（d）不邻接：在空闲分区表中建立一个新表项，即增加了一个空闲分区。

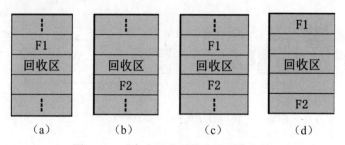

图 2-26   可变分区常见的分区回收方法

4. 可重定位分区

连续式分配中，系统必须为用户作业分配连续的内存空间。但有时内存中空闲空间的总容量大于作业大小，但是由于被划分为多个小分区，而不能容纳该作业。可重定位分区策略能够解决上述问题。

（1）基本概念。

内存碎片：内存中分散的、不能被利用的小分区。

紧凑：通过移动作业将原来分散的小分区拼接成一个大分区。

重定位：即重新地址映射。紧凑导致程序内存位置变化，必须进行重定位以保证其正确执行。

（2）示例。在如图 2-27 左侧所示的内存分布情况下，用户作业提出 40KB 的空间请求，显然没有一块连续的存储空间可以容纳。通过紧凑和重定位，将空闲分区进行合并，得到了 80KB 的连续空闲分区，此时就可以将用户作业装入到该连续空闲分区内。

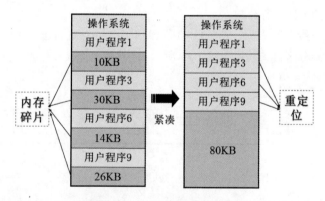

图 2-27   内存的紧凑与重定位

2.1.3.3   离散分配方式

分区管理是采用连续内存分配方式，为用户程序分配一个连续的内存空间（分区）。分区分配方式容易产生碎片，虽然可以通过紧凑和重定位来解决，但系统开销较大。

离散分配方式是将一个进程直接分散地装入到不相邻的物理地址中，从而无需"紧凑"。离散分配方式按分配单位不同可分为：分页存储管理、分段存储管理、段页式存储管理等。

1. 分页存储管理

页面：将进程的逻辑地址空间划分为若干个大小相等的部分，称为页面。

物理块：将主存的物理地址空间划分成与页相同大小的若干个物理块。

逻辑页与物理块的对应关系如图 2-28 所示。

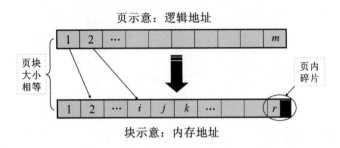

图 2-28　逻辑页与物理块的对应关系

（1）页面地址结构。分页存储管理的页面地址结构如图 2-29 所示。

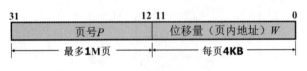

图 2-29　页面地址结构

（2）分页地址计算。给定逻辑地址为 A，页面大小为 L，则页号 P 和页内地址 d 求解公式为：

$$P=\text{int}[A/L] \qquad d=A \bmod L$$

【例 2-3】逻辑地址 A=5180B ，页大小 L=1KB，则页号 P 和页内偏移 d 各为多少？

解：　　$P=\text{int}[5180/1024]=\text{int}[5.06]=5$　　　　d=5180 mod 1024=60B

（3）页表。**页表是实现页号到物理块号地址映射的数据结构**，是实现离散分配的关键。一个进程一个页表，驻留在内存中。

如图 2-30 所示，页表指明了某个逻辑页存放在内存中的块号。

（4）分页存储的地址变换。分页存储的地址变换机构的作用是利用页表完成逻辑地址到物理地址的映射，如图 2-31 所示。

在进行逻辑页号到物理块号的映射时需要进行一次判断：

1）进行越界保护：判断"页号＜页表长度"条件是否满足，如不满足，则出错中断。

2）如"页号＜页表长度"条件满足，则说明页号在页表中。进程未执行时，页表存放在 PCB 中；执行时，存放在页表寄存器中。

3）从页表寄存器中读出页表，利用页表实现逻辑地址到物理地址的映射。物理地址=物理块首地址+页内地址。

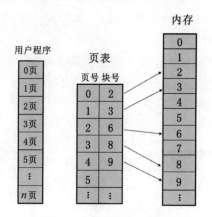

图 2-30　页表结构示意图

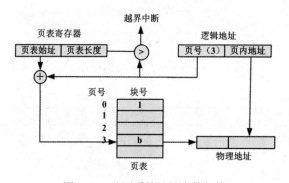

图 2-31　分页系统地址变换机构

（5）具有快表的地址变换机构。

无快表分页管理需两次访问内存：①访问页表；②访问绝对地址中的内容。

快表（又称联想寄存器）实质就是高速缓存，存放系统中最近常用的页号与块号的对应关系。采用快表后的地址映射步骤如图 2-32 所示。

1）逻辑地址首先在快表中查询，如果存在，则直接利用块号对应关系得到物理地址。

2）如果快表中不存在该页号，则再去查找程序的页表。

【例 2-4】有一分页式系统，其页表存放在主存中：

1）如果对主存的一次存取需要 $1.5\mu s$，试问实现一次页面访问的存取时间是多少？

2）如果系统具有快表，平均命中率为 85%，当页表项在快表中时，其查找时间忽略为 0，试问此时的存取时间是多少？

解：若页表存放在主存中，则要实现一次页面访问需两次访问主存：一次是访问页表，确定所存取页面的物理地址（称为定位）；第二次才根据该地址存取页面的数据。

页表在主存的存取访问时间 $=1.5\times2=3\mu s$；

增加快表后 $=0.85\times1.5+(1-0.85)\times2\times1.5=1.725\mu s$。

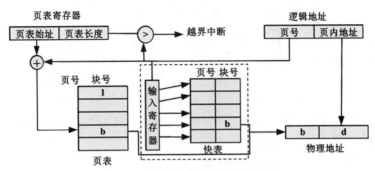

图 2-32 具有快表的地址变换机构

（6）两级页表和多级页表。

程序的页表可能很大，不可能连续的存放在内存空间中，而是将其离散存放在不同内存块中。

如一个程序逻辑地址空间大小为 32 位，页面大小为 4KB（2^{12}）。则页表长度=2^{20}=1MB 个表项，页表大小=4B（页表项）×1MB=4M，显然必须对页表进行有效管理。

外部页表用于管理离散的页表块，表项指明了某段页表的存储块的起始地址。

如果程序逻辑地址空间大小为 32 位，页面大小为 4KB（2^{12}），二级页表构成方式如图 2-33 所示，把连续的页表分页存放在离散的物理块中；块为 4KB，可以存放 1024 个页表项，因此 2^{20} 个页表需要 1024 个物理块来存储；外部页表有 1024 个表项，存储了对应的 1024 个存放页表的物理块的起始地址。

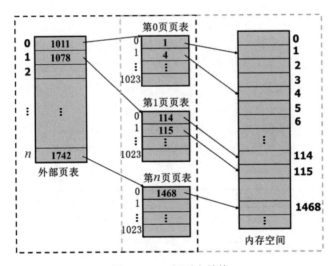

图 2-33 二级页表结构

页表项存储对应块的首地址。

引入外部页表后，逻辑地址的表示如图 2-34 所示。

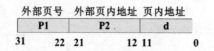

图 2-34 二级页表的逻辑地址表示

1）外部页号：指明该逻辑地址所在的页表对应外部页表的第几个表项，页表有 1024 个页。

2）外部页内地址：指明该逻辑地址在所属的页表中的表项，每页 1024 个表项。

3）页内地址：存储块内的地址大小，页面大小 4KB。

具有两级页表的地址变换机构如图 2-35 所示。

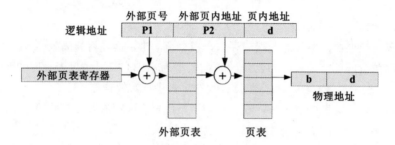

图 2-35 具有两级页表的地址变换机构

对于 32 位操作系统，两级页表能够胜任；如果是 64 位操作系统，就可以采用更多级的页表形式，从而离散的存储页表，并快速查找。

2. 分段存储管理

（1）分段存储管理概述。引入分段存储管理方式是为了满足用户的需求。通常作业的地址空间被划分为若干个段，每个段有其逻辑意义及功能，如主程序段、子程序段、数据段及堆栈段等。

分段管理的特点：各段长度不等、每段从 0 开始编址、每段在内存中连续分配、段间可离散分配。

分段管理的优点：方便编程、分段共享、分段保护、动态链接、动态增长。

分段管理的逻辑地址：逻辑地址=段号+段内地址，如图 2-36 所示。

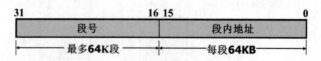

图 2-36 分段管理的逻辑地址

（2）段表。段表的作用是实现分段管理中逻辑地址到物理地址间的映射。

每一程序创建一个段表，存放于内存中，段表项记录了每段的起始地址和段长度。利用段表实现地址映射如图 2-37 所示，其中中间部分为段表。

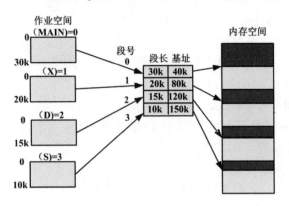

图 2-37   分段存储管理的地址映射

（3）分段系统地址变换。分段系统的地址变换机构如图 2-38 所示，整个过程需要进行两次越界检测：

1）第一次检测：逻辑地址中的段号 S 与段表长度 L 进行比较，若 $S \geq L$ 则越界。

2）第二次检测：逻辑地址的段内地址≥段长，则越界。

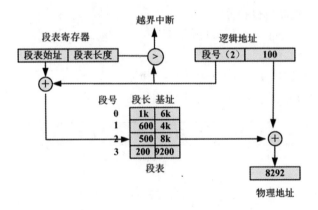

图 2-38   分段系统地址变换机构

【例 2-5】设某作业的段表如图 2-39 所示。

段号	基地址	段长
0	219	600
1	2300	14
2	90	100
3	1327	580
4	1952	96

图 2-39   段表状态

1）逻辑地址（0,128）、（1,30）、（2,88）、（3,290）和（4,100）能否转换为对应的物理地址？为什么？

2）将问题 1）的逻辑地址分别转换成对应的物理地址。

解：1）逻辑地址（0, 128）、（2, 88）和（3, 290）可以转换成对应的物理地址，而逻辑地址（1, 30）和（4, 100）不能转换为对应的物理地址，因为地址越界。

2）逻辑地址（0, 128）对应的物理地址是 219+128=347。

逻辑地址（2, 88）对应的物理地址是 90+88=178。

逻辑地址（3, 290）对应的物理地址是 1327+290=1617。

（4）分页管理与分段管理的比较。

相同点：采用离散分配方式。

不同点：1）页是信息的物理单位，目的是为了提高内存利用率；段是信息的逻辑单位，目的是满足用户要求。

2）页长度固定（系统指定），段长度不固定（用户指定）。

3）页是一维的（仅需页号），段是二维的（需段号及段长）。

4）段式存储易于共享。

3．段页式存储管理

（1）段页式存储管理的引入。

分页管理的优点：提高内存利用率。

分段管理的优点：方便用户、易于共享、易于保护、动态链接。

（2）段页式存储基本原理。

思想：用户程序分成多个段，每个段分为多个页。

逻辑地址=段号+段内页号+页内地址，其结构如图 2-40 所示。

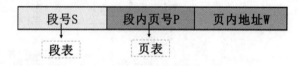

图 2-40　段页式管理的逻辑地址

1）段表：存储每段中页表的起始和页表长度。

2）页表：存储本段中每页编号和对应的块地址。

（3）利用段表和页表实现地址映射，如图 2-41 所示。

（4）段页式存储的地址变换，如图 2-42 所示。段表寄存器用于存放段表始址和段表长度。

段页式存储时，获取一条指令需三次访问内存：

1）访问段表得段表首地址、长度、页表地址。

2）访问页表获得指定页的块号，获得物理地址。

3）访问物理地址取出指令。

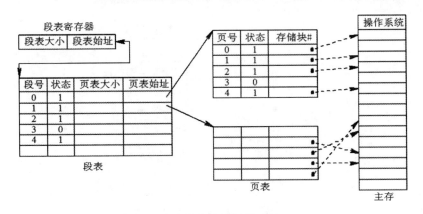

图 2-41　段表和页表的地址映射

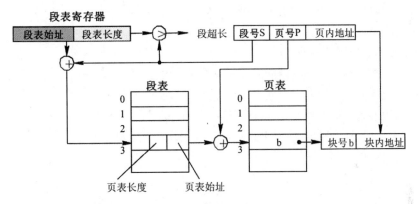

图 2-42　页式存储管理地址变换机构

2.1.3.4　虚拟存储管理

不管是连续分配方式（分区存储管理），还是离散分配方式（分页存储管理、分段存储管理、段页式存储管理）都有两个重要的特征：①一次性。程序必须全部装入才能执行。②驻留性。程序直到执行完毕，都驻留在内存中不换出。

上述特征导致内存使用率下降，很多阻塞作业占据了内存空间。

为了有效提高内存利用率，需要解决如下问题：①能否只装入程序的一部分即可以运行呢？②采用哪些技术实现呢？

1. 局部性原理

邓宁于 1968 年提出了程序内存中运行的局部性原理，包含了时间局部性和空间局部性。

局部性原理的意义：程序运行前不必全部装入内存，仅需装入必要的页或段，如图 2-43 所示。

（1）时间局部性：如果程序中的某条指令一旦执行，则不久以后该指令可能再次执行；如果某数据被访问过，则不久以后该数据可能再次被访问。

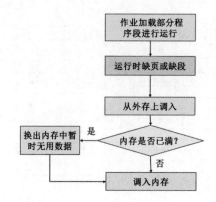

图 2-43　装载作业部分程序段的执行过程

（2）空间局部性：一旦程序访问了某个存储单元，则不久之后，其附近的存储单元也将被访问，即程序在一段时间内所访问的地址，可能集中在一定的范围之内。

2．对换技术（Swapping）

（1）对换技术的作用及目的。

作用：①将阻塞进程、暂时不用的程序、数据换出内存；②将具备运行条件的进程换入内存。

引入目的：提高内存利用率，实现虚拟存储。

对换区所采用的数据结构和分配回收方法类似于可变化分区分配。

（2）虚拟存储管理的特征。①离散性：部分装入。若连续则不可能提供虚拟存储，无法支持大作业在小内存上运行。②多次性：局部装入，多次装入。③对换性：作业运行过程中进行换进、换出。④虚拟性：从逻辑上扩充内存空间。

虚拟存储实现的主要方式：请求分页系统、请求分段系统、请求段页系统。

虚拟性以多次性和对换性为基础，多次性和对换性必须以离散分配为基础。

3．请求分页存储管理

请求分页是在基本分页系统的基础上，增加了请求调页功能、页面置换功能所形成的分页式虚拟存储系统。

（1）页表。页表用于实现逻辑地址到物理地址的映射，以及换入、换出功能。其页表项组成如图 2-44 所示。

页号	物理块号	状态位P	访问字段A	修改位M	外存地址

图 2-44　请求分页页表项

其中，状态位 P 表示是否已调入，访问字段 A 记录访问统计信息，修改位 M 表示值是否修改。

（2）缺页中断。

缺页中断的基本处理步骤：保护 CPU 环境；分析中断原因；转入中断处理程序；恢复 CPU 环境。

缺页中断的特点：在指令执行期间产生、处理；一条指令执行期间，可能产生多次缺页中断；

系统必须能保存多次中断时的状态，以便返回继续执行。

在某计算机中，假设某程序的 COPY 指令跨两个页面，且源地址 A 和目标地址 B 所涉及的区域也跨两个页面，如图 2-45 所示。

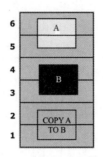

图 2-45　程序的内存地址

若地址为 A 和 B 的操作数均不在内存，计算机执行 COPY 指令时，系统将产生 4 次缺页中断，若系统产生 3 次缺页中断，那么该程序有 3 个页面在内存。

4. 页面置换算法

（1）最佳置换算法。最佳置换算法由贝莱迪于 1966 年提出，选择那些永不使用的或者是在最长时间内不再被访问的页面置换出去。该算法过于理想、无法实现。

系统为进程分配三个物理块，下面序列按最佳置换法的置换过程如图 2-46 所示。

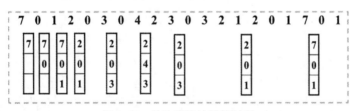

图 2-46　最佳置换法置换过程

图 2-46 中，整个序列断页 9 次，置换 6 次。

（2）先进先出。先进先出算法总是淘汰最先进入内存的页面。该算法简单，但不符合程序运行的实际规律。

系统为进程分配 3 个物理块，下面序列按先进先出置换算法的置换过程如图 2-47 所示。

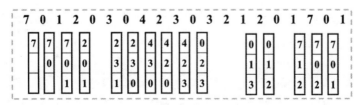

图 2-47　先进先出置换过程

图 2-47 中，整个序列断页 15 次，置换 12 次。

（3）最近最久未用（Least Recently Used，LRU）。根据局部性原理，用"最近的过去"预测"最近的将来"。

最近最久未用算法选择最近（在一段时间内）最久未被使用的页面换出，为页面设置访问字段，记录上一次被访问的时间 t，选择 t 最大的页面换出。

系统为进程分配三个物理块，下面序列按最近最久未用置换算法的置换过程如图 2-48 所示。

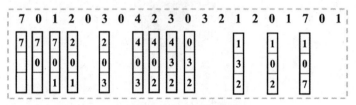

图 2-48　LRU 置换过程

图 2-48 中，整个序列断页 12 次，置换 9 次。

（4）clock 置换算法。clock 置换算法中设一个访问位 A，查询指针循环扫描，每次扫描时将访问位复位（$A=0$）；选择第一个未被访问的页面（即 $A=0$）换出。

1）如图 2-49 所示，当前指针位于第 0 物理块，检测发现 A=1，则不换出，同时置 $A=0$。

2）继续扫描第 1、第 2 块，采用 1）操作，结果如图 2-49 所示。

3）继续扫描到第 3 物理块，检测发现 $A=0$，则将 $P=70$ 换出，调入需要的数据，同时置 $A=1$。

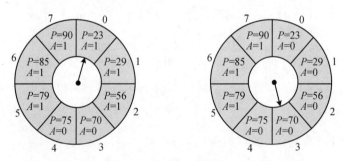

图 2-49　clock 置换算法

2.1.4　设备管理

外部设备（简称外设）是计算机系统与外界交互的工具，具体负责计算机与外部的输入、输出工作。管理输入、输出的机构称为 I/O 系统。I/O 系统由设备、控制器、通道、总线、I/O 软件等组成。

设备管理的基本任务：①完成用户提出的 I/O 请求；②提高 I/O 速度；③改善 I/O 设备的利用率。

设备管理的主要功能：①缓冲区管理；②设备分配；③设备处理；④虚拟设备；⑤设备独立性。

2.1.4.1 设备管理基本概念

1. 设备的分类

I/O 设备的重要性能指标包括：数据传输速率、数据传输单位、设备共享性等。

（1）按速度分类。

低速（$10^0 \sim 10^2$b/s）设备：键盘、鼠标、语音等。

中速（$10^3 \sim 10^4$b/s）设备：打印机、绘图仪等。

高速（$10^5 \sim 10^7$b/s）设备：磁盘、磁带、光盘等。

（2）按信息交换单位分类。

块设备：有结构设备，高速、可定位或寻址，如磁盘。

字符设备：无结构设备，低速、不可寻址，如打印机。

（3）按设备的共享属性分类。

独占设备：临界资源，一段时间内只允许一个用户（进程）访问的设备，如打印机。

共享设备：一段时间内允许多个进程同时访问的设备，如磁盘。

虚拟设备：通过虚拟技术或假脱机技术，将一台独占设备变换为若干台共享的逻辑设备。

2. I/O 系统的构成

（1）I/O 系统的构成，如图 2-50 所示。

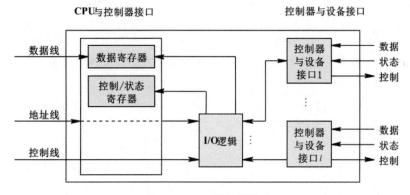

图 2-50 I/O 系统的构成

控制器：控制一个或多个 I/O 设备，以实现 I/O 设备与 CPU 之间的数据交换；为了访问设备，每个设备需要一个具体的地址。

控制器的功能：接收 CPU 命令，控制 I/O 设备工作，解放 CPU。

控制器分类：字符设备控制器、块设备控制器。

总线：计算机系统各部件之间的通信信道，分为数据总线、地址总线、控制总线。

（2）总线的性能指标。

1）位宽：总线能同时传送的二进制数据的位数。

2）时钟作频率：以 MHz 为单位。

3）带宽（总线数据传输速率）：单位时间内总线上传送的数据量，即 MB/s。

$$总线的带宽=时钟频率 \times 位宽$$

3. I/O 控制方式

I/O 控制系统的目标是尽量减少 CPU 对 I/O 的控制和干预。

（1）程序 I/O。

传输单位：字符。

查询方式："忙—等"方式，CPU 需不断查询 I/O 状态；系统在 I/O 过程中，CPU 不能做其他工作，必须等待 I/O 完成，CPU 浪费极大。

（2）中断 I/O。

传输单位：字符。

查询方式：①CPU 向 I/O 发出命令后，便返回执行其他任务；②CUP 与 I/O 并行执行；③I/O 中断产生时，CPU 转到相应的中断处理程序。

（3）直接存储器访问（Direct Memory Access，DMA）I/O。解决在程序 I/O 和中断 I/O 中，CPU 需每"字节"干预一次的情况。

传输单位：数据块。

数据传输方式：直接将数据送入内存，或将内存中的数据直接送入 I/O 设备。

CPU 干预点：仅在传送一个或多个数据块的开始和结束时 CPU 进行处理，整块数据的传送是在控制器的控制下完成的。

（4）I/O 通道。I/O 通道是一种特殊的能执行 I/O 指令的处理机，与 CPU 共享内存。

I/O 通道的作用：解决 DMA 方式时对多个离散块的读写仍需要 CPU 多次中断；可实现 CPU、通道、I/O 设备三者并行运行。

查询方式：当 CPU 需要完成一组相关的读写操作时，CPU 只需发送 I/O 命令给通道，通道通过调用内存中的相应通道程序完成任务。

4. 缓冲技术

（1）引入缓冲的原因。

1）缓和 CPU 和 I/O 设备之间速度不匹配的矛盾，如计算数据与数据打印之间的速度差异。

2）减少对 CPU 的中断频率。

3）提高 CPU 和 I/O 并行性。

（2）缓冲技术的分类。

根据缓冲区设计的方式分为单缓冲（Single Buffer）、双缓冲（Double Buffer）、循环多缓冲。

5. 假脱机（SPOOLING）技术

假脱机技术是通过对脱机输入、输出系统的模拟（利用进程），实现对外围设备同时联机操作的技术。**通过缓冲方式，将独占设备虚拟为共享设备**，如图 2-51 所示。

（1）SPOOLING 系统的组成。

1）输入井和输出井。

2）输入缓冲和输出缓冲。

3）输入进程 SP_i 和输出进程 SP_o。

图 2-51　假脱机

（2）SPOOLINGR 的技术特点。

1）提高了 I/O 速度。从对低速 I/O 设备进行的 I/O 操作变为对输入井或输出井的操作，如同脱机操作一样，提高了 I/O 速度，缓和了 CPU 与低速 I/O 设备速度不匹配的矛盾。

2）设备并没有分配给任何进程。在输入井或输出井中，分配给进程的是一存储区和建立一张 I/O 请求表。

3）实现了虚拟设备功能。多个进程同时使用一独享设备虚拟的逻辑设备。

2.1.4.2　磁盘存储器管理

磁盘存储器由于容量大、速度快、可随机存取等特点，成为现代计算机数据存取的主要设备。磁盘的性能直接影响到系统的性能，所以，改善磁盘系统性能成为现代操作系统的重要任务之一。

1. 磁盘的基本构成

磁盘的构成：盘片→磁道→扇区→字节，如图 2-52 所示。

磁盘密度：位数/英寸。

每个磁道存储相同的字节数，内磁道密度>外磁道密度。

磁盘在存储数据前必须格式化，建立相应的文件系统。

温（温切斯特）盘结构：30 扇区/磁道、600 字节/扇区、扇区=512 数据段+88 标识符段。

2. 磁盘类型

（1）固定头磁盘：每条磁道上有一个磁头，可并行读/写，速度快。

（2）移动头磁盘：每个盘面仅有一个磁头，读/写时必须移动磁头，读/写采用串行方式，速度慢。

两种磁盘基本结构如图 2-53 所示。

3. 磁盘的性能指标

磁盘工作时以恒定速率旋转。为了读写，磁头必须先移动到相应的磁道上，并等待所要求的扇区的开始位置旋转到磁头下方，然后才开始读写操作。磁盘访问时间一般由三部分组成：

（1）寻道时间，指把磁头移动到指定磁道上所经历的时间。

$$T_s = m \times n + s$$

式中，m 为常量；n 为磁道数；s 为磁盘启动时间，一般约 2ms。

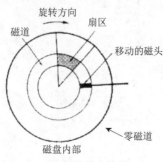

图 2-52 磁盘的基本构成

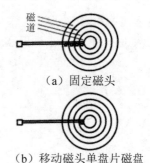

（a）固定磁头

（b）移动磁头单盘片磁盘

图 2-53 不同磁头形式的磁盘

（2）旋转延迟时间：指定扇区旋转到磁头下方所需的时间。

$$T_r=1/2r（均值）$$

式中，r 为每秒转数。

（3）数据传输时间：指数据从磁盘读写所经历的时间。

$$T_t=b/(rN)$$

式中，b 为读写字节数；N 为每磁道上的字节数。

（4）访问时间：寻道时间和旋转延迟时间基本上与读/写数据的多少无关，但占了访问时间的大部分。

如果集中放置数据，集中读写（b 大）能更好地提高传输效率。

$$T_a=T_s+ T_r + T_t$$

4. 磁头调度算法

磁头调度的思想：使访问磁盘的平均访问时间最小。

磁头调度的目标：减少寻道时间，即移动磁头的距离。

（1）FCFS（先来先服务）。FCFS 根据进程请求访问磁盘的先后顺序调度，调度过程如图 2-54（a）所示。

FCFS 的特点：简单，寻道时间长，相当于随机访问模式。

（2）SSTF（最短寻道优先）。SSTF 选择与当前磁头所在磁道的距离最近的磁道访问，使每次寻道时间最短。SSTF 调度过程如图 2-54（b）所示。

SSTF 存在进程"饥饿现象"，即某进程的访问可能一直得不到满足。

在图 2-54 中，从 FCFS 与 SSTF 的效率对比来看，根据平均寻道长度，显然 SSTF 要更高效一些。

（3）扫描算法 SCAN。扫描算法 SCAN 又称电梯调度算法，固定磁头移动方向，以避免饥饿现象。

SCAN 磁头移动：先由内向外，达到最外磁道，再由外向内。其过程如图 2-55（a）所示。

（4）单向扫描调度算法 CSCAN。SCAN 中如果进程需要访问当前磁头刚扫描过的磁道时，需要 $2T$ 的时间（T 为由内到外或相反一次扫描的时间），为了解决这个问题，可采用 CSCAN 策略。

CSCAN 规定磁头移动方向只有一个，从而将上述情况降为 $T+S_{max}$，其过程如图 2-55（b）所示。

100道开始	
被访问的下一个磁道	移动距离（磁道数）
55	45
58	3
39	19
18	21
90	72
160	70
150	10
38	112
184	146
平均寻道长度：55.3	

（a）FCFS 调度算法

100道开始	
被访问的下一个磁道	移动距离（磁道数）
90	10
58	32
55	3
39	16
38	1
18	20
150	132
160	10
184	24
平均寻道长度：27.5	

（b）SSFT 调度算法

图 2-54　FCFS 与 SSTF 的效率对比

（a）　　　　　　　　　（b）

图 2-55　SCAN 与 CSCAN 扫描方向示意图

SCAN 调度过程与 CSCAN 调度过程及效率对比如图 2-56 所示。

100道开始，增加方向	
被访问的下一个磁道	移动距离（磁道数）
150	50
160	10
184	24
90	94
58	32
55	3
39	16
38	1
18	20
平均寻道长度：27.8	

（a）SCAN

100道开始，增加方向	
被访问的下一个磁道	移动距离（磁道数）
150	50
160	10
184	24
18	166
38	20
39	1
55	16
58	3
90	32
平均寻道长度：27.5	

（b）CSCAN

图 2-56　SCAN 与 CSCAN 的效率对比

5．旋转调度算法

当移动磁头定位后，有多个进程等待访问同一柱面上的磁道时，应当如何决定这些进程的访问顺序呢？此时要考虑旋转调度问题。显然，系统应该选择延迟时间最短的进程对磁盘的扇区进行访

问。磁盘的旋转调度应考虑以下情况:

情况 1:进程请求访问的是同一磁道上不同编号的扇区。

情况 2:进程请求访问的是不同磁道上不同编号的扇区。

情况 3:进程请求访问的是不同磁道上具有相同编号的扇区。

对于情况 1 与情况 2,旋转调度总是让首先到达磁头下方的扇区先进行传送操作。对于情况 3,旋转调度可以任选一个磁头下方的扇区进行传送操作。

【例 2-6】当进程请求读磁盘时,操作系统___(1)___。假设磁盘每磁道有 10 个扇区,移动臂位于 18 号柱面上,且进程的请求序列见表 2-7,则按照最短寻道时间优先的响应序列为___(2)___。

表 2-7　磁盘访问请求序列

请求序列	柱面号	磁头号	扇区号
①	15	8	9
②	20	6	3
④	20	9	6
③	40	10	5
⑤	15	8	4
⑥	6	3	10
⑦	8	7	9
⑧	15	10	4

（1）A. 只需要进行旋转调度,无须进行移臂调度

　　　B. 旋转、移臂调度同时进行

　　　C. 先进行移臂调度,再进行旋转调度

　　　D. 先进行旋转调度,再进行移臂调度

（2）A. ②③⑤①⑧⑦⑥④　　　　　　B. ②③⑤⑧①⑦⑥④

　　　C. ⑤⑧①⑦⑥②④③　　　　　　D. ⑥⑦⑧①⑤②③④

答案:（1）C　　（2）A

2.1.5　文件管理

文件是计算机信息存储的基本单位,是软资源,是具有一定逻辑意义的、相关信息的集合。随着计算机系统的不断复杂,文件管理需要考虑如下问题:①如何组织、检索、存取存储在磁盘上的大量文件。②如何协调多用户对文件进行的并发访问。

2.1.5.1　文件与文件系统

1. 文件

文件（File）是具有符号名称的、在逻辑上具有完整意义的一组相关信息项的集合。

（1）文件的构成。

数据项：最小数据单位，又称为数据元素或字段。如学生记录的学号、姓名等。

记录：一组相关数据项的集合，用于描述一个对象的特性。如学生的学号、姓名、性别等。

文件的构成如图 2-57 所示。

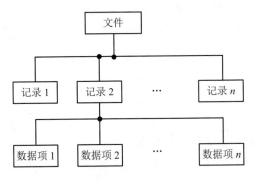

图 2-57　文件的构成

（2）文件按结构分类。

1）有结构文件：文件由若干个相关记录组成。

2）无结构文件：字符流文件。

（3）文件的其他分类。

1）按文件性质和用途：系统文件、库文件、用户文件。

2）按信息保存期限：临时文件、档案文件、永久文件。

3）按文件的保护方式：只读文件、读写文件、可执行文件、不保护文件。

4）UNIX 系统中的文件：普通文件、目录文件、设备文件（特殊文件）。

5）文件系统类型：FAT（文件配置表）、NTFS（新技术文件系统）、Ext2（第二代扩展文件系统）和 HPFS（高性能文件系统）等。

2. 文件系统

文件系统（又称文件管理系统），是操作系统中实现文件统一管理的一组软件和相关数据的集合，是专门负责管理和存取文件信息的软件机构。

文件系统的功能有：按名存取、统一用户接口、并发访问和控制、安全性控制、性能优化、差错恢复等。

2.1.5.2　文件的结构和组织

文件的结构是指文件的组织形式。从用户角度看到的文件组织形式称为文件的逻辑结构，从实现的角度看文件的存放方式称为文件的物理结构。

1. 文件逻辑结构

（1）有结构的记录式文件，记录的长度分类：定长记录、变长记录。

（2）无结构的流式文件，以字节为单位，利用读/写指针进行访问。

2. 文件物理结构

文件的物理结构分为顺序结构、链接结构、索引结构、UNIX 文件的混合结构。

（1）顺序结构。将逻辑上连续的文件信息（如记录）依次存放在连续编号的物理块上，如图 2-58 所示。

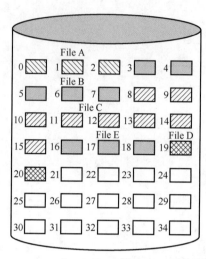

图 2-58　文件的顺序存储结构

顺序结构的特点：

1）顺序访问容易且速度快，磁头移动距离小。

2）要求连续存储空间，一段时间后需要紧凑以消除磁盘碎片。

3）必须事先知道长度，文件不易动态增长和删除。

（2）链接结构。将逻辑上连续的文件信息（如记录）存放在不连续的物理块上，每个物理块设有一个指针指向下一个物理块，如图 2-59 所示。

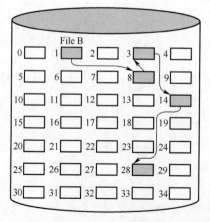

图 2-59　文件的链接结构

链接结构的特点：

1）提高外存利用率，文件长度可变，易于增删。

2）只能顺序访问，随机访问效率低，可靠性较差。

（3）索引结构。将逻辑上连续的文件信息（如记录）存放在不连续的物理块中，系统为每个文件建立一张索引表。索引表记录了文件信息所在的逻辑块号及对应的物理块号，并将索引表的起始地址放在与文件对应的文件目录项中，如图 2-60 所示。

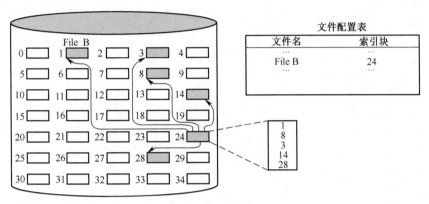

图 2-60　文件的索引结构

索引结构的特点（单索引情况）：

1）不能高效直接存取。

2）索引表需占内存空间。

3）当索引表过长时，查询效率较低。

（4）UNIX 文件的混合结构。UNIX 系统中，文件采用上述结构的混合方式，如图 2-61 所示。

混合分配方式（UNIX 系统）的特点：

1）一、二、多级索引合用。

2）直接地址：iaddr(0)~iaddr(9)，地址块中直接存放文件信息。

3）一次间址：iaddr(10)或 single，存放索引块。

4）二次间址：iaddr(11)或 double。

5）三次间址：iaddr(12)或 triple。

若设每个块大小为 4K，一个索引项占 4 字节，则 UNIX 中文件存储方式为：

1）直接地址：小文件（<40K）则立即读写。

2）一次间址：4M 以下中型文件，即有 1024 个索引项，每项指向一个块。

3）多次寻址：4G→4T 的大型文件。

3．文件目录

文件目录是由文件控制块（描述和管理文件的数据结构）组成的，专门用于文件的检索，目录结构如图 2-62 所示。

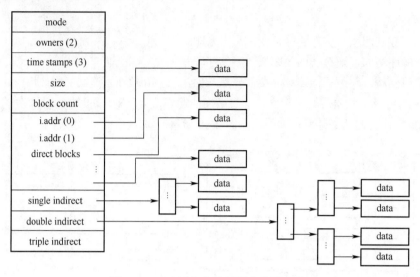

图 2-61　UNIX 中文件的混合分配方式

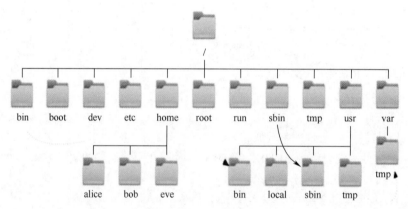

图 2-62　文件目录的层次结构

文件目录结构的组织方式直接影响文件的存取速度，关系文件共享性和安全性。常见的目录结构有三种：单（一）级目录结构、二级目录结构和多级目录结构。

（1）文件控制块包含三类信息。

1）基本信息：文件名、文件的物理地址、文件长度和文件块数等。

2）存取控制信息：文件的存取权限 RWX。

3）使用信息：文件建立日期、最后一次修改日期、最后一次访问的日期等。

（2）目录管理的功能。

1）实现"按名存取"。

2）提高对目录的检索速度。

3）文件共享。

4）允许文件重名。

（3）单（一）级目录结构。单级目录组织结构如图 2-63 所示。

文件名	物理地址	文件说明	状态位
文件名1			
文件名2			
…			

图 2-63　单级目录组织结构

优点：简单，且能实现目录管理"按名存取"的基本功能。

缺点：①查找速度慢；②不允许重名；③不便于实现文件共享。

（4）二级目录结构。二级目录结构由主文件目录（Master File Directory，MFD）和用户目录UFD（User File Directory）组成，二级目录组织结构如图 2-64 所示。

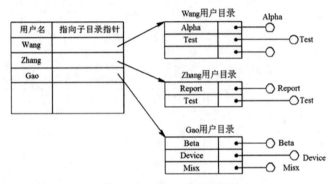

图 2-64　二级目录组织结构

二级目录的优点：

1）提高了检索目录的速度。

2）在不同的用户目录中，可以使用相同的文件名。

3）不同的用户还可以使用不同的文件名来访问系统中的同一个共享文件。

（5）多级目录结构。多级目录结构采用树型目录结构，每一个节点是一个目录，叶节点是文件，根目录用"\"表示，如图 2-65 所示。

多级目录结构中的知识要点如下。

1）路径名：从根目录到任何数据文件，都只有一条唯一的通路。

2）当前目录：工作目录，如 E。

3）绝对路径：从树根开始的路径名，如/B/E/M。

4）相对路径：从当前目录开始直到数据文件为止所构成的路径名，如 M。

5）目录查询技术：线性检索法。

多级目录结构的线性检索法，查找/usr/ast/mbox 的步骤如图 2-66 所示。

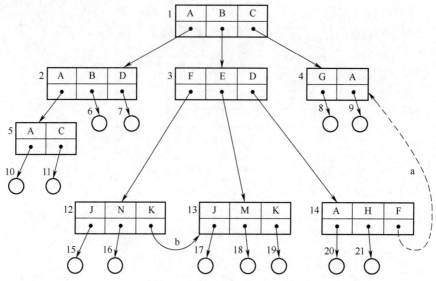

图 2-65　多级目录组织结构

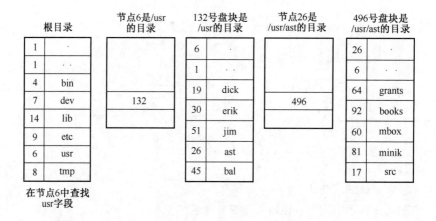

图 2-66　多级目录结构的线性检索法

【例 2-7】在图 2-67 所示的树型文件系统中，方框表示目录，圆圈表示文件，"/"表示路径中的分隔符，"/"在路径之首时表示根目录。

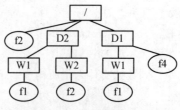

图 2-67　树型文件系统

假设当前目录是 D2，进程 A 以如下两种方式打开文件：

方式①　fd1=open("__(1)__/f2", O_RDONLY);

方式②　fd1=open("/D2/W2/f2", O_RDONLY);

其中，方式①的工作效率比方式②的工作效率高，因为采用方式①，文件系统是从__(2)__。

（1）A. /D2/W2　　　　　B. D2/W2　　　　　C. W2　　　　　D. /W2

（2）A. 根目录开始查找文件 f2，系统查找时间少，读取 f2 文件次数不变

　　　B. 当前路径开始查找文件 f2，系统查找时间少，读取 f2 文件次数少

　　　C. 根目录开始查找文件 f2，系统查找时间少，读取 f2 文件次数少

　　　D. 当前路径开始查找文件 f2，系统查找时间少，读取 f2 文件次数不变

答案：（1）C　　（2）D

2.1.5.3　文件的存取方法和存储管理

文件的存取方法是指读写文件存储器上的一个物理块的方法。文件存取方法可分为以下 3 类。

（1）顺序存取：对文件中的信息按顺序依次读写。

（2）直接（随机）存取：允许用户随意存取文件中任意一个物理记录。

（3）按键存取：直接存取法的一种，它不是根据记录的编号或地址来存取文件中的记录，而是根据文件中各记录的某个数据项（键值）内容来存取记录的。

文件系统必须对磁盘空间进行管理，以满足用户在执行程序时经常要在磁盘上存储和删除文件的需求。**常用的空闲空间的管理方法有空闲区表、空闲链表和位示图 3 种。**

1. 空闲区表法

空闲区表法适用于连续存储文件，其组织结构见表 2-8。

表 2-8　空闲区表组织结构

序号	第一空闲盘块号	空闲盘块数
1	2	4
2	9	3
3	15	5
4	—	—

空闲区：外存空间上一个连续未分配区域。

空闲表：操作系统为外存上所有空闲区建立一张记录表。每个表项对应一个空闲区，包含序号、空闲区的第一块号、空闲块的块数和状态等信息。

2. 空闲链表法

空闲链表法是将所有的空闲区连成一条空闲链。根据构成链的基本元素的不同，有两种链表方式：空闲盘块链、空闲盘区链。

（1）空闲盘块链：将磁盘上的所有空闲存储空间，以盘块为基本元素连成一条链。优点是

用于分配和回收一个盘块的过程非常简单；缺点是空闲盘块链可能很长，查询速度慢，如图 2-68 所示。

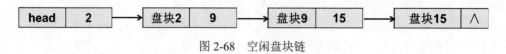

图 2-68　空闲盘块链

（2）空闲盘区链：将磁盘上的所有空闲盘区（每个盘区可包含若干个盘块）连成一条链。优点是空闲盘区链较短；缺点是分配和回收过程较复杂，如图 2-69 所示。

图 2-69　空闲盘区链

3. 位示图法

为外存建立一张位示图（bitmap），记录文件存储器的使用情况，组织方式如图 2-70 所示。

每一位仅对应文件存储器上的一个物理块，取值 0 和 1 分别表示空闲和占用。

文件存储器上的物理块依次编号为：0、1、2、…。

假如系统的字长为 16 位，在位示图中的第一个字对应文件存储器上的 0，1，2，…，15 号物理块；第二个字对应文件存储器上的 16，17，18，…，29 号物理块，以此类推。

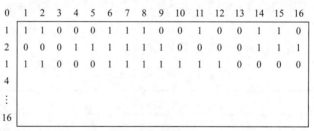

图 2-70　位示图

2.1.5.4　文件的共享和保护

文件共享是指不同的用户进程使用同一个文件，它不仅是不同用户完成同一任务所必须的功能，而且还可以节省大量的主存空间。

文件共享通常通过硬链接和符号链接两种文件链接方式实现。

1. 硬链接

硬链接是指两个文件目录表目指向同一个索引节点的链接，该链接也称基于索引节点的链接。即硬链接是指不同文件名与同一个文件实体的链接，如图 2-71 所示。

硬链接的特点：不利于文件所有者删除其拥有的文件，因为要删除共享文件，首先必须删除（关闭）所有的硬链接，否则就会造成共享该文件的用户的目录表目指针悬空。

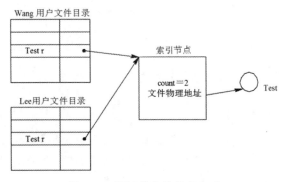

图 2-71　硬链接文件共享方式

2．符号链接

符号链接（又称超级链接）是指建立新的文件或目录并与原来文件或目录的路径名进行映射，当访问符号链接时，系统通过该映射找到原文件的路径，并对其进行访问，如图 2-72 所示。

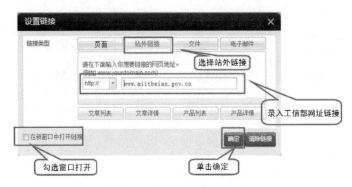

图 2-72　符号链接共享方式

符号链接的特点：

（1）优点：可以跨文件系统，甚至可以通过计算机网络连接到世界上任何计算机中的文件。

（2）缺点：其他用户读取符号链接的共享文件比读取硬链接的共享文件需要更多的读盘操作。

3．文件保护技术

文件保护常采用存取控制方式进行，以防止文件被未经文件主同意的用户访问。常用的技术有存取控制矩阵、存取控制表、用户权限表、密码。

（1）存取控制矩阵。优点是概念简单清楚；缺点是难于实现，当系统的用户数和文件数很大时，二维矩阵要占很大的存储空间，验证过程也将耗费许多系统时间。

（2）存取控制表。按用户对文件的访问权限的差别对用户进行分类。由于某一文件往往只与少数几个用户有关，所以使存取控制表大为简化。

（3）用户权限表。改进存取控制矩阵的另一种方法是以用户或用户组为单位将用户可存取的文件集中起来存入表中，该表称为用户权限表。

（4）密码。在创建文件时，由用户提供一个密码，在文件存入磁盘时用该密码对文件内容加密。

4. 文件安全性管理的 4 个级别

（1）系统级。不允许未经授权的用户进入系统，主要措施有注册与登录。

（2）用户级。通过对用户分类和对指定用户分配访问权限，不同的用户对不同文件设置不同的存取权限来实现。

（3）目录级。保护系统中各种目录，对某些目录及子目录和文件提供权限控制。

（4）文件级。通过系统管理员或文件主对文件属性的设置来控制用户对文件的访问。通常可设置的属性有只执行、隐含、只读、读/写、共享、系统等。

5. 文件系统的可靠性

文件系统的可靠性是指系统抵抗和预防各种物理性破坏和人为性破坏的能力。常见的方法如下。

（1）转储和恢复。利用文件或文件系统的多个副本进行恢复，采用磁盘容错技术。

（2）日志文件。操作系统把用户对文件的插入、删除和修改的操作写入日志文件。

（3）文件系统的一致性：先读取磁盘块到主存，在主存进行修改，修改完毕再写回磁盘。但如读取某磁盘块，修改后再将信息写回磁盘前系统崩溃，则文件系统就可能会出现不一致性状态。采用文件系统的一致性检查。

（4）并发控制。避免多用户并发使用文件带来的不一致性，利用互斥锁和共享锁实现一致性。

2.1.6　作业管理

作业是系统为完成一个用户的计算任务（或一次事务处理）所做的工作总和。作业管理主要包括作业的创建、作业载入、执行和撤销等操作。

作业=程序+数据+作业说明书

作业控制块（Job Control Block，JCB）是作业存在的唯一标志，是记录与该作业有关的各种信息的数据结构。

2.1.6.1　作业状态及转换

作业状态分为 4 种，如图 2-73 所示。

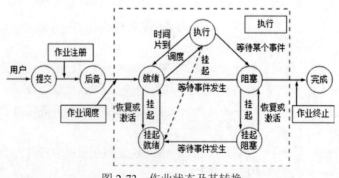

图 2-73　作业状态及其转换

提交状态：通过输入设备送入计算机系统的作业状态称为提交状态。

后备状态：通过 Spooling 系统将作业输入计算机系统的后备存储器（磁盘）中，随时等待作业调度程序调度时的状态。

执行状态：作业被作业调度程序选中，为其分配了必要的资源，并为其建立相应的进程后，进入了执行状态。

完成状态：作业正常结束或异常中止时，进入完成状态。

2.1.6.2　作业调度

常用的作业调度算法如下：

（1）先来先服务：按作业到达先后进行调度。

（2）短作业优先：按要求运行时间长短进行调度。

（3）高响应比优先：响应比高的作业优先启动。

（4）优先级调度：由用户指定作业优先级，优先级高的作业先启动。

（5）均衡调度：根据系统的运行情况和作业本身的特性对作业进行分类，轮流地从这些不同类别的作业中挑选作业执行。

作业调度算法与进程调度算法类似，具体的算法参考前面进程调度算法部分。

2.1.7　常见操作系统——Linux

操作系统是一组控制和管理计算机软硬件资源、方便用户使用计算机的程序的集合。

2.1.7.1　常见操作系统

1. 网络操作系统

网络操作系统是使联网计算机能方便有效地共享网络资源，为网络用户提供所需各种服务的软件和有关协议的集合。

网络操作系统的分类：

（1）集中模式。系统的基本单元是由一台主机和若干台与主机相连的终端构成，将多台主机连接起来形成了网络，信息的处理和控制是集中在主机上的。

（2）客户端/服务器模式。即当前流行的 C/S 结构或 B/S 结构。

（3）对等模式（peer-to-peer）。网络中各个主机是对等的，主机既可作为客户端去访问其他主机，又可作为服务器向其他主机提供服务。

2. 嵌入式操作系统

嵌入式操作系统是指运行在嵌入式智能芯片环境中，对整个智能芯片以及它所操作、控制的各种部件装置等资源进行统一协调、处理、指挥和控制的系统软件。

嵌入式系统的特点：微型化、可定制、实时性、可靠性、易移植性。

3. UNIX 操作系统

UNIX 操作系统是 1969 年由美国贝尔实验室发明的多用户、多任务的分时操作系统。UNIX 操作系统广泛运行在个人 PC、大型机、网络服务器、数据库服务器上。

Linux 操作系统是在 UNIX 系统上开发的，具有开放、可扩展性好、免费的特点。

2.1.7.2　UNIX 操作系统

1．UNIX 的系统结构

UNIX 的系统结构如图 2-74 所示，基本组成如下。

内核

shell 命令解释器

硬件

外层应用程序

图 2-74　UNIX 系统结构

（1）内核建构在硬件层次上，内核包括内存管理、进程调度、文件管理等。

（2）系统调用是内核和用户层的接口，使内核所提供的服务可供用户进行调用。

（3）库函数。UNIX 有大量方便用户使用的库函数。

（4）Shell 命令、系统命令、实用程序。隐藏底层细节、提供人机界面。

UNIX 最内层硬件提供基本服务，内核提供全部应用程序所需的各种服务。

2．UNIX 系统的特点

（1）UNIX 文件系统的目录结构是树型带交叉勾连的，根目录记为"/"，非叶节点为目录文件。

（2）UNIX 系统中使用"文件"方式对设备进行管理，设备被当作文件进行操作。

（3）采用进程对换（Swapping）的内存管理机制和请求调页的存储方式，实现了虚拟内存管理。

3．UNIX 常用命令

（1）目录操作命令。

pwd：显示出用户当前工作目录的全路径名。

mkdir directory_name：建立新目录。

cd directory_name：改变当前工作目录。

rmdir directory_name：删除不存在文件或子目录的目录。

rm -r directory_name：删除存在文件或者子目录的目录。

（2）文件操作命令。

ls：列出文件目录。

cat filename：显示出文件的内容。

more filename：按屏幕一屏一屏显示出文件内容。

view filename：只能读出文件内容。

cp filename1 filename2：把一个文件 1 的全部内容拷贝到一个文件 2。

wc file：统计文件中的文件行数-l、字数-w 和字符数-c。

sort：将文件按要求排序。-r 按字母倒排序、-n 按数字从小到大排序、-f 不区分大小写排序。

vi：文件编辑命令。

chmod {u|g|o|a}{+|-|=}{r|w|x} filename：改变文件的读写和执行权限。

（3）文件安全与权限。

ls -l 命令,如下列：

| -rwxrwxr-x | 2 user | dba | 39921 | 1 月 | 16 12:50 file1 |
| drwxrwxr-x | 2 user | dba | 4096 | 1 月 | 16 15:29 folder |

drwxrwxr-x 代表该文件或目录的读写执行权限。

其中，第一位表示该文件类型（选项有 7 种：d－目录、l－符号链接（指向另一个文件）、s－套接字文件、b－块设备文件、c－字符设备文件、p－命名管道文件、-－普通文件）。

第一段 rwx 表示文件属主权限：r,w,x（执行）。

第二段 rwx 表示文件属主缺省组权限: r,w,x。

第三段 r-x 系统中其他用的权限: r,x。

（4）输入、输出重定向。

<－输入改向、<<－输入改向（here 文件）、>－输出改向、>>－追加输出改向

cat input.txt：将 input.txt 文件中的内容输出到屏幕（标准输出设备）上。

cat input.txt > output.txt：将 input.txt 文件中的内容输入到文件 output.txt 中。

cat input.txt >> output.txt：将 input.txt 文件中的内容追加到文件 output.txt 末尾。

cat < input.txt：从 input.txt 文件中读取数据并显示，但是由于使用了输入改向符，cat 命令并不知道它在读取 input.txt，而是由系统读取后，交给 cat 命令。

（5）管道命令。

管道"|"：将一个命令的标准输出与另一个命令的标准输入进行连接，不经过任何中间文件。

ls | sort | pr：先列出当前目录文件，然后进行排序，再将排序结果进行打印。

ls -a|we -l >output.txt：统计当前目录中所有文件和目录中的数目，并将其记录在文件 output.txt 中。

（6）UNIX 中的正则表达式。正则表达式是由普通字符（例如字符 a～z）以及特殊字符（称为元字符）组成的文本模式，用于与所搜索的字符串进行匹配。正则表达式中的基本符号见表 2-9。

表 2-9　UNIX 正则表达式元字符

字符	说明
.	匹配除换行符号之外的任意字符
^	匹配行的开始位置
$	匹配行的结束位置
\<	匹配单词的开始

续表

字符	说明
\>	匹配单词的结束
[]	匹配其中的任意一个字符，如[0123456789]或[0～9]匹配 0～9 中的任意字符
[^字符集]	不匹配字符集中的任意一个字符，如[^0123456789]不匹配 0～9 中的任意字符
*	匹配 0 或任意多个字符，如*中国*
?	匹配 1 个字符，如张?
\	转义字符，如\.匹配.、*匹配*、\\匹配\

2.1.8　本学时要点总结

操作系统的作用：①作为计算机系统资源的管理者；②作为用户与计算机硬件系统之间的接口。

操作系统的类型：无操作系统的计算系统、单道批处理系统、多道批处理系统、分时系统、实时系统、网络操作系统、分布式操作系统、个人操作系统、嵌入式操作系统。

操作系统的基本特征：并发、共享、虚拟、异步性。

操作系统的功能：处理机管理、文件管理、存储管理、设备管理、作业管理。

程序顺序执行特征：顺序性、封闭性、可再现性。

程序并发执行特征：间断性、失去封闭性、不可再现性。

前趋图：有向无循环图，用于描述进程之间执行的前后关系。

进程是程序的一次执行过程，是系统进行资源分配和调度的基本单位。

进程=程序段+数据段+进程控制块。

进程的 3 个基本状态：就绪状态、执行状态、阻塞状态。

进程的 5 状态：活动就绪、静止就绪、执行状态、活动阻塞、静止阻塞。

进程控制块：进程存在的唯一标志。

两种组织管理形式：连接方式、索引方式。

进程的控制及原语：进程创建（Create）、进程终止（Halt）、进程阻塞（Block）与唤醒（Wakeup）、进程挂起（Suspend）与激活（Active）。

线程的属性：轻型实体、独立调度和分派的基本单位、可并发执行、共享同一进程资源。

进程同步与互斥：资源共享关系（互斥，进程间接制约）、相互合作关系（同步，进程直接制约）。

临界资源：一次只允许一个进程访问的资源。

临界区：进程访问临界资源的那段代码。

互斥的四规则：空闲让进、忙则等待、有限等待、让权等待。

信号量机制分类：整型信号量、记录型信号量、信号量集。

信号量：公用信号量、私用信号量。

高级通信：共享存储模式、消息传递模式、管道通信模式。

管程：针对共享资源的一个数据结构和能为并发进程所执行的一组操作。

作业的高、中、低三级调度。

常见的进程调度算法：先来先服务（FCFS）、短作业进程优先调度算法[SJ(P)F]、高响应比优先算法、时间片轮转算法、多级反馈队列调度。

实时调度：最早截止时间优先（EDF）算法、最低松弛度优先（LLF）算法。

产生死锁的原因：竞争资源、进程间推进顺序非法。

产生死锁必须具备的 4 个必要条件：互斥条件、请求和保持条件、不剥夺条件、环路等待。

处理死锁的基本方法：预防、避免（银行家算法）、检测（资源分配图）、解除。

存储器管理主要是对主存（内存）进行管理。

地址的基本概念：地址空间、逻辑地址、物理地址。

地址重定位：静态重定位、动态重定位。

存储管理方案主要包括：分区存储管理、分页存储管理、分段存储管理、段页式存储管理及虚拟存储管理。

分区管理：把主存的用户区划分成若干个区域，每个区域分配给一个用户程序使用。

分区管理类型：单一连续分配、固定分区、可变（动态）分区、可重定位分区。

可变分区四种算法：首次适应算法、循环首次适应算法、最佳适应算法、最差适应算法。

离散分配方式：将一个进程直接分散地装入不相邻的分区中，从而无需"紧凑"。

离散分配分类：分页存储管理方式、分段存储管理方式、段页式存储管理方式。

页面：将进程的逻辑地址空间划分为若干个大小相等的片。

块：将主存的物理地址空间划分成与页相同大小的若干个物理块。

页表：实现页号→物理块号的地址映射。

快表（联想寄存器）：实质就是高速缓存，存放系统中最近尝试用的页号与块号的对应关系。

外部页表：管理离散的页表块，解决页表较长、存储较大，并且需要连续存储空间的问题。

分段存储管理方式：作业的地址空间被划分为若干个段，每个段可有其逻辑意义及功能；各段长度不等、每段从 0 开始编址、每段在内存中连续分配，段间可离散分配。

逻辑地址=段号+段内地址

段页式存储管理：用户程序分成多个段，每个段分为多个页。

逻辑地址=段号+段内页号+页内地址

虚拟存储器是具有请求调入功能和置换功能，能仅把作业的一部分装入主存便可运行作业的存储器系统，是能从逻辑上对主存容量进行扩充的一种虚拟的存储器系统。

局部性原理：时间局部性、空间局部性。

对换（Swapping）技术，实现虚拟存储。

虚拟存储管理的特征：离散性、多次性、对换性、虚拟性。

页置换算法：最佳置换、先进先出、最近最久未用、clock 置换。

设备管理的基本任务：①完成用户提出的 I/O 请求；②提高 I/O 速度；③改善 I/O 设备的利用率。

设备分类：按速度（高、中、低）、按信息交换（字符、块）、按共享方式（独占、共享、虚拟）。

设备控制器：接收 CPU 命令，控制 I/O 设备工作，解放 CPU。

总线：计算机系统各部件之间的通信。

I/O 控制方式：程序 I/O、中断 I/O、DMA 控制 I/O、通道控制 I/O。

缓冲技术：缓和 CPU 和 I/O 设备间速度不匹配的矛盾。

假脱机 SPOOLING 技术：通过缓冲方式，将独占设备改造为共享设备。

磁盘的基本构成：盘片→磁道→扇区→字节。

磁盘的访问时间：寻道时间、旋转延迟时间、数据传输时间。

磁盘调度：先来先服务、最短寻道优先、SCAN、CSCAN。

文件的构成：数据项、记录。

文件分类：有结构文件、无结构文件。

文件系统的功能：按名存取、统一的用户接口、并发访问和控制、安全性控制、优化性能、差错恢复。

文件的结构：逻辑结构、物理结构。

文件的逻辑结构：有结构的记录式文件、无结构的流式文件。

文件的物理结构：顺序结构、链接结构、索引结构、UNIX 文件的混合结构。

目录管理的功能：实现"按名存取"、提高对目录的检索速度、文件共享、允许文件重名。

文件控制块（FCB）包含 3 类信息：基本信息、存取控制信息、使用信息。

常见的目录结构有 3 种：单（一）级目录结构、二级目录结构和多级目录结构。

文件存取方法：顺序存取、直接（随机）存取、按键存取。

空闲空间的管理方法：空闲区表、空闲链表和位示图。

文件共享通常采用文件链接实现：硬链接、符号链接。

文件保护常采用存取控制方式：存取控制矩阵、存取控制表、用户权限表、密码。

文件进行安全性管理的 4 个级别：系统级、用户级、目录级和文件级。

文件系统的可靠性：转储和恢复、日志文件、文件系统的一致性、并发控制。

作业=程序+数据+作业说明书

作业控制块（JCB）：是作业存在的唯一标志。

作业的 4 种状态：提交、后备、执行和完成。

作业调度算法：先来先服务、短作业优先、高响应比优先、优先级调度、均衡调度。

衡量指标：平均周转时间、平均带权周转时间。

网络操作系统的分类：集中模式、客户端/服务器模式、对等模式（peer-to-peer）。

嵌入式系统的特点：微型化、可定制、实时性、可靠性、易移植性。

UNIX 的系统结构：（硬件）、内核、Shell 或库函数、系统调用。

Linux 系统的特点：目录结构是树型带交叉勾连的、使用"文件"方式对设备进行管理、采用进程对换（Swapping）实现虚拟内存。

UNIX 常用命令：目录操作、文件操作、输入输出重定向、管道、UNIX 中的正则表达式。

第 2 学时　操作系统基础模拟习题

1. 进程的 3 个基本状态为执行状态、就绪状态和阻塞状态，从执行状态到阻塞状态是由（　　）引起的。

  A．进程请求 I/O 操作　　　　　　　　B．进程调度

  C．V 操作　　　　　　　　　　　　　D．就绪队列中出现更高优先级的进程

2. 拼接（紧凑）技术是在（　　）中采用的一种技术。

  A．固定分区管理　　　　　　　　　　B．可变分区管理

  C．页式存储管理　　　　　　　　　　D．段页式存储管理

3. 为了使两个进程能同步运行，最少需要（　　）个信号量。

  A．1　　　　　　B．2　　　　　　C．3　　　　　　D．4

4. 支持记录式文件的系统中，用户对记录文件存取的最小单位是（　　）。

  A．字节　　　　　B．数据项　　　　C．记录　　　　　D．文件

5. 操作系统讨论的死锁与（　　）有关。

  A．进程申请的资源不存在　　　　　　B．进程并发执行的进度和资源分配的策略

  C．并发执行的进度　　　　　　　　　D．某个进程申请的资源数多于系统资源数

6. 文件在磁盘上可以有多种组织方式，常用的组织方式有（　　）。

  A．顺序结构、记录结构和链接结构　　B．顺序结构、记录结构和索引结构

  C．顺序结构、链接结构和索引结构　　D．链接结构、记录结构和索引结构

7. 虚拟存储管理系统的基础是程序的__(1)__理论，这个理论的基本含义是，程序执行时往往会不均匀地访问主存储器单元。根据这个理论，Denning 提出了工作集理论。工作集是进程运行时被频繁访问的页面集合。在进程运行时，如果它的工作集页面都在__(2)__内，能够使该进程有效地运行，否则会出现频繁的页面调入、调出的现象。

  （1）A．全局性　　　　　　　　　　　B．局部性

    C．时间全局性　　　　　　　　　D．空间全局性

  （2）A．主存储器　　　　　　　　　　B．虚拟存储器

    C．辅助存储器　　　　　　　　　D．U 盘

8. 假设系统中有 3 类互斥资源 R1、R2、R3，可用资源数分别是 9、8、5。在 T_0 时刻系统中有 P1、P2、P3、P4 和 P5 五个进程，这些进程对资源的最大需求量和已分配资源数见下表，如果进程按（　　）序列执行，那么系统状态是安全的。

进程＼资源	最大需求量			已分配资源数		
	R1	R2	R3	R1	R2	R3
P1	6	5	2	1	2	1
P2	2	2	1	2	1	1
P3	8	0	1	2	1	0
P4	1	2	1	1	2	0
P5	3	4	4	1	1	3

A．P1→P2→P4→P5→P3　　　　　　　B．P2→P1→P4→P5→P3

C．P2→P4→P5→P1→P3　　　　　　　D．P4→P2→P5→P1→P3

9．进程 P_A 不断地向管道写数据，进程 P_B 从管道中读数据并加工处理，如下图所示。如果采用 PV 操作来实现进程 P_A 和 P_B 的管道通信，并且保证这两个进程并发执行的正确性，则至少需（ ）。

A．1 个信号量，信号量的初值是 0　　　B．2 个信号量，信号量的初值是 0、1

C．3 个信号量，信号量的初值是 0、0、1　D．4 个信号量，信号量的初值是 0、0、1、1

10．在计算机系统中，构成虚拟存储器（ ）。

A．只需要一定的硬件资源便可实现　　　B．只需要一定的软件即可实现

C．既需要软件也需要硬件方可实现　　　D．既不需要软件也不需要硬件

11．若系统中有 5 个进程共享若干个资源 R，每个进程都需要 4 个资源 R，那么使系统不发生死锁的资源 R 的最少数目是（ ）。

A．20　　　　　　B．18　　　　　　C．16　　　　　　D．15

12．在一个单 CPU 的计算机系统中，有两台外部设备 R1、R2 和 3 个进程 P1、P2、P3。系统采用可剥夺式优先级的进程调度方案，且所有进程可以并行使用 I/O 设备，3 个进程的优先级、使用设备的先后顺序和占用设备时间见下表。

进程	优先级	使用设备的先后顺序和占用设备时间
P1	高	R2(30ms)→CPU(10ms)→R1(30ms)→CPU(10ms)
P2	中	R1(20ms)→CPU(30ms)→R2(40ms)
P3	低	CPU(40ms)→R1(10ms)

假设操作系统的开销忽略不计，3 个进程从投入运行到全部完成，CPU 的利用率约为 (1) %；R2 的利用率约为 (2) %（设备的利用率指该设备的使用时间与进程组全部完成所占用时间的比率）。

（1）A．60　　　　　　B．67　　　　　　C．78　　　　　　D．90

（2）A．70　　　　　　　B．78　　　　　　　C．80　　　　　　　D．89

13．在下列调度算法中，（　　）算法不会出现任务"饥饿"的情形。

　　A．时间片轮转法　　　　　　　　　B．先来先服务法

　　C．可抢占的短作业优先算法　　　　D．静态优先级算法

14．文件系统的主要功能是（　　）。

　　A．实现对文件的按名存取　　　　　B．实现虚拟存储

　　C．提高外存的读写速度　　　　　　D．用于保存系统文档

15．在 FAT16 文件系统中，若每个簇的大小是 2KB，那么它所能表示的最大磁盘分区容量为
（　　）。

　　A．2MB　　　　　　B．32MB　　　　　C．64MB　　　　D．128MB

16．某磁盘共有 10 个盘面，每个盘面上有 100 个磁道，每个磁道有 16 个扇区，假定分配以扇
区为单位。若使用位示图管理磁盘空间，则位示图需要占用__（1）__字节空间。若空白文件目录的
每个表项占用 5 个字节，当空白区数目大于__（2）__，空白文件目录大于位示图。

　　（1）A．16000　　　　B．1000　　　　　C．2000　　　　D．1600

　　（2）A．400　　　　　B．380　　　　　C．360　　　　D．320

17．某软盘有 40 个磁道，磁头从一个磁道移至另一个磁道需要 5ms。文件在磁盘上非连续存
放，逻辑上相邻数据块的平均距离为 10 个磁道，每块的旋转延迟时间及传输时间分别为 100ms 和
25ms，则读取一个 100 块的文件需要（　　）ms 的时间。

　　A．17500　　　　　B．15000　　　　　C．5000　　　　D．25000

18．文件系统中，设立打开文件（Open）系统功能调用的基本操作是（　　）。

　　A．把文件信息从辅存读到内存　　　B．把文件的控制管理信息从辅存读到内存

　　C．把磁盘的超级块从辅存读到内存　D．把文件的 FAT 表信息从辅存读到内存

19．在操作系统中，通常采用（　　）设备来提供虚拟设备。

　　A．Spooling 技术，利用磁带　　　　B．Spooling 技术，利用磁盘

　　C．脱机批处理技术，利用磁盘　　　　D．通道技术，利用磁带

20．在并行环境中的某些任务必须协调自己的运行速度，以保证各自的某些关键语句按照某种
事先规定的次序执行，这种现象被称为任务的（　　）。

　　A．执行　　　　　B．互斥　　　　　C．调度　　　　　D．同步

21．某系统的进程状态转换如下图所示，图中 1、2、3 和 4 分别表示引起状态转换的不同原因，
原因 4 表示__（1）__；一个进程状态转换会引起另一个进程状态转换的是__（2）__。

　　（1）A．就绪进程被调度　　　　　　B．运行进程执行了 P 操作

　　　　C．发生了阻塞进程等待的事件　　D．运行进程的时间片到了

　　（2）A．1→2　　　　B．2→1　　　　C．3→2　　　　D．2→4

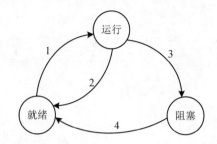

22. 在 Windows XP 操作系统中，用户利用"磁盘管理"程序可以对磁盘进行初始化、创建卷，__(1)__。通常将"C:\Windows\myprogram.exe"文件设置成只读和隐藏属性，以便控制用户对该文件的访问，这一级安全管理称为 __(2)__ 安全管理。

（1）A. 但只能使用 FAT 文件系统格式化卷

　　B. 但只能使用 FAT32 文件系统格式化卷

　　C. 但只能使用 NTFS 文件系统格式化卷

　　D. 可以选择使用 FAT、FAT32 或 NTFS 文件系统格式化卷

（2）A. 文件级　　　　B. 目录级　　　　C 用户级　　　　D. 系统级

23. 设系统中有 R 类资源 m 个，现有 n 个进程互斥使用。若每个进程对 R 资源的最大需求为 w，当 m、n、w 取下表所示的值时，对于 a ～ e 五种情况，__(1)__ 两种情况可能会发生死锁。对于这两种情况，若将 __(2)__，则不会发生死锁。

	a	b	c	d	e
m	2	2	2	4	4
n	1	2	2	3	3
w	2	1	2	2	3

（1）A. a 和 b　　　　B. b 和 c　　　　C. c 和 d　　　　D. c 和 e

（2）A. n 加 1 或 w 加 1　　　　　　　　B. m 加 1 或 w 减 1

　　C. m 减 1 或 w 加 1　　　　　　　　D. m 减 1 或 w 减 1

24. 进程 P1、P2、P3、P4 和 P5 的前趋图如下所示，若用 PV 操作控制进程 P1、P2、P3、P4 和 P5 并发执行的过程，则需要设置 5 个信号量 S1、S2、S3、S4 和 S5，且信号量 S1～S5 的初值都等于零。下图中 a、b 和 c 处应分别填写 __(1)__；d 和 e 处应分别填写 __(2)__，f 和 g 处应分别填写 __(3)__。

（1）A. V（S1）、P（S1）和 V（S2）V（S3）

　　B. P（S1）、V（S1）和 V（S2）V（S3）

　　C. V（S1）、V（S2）和 P（S1）V（S3）

　　D. P（S1）、V（S2）和 V（S1）V（S3）

（2）A. V（S2）和 P（S4）　　　　　　　　B. P（S2）和 V（S4）

C．P（S2）和 P（S4）   D．V（S2）和 V（S4）

（3）A．P（S3）和 V（S4）V（S5）   B．V（S3）和 P（S4）和 P（S5）

C．P（S3）和 P（S4）P（S5）   D．V（S3）和 V（S4）和 V（S5）

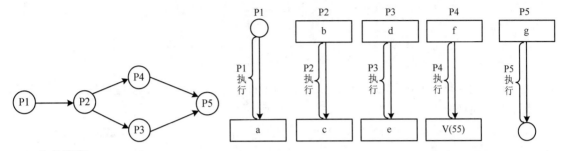

参考答案：

1～5	ABBCB	6	C	7	BA	8～11	CCCC
12	DA	13～15	AAD	16	CA	17～20	ABBD
21	CB	22	DA	23	DB	24	ABC

第 3 学时　网络基础知识

本学时考点

（1）计算机网络体系结构：网络拓扑结构、OSI/RM、基本的网络协议。

（2）传输介质、传输技术、传输方法和传输控制。

（3）常用的网络和类通信设备。

（4）Client/Server 结构、Browser/Server 结构、Browser/Web/Database 结构。

（5）LAN 拓扑、存取控制、LAN 的组网、LAN 间连接、LAN-WAN 连接。

（6）因特网基础知识及应用。

（7）网络组建和管理。

2.3.1　计算机网络概述

计算机网络是现代计算机技术和通信技术密切结合的产物，是地理上分散的多台独立计算机遵循共同约定的通信协议，通过软件、硬件互联以实现相互通信、资源共享、信息交换、协同工作以及在线处理等功能的系统。

2.3.1.1　计算机网络的划分

计算机网络按照数据通信和数据处理的功能，可分为内层通信子网和外层资源子网两层，如图 2-75 所示。

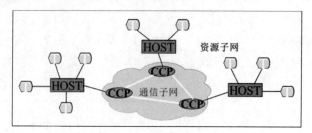

图 2-75　计算机网络的构成

通信子网由通信控制处理机（Communication Control Processor，CCP）、通信线路与其他通信设备组成，负责完成网络数据传输、转发等通信处理任务。

资源子网主要包括实现网络资源共享的计算机与终端,实现全网面向应用的数据处理和网络资源共享,由各种硬件和软件组成。

2.3.1.2　计算机网络的功能

计算机网络的功能包括数据通信、资源共享、负载均衡、提高可靠性。

2.3.1.3　计算机网络的发展阶段

计算机网络的发展有 4 个阶段。

第 1 阶段：具有通信功能的单机系统，终端不具有数据处理能力。

第 2 阶段：具有通信功能的多机系统，终端变成具有数据处理能力的计算机。

第 3 阶段：以共享资源为目的的计算机网络。

第 4 阶段：以局域网及因特网为支撑环境的分布式计算机系统。

2.3.1.4　计算机网络的分类

1. 按通信距离分类

按通信距离，计算机网络可分为局域网、城域网、广域网，见表 2-10。

2. 按网络拓扑结构划分

拓扑结构一般指点和线组成的几何排列或几何图形。

计算机网络的拓扑结构是指一个网络的通信链路和节点的几何排列或物理布局图形.计算机网络的基本拓扑结构有星型、环型、总线型、树型、网状型，基本结构如图 2-76 所示。

表 2-10　计算机网络按通信距离分类

网络分类	缩写	分布距离	计算机分布范围	传输速率范围
局域网	LAN	10m 左右	房间	4Mb/s～1Gb/s
		100m 左右	楼寓	
		1000m 左右	校园	
城域网	MAN	10km	城市	50kb/s～100Mb/s
广域网	WNA	100km 以上	国家或全球	9.6kb/s～45Mb/s

（a）星型拓扑　（b）环型拓扑　（c）总线型拓扑　（d）树型拓扑（e）网状（分布式）拓扑

图 2-76　计算机网络的基本拓扑结构

3. 按交换方式分类

计算机网络按交换方式分为电路交换、报文交换、分组交换、混合交换。

（1）电路交换。电路交换必定是面向连接（即必须先建立物理的通信线路）的，线路利用率低。电路交换的 3 个阶段：建立连接、通信、释放连接，如图 2-77 所示。

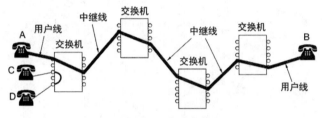

图 2-77　电路交换

（2）报文交换。报文交换的数据传输单位是报文，报文就是站点一次性要发送的数据块，其长度不限，采用存储/转发方式，如图 2-78 所示。

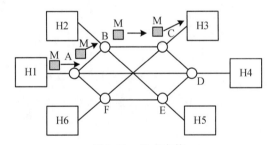

图 2-78　报文交换

报文交换不必先建立连接，线路利用率较高，多个报文可以分时共享节点间的同一条通道。

在交换节点中需要缓冲存储，报文需要排队，故报文交换不能满足实时通信的要求。

（3）分组交换。分组交换在发送端，把较长的报文划分成较短的、固定长度的数据段（分组），如图 2-79 所示。分组交换不必事先建立连接就能向其他主机发送分组，能充分利用链路的带宽。分组在网络中沿不同路径发送到接收端，最后接收端把收到的分组恢复组装成为原来的报文。

（4）混合交换。综合利用上述三种交互方式。电路交换、报文交换、分组交换 3 种传输方式比较如图 2-80 所示。

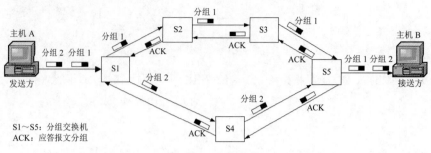

S1～S5：分组交换机
ACK：应答报文分组

图 2-79   分组交换

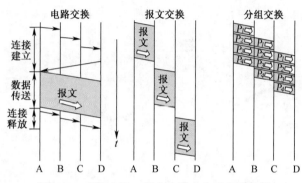

图 2-80   电路交换、报文交换、分组交换对比

交换效率：分组交换>报文交换>电路交换。

2.3.2   通信基础知识

2.3.2.1   信号

信号是数据的电磁波表示形式。信号可以分为模拟信号与数字信号两种。模拟信号是随时间连续变化的信号，数字信号是离散的数据信号，如图 2-81 所示。

2.3.2.2   通信系统

1. 通信系统模型

通信的三个要素包括信源、信宿和信道。通信系统模型如图 2-82 所示。

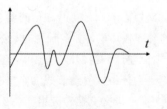

（a）模拟信号

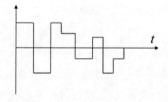

（b）数字信号

图 2-81   模拟信号与数字信号

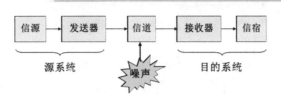

图 2-82　通信系统模型

信源：把待传输的信息转换为原始的电信号。

发送器：把数据信号变成适合于信道传输的信号。

信道：信号传输的通道（有线或无线）。

接收器：从带有干扰的接收信号中恢复出相应的原始信号。

噪声：是通信系统中存在的并叠加在有用信号之上的无用成分。

2. 通信系统分类

（1）模拟通信系统：信道中传输的为模拟信号。当传输的是模拟信号时，可以直接进行传输。当传输的是数字信号时，进入信道前要经过调制解调器调制，将数字信号变换为模拟信号。

（2）数字通信系统：信道中传输的为数字信号。

两种通信系统的工作过程如图 2-83 所示。

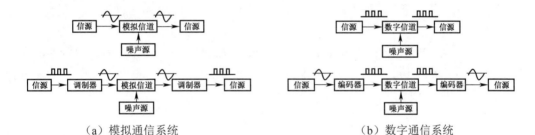

（a）模拟通信系统　　　　　　　　　　（b）数字通信系统

图 2-83　模拟通信系统及数字通信系统的工作过程

3. 数据通信方式

根据信息在通信线路上所允许传输的方向和时间，数据通信方式可分为三类，如图 2-84 所示。

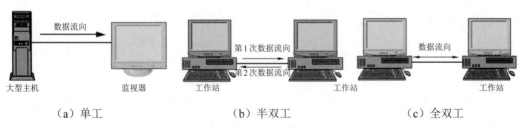

（a）单工　　　　　　　　（b）半双工　　　　　　　（c）全双工

图 2-84　数据通信的三种方式

单工：任何时刻，只能向固定一端传输信息，如广播。

半双工：在不同时刻，可以向两个方向传输信息，如对讲机、铁轨。

全双工：同时能够向两个方向传输信息，如电话、网络。

2.3.2.3 信道的多路复用

多路复用指的是复用信道，即利用一个物理信道同时传输多个信号，以提高信道利用率，使得一条线路能同时由多个用户使用而互不影响。多路复用器连接许多条低速线路，并将它们各自的传输容量组合在一起后，在一条速度较高的线路上传输，如图 2-85 所示。

图 2-85　多路复用示意图

多路复用的优点：减少传输介质的数量，传输介质的容量可以得到充分地利用；降低了设备费用，提高了工作效率。

1. 频分多路复用

频分多路复用（Frequency Division Multiplexing，FDM）将整个传输频带被划分为若干个频率通道，每路信号占用一个频率通道进行传输。频率通道之间留有防护频带以防相互干扰。

2. 波分多路复用

波分多路复用（Wavelength Division Multiplexing，WDM）将一条单纤转换为多条"虚纤"，每条虚纤工作在不同的波长上。在发送端将不同波长的光信号组合起来，复用到一根光纤上，在接收端又将组合的光信号分开（解复用）并送入不同的终端。

3. 时分多路复用

时分多路复用（Time Division Multiplexing，TDM）将一条物理线路按时间分成若干个时间片，每个时间片又分为若干个时隙，每一路信号占用一个时隙，在其占用时间内，信号独自使用信道的全部带宽。时分复用分为统计（同步）时分多路复用（Statistical Time Division Multiplexing，STDM）和异步时分多路复用（Asynchronism Time-Division Multiplexing，ATDM）。

4. 空分多路复用

空分多路复用（Space Division Multiple Access，SDMA）通过信号在空间上的分离来达到信道的复用。例如，在光纤通信中，空分复用包括两个方面：一是光纤的复用，即将多根光纤组合成束；二是在一根光纤中的光"束"沿空间分割的一种多维通信方式。

5. 码分多路复用

在研究码分多路复用（Code Division Multiple Access，CDMA）的算法之前，先考虑一下信道访问的鸡尾酒会原理：在一个大房间里，许多对人正在交谈。TDM 就是房间里的人依次讲话，一个结束后另一个再接上。FDM 就是所有的人分成不同的组，每个组同时进行自己的交谈，但依旧独立。码分复用就是房间里的不同对的人分别用不同的语言进行交谈，讲汉语的人只理会汉语，其他的语言就当作噪声不加理会。因此，码分复用的关键就是能够提取出所需的信号，同时将其他的一切当作随机噪声抛弃。

CDM 的要点：能够提取出期望的信号，同时拒绝所有其他的信号，并把这些信号当作噪声。

2.3.3 ISO/OSI 体系结构与 TCP/IP 协议簇

2.3.3.1 ISO/OSI 体系结构

1. 异构网络互联

网络体系结构提出的背景：计算机网络的复杂性、异质性。

不同的通信介质：有线、无线、……。

不同种类的设备：主机、路由器、交换机、复用设备、……。

不同的操作系统：UNIX、Windows、……。

不同的软/硬件、接口和通信约定（协议）。

不同的应用环境：固定、移动、……。

不同种类的业务：分时、交互、实时、……。

宝贵的投资和积累：有形、无形、……。

用户业务的延续性：不允许出现大的跌宕起伏。

如何实现不同计算机网络的互联互通、以及相互操作？

2. 标准化组织

为确保发送方和接收方能彼此协调，若干标准化组织促进了通信标准的开发。

- 美国国家标准协会（American National Standard Institute，ANSI）
- 国际电信联盟（International Telecommunication Union，ITU）
- 电子工业协会（Electronic Industries Association，EIA）
- 电气和电子工程师协会（Institute of Electrical and Electronics Engineers，IEEE）
- 国际标准化组织（International Standard Organization，ISO）

3. 层次结构

为了对体系结构与协议有一个初步的了解，首先分析一下实际生活中的邮政系统，如图 2-86 所示。

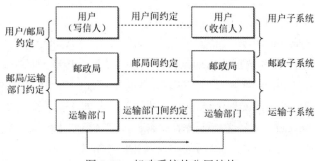

图 2-86 邮政系统的分层结构

计算机网络的通信过程十分复杂，因此，必须将其进行类似邮政系统工作方式的细化。将计算机网络系统的功能分解为多个子功能，将网络协议分为若干层，第 n 层是由分布在不同系统中的处于第 n 层的子系统构成。

4．开放系统互连参考模型（OSI/RM）

国际标准化组织信息处理系统技术委员会（ISO TC97）于 1980 年 12 月发表了第一个开放系统互连参考模型（Open System Interconnection/Reference Model，OSI/RM）的建议书，1983 年 OSI/RM 被正式批准为国际标准。

（1）OSI/RM 参考模型结构图。

OSI/RM 中的 1～3 层主要负责通信功能，一般称为通信子网层；上 3 层（即 5～7 层）属于资源子网的功能范畴，称为资源子网层。传输层起着衔接上下 3 层的作用，如图 2-87 所示。

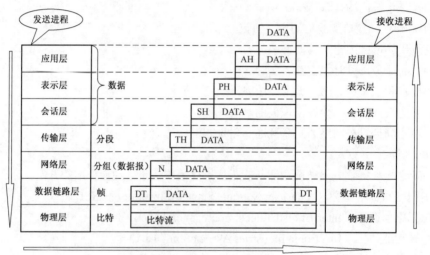

图 2-87　OSI/RM 参考模型体系结构

（2）OSI/RM 各层功能。

物理层（Physical Layer）：规定了物理接口的各种特性，用于在物理媒体（介质）上正确地、透明地传送比特流。

数据链路层（Data Link Layer）：负责在两个相邻节点间的线路上，无差错地传送以帧为单位的数据，并进行流量控制。

网络层（Network Layer）：选择合适的路由，把分组从源端传送到目的端。

传输层（Transport Layer）：在源端与目的端之间提供可靠的透明的数据传输（报文或分段），使上层服务不必关心通信子网的实现细节。传输层是资源子网与通信子网的桥梁。

会话层（Session Layer）：在网络中的两个节点之间建立和维持通信。

表示层（Presentation Layer）：处理与数据表示和传输有关的问题，格式化数据、转换数据、数据压缩、数据解压缩、数据加密和解密等工作。

应用层（Application Layer）：直接与应用程序接口相连，提供常见的网络应用服务，如 SMTP、FTP、HTTP 等。

（3）网络层次结构中的基本概念。

实体：任何可以发送或接收信息的硬件或软件进程。

对等层：两个不同系统的同级层次。

对等实体：分别位于不同系统对等层中的两个实体。

接口：相邻两层之间交互的界面，定义相邻两层之间的操作及下层对上层的服务。

服务：某一层及其以下各层所具有的相关功能，通过接口提供给其相邻上层。

协议：通信双方在通信中必须遵守的规则。

2.3.3.2　TCP/IP 协议簇

TCP/IP 协议是 Internet 的核心协议，被广泛应用于局域网和广域网中，成为事实上的国际标准。TCP/IP 模型主要功能是异种网络的互连。

1．TCP/IP 协议簇结构

TCP/IP 协议簇如图 2-88 所示，由网络接口层、网络层、传输层、应用层四层组成。

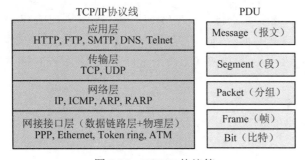

图 2-88　TCP/IP 协议簇

TCP/IP 基本特性：逻辑编址、路由选择、域名解析、错误检测和流量控制、应用程序支持。

2．TCP/IP 模型与 OSI/RM 模型对比

TCP/IP 模型与 OSI/RM 模型对比如图 2-89 所示。

ISO/OSI 模型	TCP/IP 协议					TCP/IP 模型
应用层	文件传输协议（FTP）	远程登录协议（Telnet）	电子邮件协议（SMTP）	网络文件服务协议（NFS）	网络管理协议（SNMP）	应用层
表示层						
会话层						
传输层	TCP		UDP			传输层
网络层	IP	ICMP	ARP		RARP	网络层
数据链路层	Ethernet IEEE 802.3	FDDI	Token-Ring/ IEEE 802.5	ARCnet	PPP/SLIP	网络接口层
物理层						硬件层

图 2-89　TCP/IP 模型与 OSI/RM 模型对比

3. TCP/IP 协议簇各层功能

（1）应用层。应用层协议为文件传输、电子邮件、远程登录、网络管理、Web 浏览等应用提供了支持。

（2）传输层。传输层提供进程间可靠的传输服务，包括传输控制协议（Transmission Control Protocol，TCP）和用户数据报协议（User Datagram Protocol，UDP）两种传输协议。

1）TCP 是面向连接的传输协议，在数据传输之前需建立连接。TCP 把报文分解为多个段进行传输，在目的站再重新装配，必要时重新传输没有收到或错误的段。因此 TCP 连接是"可靠"的。

2）UDP 是无连接的传输协议，在数据传输之前无需建立连接；对发送的段不进行校验和确认。因此 UDP 连接是"不可靠"的。

TCP 和 UDP 都根据端口（Port）号把信息提交给上层对应的协议：FTP（21）、TELNET（23）、SMTP（25）、DNS（53）、HTTP（80）等。

（3）网际层。TCP/IP 网际层的主要功能是把数据报通过最佳路径送到目的端，包含以下协议：

1）IP 协议：网际层的核心协议，提供了无连接的数据报传输服务，不保证送达和正确性。

2）ICMP 控制消息协议：主要用于传递控制消息。

3）ARP 地址解析协议：把已知的 IP 地址转换为相应的 MAC 地址。

4）RARP 逆向地址解析协议：将已知的 MAC 地址转换为相应的 IP 地址。

（4）网际接口层。TCP/IP 的网际接口层对应于 OSI 模型的物理层和数据链路层，主要作用是通过网络传输介质传递网络层分组，具有独立性特点，能连接不同类型的网络，并适应新型网络结构。

2.3.4 网络互连硬件

传输介质是通信网络中发送方和接收方之间的物理通路。构建网络时，需要网络的传输介质、网络互连设备作为支持，OSI 参考模型、TCP/IP 模型与网络设备之间的关系如图 2-90 所示。

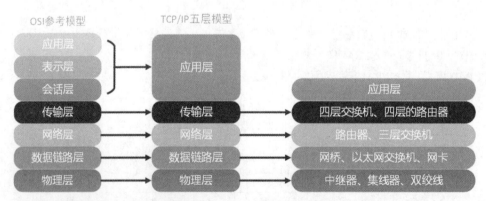

图 2-90　OSI 参考模型、TCP/IP 模型与网络设备之间的关系

2.3.4.1　冲突域与广播域

冲突域：连接在同一总线上的所有主机共同构成了一个冲突域。

广播域：同一广播消息能够到达的所有设备构成了一个广播域。

冲突域源于信道的争用，当以太式局域网中的主机数目增加时，冲突也急剧上升，广播信息大量增加并形成"广播风暴"，使局域网的网络性能迅速降低。

2.3.4.2 网络设备

1. 物理层设备

物理层的互连设备包括中继器（Repeater）和集线器（Hub）。

中继器用于扩展网络距离，将衰减信号（比特流）进行放大再生，经过中继器连接后的网络构成了一个单一的冲突域和广播域。

集线器相当于多端口的中继器。

2. 数据链路层设备

数据链路层设备包括：网桥（Bridge）和交换机（Switch）。

网桥用于将一个网段上的帧有条件地转发到另一个网段上；扩展后的网络被网桥/交换机隔离成多个冲突域；扩展后的网络仍是一个广播域。

交换机相当于多端口网桥，交换机上的每个端口自己构成了一个冲突域。

3. 网络层互联设备

网络层互联设备：路由器（Router）。

路由器将一个网络上的分组或报文有条件（路由选择）地转发到另一个网络；扩展后的网络被路由器分隔成多个子网；路由器隔离了广播域，限制了广播帧的泛滥。

4. 应用层互联设备

应用层互联设备：网关（Gateway）。

网关又称网间连接器、协议转换器。网关将协议进行转换，将数据重新分组，以便在两个不同类型的网络系统之间进行通信。

2.3.4.3 网络的传输介质

信道指数据传输的通路，分为物理信道和逻辑信道。

1. 按传输介质分类

有线信道：利用导体传输信号，如双绞线、同轴电缆、光纤等。

无线信道：利用电磁波传输信号，如微波、红外、蓝牙、卫星通信等。

2. 按传输的信号分类

数字信道：数字信号。

模拟信道：模拟信号。

2.3.5 网络协议

2.3.5.1 网络协议概述

网络协议是指在计算机网络中，各计算机之间或计算机与终端之间在有关信息传输顺序、信息格式和信息内容等方面的一组约定或规则。

网络协议的三要素：

（1）语义：协议元素含义的解释。例如数据链路控制协议中，SOH 的语义表示报头开始，ETX 表示正文结束。

（2）语法：协议元素与数据的组合格式。报文的格式如图 2-91 所示。

HDLC	Flag	Address	Ctrl	Data	FCSS	Flag

图 2-91　报文格式示例

（3）时序：规定事件的执行顺序。

2.3.5.2 局域网协议

1. 局域网（LAN）的特点

局域网通常为一个单位所拥有、自行建设、不对外提供服务的网络，如图 2-92 所示。

覆盖范围小：房间、建筑物、园区范围，一般距离小于 25km。

高传输速率：0Mb/s～1000Mb/s。

低误码率：10^{-8}～10^{-10}。

拓扑结构：总线、星型、环型。

连接介质：双绞线、同轴电缆、光纤。

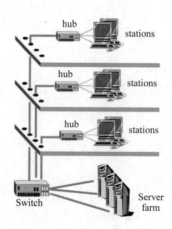

图 2-92　局域网体系结构

2. 局域网的标准

局域网的协议标准是 IEEE 802（ISO 8802），IEEE 802 体系结构如图 2-93 所示。

（1）物理层主要适应不同的网络介质和不同介质访问控制方法。

（2）将 OSI 的数据链路层分为两层。

1）介质访问控制子层（Medium Access Control，MAC）：实现和维护 MAC 协议，进行差错检测和寻址，MAC 与介质、拓扑结构有关。

2）逻辑链路控制子层（Logical Link Control，LLC）：向高层提供统一的链路访问形式，LLC与介质、拓扑结构无关。

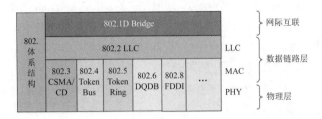

图 2-93　IEEE 802 体系结构

3. IEEE 802 标准系列中的主要标准

802.2：逻辑链路控制（LLC）。

802.3：以太网（CSMA/CD）。

802.4：令牌总线（Token Bus）。

802.5：令牌环（Token Ring）。

802.6：分布队列双总线（Distributed Queue Double Bus，DQDB），加 MAN 表在城域网中的应用。

802.8：光纤分布数据接口（Fiber Distributed Data Interface，FDDI）。

802.11：无线局域网（WLAN）。

4. 局域网介质访问控制方法

局域网使用广播信道，多个站点共享同一信道。介质访问控制方法主要解决如下问题：

（1）各站点如何访问共享信道。

（2）如何解决同时访问造成的冲突（即信道的争用）。

5. CSMA/CD 协议

CSMA/CD 带冲突检测的载波监听多路访问，常用于以太网的介质访问控制，访问逻辑如图 2-94 所示。

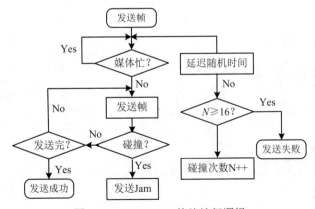

图 2-94　CSMA/CD 协议访问逻辑

（1）工作原理。

1）发送数据前先监听信道是否空闲，若空闲则立即发送。

2）如果信道忙，则继续监听，一旦空闲就立即发送。

3）在发送过程中，仍需继续监听。若监听到冲突，则立即停止发送数据，然后发送一串干扰信号（Jam），目的是强化冲突，以便使所有的站点都能检测到发生了冲突。

4）等待一段随机时间（称为退避）以后，再重新尝试发送。

CSMA/CD 的工作原理为发前先监听，空闲即发送，边发边检测，冲突时退避。

（2）CSMA/CD 的优缺点。

1）控制简单，易于实现。

2）网络负载轻时，有较好的性能，延迟时间短、速度快。

3）网络负载重时，性能急剧下降，即冲突数量的增长使网络速度大幅度下降。

（3）以太网的物理层选项与标识规则。以太网的物理层标识如图 2-95 所示。

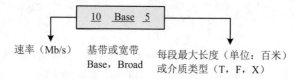

传统以太网	快速以太网和千兆以太网
• 10Base5　粗同轴 • 10Base2　细同轴 • 10Base-T　UTP • 10Base-F　MMF	• 100Base-T　UTP • 100Base-F　MMF/SMF • 100Base-X　STP/MMF/SMF • 1000Base-T　UTP

图 2-95　以太网的物理层标识方法

6. 令牌传递

令牌传递（Token Passing）介质访问控制一般用于令牌环、令牌总线、FDDI 等网络，访问过程如图 2-96 所示。

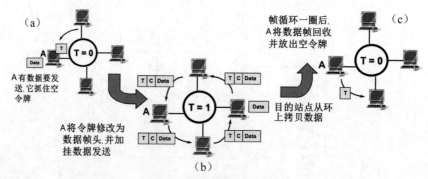

图 2-96　令牌传递的工作过程

令牌传递的特点：

（1）访问方式具有可调整性和确定性。

（2）每个节点具有同等的介质访问权。

（3）提供优先权服务，效率高，具有很强的实时性。

（4）缺点是环的维护复杂，实现较困难。

7. FDDI

FDDI 结构如图 2-97 所示，其特点是：

（1）传输速率高，达到 100Mb/s。

（2）网络由光纤介质的双环构成，可靠性高。

（3）介质访问控制方法采用 Token Passing。

（4）网络覆盖范围较大，一般几十千米到几百千米。

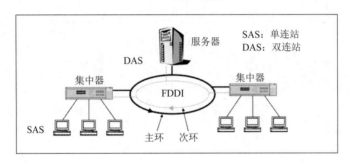

图 2-97　FDDI 结构

2.3.5.3　广域网协议

广域网（WAN）又称为远程网（Long Haul Network），是指覆盖范围广、传输距离远的计算机网络。

WAN 地理范围通常为几十公里到几千公里，连接不同城市之间的 LAN 或者 MAN，实现局域资源共享与广域资源共享相结合，形成远程处理和局部处理相结合的网际网系统。

WAN 的通信传输装置和线路一般由电信部门提供，其通信子网主要使用分组交换及路由技术。

1. 点对点协议（PPP）

点对点协议主要用于"拨号上网"这种广域连接模式。PPP 实现简单、具备用户验证能力、能解决 IP 分配等。

2. 数字用户线（xDSL）

数字用户线是各种数字用户线形式的统称。家庭用户网络接入通常采用 ADSL（非对称数字用户线）形式，ADSL 的上行速度和下行速度不一致，不对称，一般下行速度较快，给用户带来更好的网络访问体验。ADSL 接入示意如图 2-98 所示。

3. 综合业务数字网（ISDN）

综合业务数字网通过普通的本地环路向用户提供数字语音和数据传输服务，如音频和数字化的语音传输、电路交换数字信道、分组交换虚拟电路和无连接业务。ISDN 基本结构如图 2-99 所示。

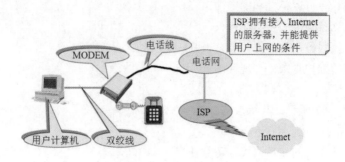

图 2-98　ADSL 接入方法

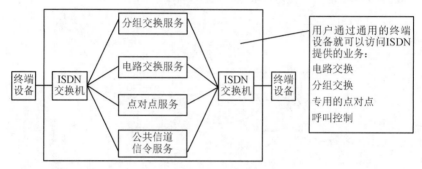

图 2-99　ISDN 基本结构

ISDN 的特点：

（1）端到端：任意两终端通过交换设备和网络实现非固定信道上的非固定连接。

（2）数字化：传输和交换的完全数字化。

4. X.25 分组交换网

X.25 分组交换网是根据 CCITT 的 X.25 建议书实现的面向连接的虚电路服务。X.25 协议是指用分组交换方式工作并通过专用电路和公用数据网连接的数据终端设备（DTE）和数据通信设备（DCE）之间的接口协议，支持交互式虚电路和永久式虚电路。

5. 帧中继（Frame Relay）

帧中继是在分组交换网基础上，结合数字专线技术而产生的数据业务网络。帧中继只使用两个通信层：物理层、帧模式承载服务链接访问协议（LAPF）层，分别对应于 OSI 模型中的物理层和数据链路层。帧中继支持 SVC 交互式虚电路和 PVC 永久式虚电路。

6. 虚拟专用网（VPN）

虚拟专用网是指地域上分散、同时需要相互协同工作的企业用户在互联网上利用隧道、加密、认证等技术而建立的企业专用的网络。VPN 仿真点对点专线，特别适合点对点、点对多点的连接结构，基本特点如下：

（1）便捷。企业不用自己组建 Intranet（内部网），同时 ISP 能有效地提高网络的利用率。

（2）隧道技术：隧道指的是利用一种网络协议来传输另一种网络协议。第二层隧道协议用于构建远程访问 VPN，第三层隧道协议用于构建企业内部 VPN。

7．异步传输模式（ATM）

异步传输模式采用基于信元的异步传输模式和虚电路结构，为用户提供基本无限制的带宽，从根本上解决了多媒体信息传输的实时性问题。

ATM 中信息单位为小而长度固定的信元（Cell），信元共 53 字节，由 5 字节的信元头和 48 字节的信元体构成。

ATM 采用了电路交换中面向连接的通信方式，保证了信息的顺序性，数据传输的高速性；ATM 采用分组交换中的统计复用 STMD，延迟小，实时性强。

ATM 参考模型如图 2-100 所示。

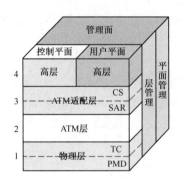

图 2-100　ATM 参考模型

ATM 参考模型既不同于 OSI 模型，也不同于 TCP/IP 模型。它由用户平面、控制平面和管理平面这 3 个平面组成，其中用户平面和控制平面又各分为 4 层，即物理层、ATM 层、ATM 适配层和高层。

2.3.6　Internet 及应用

2.3.6.1　Internet 的发展与管理

Internet 被称为"因特网"，也被译为"国际互联网"。Internet 把世界各地已有的各种网络和计算机通过统一的 TCP/IP 协议互联起来，组成跨越国界范围的庞大的国际互联网。

Internet 起源于 1968 年美国国防部的阿帕网（ARPANET），阿帕网是分布式交换系统，连接美国多个大学和军事基地，其连接如图 2-101 所示。

Internet 是一个松散的集合体，没有绝对权威的管理机构，任何接入者都是自愿的，是一个"没有法律、没有警察、没有国界和没有总统的全球性网络"。Internet 是一个互相协作、共同遵守

图 2-101　阿帕网分布示意图

一种通信协议的集合体。Internet 组织管理如图 2-102 所示。

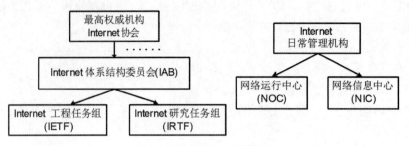

图 2-102　Internet 组织管理

一般而言，任何网络都需要一个 Internet 日常管理机构，该管理机构包括一个网络运行中心和一个网络信息中心。我国的 Internet 由中国互联网信息中心（CNNIC）进行管理。

中国于 1994 年正式接入 Internet，全国建设的主要骨干网络有中国科学技术网（CSTNet）；中国教育科研网（CERNet）；中国公用计算机互联网（ChinaNet）；中国金桥信息网（ChinaGBN）。

2.3.6.2　IP 地址

网络中用 TCP/IP 协议通信的每个节点必须有一个唯一的地址，用于标识和识别该节点。

根据地址工作的层次分类如下：①物理地址。MAC 地址或网卡地址，工作于数据链路层。②逻辑地址。IP 地址，工作于网络层，使用 IP 协议。

1．IP 地址的构成

IP 地址通常由网络号和主机号组成。

（1）网络号：又称为网络地址，标识由路由器界定的同一物理网络，全网中必须是唯一的。

（2）主机号：又称为主机地址，标识某一网络中的工作站、服务器、路由器或其他 TCP/IP 主机。同一网络号下的主机号必须唯一。

2．IP 地址分类

IP 地址由 32 位二进制构成，按等级标志可分为 5 类，即 A 类、B 类、C 类、D 类和 E 类，其中 A、B、C 3 类最为常用，如图 2-103 所示，注意网络地址和主机地址的位数以及标识。

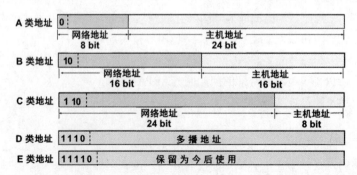

图 2-103　IP 地址分类

特殊 IP 地址用作特定功能和保留地址，见表 2-11。

表 2-11　特殊 IP 地址及其作用

网络号	主机号	含义
0	0	在本网络上的本主机
0	主机号	在本网络中的某个主机
全 1	全 1	只在本网络上进行广播（各路由器不进行转发）
网络号	全 0	表示一个网络
网络号	全 1	对网络号标明的网络的所有主机进行广播
127	任何数	用作本地软件回送测试

3. 子网

将网络内部划分为多个部分，但对外像单独网络一样，这些部分称为子网。划分子网的目的是把拥有主机数过多的大网络在内部进行合理的划分，便于使用。子网标识如图 2-104 所示。

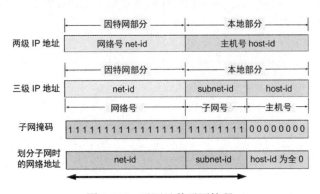

图 2-104　子网及其子网掩码

4. 子网掩码

子网由子网掩码（或称伪 IP 地址）标识，子网掩码也为 32 位，对应了 IP 地址。

对于 IP 地址中的网络号部分在网络掩码中用"1"表示，对于 IP 地址中的主机号部分在网络掩码中用"0"表示。

（1）各类地址的子网掩码。A 类地址的网络掩码为 255.0.0.0；B 类地址的网络掩码为 255.255.0.0；C 类地址的网络掩码为 255.255.255.0。

（2）子网地址计算。

IP 地址提取网络地址方法：32 位 IP 地址与 32 位子网掩码按位进行逻辑"与"操作。

例如，节点 IP 地址为 129.56.189.41，掩码为 255.255.240.0，求其网络地址。

IP 地址　10000001　00111000　10111101　00101001

子网掩码 111111111　11111111　11110000　00000000

网络地址　10000001　　00111000　　10110000　　00000000

则该子网的网络地址为129.56.176.0。

5. 可变长子网掩码

202.197.64.8/20 是一个 CIDR 类别域间路由地址，它有 20 位网络地址；可变长子网掩码 VLSM 用网络前缀代替地址分类来标识网络号。

【例 2-8】某机构需要配置一个 TCP/IP 网络，这个网络可以容纳 30000 个主机地址，且该机构只能申请到 C 类地址，如何用 CIDR 来配置？需要多少个 C 类网络？

解：计算出 30000 个主机地址需要多少主机地址位来提供，将 30000 转化为二进制形式：111 0101 0011 0000，可知需要 15 位表示。

利用 C 类地址进行网络组合。当前子网掩码的位数为 17 位，而 C 类网络的主机地址为 24 位，因此需要增加 7 位，即需要 2^7=128 个 C 类网络，一共可以提供 128×254=32512 个主机地址。

6. 下一代网际协议 IPv6

IPv4 所采用的 32 位 IP 地址随着网络的不断扩张变得不够用了，因此提出了下一代网际协议 IPv6。IPv6 将地址增大到了 128 位，并采用扩展的地址层次结构、高效 IP 包首部、服务质量、主机地址自动配置、认证和加密等技术。

（1）IPv6 数据报的目的地址基本类型：

1）单播（Unicast）：对应传统的点对点通信。

2）多播（Multicast）：对应一点对多点的通信。

3）任播（Anycast）：这是 IPv6 增加的一种类型。任播的目的站是一组计算机，但数据报在交付时只交付给其中的一个，通常是距离最近的一个。

（2）IPv6 的地址表示。IPv6 地址采用十六进制的表示方式。将 128 位二进制数分为 8 组，每组 16 位，用 4 个十六进制数表示，每组中最前面的 0 可以省略，但每组必须有一个数，各组之间用"："分隔，如：

FEDC：BA98：7654：3210：FEDC：BA98：7654：3210

1080：0：0：0：8：800：200C：417A

0 压缩即一连串连续的 0 可以用一对冒号代替，但一个 IPv6 地址只能压缩一次。

1080：0：0：0：8：800：200C：417A　可以表示为：1080：：8：800：200C：417A。

在 IPv4 向 IPv6 转换阶段，可以使用冒号十六进制记法与点分十进制记法的结合。

0：0：0：0：0：0：128.10.1.1　0 压缩表示为　：：128.10.1.1

2.3.6.3　域名

1. 域名的基本概念

IP 地址标识了 Internet 上的每一台计算机，但 IP 地址不便于记忆，为了方便记忆，用域名（Domain Name，DN）来唯一标识因特网上的每一台计算机。

域名服务系统（Domain Name System，DNS）用于进行域名与 IP 地址之间的高效翻译或转换。

主机域名的一般格式为：计算机名.组织机构名.网络名.顶级域名

域名命名规则：域名由至少两个以上的子域组成，之间用"."隔开。

如笔者个人网站的域名为 www.zzhstudio.cn，其对应 IP 地址为 122.144.32.237。

域名与 IP 地址的各部分完全没有关系，域名相当于人的姓名，IP 地址则相当于他的身份证号码。

2. 顶级域名

（1）机构性顶级域名。常用的机构性顶级域名有 com 商业网、edu 教育网、gov 政府机构、int 国际组织、mil 军事网、net 网络机构、org 组织等。

（2）国别或地区顶级域名。常用的有 cn 中国、us 美国、JP 日本、UK 英国等。

（3）域名示例。www.sgmtu.edu.cn 为某高校地址，其中，www 标识主机、sgmtu 是机构标识、edu 表示该域名为教育单位、cn 表示处于中国。

2.3.6.4　Internet 应用

1. 网络地址翻译

网络地址翻译（Network Address Translation，NAT）是一种把内部 IP 地址转换成临时的、外部的、已注册的 IP 地址的 IETF 标准，它允许具有私有 IP 地址的内部网络访问因特网，以此减少注册 IP 地址的使用。

NAT 基本原理：隐藏网络的内部地址。其工作方式是修改独立的分组，把 IP 数据报内的地址域（源地址或目的地址或两者）用合法的 IP 地址来替换，使内部网络中的内部地址通过 NAT 翻译成合法的 IP 地址在 Internet 上使用。

2. 域名服务

域名服务（Domain Name System，DNS）是一个分布式数据库，包含 DNS 域名到 IP 地址的映射。

DNS 作用是将域名转换为 IP 地址（ARP 协议），或者反之（RARP 协议），如将 www.zzhstudio.cn 转换成其 IP 地址 122.144.32.237。

DNS 服务有 3 个组成部分：域名空间、名字服务器、解析程序。DNS 服务主要基于 UDP 来实现，使用 53 端口。

3. 动态主机配置协议

动态主机配置协议（Dynamic Host Configuration Protocol，DHCP）允许一台计算机加入新的网络，并自动获取 IP 地址而不用手工配置。DHCP 基于 UDP 来实现，使用 67 端口。

需要 IP 地址的主机在启动时就向 DHCP 服务器广播发送发现报文（DHCPDISCOVER）。DHCP 服务器接收广播报文，在其数据库中查找该计算机的配置信息。若找到，则返回找到的信息；若找不到，则从 IP 地址池中取一个地址分配给该计算机。每一个网络至少有一个 DHCP 中继代理，它配置了 DHCP 服务器的 IP 地址信息。

4. 远程登录服务

远程登录服务（Telnet）是在 Telnet 协议的支持下，将用户计算机与远程主机连接起来，利用当前主机操控远程主机。Telnet 服务主要基于 TCP 来实现，使用 23 端口。Telnet 基于客户端/服务器模式。

5. 电子邮件（E-mail）

电子邮件也是一种客户机/服务器方式的应用，客户端软件称为用户代理（User Agent，UA），服务端软件称为报文传输代理（Message Transfer Agent，MTA）。

用户代理（UA）负责电子邮件的报文写作、编辑、生成、读取及管理。报文传输代理（MTA）有发送、接收和存储转发邮件的功能。

E-mail 地址由用户名、@分隔符、邮件服务器域名三部分构成，如 zzhstudio@126.com。

（1）简单邮件传送协议（Simple Mail Transfer Protocol，SMTP）规定了电子邮件如何在 Internet 中通过 TCP 协议连接传送，使用 TCP 25 端口。

（2）邮件读取协议（Post Office Protocol，第 3 版，POP3）提供了一种接收邮件方式，使用户可以通过 POP3 直接将信件下载到本地机，在自己的客户端读邮件，使用 TCP 110 端口。邮件协议工作过程如图 2-105 所示。

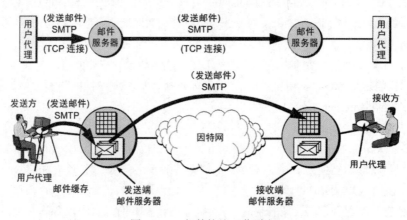

图 2-105　邮件协议工作过程

6. 万维网

万维网（World Wide Web，WWW）采用客户机/服务器技术以及可靠的 TCP 连接；其服务器称为 WWW 服务器（或 Web 服务器），其客户机用浏览器（Browser）。

服务器和浏览器之间通过超文本传输协议（Hyper Text Transfer Protocol，HTTP）传递信息，端口号为 80。

Web 信息以超文本标记语言（Hyper Text Markup Language，HTML）编写，浏览器把 HTML 信息通过解释显示出来。

7. 文件传输协议

文件传输协议（File Transfer Protocol，FTP）允许 Internet 上的客户在两台联网的计算机之间传输文件，提供登录、目录查询、文件操作、命令执行及其他会话控制功能。

FTP 在客户/服务器模式下工作，一个 FTP 服务器可同时为多个客户提供服务，端口号为 21。从 FTP 服务器上获取文件称为下载（Down Load），将文件发送到 FTP 服务器称为上传（Up Load）。

（1）简单文件传送协议（Trivial File Transfer Protocol，TFTP）。TFTP 是一个很小且易于实现的文件传送协议，支持文件传输但不支持交互、不能对用户进行身份鉴别。TFTP 使用客户/服务器方式且使用 UDP 数据报工作，端口号为 69。

（2）网络文件系统（Network File System，NFS）。NFS 允许应用进程打开一个远程文件，并能在该文件的某一个特定的位置上开始数据读写。NFS 可使用户只复制一个大文件中的一个很小的片段，而不需要复制整个大文件。

8．统一资源定位器

使用统一资源定位器（Uniform Resource Locator，URL）来唯一标识分布在整个 Internet 上的资源。

URL 通用形式：<URL 的访问方式>://<主机>:<端口>/<路径>，其中<主机>项是必须项，<端口>和<路径>有时可省略。

<URL 的访问方式>最常用的有 3 种：FTP、HTTP、NEWS。例如：

http://www.zzhstudio.cn:80 或 http//www.zzhstudio.cn

http://www.zzhstudio.cn/course/course_introduce.html

ftp://218.194.224.53/software/qq.exe

9．简单网络管理协议

网络管理包括对硬件、软件、人力进行综合与协调，以便对网络资源进行监视、测试、配置、分析、评价和控制，从而能以合理的性价比满足网络应用的需求。网络管理常简称为网管。

简单网络管理协议（Simple Network Management Protocol，SNMP）发布于 1988 年，IETF 在 1990 年制订的网管标准 SNMP 是因特网的正式标准。SNMP 报文使用 UDP 传送。

SNMP 管理的网络主要由被管理的设备、SNMP 代理、网络管理系统 NMS 三部分组成。MIB 管理信息库是用于存储被管理对象的数据库。简单网络管理协议示意图如图 2-106 所示。

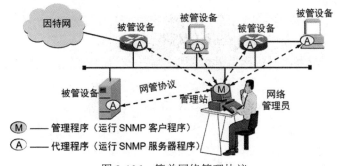

图 2-106　简单网络管理协议

2.3.7　网络安全

2.3.7.1　计算机网络安全概述

1．网络威胁

网络安全是指网络系统的硬件、软件及其系统中的数据受到保护，不受偶然的或者恶意的原因而遭到破坏、更改、泄露；网络系统能连续、可靠的正常运行，网络服务不中断。网络安全的特征是针对网络本身可能存在的安全问题，实施网络安全策略，以保证计算机网络自身的安全性为目标。

计算机网络面临的安全性威胁如图 2-107 所示。

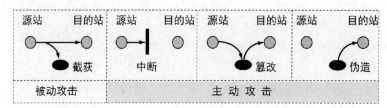

图 2-107　计算机网络面临的安全性威胁

被动攻击只是监听数据，主动攻击将干扰通信或导致信息传输不正确。

2. 信息系统对安全的基本需求

（1）保密性。保护资源免遭非授权用户"读出"，常采用传输信息的加密、存储信息加密和防电磁泄露等措施。

（2）完整性。保护资源免遭非授权用户"写入"。包括数据完整性、软件完整性、操作系统完整性、内存及磁盘完整性、信息交换的真实性和有效性等方面。

（3）可用性。保护资源免遭破坏或干扰。如防止病毒入侵和系统瘫痪，防止信道拥塞及拒绝服务，防止系统资源被非法抢占。

（4）可控性。对非法入侵进行检测与跟踪，并能干预其入侵行为。

（5）可核查性。可追查安全事故的责任人，对违反安全策略的事件提供审计手段，能记录和追踪他们的活动。

2.3.7.2　密码技术

密码技术是对存储或传输的信息采取加密以防止第三者对信息窃取的技术。密码技术分为加密和解密两部分。

加密是把需要加密的报文（也称为明文）用密码钥匙（简称密钥）为参数进行变换，产生密码报文（也称为密文）。

解密是使用密钥把密文还原成明文的过程，如图 2-108 所示。

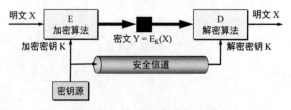

图 2-108　加密与解密示意图

加密过程中，如果加密与解密的密钥相同称为对称加密，如密钥不同，则称为非对称加密。对称加密速度快，适合对大量数据进行加密；而对称加密比较复杂，适合数据量小的应用环境。

1. 替代密码与置换密码

替代密码与置换密码是对称加密的一种。如图 2-109 所示，密钥为 3，即加密时在原字母的整数之上加 3，变成密文；解密时对密文的字母进行减 3，得到原来的明文。

图 2-109　替代密码加密算法

2. 分组密码

分组密码也是对称加密算法，其将明文划分成固定的 n 比特的数据组，然后以组为单位，在密钥的控制下进行一系列的线性或非线性的变化而得到密文。

一次变换一组数据，加解密过程如图 2-110 所示。

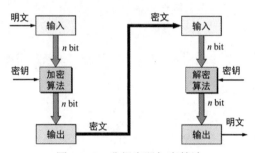

图 2-110　分组密码加密算法

常见的分组加密算法有：

（1）数据加密标准 DES：每组长为 64bit。

（2）三重 DES：执行三次 DES。

3. 公开密钥 PK

公开密钥属于非对称加密算法。采用一对密钥，一个公共密钥（公钥）和一个专用密钥（私钥）。公共密钥则可以发布出去，专用密钥要保证绝对的安全。用公共密钥加密的信息只能用专用密钥解密，反之亦然。加解密过程如图 2-111 所示。

公共密钥加密算法主要有 RSA、Diffie-Hellman 等。

4. 数字签名

数字签名属于非对称加密算法。数字签名使用私钥加密特定的消息摘要，得到特定的结果，通过这种方法把私钥的持有人同特定消息联系起来（不可抵赖）。数字签名过程如图 2-112 所示。

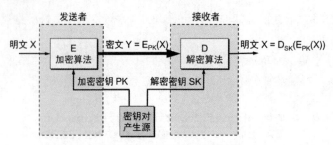

图 2-111　非对称加密算法

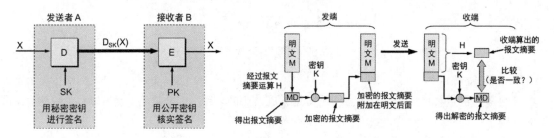

（a）公开密钥实现数字签名　　　　　（b）报文摘要实现数字签名

图 2-112　数字签名的应用

5. 链路加密

链路加密是在每条通信链路上采用独立的加密，通常对每条链路使用不同的加密密钥。加解密过程如图 2-113 所示。

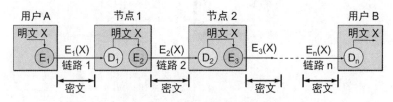

图 2-113　链路加密示意图

6. 安全套接层

安全套接层（Secure Socket Layer，SSL）可对万维网客户与服务器之间传送的数据进行加密和鉴别。SSL 协议建立在可靠的 TCP 传输控制协议之上，与上层协议（如 HTTP、FTP、Telnet、SMTP 等）无关，各种应用层协议能通过 SSL 进行透明安全的传输。SSL 安全套接层如图 2-114 所示。

7. 安全电子交易

安全电子交易（Secure Electronic Transaction，SET）协议是 1996 年由 MasterCard 与 Visa 两大国际信用卡公司联合制订的安全电子交易规范，用于保证在开放的网络环境下使用信用卡进行在线购物的安全。

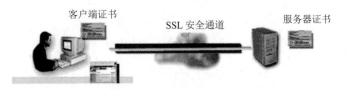

图 2-114 SSL 安全套接层示意图

SET 协议的特点如下：

（1）提供了消费者、商家、银行和支付网关多方之间的认证。

（2）确保交易的保密性、可靠性和不可否认性。

2.3.7.3 防火墙

防火墙是一道介于开放的、不安全的公共网与信息、资源汇集的内部网之间的屏障，由一个或一组系统组成，解决内联网和外联网的安全问题。狭义的防火墙指安装了防火墙软件的主机或路由器系统，广义的防火墙还包括整个网络的安全策略和安全行为。

1. 包过滤防火墙

包过滤防火墙（Packet Filtering）是在网络层依据系统的过滤规则，通过检查数据流中的每个数据包的源地址、目标地址、源端口、目的端口及协议状态等来确定是否允许该数据包通过。包过滤防火墙通常安装在路由器上，如图 2-115 所示。

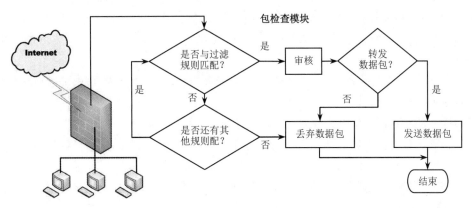

图 2-115 包过滤防火墙

包过滤防火墙的优点是速度快、实现方便；缺点是安全性差、兼容性差。

2. 宿主主机防火墙

宿主主机防火墙应用代理网关彻底隔断内网与外网的直接通信，内网用户对外网的访问变成防火墙对外网的访问，然后再由防火墙转发给内网用户。

（1）双宿主主机防火墙由至少具有两个网络接口的主机（又称双宿主主机或堡垒主机）而构成，每个网络接口都连接在物理和逻辑上分离的不同网段，代理服务器软件在双宿主主机上运行。

（2）内外的网络均可与双宿主主机实施通信，但内外网络之间不可直接通信。

（3）双宿主主机是唯一隔开内部网和外部因特网之间的屏障。

宿主主机防火墙难于配置、处理速度较慢，不能支持大规模的并发连接，对速度要求高的行业不能胜任。

3. 屏蔽主机网关

屏蔽主机网关运用状态检测技术，由过滤路由器和应用网关组成。堡垒主机配置在内部网络上，而包过滤路由器则放置在内部网络和 Internet 之间。屏蔽主机网关配置复杂，安全性高。

4. 被屏蔽子网

被屏蔽子网由两个包过滤路由器和一个应用网关（堡垒主机）组成。包过滤路由器分别位于周边网与内部网、周边网与外部网之间，而应用网关居于两个包过滤路由器的中间，形成了一个"非军事区（DMZ）"，如图 2-116 所示。

图 2-116　非军事区（DMZ）示意图

外部路由器管理 Internet 到 DMZ 网络的访问，它只允许外部系统访问堡垒主机，保证内部网络是"不可见"的；内部路由器管理内部网络到 DMZ 网络的访问，允许内部系统访问堡垒主机。

2.3.7.4　计算机病毒

计算机病毒（Computer Virus）是指能影响计算机正常使用、破坏数据的，能够自我复制的一组计算机指令或者程序代码。

计算机病毒的特点：寄生性、破坏性、传染性、潜伏性、隐蔽性。

计算机病毒的分类：引导区型病毒、文件型病毒、混合型病毒、宏病毒、网络病毒。

1. 感染计算机病毒的常见症状

（1）在特定情况下屏幕上出现某些异常字符或特定画面。

（2）文件长度异常增减或莫名产生新文件。

（3）一些文件打开异常或突然丢失。

（4）系统无故进行大量磁盘读写或未经用户允许进行格式化操作。

（5）系统出现异常的重启现象，经常死机或者蓝屏无法进入系统。

（6）可用的内存或硬盘空间变小。

（7）打印机等外部设备出现工作异常。

（8）在汉字库正常的情况下，无法调用和打印汉字或汉字库无故损坏。

（9）磁盘上无故出现扇区损坏。

（10）程序或数据神秘地消失了，文件名不能辨认等。

2. 计算机病毒的预防

（1）注意对系统文件、重要可执行文件和数据进行写保护。

（2）不使用来历不明的程序或数据。

（3）尽量不用软盘进行系统引导。

（4）不轻易打开来历不明的电子邮件。

（5）使用新的计算机系统或软件时，要先杀毒后使用。

（6）备份系统和参数，建立系统的应急计划等。

（7）专机专用。

（8）利用写保护。

（9）安装杀毒软件。

（10）分类管理数据。

2.3.8 本学时要点总结

计算机网络：现代计算机技术和通信技术密切结合的产物。

计算机网络按照数据通信和数据处理的功能，可分为两层：内层通信子网和外层资源子网。

计算机网络的功能：数据通信、资源共享、负载均衡、高可靠性。

计算机网络的发展分为四个阶段。

计算机网络的分类：覆盖范围（局域网、城域网、广域网）、网络拓扑结构（星型拓扑、环型拓扑、总线型拓扑、树型拓扑、网状拓扑）。

从网络的交换功能分类：电路交换、报文交换、分组交换、混合交换信号，是数据的电磁波表示形式。信号可以分为模拟信号与数字信号两种。

通信系统分类：模型通信系统与数字通信系统。

通信线路的连接方式：点到点、多点、集中式。

数据通信方式分类：单工（广播）、半双工（对讲机、铁轨）、全双工（电话、网络）。

多路复用形式：频分多路复用（FDM）、波分多路复用（WDM）、时分多路复用（TDM）、空分多路复用（SDM）、码分多路复用（CDMA）。

开放系统互连参考模型（OSI/RM）：物理层、数据链路层、网络层、传输层、会话层、表示层、应用层。

层次结构（分而治之）的特点：对应层独立，下层为上层提供支持。

标准化组织：ANSI、ITU、EIA、IEEE、ISO。

TCP/IP 体系结构共分四层：网络接口层、Internet 层、传输层、应用层。

TCP/IP 协议簇：TCP、UDP、IP、ICMP、ARP、RARP。

网络互连设备：中继器及集线器（实现物理层协议转换，在电缆间转发二进制信号）、网桥及交换机（实现物理层和数据链路层协议转换）、路由器（实现网络层和以下各层协议转换）、网关（提供从最低层到传输层或以上各层的协议转换）。

有线介质：双绞线、同轴电缆和光纤。

无线介质：微波、通信卫星、红外线和微波等。

组建网络：内部局域网、ADSL（非对称数字用户线路）、FTTH 光纤到户。

网络协议：是指在计算机网络中，各计算机之间或计算机与终端之间在有关信息传输顺序、信息格式和信息内容等方面的一组约定或规则。

网络协议三要素：语义、语法、时序。

局域网的标准 IEEE 802（ISO 8802）：物理层、数据链路层。

局域网协议：CSMA/CD、令牌传递（Token Passing）。

广域网协议：点对点协议（PPP）、数字用户线（xDSL）、综合业务数字网（ISDN）、X.25 分组交换网、帧中继（Frame Relay）、虚拟专用网（VPN）、异步传输模式（ATM）。

Internet 的产生与发展、管理机构、我国骨干网络。

IP 地址：用途、构成（网络号、主机号）、分类和特殊地址。

无类别域间路由 CIDR 与可变长子网掩码 VLSM。

域名（DN）：作用、构成、顶级域名、区域域名。

网络地址翻译（NAT）、域名服务（DNS）、动态主机配置协议（DHCP）。

网际协议 IPv6：作用、表示方法。

Telnet 远程登录服务：TCP 协议，端口号 23。

电子邮件（E-mail）：简单邮件传送协议（SMTP）、邮件读取协议（POP3）。

万维网（WWW）：TCP+端口号 80、HTTP 协议、HTML、统一资源定位器（URL）。

文件传输：FTP 文件传输协议（端口 21）、TFTP 简单文件传送协议、NFS 网络文件系统。

简单网络管理协议（SNMP）。

网络安全是指网络系统的硬件、软件及其系统中的数据受到保护。

网络安全四大威胁：截获（被动攻击）；中断、篡改、伪造（主动攻击）。

信息系统对安全的基本需求：保密性、完整性、可用性、可控性、可核查性。

密码技术：对称加密、非对称加密。

对称加密：替代密码与置换密码、分组密码。

非对称加密：公开密钥密码、数字签名。

WEB 与电子商务中的加密：链路加密、安全套接层（SSL）、安全电子交易（SET）。

防火墙分类：包过滤技术、应用代理网关、状态检测技术防火墙。

防火墙体系结构：包过滤路由器、双宿主主机、屏蔽主机网关、被屏蔽子网。

计算机病毒（Computer Virus）是指编制者在计算机程序中插入的破坏计算机功能或者破坏数据，影响计算机使用并且能够自我复制的一组计算机指令或者程序代码。

计算机病毒的特点：寄生性、破坏性、传染性、潜伏性、隐蔽性。

计算机病毒的分类：引导区型病毒、文件型病毒、混合型病毒、宏病毒、网络病毒。

第 4 学时　网络基础知识模拟习题

1. 与多模光纤相比较，单模光纤具有（　　）等特点。

　　A. 较高的传输率、较长的传输距离、较高的成本

　　B. 较低的传输率、较短的传输距离、较高的成本

　　C. 较高的传输率、较短的传输距离、较低的成本

　　D. 较低的传输率、较长的传输距离、较低的成本

2. 某校园网用户无法访问外部站点 210.102.58.74，管理人员在 Windows 操作系统中可以使用（　　）判断故障发生在校园网内还是校园网外。

　　A. ping 210. 102. 58. 74　　　　　　　　B. tracert 210. 102. 58. 74

　　C. netstat 210. 102. 58. 74　　　　　　　D. arp 210. 102. 58. 74

3. 以太网 100Base-TX 标准规定的传输介质是（　　）。

　　A. 3 类 UTP　　　　B. 5 类 UTP　　　　C. 单模光纤　　　D. 多模光纤

4. 以下 IP 地址中属于 B 类地址的是（　　）。

　　A. 10.20.30.40　　B. 172.16.26.36　　C. 192.168.200.10　D. 202 .202.244.101

5. TCP/IP 体系结构中的 TCP 和 IP 分别为（　　）的协议。

　　A. 数据链路层和网络层　　　　　　　B. 传输层和网络层

　　C. 传输层和应用层　　　　　　　　　D. 网络层和传输层

6. FTP 默认的数据端口号是＿＿(1)＿＿，HTTP 默认的端口号是＿＿(2)＿＿。

　　(1) A. 20　　　　B. 21　　　　　C. 22　　　　　D. 23

　　(2) A. 25　　　　B. 80　　　　　C. 1024　　　　D. 8080

7. 将双绞线制作成交叉线（一端按 TIA/EIA 568-A 线序，另一端按 TIA/EIA 568-B 线序），该双绞线连接的两个设备可为（　　）。

　　A. 网卡与网卡

　　B. 网卡与交换机

　　C. 网桥与集线器

　　D. 交换机的以太口与下一级交换机的 Uplink 口

8. 一个局域网中某台主机的 IP 地址为 176.68.160.12，使用 22 位作为网络地址，那么该局域网的子网掩码为＿＿(1)＿＿，最多可以连接的主机数为＿＿(2)＿＿。

　　(1) A. 255.255.255.0　B. 255.255.248.0　C. 255.255.252.0　D. 255.255.0.0

　　(2) A. 254　　　　B. 512　　　　C. 1022　　　　D. 1024

9. 以下选项中，可以用于 Internet 信息服务器远程管理的是（　　）。

　　A. Telnet　　　　B. RAS　　　　C. FTP　　　　D. SMTP

10. 在 TCP/IP 网络中，为各种公共服务保留的端口号范围是（　　）。

A. 1～255　　　　　B. 1～1023　　　　　C. 1～1024　　　　　D. 1～65535

11. 在 Windows 系统中设置默认路由的作用是（　　　）。

　　A. 当主机接收到一个访问请求时首先选择的路由

　　B. 当没有其他路由可选时最后选择的路由

　　C. 访问本地主机的路由

　　D. 必须选择的路由

12. 运行 Web 浏览器的计算机与网页所在的计算机要建立　(1)　连接，采用　(2)　协议传输网页文件。

（1）A. UDP　　　　　B. TCP　　　　　C. IP　　　　　D. RIP

（2）A. HTTP　　　　　B. HTML　　　　　C. ASP　　　　　D. RPC

13.（　　　）不属于电子邮件协议。

　　A. POP3　　　　　B. SMTP　　　　　C. IMAP　　　　　D. MPLS

14. 某客户端在采用 ping 命令检测网络连接故障时，发现可以 ping 通 127.0.0.1 及本机的 IP 地址，但无法 ping 通同一网段内其他工作正常的计算机的 IP 地址，说明该客户端的故障是（　　　）。

　　A. TCP/IP 协议不能正常工作　　　　　B. 本机网卡不能正常工作

　　C. 本机网络接口故障　　　　　D. 本机 DNS 服务器地址设置错误

15. 在进行金融业务系统的网络设计时，应该优先考虑　(1)　原则。在进行企业网络的需求分析时，应该首先进行　(2)　。

（1）A. 先进性　　　　　B. 开放性　　　　　C. 经济性　　　　　D. 高可用性

（2）A. 企业应用分析　　　　　B. 网络流量分析

　　　C. 外部通信环境调研　　　　　D. 数据流向图分析

16. 关于路由器，下列说法中错误的是（　　　）。

　　A. 路由器可以隔离子网，抑制广播风暴

　　B. 路由器可以实现网络地址转换

　　C. 路由器可以提供可靠性不同的多条路由选择

　　D. 路由器只能实现点对点的传输

17. 关于 ARP 表，以下描述中正确的是（　　　）。

　　A. 提供常用目标地址的快捷方式来减少网络流量

　　B. 用于建立 IP 地址到 MAC 地址的映射

　　C. 用于在各个子网之间进行路由选择

　　D. 用于进行应用层信息的转换

18. 分配给某校园网的地址块是 202.105.192.0/18，该校园网包含（　　　）个 C 类网络。

A. 6　　　　　B. 14　　　　　C. 30　　　　　D. 62

19. 网络按通信方式分类，可分为点对点传输网络和（　　　）。

　　A. 主从式网络　　　　　B. 广播式传输网络

  C．数据传输网络   D．对等式网络

20．计算机网络完成的基本功能是（ ）和报文发送。

  A．数据处理 B．数据传输 C．数据通信 D．报文存储

21．在不同的网络之间实现分组的存储和转发，并在网络层提供协议转换的网络互联器称为
（ ）。

  A．转接器 B．路由器 C．网桥 D．中继器

22．网卡是完成（ ）功能的。

  A．物理层   B．数据链路层

  C．物理层和数据链路层   D．数据链路层和网络层

23．路由器工作在 OSI 模型的（ ）。

  A．网络层 B．传输层 C．数据链路层 D．物理层

24．CSMA/CD 是 IEEE 802.3 所定义的协议标准，它适用于（ ）。

  A．令牌环网 B．令牌总线网 C．网络互联 D．以太网

25．PC 通过远程拨号访问 Internet，除了要有一台 PC 和一个 Modem 之外，还要有（ ）。

  A．一块网卡和一部电话机   B．一条有效的电话线

  C．一条有效的电话线和一部电话机 D．一个 Hub

26．关于 IP 地址 192.168.0.0～192.168.255.255 的正确说法是（ ）。

  A．它们是标准的 IP 地址可以从 Internet 的 NIC 分配使用

  B．它们已经被保留在 Internet 的 NIC 内部使用，不能够对外分配使用

  C．它们已经留在美国使用

  D．它们可以被任何企业用于企业内部网，但是不能够用于 Internet

27．HTML 中用于指定超链接的 tag 是（ ）。

  A．a B．link C．href D．hlink

28．在 OSI 七层结构模型中，处于数据链路层与传输层之间的是（ ）。

  A．物理层 B．网络层 C．会话层 D．表示层

29．在同一个信道上的同一时刻，能够进行双向数据传送的通信方式是（ ）。

  A．单工 B．半双工 C．全双工 D．上述 3 种均不是

30．调制解调器的作用是（ ）。

  A．实现模拟信号在模拟信道中的传输 B．实现数字信号在数字信道中的传输

  C．实现数字信号在模拟信道中的传输 D．实现模拟信号在数字信道中的传输

31．将一个信道按频率划分为多个子信道，每个子信道上传输一路信号的多路复用技术称为
（ ）。

  A．时分多路复用 B．频分多路复用 C．波分多路复用 D．空分复用

32．ATM 信元及信头的字节数分别为（ ）。

  A．5、53 B．50、5 C．50、3 D．53、5

33. 若两台主机在同一子网中，则两台主机的 IP 地址分别与它们的子网掩码相"与"的结果一定（ ）。

    A．为全 0   B．为全 1   C．相同   D．不同

34. TCP/IP 体系结构中的 TCP 和 IP 分别为哪两层协议？（ ）

    A．数据链路层和网络层   B．运输层和网络层

    C．运输层和应用层   D．网络层和运输层

35. 某公司使用包过滤防火墙控制进出公司局域网的数据，在不考虑使用代理服务器的情况下，下面描述错误的是"该防火墙能够（ ）"。

    A．使公司员工只能访问 Internet 上与其有业务联系的公司的 IP 地址

    B．仅允许 HTTP 通过

    C．使员工不能直接访问 FTP 服务端口号为 21 的 FTP 服务

    D．仅允许公司中具有某些特定 IP 地址的计算机可以访问外部网络

36. 两个公司希望通过 Internet 进行安全通信，保证从信息源到目的地之间的数据传输以密文形式出现，而且公司不希望由于在中间节点使用特殊的安全单元增加开支，最合适的加密方式是 _(1)_ ，使用的会话密钥算法应该是 _(2)_ 。

    （1）A．链路加密   B．节点加密   C．端—端加密   D．混合加密

    （2）A．RSA   B．RC-5   C．MD5   D．ECC

参考答案：

1～5	ABBBB	6	BB	7	A	8	CC
9～11	ABB	12	BA	13～14	DC	15	DA
16～20	DBDBC	21～25	BCADB	26～30	DCBCC	31～35	BDCBB
36	CB						

第 5 学时　系统开发和运行知识

本学时考点

（1）掌握软件工程的基本概念：软件生命周期、软件开发方法、软件开发工具。

（2）软件质量管理和过程管理的基本概念：过程管理（Gantt 图、PERT 网）、CMM 成熟度模型。

（3）结构化的设计分析方法：分析工具、DFD 和 ER 图的绘制。

（4）面向对象设计分析方法：面向对象相关概念、UML。

（5）系统测试测试方法，测试用例设计原则。

（6）系统转换基本方法。

2.5.1　软件工程概述

本部分要求了解和掌握软件工程和软件开发项目管理知识、系统分析基础知识、系统设计知识、系统实施知识以及系统运行和维护相关知识。

1. 软件的定义

计算机软件（Software）是计算机系统中与硬件（Hardware）相互依存的另一部分。软件包括 3 个部分：程序（Program）、相关数据（Data）、说明文档（Document）。

（1）程序。软件开发人员用某种程序设计语言编写的，能够在计算机中执行的指令序列。

（2）数据。使程序能够正常执行的数据结构。

（3）文档。与程序开发、维护和使用有关的说明性资料。

2. 软件的特点

（1）软件是一种逻辑实体，具有抽象性。

（2）软件没有明显的制作过程。

（3）软件在使用期间不存在磨损、老化问题。

（4）对硬件和环境具有依赖性，软件的开发、运行对计算机硬件和环境具有不同程度的依赖性，这给软件的移植带来了问题。

（5）软件复杂性高，成本昂贵。软件涉及人类社会的各行各业、方方面面，软件开发常常涉及其他领域的专业知识。软件开发需要投入大量、高强度的脑力劳动，成本高，风险大。

（6）软件开发涉及诸多的社会因素。

3. 软件的分类

计算机软件按功能分为应用软件、系统软件、支撑软件（或工具软件），如图 2-117 所示。

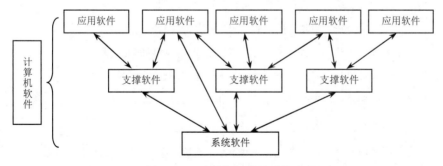

图 2-117　计算机软件按功能分类

（1）应用软件：为了解决用户的某些问题，应用于特定的领域而开发的软件。

例如，Office、QQ、迅雷以及各种游戏等软件都属于应用软件，用户使用这些应用软件在计算机上完成某项任务。

（2）系统软件：管理计算机的各种资源（包括软件和硬件资源），提高计算机的使用效率，为用户提供各种服务的软件，是最靠近计算机硬件的软件。

例如，操作系统（DOS，Window 98，Windows XP，Linux，UNIX 等）、数据库管理系统（SQL Server，Oracle，Mysql，Access 等）、编译程序、汇编程序和网络软件等。

（3）支撑软件：介于系统软件和应用软件之间，协助用户开发软件的工具型软件，其中包括帮助程序人员开发和维护软件产品的工具软件，也包括帮助管理人员控制开发进程和项目管理的工具软件。例如：Visual C++、Delphi、PowerBuilder 等。

4. 软件危机

早期的软件主要指程序，采用个体开发的方式，缺少相关文档，软件质量低，维护困难，这些问题称为"软件危机"。软件的特点导致了软件危机，软件危机导致了软件工程概念的出现。

5. 软件工程的定义

软件工程概念的出现源自软件危机。通过研究消除软件危机的途径，逐渐形成了一门新兴的工程学科——计算机软件工程学（简称为软件工程）。软件工程是应用于计算机软件的定义、开发和维护的一整套方法、工具、文档、实践标准和工序。

6. 软件工程 3 要素

软件工程 3 要素包括方法、工具和过程。

（1）方法：完成任务软件包开发各项任务的技术手段。

（2）工具：支持软件开发、管理及文档生成。

（3）过程：支持软件开发的各个环节的控制、管理。

7. 软件生命周期

软件生命周期是指软件产品从提出、实现、使用维护到停止使用退役的过程，如图 2-118 所示。

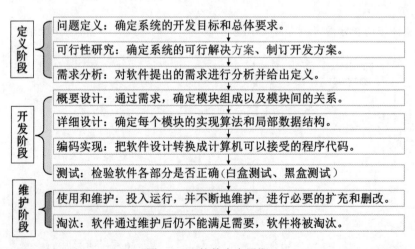

图 2-118　软件生命周期

8. 软件生命周期模型

软件生命周期模型是一个包括软件产品开发、运行和维护中有关过程、活动和任务的框架。常见的软件生命周期模型有：

（1）瀑布模型：容易理解，管理成本低，强调开发的阶段性早期计划及需求调查和产品测试。

（2）增量模型：第一个可交付版本所需要的成本和时间很少，承担的风险不大。

（3）演化模型：针对事先不能完整定义需求的软件开发，快速开发原型，然后不断完善。

（4）螺旋模型：支持用户需求的动态变化，提高软件的适应能力。

（5）喷泉模型：以用户需求为动力，以对象为驱动，适合于面向对象的开发方法。

9．软件开发方法

（1）软件开发方法：使用定义好的技术集和符号表示习惯来组织软件生产的过程。

（2）结构化方法：由结构化分析、结构化设计、结构化程序设计构成，是<u>面向数据流</u>的开发方法。

（3）Jackson 方法：<u>面向数据结构</u>的开发方法。

（4）原型化方法：适合于用户需求不清、业务逻辑不确定、需求经常变化的情况。

（5）面向对象方法：以对象为核心，包括<u>面向对象</u>分析、面向对象设计、面向对象实现。

（6）敏捷方法：用户能够在开发周期的后期增加或改变需求。包括极限编程、水晶法、并列争求法、自适应软件开发。

10．软件项目管理

软件项目管理的对象是软件项目，覆盖整个软件工程过程，开始于技术工作开始之前，终止于软件工程过程结束之后。

（1）成本估算：软件成本估算模型有 Putnam 模型和 COCOMO 模型。

（2）风险分析：包括风险识别、风险预测、风险评估、风险控制。

（3）人员管理：程序设计小组可以分成主程序员组、无主程序员组和层次式程序员组等。

（4）进度管理：有 Gantt 图（甘特图）、计划图。

11．进度管理

（1）Gantt 图。Gantt 图是一种水平条形图，它以日历为基准描述项目任务，如图 2-119 所示。

优点：能描述每个任务的开始和结束时间，任务的进展情况以及各个任务之间的并行关系。

缺点：不能反映出各任务之间的依赖关系、推进关系。

图 2-119　Gantt 图示例

（2）计划图。

优点：能描述每个任务开始和结束时间，以及各任务之间的依赖关系、推进关系。

关键路径：从开始到结束耗时最多的活动序列，决定了整个工期的时间，关键路径上的活动称为关键活动。

如图 2-120 所示，其关键路径为：1→2→3→4→6→8→10→11。

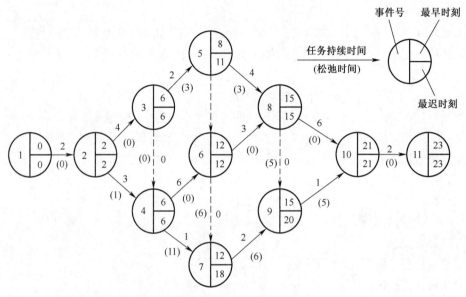

图 2-120　关键路径示例

【例 2-9】某项目主要由 A~I 任务构成。其计划图 2-121 展示了各任务之间的前后关系以及每个任务的工期（单位：天），该项目的关键路径是__(1)__。在不延误项目总工期的情况下，A 最多可以推迟开始的时间是__(2)__天。

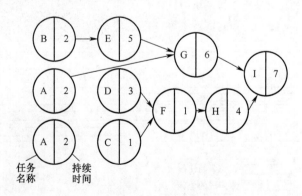

图 2-121　项目计划图

（1）A. A→G→I　　　　　　　　B. A→D→F→H→I

　　 C. B→E→G→I　　　　　　　D. C→F→H→I

（2）A. 0　　　　B. 2　　　　　C. 5　　　　　D. 7

解：关键路径是路径长度最长的路径：W(B→E→G→I)=20

由于 G 的执行依赖于 B、E、A，而 B、E 执行需要 2+5=7 天，则 A 最多可以推迟 7-2=5 天。

答案为：（1）C　　（2）C

12. 软件能力成熟度模型

软件过程和软件开发能力的评估，常用软件能力成熟度模型（Capability Maturity Model for Software，CMM）进行，见表 2-12。

表 2-12　软件能力成熟度模型（CMM）

等级	特征
初始级	软件过程是无序的，有时甚至是混乱的，对过程几乎没有定义，成功与否主要取决于个人努力。管理是反映式的
可重复级	建立了基本的项目管理的过程来跟踪软件开发过程中的软件项目计划可重复级费用、进度以及基本的功能特性。制定了必要的过程纪律，软件项目跟踪和监控能再现早先类似的应用项目的成功
己定义级	已将软件管理和工程两方面的过程文档化、标准化，并综合成该组织的标准软件过程。所有项目均使用经批准的标准软件过程来开发和维护软件
己管理级	收集对软件过程和产品质量的详细度量，对软件过程和产品都有定量的理解和控制
优化级	进程具有量化的反馈，先进的思想和新技术促使过程不断地发展改进

2.5.2　系统分析基础知识

2.5.2.1　系统分析概述

系统分析的主要任务是对现行系统进一步详细调查，将调查中所得到的文档资料集中，对组织内部整体管理状况和信息处理过程进行分析，为系统开发提供所需资料，并提交系统方案说明书。

系统分析的主要阶段包括以下各项内容。

（1）范围定义：确定项目是否值得实施。

（2）问题分析：研究系统的可行性。

（3）需求分析：确定系统的各方面需求。

（4）逻辑设计：利用系统模型来记录和验证前面的需求。

（5）决策分析：确定项目实施的最佳方案。

2.5.2.2　软件需求分析

1. 需求分析的任务

软件需求分析确定系统界面要求、系统的功能要求、系统的性能要求、系统的安全和保密性要求、系统的可靠性要求、异常处理要求和将来可能提出的要求。

2. 需求分析的方法

（1）结构化分析方法：是结构化程序设计理论在需求分析中的运用，包括以下具体方法。

1）面向数据流的结构化分析（SA）方法。

2）面向数据结构的 Jackson 系统开发（JSD）方法。

3）面向数据结构的结构化数据系统开发（DSSD）方法。

（2）面向对象分析方法：面向对象软件工程方法在需求分析中的应用。

3. 需求分析阶段的结果

需求分析阶段的结果是软件需求规格说明书（Software Requirement Specification，SRS）。SRS 的作用是便于用户与开发人员相互理解和交流；反映系统的问题结构，作为系统开发的基础和依据；作为测试和验收的依据。

2.5.2.3 结构化分析方法

结构化分析方法是一种面向数据流的需求分析方法。其分析策略、常用分析工具和最终成果如下。

1. 分析策略

分析策略为自顶向下，逐层分解。

2. 常用分析工具

常用分析工具有数据流图（DFD）、数据字典（DD）、判定树、判定表。

（1）数据流图。数据流图以图形的方式描绘数据在系统中流动和处理的过程，它反映了系统必须完成的逻辑功能，是结构化分析方法中用于表示系统逻辑模型的重要工具。数据流图中的主要图形元素与说明见表 2-13。

表 2-13   数据流图主要元素

名称	图形	说明
数据流（data flow）	→	沿箭头方向传送数据的通道，一般在旁边标注数据流名
加工（process）		又称转换，输入数据经加工、变换产生输出
存储文件（file）		又称数据源，表示处理过程中存放各种数据的文件
源/潭（source/sink）		表示系统和环境的接口，属于系统之外的实体

在数据流图中，对所有的图形元素都进行了命名，用于对属性和内容的抽象和概括。一个软件系统对其数据流图的命名必须有相同的理解，否则将会严重影响以后的开发工作。

画数据流图的基本步骤为自外向内，自顶向下，逐层细化，完善求精，如图 2-122 所示。

（2）数据字典。数据字典（Data Dictionary，DD）是与系统相关的数据定义的集合，对数据流图中出现的被命名的图形元素进行确切解释与描述。数据字典是结构化分析方法的核心。

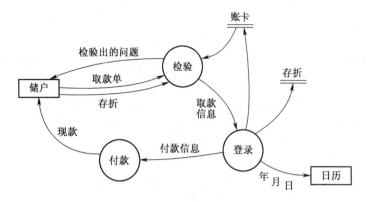

图 2-122　数据流图示例

数据字典包括数据项、数据结构、数据流、数据存储、数据处理 5 个部分。

（3）判定树。判断树又称决策树，是一种描述加工的图形工具，适合描述问题处理中具有多个判断，而且每个判断与若干条件有关的情况。使用判定树进行描述时，应该从问题的文字描述中分清哪些是判定条件，哪些是判定的决策，根据描述材料中的联结词找出判定条件的从属关系、并列关系、选择关系，根据它们构造判定树，如图 2-123 所示。

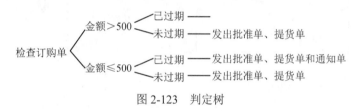

图 2-123　判定树

（4）判定表。当数据流图中的加工依赖多个逻辑条件的取值，即完成该加工的一组动作是由于某一组条件取值的组合而引发的，在此情况下，使用判断表比较适合。判定表由 4 部分组成，如图 2-124 所示，其中：①基本条件项列出各种可能的条件；②条件项列出各种可能的条件组合；③基本动作列出所有的操作；④动作项列出在对应的条件组合下所选的操作。

①基本条件	②条件项
③基本动作	④动作项

图 2-124　判定表

3. 最终成果

最终成果有一套分层的数据流图、数据词典、加工逻辑说明以及补充材料。

2.5.2.4　面向对象分析方法

面向对象分析运用面向对象（Object Oriented，OO）方法来确定系统的功能、性能要求。

面向对象基本概念包括对象（对象名、属性和操作）、消息、类、封装、继承、多态、动态绑定等。

分析工具：统一建模语言 UML。

面向对象分析方法的优点：与人类习惯的思维方法一致、稳定性好、可重用性好、较容易开发大型软件产品、可维护性好。

面向对象分析的 5 个活动：确定对象、组织对象、描述对象间的相互作用、定义对象的操作、定义对象的内部信息。

2.5.3 DFD 图设计与分析

前面提到，数据流图是以图形的方式描绘数据在系统中流动和处理的过程，反映了系统必须完成的逻辑功能，是结构化分析方法中用于表示系统逻辑模型的重要工具。画数据流图绘制的原则是自外向内，自顶向下，逐层细化，完善求精。

本节讨论 DFD 的分层设计知识。

2.5.3.1 顶层 DFD 图

顶层 DFD 图（又称输入输出图）是把整个软件系统看作一个大的加工，根据系统与外部实体的关系，画出系统的输入和输出数据流，如图 2-125 所示。

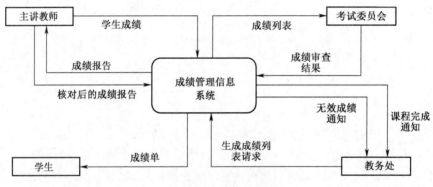

图 2-125 顶层数据流图

绘图原则：

（1）一般不必画存储。

（2）顶层 DFD 为整套 DFD 的第一张，没有参考，一般只能通过需求分析的描述进行绘制。

2.5.3.2 0 层 DFD 图

0 层 DFD 图（又称系统内部分解图）是将顶层图的加工分解成若干个子加工，并用数据流将这些加工连接起来，如图 2-126 所示。

0 层 DFD 绘图原则：

（1）需画出数据的存储。

（2）顶层 DFD 中的输入流将经过多个加工变换为输出流。

（3）加工的转换应根据需求分析的描述进行。

重复上述过程，可以不断地对 DFD 中加工进行分解，绘制更详细的子 DFD。

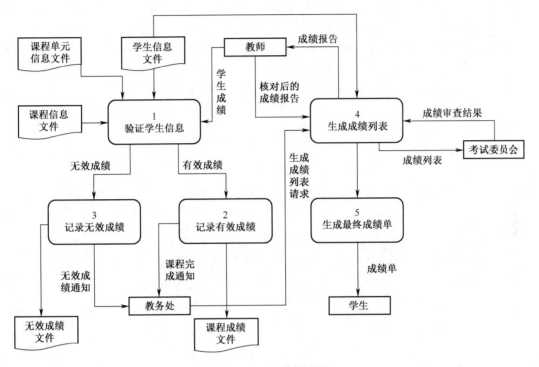

图 2-126　0 层数据流图

2.5.3.3　DFD 的绘制要点

DFD 的绘制要点如下。

（1）画数据流而不要画控制流。

（2）每条数据流的输入或者输出是加工。

（3）一个加工的输出数据流不应与输入数据流同名，即使它们的组成成分相同。

（4）允许一个加工有多条数据流流向另一个加工，也允许一个加工有两个相同的输出数据流流向两个不同的加工。

（5）保持父图与子图平衡。父图中某加工的输入输出数据流必须与它的子图的输入输出数据流在数量和名字上相同。

（6）在自顶向下的分解过程中，若一个数据存储首次出现时只与一个加工有关，那么这个数据存储应作为这个加工的内部文件而不必画出。

（7）保持数据守恒。一个加工所有输出数据流中的数据必须能从该加工的输入数据流中直接获得，或者是通过该加工能产生的数据。

（8）每个加工必须既有输入数据流，又有输出流。

（9）在整套数据流图中，每个数据存储必须既有读的数据流，又有写的数据流。但在某一张子图中可能只有读没有写，或者只有写没有读。

（10）两个实体之间不能直接用数据流连接。

（11）实体不能直接连接存储文件，存储文件也不能直接连接实体。

【例 2-10】根据数据流图的设计原则，阅读图 2-127 所示的数据流图，找出其中的错误之处。

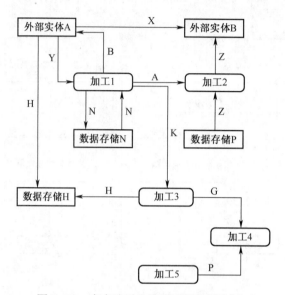

图 2-127 　存在违反设计原则的数据流图

解：

（1）外部实体 A 和 B 之间不能存在数据流。

（2）外部实体 A 和数据存储 H 之间不能存在数据流。

（3）加工 2 的输入输出数据流名字相同。

（4）加工 4 只有输入没有输出。

（5）加工 5 只有输出，没有输入。

2.5.4　E-R 图设计与分析

实体－关系（E-R）模型是利用标准图例来描述实体及实体间的联系，即概念模型。E-R 基本概念、图例、基本联系类型等请参看"数据库技术基础"的数据库模型部分。

本节主要介绍 E-R 分层结构和视图集成。通常采用中层数据流图作为设计分 E-R 图的依据。

2.5.4.1　E-R 图集成

E-R 图通常采用视图集成法，将各子 E-R 图进行集成，最终形成整个系统的总体 E-R 图，从而刻画整个系统的实体及其相互之间的关系，如图 2-128 所示。

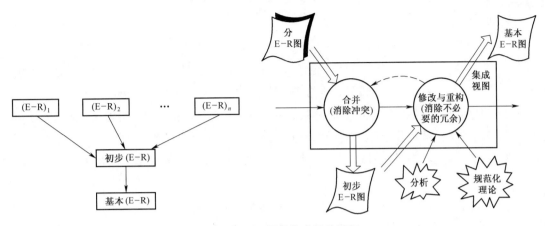

图 2-128 E-R 图的集成及其过程

E-R 图集成的过程如下：

（1）将各**分 E-R 图**在消除冲突的情况下合并，得到**初步 E-R 图**。

（2）初步 E-R 图通过分析及利用规范化理论进行优化后，形成**基本 E-R 图**。

2.5.4.2 分 E-R 图的冲突类型

1. 两类属性冲突

属性域冲突：属性值的类型、取值范围、取值集合不同。

属性取值单位冲突：相同含义的属性，在不同分 E-R 图中采用了不同的度量单位。

2. 两类命名冲突

同名异义：不同的对象在不同的局部应用中具有相同的名字。

异名同义：同一对象在不同的局部应用中有不同的名字。

3. 三类结构冲突

（1）同一对象在不同应用中具有不同的抽象。

（2）同一实体在不同分 E-R 图中的属性个数和属性次序不完全相同。

（3）实体之间的联系在不同局部视图中呈现不同的类型。

2.5.4.3 E-R 图的绘制方法

E-R 图的绘制通常以某层 DFD 作为参考，以需求分析为主要依据。

E-R 图基本绘制步骤如下。

（1）确定实体：从数据流图确定，数据流图中的源即为实体；从需求描述中确定，将描述中的涉及的名称标记出来。

（2）确定实体之间的联系：确定联系的名字、联系的类型。

（3）确定属性：实体的属性、联系的属性。

2.5.4.4 E-R 图绘制示例

某电视台拟开发一套信息管理系统，以方便对全台的员工、栏目、广告和演播厅等进行管理。

【需求分析】

（1）系统需要维护全台员工的详细信息、栏目信息、广告信息和演播厅信息等。员工的信息主要包括工号、姓名、性别、出生日期、电话和住址等，栏目信息主要包括栏目名称、播出时间和时长等，广告信息主要包括广告编号、价格等，演播厅信息包括房间号、房间面积等。

（2）电视台根据调度单来协调各档栏目、演播厅和场务。一档栏目只会占用一个演播厅，但会使用多名场务来进行演出协调。演播厅和场务可以被多个栏目循环使用。

（3）电视台根据栏目来插播广告。每档栏目可以插播多条广告，每条广告也可在多档栏目插播。

（4）一档栏目可以有多个主持人，但一名主持人只能主持一档栏目。

（5）一名编辑人员可以编辑多条广告，一条广告只能由一名编辑人员编辑。

【概念模型设计】

根据需求阶段收集的信息设计的实体联系图（不完整）如图 2-129 所示，要求补充完整。

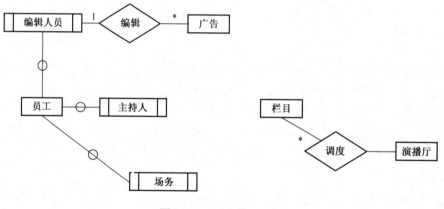

图 2-129　不完整 E-R 图

分析：

图 2-129 已经将需求分析中涉及的实体绘制出来了，需要将缺省的联系补充完整。

（1）由图 2-129 可知，编辑人员、主持人、场务与员工是概括的关系，是员工的子类。

（2）由需求分析的第（3）条可知，广告和栏目之间是多对多的关系。

（3）由需求分析的第（4）条可知，栏目和主持人之间是一对多的关系。

（4）由需求分析的第（2）条可知，栏目与场务在调度关系中是多对多的。

根据以上分析，补充完整的 E-R 图如图 2-130 所示。

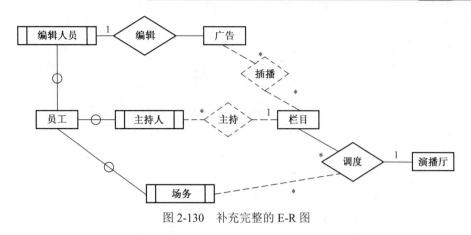

图 2-130　补充完整的 E-R 图

2.5.5　统一建模语言

统一建模语言（Unified Modeling Language，UML）是面向对象软件开放的标准化建模语言，用来对软件密集型系统进行可视化、详述、构造和文档化。

2.5.5.1　UML 的基本概念

1．UML 三要素

（1）构造块。UML 有 3 种构造块：事物、关系和图。其中，事物是对模型中最具有代表性的成分的抽象；关系把事物结合在一起；图具体描述了相关的事物。

（2）规则。规则是支配构造块如何放置在一起的规定。

（3）公共机制。公共机制是指达到特定目标的公共 UML 方法，主要包括规格说明（详细说明）、修饰、公共分类（通用划分）和扩展机制等 4 种。

2．事物及其分类

UML 事物及其分类见表 2-14。

表 2-14　UML 事物及其分类

事物类型	内容	表示法举例
结构事物	类，接口，用例，组件，节点等	类名/属性/方法 类　　接口名 接口　　协作名 协作　　用例名 用例
动作事物	交互，状态等	display（a）消息　　Waiting（b）状态
分组事物	包	Business rules
注释事物	解释部分	Return

3. 关系及其分类

UML 关系及其分类见表 2-15。

表 2-15　UML 关系及其分类

关系	功能	表示法
关联	实例（对象）之间连接的描述	0.1 ———————— *
依赖	对一个元素（提供者）的改变可能影响或提供信息给其他元素	------------>
泛化	更概括的描述和更具体的种类间的关系，适用于**继承**	————————▷
实现	说明和实现间的关系	- - - - - - - ▷
聚合	整体-部分	———————◇
组合	特殊的"整休-部分"关系，部分与整体有一致生命	———————◆

（1）关联（Association）。关联指明一个事物的对象与另一个事物的对象间的联系。联系的基本类型如图 2-131 所示。

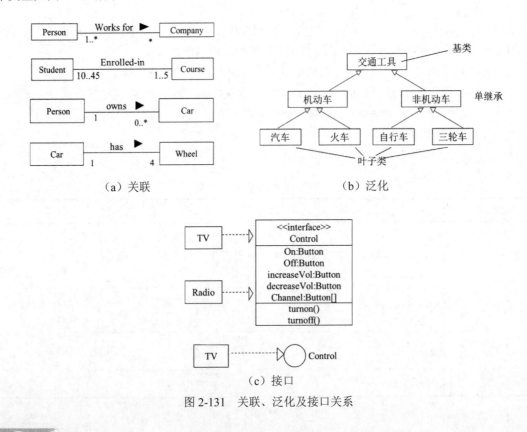

（a）关联　　　　　　　　　　　　　（b）泛化

（c）接口

图 2-131　关联、泛化及接口关系

（2）泛化（Generalization）。泛化把一般类连接到较为特殊的类，也称为超类/子类关系或父类/子类关系。

（3）实现（Realization）。实现用于接口和实现它的类之间，或用例及它们的协作之间。

接口：一个类提供给另一个类的一组操作。

（4）依赖（Dependency）。依赖表示一个事物（独立事物）发生变化时会影响使用它的另一个事物（依赖事物）情况，反之则不然。箭头指向独立事物。

图 2-132 中，Course 课程的变化显然会导致 CourseScheduel 课程清单的变化。

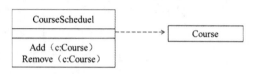

图 2-132　依赖关系

（5）聚合（Aggregation）与组合（Composition）。聚合表示类之间的关系是"整体-部分"的关系，用"包含""组成"等术语描述。组合为特殊的聚合，每个部分只能属于一个整体，且整体和部分具有一致的生命周期。聚合与组合的关系如图 2-133 所示。

图 2-133　聚合与组合的关系

2.5.5.2　UML 图的构成

1. UML 项目分析步骤

第一步：描述需求，产生用例图。

第二步：根据需求建立系统的静态模型，构造系统的结构，这个步骤产生类图、对象图、组件图和部署图。

第三步：描述系统的行为，产生状态图、活动图、序列图和协作图。

2. UML 图总体分类

在表 2-16 中，序列图、通信图、交互概览图、时序图（未全部列出）均被称为交互图，由一组对象、对象间的关系、对象间发送的消息组成，用于对系统的动态特征进行建模。

3. 用例图

用例图展现了一组用例、参与者（Actor）以及它们之间的关系，从使用者角度理解系统的总体功能，反映了外部用户与系统的关系。ATM（自动柜员机）系统的用例图如图 2-134 所示。

参与者：指系统外部并与系统进行交互的任何事物。

用例：描述系统的一项功能的一组动作序列。

表 2-16　UML 图总体分类

描述状态	图	图例
UML 静态图	用例图（Use Case Diagram） 类图（Class Diagram） 对象图（Object Diagram） 构件图（Component Diagram） 实施图（Deployment Diagram）	
UML 动态图	活动图（Activity Diagram） 序列图（Sequence Diagram） 协作图（Collaboration Diagram） 状态图（State Diagram）	

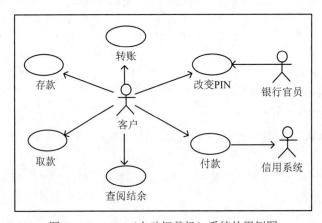

图 2-134　ATM（自动柜员机）系统的用例图

4. 类图

类图（Class Diagram）展现了一组对象、接口、协作和它们之间的关系。类图用于对系统的静态特征建模。ATM 系统中取款用例的类图如图 2-135 所示。

5. 对象图

对象图（Object Diagram）展现了一组对象以及它们之间的关系，描述了在类图中所建立的事物的实例的静态快照（某一时刻）。

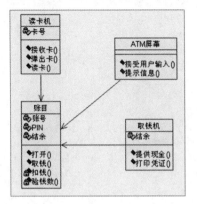

图 2-135　ATM 系统中取款用例的类图

6. 序列图

序列图强调以时间顺序组织的对象之间的交互活动,有对象生命线和控制焦点,如图 2-136 所示。

(1)对象生命线:表示一个对象在一段时间内存在。

(2)控制焦点:表示一个对象执行一个动作所经历的时间段。

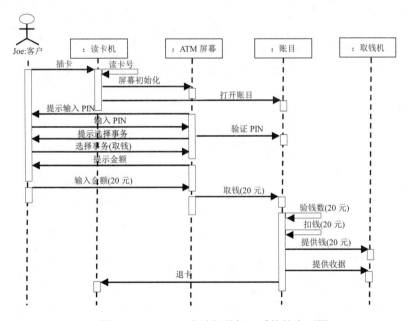

图 2-136　ATM(自动柜员机)系统的序列图

7. 协作图

协作图又称通信图,强调收发消息的对象的组织结构,有路径和顺序号,如图 2-137 所示。

路径:指出一个对象如何与另一个对象链接。

顺序号:表示一个消息的时间顺序。

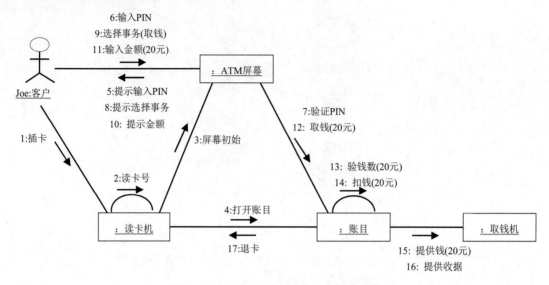

图 2-137　ATM 系统中取款用例的协作图

8. 状态图

状态图（State Diagram）展现了一个状态机，它由状态、转换、事件和活动组成。

状态图用于对一个对象按事件排序的行为建模，如图 2-138 所示。

状态图与交互图的区别：交互图对共同工作的对象群体的行为建模，而状态图对单个对象的行为建模。

9. 活动图

活动图（Activity Diagram）是一种特殊的状态图，如图 2-139 所示。

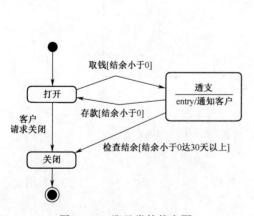

图 2-138　账目类的状态图

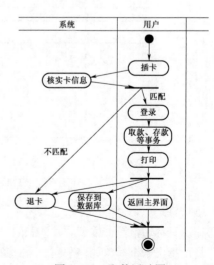

图 2-139　取款活动图

●初始态：每张状态图有 1 个初始态；◉终止态：每张状态图有多个终止态。

活动图强调对象间的控制流程，本质上是一种流程图。活动图一般包括活动状态、动作状态、转换、对象等概念。

10．构件图

构件图（Component Diagram）显示系统中的构件以及它们之间的依赖、泛化和关联关系。

构件：遵从一组接口且提供其实现的物理的、可替换的部分，如图 2-140 所示。

11．部署图

部署图（Deployment Diagram）展现了运行处理节点以及其中的构件的配置，如图 2-141 所示。

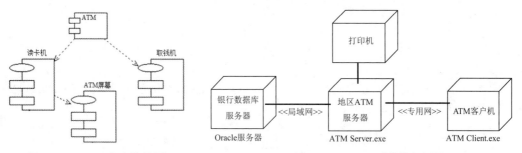

图 2-140　ATM 客户构件图　　　　　图 2-141　ATM 系统的部署图

2.5.6　系统设计基础知识

需求分析主要解决"做什么"的问题，确定系统的逻辑模型；而系统设计主要解决"怎么做"的问题，基本目标是用比较抽象概括的方式确定目标系统如何完成预定的任务，确定系统的物理模型。

2.5.6.1　系统设计分类

从技术观点来看，系统设计主要包括总体结构设计、代码设计、输出设计、输入设计、处理过程设计、数据存储设计、用户界面设计和安全控制设计等。

从工程角度来看，系统设计分两步完成，即概要设计和详细设计。

（1）概要设计。又称结构设计，将软件需求转化为软件体系结构。概要设计主要包括设计软件系统总体结构、数据结构及数据库设计、编写概要设计文档、概要设计文档评审。

（2）详细设计。确定每个模块的实现算法、局部数据结构、数据库物理设计、代码设计、输入输出设计、界面设计、编写详细设计文档及评审。

2.5.6.2　系统设计基本原理

（1）抽象：抽象是一种思维工具，就是把事物本质的共同特性提取出来而不考虑其他细节。

（2）模块化：解决一个复杂问题时自顶向下逐步把软件系统划分成较小的、相对独立但又不相互关联的模块的过程。

（3）信息隐蔽：模块的实施细节对于其他模块来说是隐蔽的。

（4）模块独立性：软件系统中每个模块只涉及软件要求的具体的子功能，和软件系统中其他模块的接口是简单的。

1）模块独立性指标包括耦合性和内聚性。

2）模块划分原则是高内聚度，低耦合度。

2.5.6.3 概要设计

模块是组成系统的基本单位，每个模块实现一个相对独立的软件功能。

1. 模块的四要素

（1）输入和输出。模块的输入来源和输出去向都是同一个调用者，即一个模块从调用者那里取得输入，进行加工后再把输出返回给调用者。

（2）处理功能。指模块把输入转换成输出所作的工作。

（3）内部数据。指仅供该模块本身引用的数据。

（4）程序代码。指用来实现模块功能的程序。

2. 模块结构图

系统概要设计工具主要是模块结构图（又称结构图）。模块结构图的基本图例如图 2-142 所示。

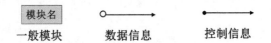

图 2-142　模块结构图的基本图例

（1）矩形表示模块，箭头表示模块间的调用关系。

（2）用空心小圆圈表示模块调用过程中来回传递的信息。

（3）实心圆箭头表示控制信息，空心圆箭头表示数据信息。

3. 常用结构图的 4 种模块类型

常用结构图有 4 种模块类型，如图 2-143 所示。

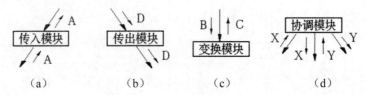

图 2-143　结构图 4 种模块基本类型

（1）传入模块：从下属模块取得数据，经处理再将其传送给上级模块。

（2）传出模块：从上级模块取得数据，经处理再将其传送给下属模块。

（3）变换模块：从上级模块取得数据，进行特定的处理，转换成其他形式，再传送给上级模块。

（4）协调模块：对所有下属模块进行协调和管理的模块。

4. 模块结构图例及术语

如图 2-144 所示的模块结构图中，有如下术语。

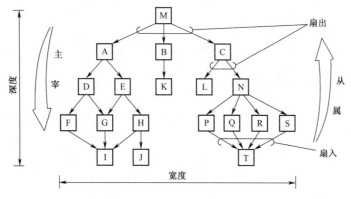

图 2-144   模块结构图示例

深度：表示控制的层数，当前深度为 5。

宽度：整体控制跨度，当前跨度为 7。

扇入：调用一个给定模块的模块个数，A 的扇入为 1。

扇出：一个模块直接调用的其他模块的数量，A 的扇出为 2。

原子模块：树中位于叶子节点的模块，如 K、L、I、J、T 等。

上级模块、从属模块：上、下两层模块 A 和 D，且有 A 调用 D，则 A 是上级模块，D 是从属模块。

5．概要设计的优化准则

（1）改进软件结构，提高模块独立性。

（2）模块规模要适中。

（3）模块的作用范围应保持在模块的控制范围内。

（4）软件结构的深度、宽度、扇入、扇出要适当。

（5）降低模块接口的复杂度。

（6）设计单入口单出口的模块。

（7）模块的功能可预测。

2.5.6.4   结构化设计方法

结构化设计中的概要设计是面向数据流的设计,面向数据流的设计方法定义了一些不同的映射方法，利用这些方法可以把数据流图变换成结构图，从而表示软件的结构。

数据流的类型有变换型和事物型。

（1）变换型。变换型数据流处理问题的工作过程大致分为 3 步，即取得数据、变换数据和输出数据。变换型系统结构图由输入、中心变换、输出 3 部分组成。

（2）事务型。事务型数据流处理问题的工作机理是接受一项事务，根据事务处理的特点和性质，选择分派一个适当的处理单元，然后给出结果。

2.5.6.5　详细设计

1. 基本任务

确定每个模块的实现算法、局部数据结构、数据库物理设计、代码设计、输入输出设计、界面设计、编写详细设计文档及评审。

2. 常用设计工具

常用设计工具有 PDL（伪码）、PFD（程序流程图）、N-S（方盒图）、PAD（问题分析图）、决策树、决策表。

2.5.6.6　输入、输出设计

1. 输入设计

输入设计保证向系统输入正确的数据。

输入设计的原则：最小量原则、简单性原则、早检验原则、少转换原则。

输入设计的内容：确定输入数据内容、输入方、输入格式、校对方式。

2. 输出设计

输出设计的内容：确定输出数据内容、输出设备与介质、输出格式。

2.5.7　系统实施与运维知识

系统实施是新系统开发工作的最后一个阶段，是将系统设计阶段的结果转换成可执行的应用软件系统。

2.5.7.1　系统实施的步骤

（1）按总体设计方案购置和安装计算机及网络系统。

（2）建立数据库系统。

（3）程序设计。

（4）收集有关数据并进行录入工作，然后进行系统测试。

（5）人员培训、系统转换和试运行。

2.5.7.2　软件测试基础

1. 软件测试概述

软件测试的目的是通过合理的测试用例，以最少的人力和时间发现潜在的各种错误和缺陷。

软件测试用于检查错误，但不能证明程序中没有错误。通过有效性测试保证系统质量（满足需求规格）和可靠性。软件测试通常由开发人员、用户一起完成。

2. 测试的基本方法

（1）静态测试。又称人工测试，不实际运行软件，主要通过人工来评审软件文档或程序，包括代码检查、静态结构分析、代码质量度量等。

（2）动态测试。又称机器测试，通过运行软件，检验结果的正确性，主要包括白盒测试方法和黑盒测试方法。

1）白盒测试。白盒测试又称结构测试、逻辑驱动测试，是将软件看成透明的白盒，根据程序

的内部结构和逻辑结构来设计测试用例,对程序的路径和过程进行测试,检查程序是否满足设计的要求。

白盒测试的基本原则有:①保证所测模块中每一独立路径至少执行一次;②保证所测模块所有判断的每一分支至少执行一次;③保证所测模块每一循环都在边界条件和一般条件下至少各执行一次;④验证所有内部数据结构的有效性。

常用的白盒测试用例设计方法主要有逻辑覆盖、循环覆盖、基本路径测试等。

2)黑盒测试。黑盒测试又称功能测试,是将软件看成黑盒子,不考虑程序内部细节、结构和实现方式,仅仅测试软件的基本功能是否满足需要。黑盒测试主要用于软件的确认测试,根据程序的功能说明来设计测试用例。

常用的基本方法有:①等价类划分法。将程序的所有可能的输入数据划分成若干部分(及若干等价类),然后从每个等价类中选取数据作为测试用例。②边界值分析法。对各种输入、输出范围的边界情况设计测试用例。③错误推测法。人们可以依靠经验和直觉推测程序中可能存在的各种错误,从而有针对性地编写检查这些错误的用例。④因果图。根据程序规格说明中找出因(输入条件)和果(输出或程序状态的改变),将因果图转换为判定表,再利用判断表设计测试用例。

2.5.7.3　软件测试步骤

软件测试分 4 个步骤:单元测试、集成测试、确认测试(验收测试)和系统测试。

1.　单元测试

测试对象:对软件的最小单位——模块,进行测试。

目的:发现各模块内部可能存在的各种错误。

测试用例设计:依据详细设计说明书和源程序,根据程序的内部结构进行设计。

测试方法:通常以白盒测试为主,辅之以黑盒测试。

单元测试内容:模块接口测试、局部数据结构测试、错误处理测试、边界测试、重要的执行路径测试。

2.　集成测试

测试对象:将模块组装起来后进行测试。

目的:发现与模块之间的接口有关的错误。

测试用例设计:依据系统设计说明书。

测试内容:软件单元的接口测试、全局数据结构测试、边界条件和非法输入测试等。

模块组装方式:非增量方式组装、增量方式组装。

3.　确认测试(验收测试)

目的:验证软件的有效性,即验证软件的功能和性能及其他特性是否与用户的要求一致。

测试用例设计:软件需求规格说明书。

测试方法:主要运用黑盒测试法。

基本过程:有效性测试→软件配置审查→进行验收测试→安装测试。

4．系统测试

目的：通过与系统的需求定义进行比较，发现软件与系统定义不符合或与之矛盾的地方。

测试用例设计：需求分析规格说明书。

基本内容：功能测试、性能测试、操作测试、配置测试、外部接口测试、安全性测试等。

2.5.7.4　软件的调试

1．基本任务

根据测试时发现的错误，找出错误原因和具体的位置，进行相应地更改。调试在开发阶段进行，由开发人员来完成，谁开发的程序就由谁来进行调试。

2．基本步骤

（1）错误定位。

（2）错误纠正。

（3）回归测试，防止引入新的错误。

3．软件调试分类

（1）静态调试主要是指通过人的思维来分析源程序代码和排错，是主要的调试手段。

（2）动态调试是静态调试的辅助，借助调试工具执行程序来进行。

4．调试的主要方法

调试的主要方法包括强行排错、回溯法排错、原因排除法。

2.5.7.5　系统转换

新系统试运行成功之后，就可以在新系统和旧系统之间互相转换。系统转换方式如下：

（1）直接转换。确定新系统运行无误时，立刻启用新系统，终止旧系统运行。

（2）并行转换。新旧系统并行工作一段时间，经过考验以后，新系统正式替代旧系统。

（3）分段转换（逐步转换）。是以上两种转换方式的结合。在新系统全部正式运行前，一部分一部分地代替旧系统。

2.5.7.6　系统运行与维护

软件维护是软件生命周期中的最后一个阶段，在软件已经交付使用后，为了改正错误或满足新的需求而修改软件的过程。

（1）可维护性的评价指标有可理解性、可测试性、可修改性。

（2）系统维护内容有硬件设备的维护、应用软件的维护、数据的维护。

2.5.8　本学时要点总结

软件（Software）包括 3 个部分：程序（Program）、相关数据（Data）、说明文档（Document）。

软件开发技术：包括软件开发方法学、开发过程、软件工具、软件工程环境。

软件工具：包括软件开发工具、软件维护工具、软件管理和支持工具。

软件生命周期：软件产品从提出、实现、使用维护到停止使用退役的过程。

软件生命周期阶段：定义阶段（问题定义、可行性分析、需求分析），开发阶段（概要设计、详细设计、编码实现、测试），维护阶段（使用和维护、淘汰）。

常见的软件生存周期模型有：瀑布模型、增量模型、演化模型、螺旋模型、喷泉模型。

软件开发方法：结构化方法、Jackson 方法、原型化方法、面向对象方法、敏捷方法。

软件项目管理：成本估算、风险分析、人员管理、进度管理。

Gantt 图（甘特图）、PERT 网、软件能力成熟度模型（CMM）。

系统分析的主要阶段：范围定义、问题分析、需求分析、逻辑设计、决策分析。

需求分析的任务：确定系统界面要求、系统的功能要求、系统的性能要求、系统的安全和保密性要求、系统的可靠性要求、异常处理要求和将来可能提出的要求。

需求分析阶段的结果：软件需求规格说明书（RSR）。

结构化分析方法常用工具：数据流图（DFD）、数据字典（DD）、判定树、判定表。

面向对象分析方法：工具 UML、优点。

DFD 的基本图例：加工、数据流、文件存储、外部实体。

DFD 的绘制要点及原则。

E-R 图的集成：初步 E-R 图（消除冲突）、基本 E-R 图（规范化）。

分 E-R 图的冲突类型：两类属性冲突、两类命名冲突、三类结构冲突。

UML 三要素：构造块、规则、公共机制。

事物类型：结构事物、行为事物、分组事物、注释事物。

关系：依赖、关联、泛化、实现、聚合、组合。

UML 静态图：用例图（Use Case Diagram）、类图（Class Diagram）、对象图（Object Diagram）、构件图（Component Diagram）、实施图（Deployment Diagram）。

UML 动态图：活动图（Activity Diagram）、序列图（Sequence Diagram）、协作图（Collaboration Diagram）、状态图（State Diagram）。

系统设计两个主要步骤：概要设计、详细设计。

系统设计的基本原理：抽象、信息隐藏、模块化、模块独立性。

模块划分的基本原则：高内聚性、低耦合性。

概要设计工具：模块结构图（图例的含义）。

常用设计工具：PDL（伪码）、PFD（程序流程图）、N-S（方盒图）、PAD（问题分析图）、决策树、决策表。

软件测试目的（发现错误，看是否满足设计要求）、参与人员（开发人员、用户）、两种基本测试方法（静态、动态测试以及黑、白盒测试）。

白盒测试用例的选择依据（程序的内部逻辑）、基本方法（逻辑覆盖、循环覆盖、路径覆盖）。

黑盒测试用例的选择依据（模块的基本功能）、基本方法（等价类划分、边界值分析、错误推测）。

软件测试过程中的 4 个步骤：单元（内部结构，白盒）、集成（模块功能，黑盒）、确认（需求规格说明书）、系统测试（需求分析规格说明书）。

程序调试目的（诊断，改正程序中的错误），参与人员（程序员），基本步骤（错误定位、错误纠正、回归测试)。

系统转换方式:直接转换、并行转换、分段转换。

可维护性的评价指标:可理解性、可测试性、可修改性。

系统维护内容:硬件设备的维护、应用软件的维护、数据的维护。

2.5.9 系统开发和运行知识模拟习题

1. 下述任务中,不属于软件工程需求分析阶段的是( )。

    A.分析软件系统的数据要求   B.确定软件系统的功能需求

    C.确定软件系统的性能需求   D.确定软件系统的运行平台

2. 软件设计的主要任务是设计软件的结构、过程和模块,软件结构设计的主要任务是要确定( )。

    A.模块间的操作细节   B.模块间的相似性

    C.模块间的组成关系   D.模块的具体功能

3. 信息系统测试是将软件系统与硬件、外设和网络等其他因素结合,对整个软件系统进行测试。( )不是信息系统测试的内容。

    A.路径测试   B.可靠性测试   C.安装测试   D.安全测试

4. CMM 模型将软件过程的成熟度分为 5 个等级。在( )使用定量分析来不断地改进和管理软件过程。

    A.优化级   B.管理级   C.定义级   D.可重复级

5. 在面向数据流的设计方法中,一般把数据流图中的数据划分为( )两种。

    A.数据流和事务流   B.变换流和数据流

    C.变换流和事务流   D.控制流和事务流

6. 在系统转换的过程中,旧系统和新系统并行工作一段时间,再由新系统代替旧系统的策略称为 __(1)__ ;在新系统全部正式运行前,一部分一部分地代替旧系统的策略称为 __(2)__ 。

    (1)A.直接转换   B.位置转换   C.分段转换   D.并行转换

    (2)A.直接转换   B.位置转换   C.分段转换   D.并行转换

7. 在 UML 提供的图中, __(1)__ 用于描述系统与外部系统及用户之间的交互, __(2)__ 用于按时间顺序描述对象间交互。

    (1)A.用例图   B.类图   C.对象图   D.部署图

    (2)A.网络图   B.状态图   C.协作图   D.序列图

8. 软件项目管理中可以使用各种图形工具来辅助决策。下面对甘特图的描述中,不正确的是( )。

    A.甘特图表现各个活动的持续时间   B.甘特图表现了各个活动的起始时间

    C.甘特图反映了各个活动之间的依赖关系 D.甘特图表现了完成各个活动的进度

9. 某项目主要由 A~I 任务构成。其计划图展示了各任务之间的前后关系以及每个任务的工期（单位：天），该项目的关键路径是　(1)　。在不延误项目总工期的情况下，A 最多可以推迟开始的时间是　(2)　天。

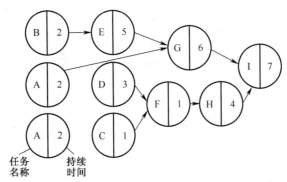

任务名称　　持续时间

(1) A. A→G→I　　　B. A→D→F→H→I　C. B→E→G→I　　　D. C→F→H→I

(2) A. 0　　　　　　B. 2　　　　　　　C. 5　　　　　　　D. 7

10. 数据流程图的作用是（　　）。

A. 描述了数据对象之间的关系　　　B. 描述了对数据的处理流程

C. 说明了将要出现的逻辑判定　　　D. 指明了系统对外部事件的反应

11. 软件生命周期是指（　　）。

A. 软件产品从提出、实现、使用维护到停止使用退役的过程

B. 软件从需求分析、设计、实现到测试完成的过程

C. 软件的开发过程

D. 软件的运行维护过程

12. 下面不属于软件设计阶段任务的是（　　）。

A. 软件总体设计　　　　　　　　　B. 算法设计

C. 制定软件确认测试计划　　　　　D. 数据库设计

13. 下面不属于需求分析阶段任务的是（　　）。

A. 确定软件系统的功能需求　　　　B. 制定软件集成测试计划

C. 确定软件系统的性能需求　　　　D. 需求规格说明书评审

14. 在软件设计中不使用的工具是（　　）。

A. 数据流图（DFD 图）　　　　　　B. PAD 图

C. 系统结构图　　　　　　　　　　D. 程序流程图

15. 在结构化程序设计中，模块划分的原则是（　　）。

A. 各模块应包括尽量多的功能　　　B. 各模块的规模应尽量大

C. 各模块之间的联系应尽量紧密　　D. 模块内具有高内聚度、模块间具有低耦合度

16. 某系统总体结构图如下所示，该系统总体结构图的深度是（　　）。

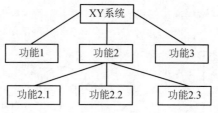

A. 7　　　　　　　B. 6　　　　　　　C. 3　　　　　　　D. 2

17. 在黑盒测试方法中，设计测试用例的主要根据是（　　）。

　　A. 程序内部逻辑　　B. 程序流程图　　C. 程序数据结构　　D. 程序外部功能

18. 对软件设计的最小单位进行的测试通常称为（　　）。

　　A. 单元测试　　　　　　　　　　B. 集成测试

　　C. 确认测试（验收测试）　　　　D. 系统测试

19. 软件（程序）调试的任务是（　　）。

　　A. 诊断和改正程序中的错误　　　　B. 尽可能多地发现程序中的错误

　　C. 发现并改正程序中的所有错误　　D. 确定程序中错误的性质

20. 在软件工程的设计阶段中，有 3 种常用的设计方法：结构化设计（SD）方法、Jackson 方法和 Parnas 方法。SD 方法侧重__（1）__、Jackson 方法则是__（2）__。

　　A. 使用对象、类和集成

　　B. 由数据结构导出模块结构

　　C. 模块要相对独立，且功能单一，使块间联系弱，块内联系强

　　D. 将可能引起变化的因素隐藏在某有关模块内部，使这些因素变化时的影响范围受到限制

　　E. 用数据流图表示系统的分解，且用数据字典和说明分别表示数据和加工的含义

　　F. 自顶向下、逐步细化，采用顺序、选择和循环 3 种基本结构，以及限制 goto 语句的使用，设计出可靠的和易维护的软件

参考答案：

1～5	DCABC	6	BC	7	AD	8	C
9	CC	10～14	BACBA	15～19	DCDAA	20	EB

第 6 学时　标准化和知识产权基础知识

本学时考点

（1）标准及标准化的概念及意义。

（2）国内与国际标准。

（3）知识产权的概念、分类及特点。

第 2 天

（4）计算机软件著作权基本概念：主体、客体、保护的条件、权利、行使、保护日期、职务开发软件著作权归属、委托开发软件著作权归属。

（5）计算机软件著作权的侵权问题：侵权行为、合理使用行为、侵权的识别、侵权的法律责任、商业秘密权。

（6）专利的申请原则。

2.6.1 标准化基础知识

技术标准化、管理过程标准化、应用领域内业务的标准化，是整个软件行业内、软件产业链上各个企业规范软件开发过程的前提基础和有力保障。了解知识产权、尤其是机软件著作权相关知识，软件从业者才能有效地保护自身的合法利益。

2.6.1.1 标准及标准化

标准：对重复性事物和概念所做的统一规定。

标准化：是在经济、技术、科学及管理等社会实践中，对重复性事物和概念通过制定、发布和实施标准达到统一，获得最佳秩序和社会效益的过程。

2.6.1.2 标准的分类

1. 标准的适用范围分类

国际标准（International Standard）：指国际标准化组织（ISO）、国际电工委员会（IEC）所制定的标准。

国家标准（National Standard）：由某一国标准化组织制定的标准，如中华人民共和国国家标准（GB）、美国国家标准（ANSI）、英国国家标准（BS）、日本工业标准（JIS）等。

区域标准（Regional Standard）：由区域组织建立的标准。如太平洋地区标准会议（PASC）、欧洲标准化委员会（CEN）、亚洲标准咨询委员会（ASAC）、非洲地区标准化组织（ARSO）等。

行业标准（Specialized Standard）：某一行业内实施的标准。如美国电气和电子工程师学会标准（IEEE）、中华人民共和国国家军用标准（GIB）等。

企业标准（Company Standard）：在企业内部自行实行的标准。

2. 标准的法律约束性分类

强制性标准：必须严格执行，任何单位和个人不得擅自更改或降低标准。

推荐性标准：通过经济手段或市场调节而自愿采用的一类标准，不具有强制性。

3. 我国采用国际标准或国外先进标准的程度分类

等同采用：指国家标准等同于国际标准，仅有或没有编辑性修改。编辑性修改是指不改变标准技术内容的修改。

等效采用：指国家标准等效于国际标准，技术内容上只有很小的差异。

非等效采用：指国家标准不等效于国际标准，在技术上有重大的差异。

2.6.1.3 标准的代号和编号

（1）国际标准 ISO 的代号和编号的格式为：ISO+标准号+［杠+分标准号］+冒号+发布年号

（方括号中的内容可有可无），如 ISO 9000-1：1994。

（2）国家标准的代号和编号：代号、标准发布顺序号和标准发布年代号。

强制性国家标准：GB　XXXXX-XXXX　推荐性国家标准：GB/T　XXXXX-XXXX

（3）行业标准的代号和编号：代号、标准发布顺序号和标准发布年代号。

强制性行业标准编号：XX　XXXX-XXXX　推荐性行业标准编号：XX/T　XXXX-XXXX

（4）地方标准的代号和编号：代号、标准发布顺序号和标准发布年代号。

强制性地方标准：DBXX　XXXXX-XXXX　　推荐性地方标准：DBXX/T　XXXXX-XXXX

（5）企业标准的代号和编号：代号、标准发布顺序号和标准发布年代号。

Q/XXX　XXXXX-XXXX

2.6.1.4　信息技术标准化

信息技术标准化是围绕信息技术开发、信息产品研制和信息系统建设、运行与管理而开展的一系列标准化工作。

（1）信息编码标准化：编码是一种信息交换的技术手段。如 ASCII 码（美国信息交换标准码）。

（2）汉字编码标准化：汉字编码是对每一个汉字按一定的规律用若干个字母、数字、符号表示出来，如：GB 2312－80 信息交换用汉字编码字符集是基本集，后续有 GBK 等标准。

（3）软件能力成熟度模型（CMM）：为软件企业的软件能力不断走向成熟提供了有效的步骤和阶梯式的进化框架（详情参考"系统开发和运行知识"中的相应内容）。

2.6.2　知识产权

知识产权是指人们在智力创造活动中产生的智力劳动成果和在生产经营活动中产生的标识类成果，所依法享有的权利。

2.6.2.1　知识产权概要

1. 知识产权特征

（1）非物质性：知识产权是无形财产。

（2）独占性：只有权利人才能对其知识产权享有独占权，未经许可，任何人不得使用权利人的智力成果。

（3）地域性：各国主管机关依照本国法律授予的知识产权，只能在其本国领域内受法律保护。

（4）时效性：超过法律规定的有效期限，权利将自行终止。

2. 知识产权的时效性

德国著作权法规定著作权的保护期延至作者去世后 70 年。

中国及大多数国家对著作权的保护期延至作者去世后 50 年。

中国发明专利的保护期为 20 年。

中国实用新型专利权和外观设计专利权的期限为 10 年。

中国商标权的保护期限为 10 年。

2.6.2.2　计算机软件著作权

《计算机软件保护条例》规定，软件著作权是指软件开发者及其他软件著作权人对其开发（继受）的软件依法享有的权利。著作权因作品的创作完成而自动产生。

软件著作权的归属采取"创作主义"原则，完成软件开发的开发者享有软件著作权。

1．著作权的构成

著作权包括著作人身权和著作财产权两个方面。

著作人身权包括发表权、署名权、修改权和保护作品完整权。

著作财产权包括作品的使用权和获得报酬权。

2．计算机软件著作权的主体与客体

主体：指享有软件著作权的人，包括公民、法人、其他组织和外国人。

客体：指著作权法保护的对象，包括计算机程序及其有关文档。

3．软件著作权的许可使用

独占许可使用：权利人不得将软件使用权授予第三方，自己也不能使用该软件。

独家许可使用：权利人不得将软件使用权授予第三方，自己可以使用该软件。

普通许可使用：权利人可以将软件使用权授予第三方，自己可以使用该软件。

4．软件的合法复制品所有人的权利

装入权：指根据使用的需要把软件装入计算机或具有信息处理能力的设备内的权利。

备份权：指防止复制品损坏而制作备份的权利，但这些备份复制品不得通过任何方式提供给他人使用。

必要的修改权：为了把该软件用于实际的计算机应用环境或者改进其功能及性能而进行必要的修改。

5．计算机软件著作权的保护期

个人开发时，保护期为自然人终生及其死亡后 50 年。

合作开发时，保护期截止于最后死亡的自然人死亡后 50 年。

法人或者其他组织的软件著作权，保护期为 50 年。

6．职务开发软件著作权归属

以下情况是软件著作权均属于开发者本人；如果著作权属于单位的，其署名权仍属于开发者。

（1）所开发的软件不是执行其本职工作的结果。

（2）开发的软件与开发者在单位中从事的工作内容无直接联系。

（3）开发的软件未使用单位的物质技术条件。

7．委托开发的软件著作权归属

委托开发的软件著作权的归属由委托者与受委托者签订书面合同约定。如果事后发生软件著作权纠纷，软件著作权的归属根据委托开发软件的合同来确定。

在委托开发软件活动中，若未签订书面合同或者合同未作明确约定，则软件的著作权由受托人享有，即属于实际完成软件开发的开发者。

8. 不构成计算机软件侵权的合理使用行为

合理使用是指在特定的条件下，即为了学习和研究软件内涵的设计思想和原理为目的，通过安装、显示、传输或者存储软件等方式使用软件的条件下，法律允许他人自由使用享有软件著作权的软件而不必征得软件著作权人的同意，也不必向软件著作权人支付报酬的行为。

2.6.2.3 商业秘密

商业秘密是指不为公众所知悉的、能为权利人带来经济利益、具有实用性并经权利人采取保密措施的技术信息和经营信息。商业秘密包括经营秘密和技术秘密。

经营秘密：指未公开的经营信息。

技术秘密：指未公开的技术信息。

2.6.3 专利与商标

2.6.3.1 专利权

（1）专利：指经国家专利部门依照法定程序审查，认定为符合专利条件的发明创造。

（2）专利权：指发明创造人在法定期限内，依法对其发明创造成果享有的专有权利。

（3）发明创造包括发明、实用新型和外观设计。

（4）获得专利权的条件。

1）发明或者实用新型的条件：新颖性、创造性、实用性。

2）外观设计的条件：新颖性、美观性、合法性。

（5）专利申请原则：专利申请原则包括书面申请原则、先申请原则和优先权原则。如果两个以上申请人在同一日分别就同样的发明创造申请专利的，则自行协商确定申请人，如果协商不成，专利局将驳回所有申请人的申请。

（6）专利权的保护期限：发明专利权的期限为 20 年，实用新型专利权、外观设计专利权的期限为 10 年。

2.6.3.2 商标权

（1）商标：指在商品或者服务项目上所使用的，用以识别不同生产者或经营者所生产、制造、加工、拣选、经销的商品或者提供的服务的可视性标志。

（2）商标权具有知识产权的特征：专有性（专用性）、时间性和地域性。

（3）商标注册的原则：先申请原则和优先权原则。

（4）可以作为商标注册的标志：具备可视性（显著性）、不得与在先权利相冲突、不得违反公序良俗。

（5）商标保护期限：有效期为 10 年，每次续展注册的有效期为 10 年。注册人连续 3 年停止使用的，任何人都可以向商标局申请撤消该注册商标。

2.6.4 本学时要点总结

标准的适用范围分类：国际标准、国家标准、区域标准、行业标准、企业标准。

标准的法律约束性分类：强制性标准、推荐性标准。

我国采用国际标准或国外先进标准的程度：等同采用、等效采用、非等效采用。

信息技术标准化：信息编码标准化、汉字编码标准化、软件能力成熟度模型 CMM。

知识产权的特征：非物质性、独占性、地域性、时效性。

著作权的构成：著作人身权、著作财产权。

软件著作权的许可使用方式：独占许可使用、独家许可使用、普通许可使用。

软件著作权的归属：职务开发、委托开发、合作开发。

商业秘密分类：经营秘密、技术秘密。

发明创造包括发明、实用新型和外观设计。

专利申请原则：专利申请原则包括书面申请原则、先申请原则和优先权原则。

商标权具有知识产权的特征：专有性（专用性）、时间性和地域性。

2.6.5　标准化和知识产权基础知识模拟习题

1.（　　）是在经济、技术、科学及管理等社会实践中，以改进产品、过程和服务的适用性，防止贸易壁垒，促进技术合作，促进最大社会效益为目的，对重复性事物和概念通过制定、发布和实施标准，达到统一，获得最佳秩序和社会效益的过程。

　　A．标准　　　　　　B．规范　　　　　　C．规程　　　　　　D．标准化

2. 按制定标准的不同层次和适应范围，标准可分为国际标准、国家标准、行业标准和企业标准等，__(1)__制定的标准是国际标准。我国国家标准分为强制性国家标准和推荐性国家标准，强制性国家标准的代号为__(2)__，推荐性国家标准的代号为__(3)__。我国国家标准的代号由大写汉语拼音字母构成，国家标准的编号的后两位数字表示国家标准发布的__(4)__。

　　（1）A．IEE　　　　　B．IEEE　　　　　C．ANSI　　　　　D．IEC

　　（2）A．GB　　　　　B．QB　　　　　　C．BG　　　　　　D．GB/T

　　（3）A．GB　　　　　B．QB　　　　　　C．BG　　　　　　D．GB/T

　　（4）A．代号　　　　　B．条形码　　　　　C．编号　　　　　D．年号

3. 我国的国家标准有效期一般为（　　）年。

　　A．3　　　　　　　B．4　　　　　　　C．5　　　　　　　D．10

4. 国际标准是指由（　　）制定的标准。

　　A．ISO 和 IEC　　　B．IEEE 和 IEE　　C．GB 和 GB/T　　D．ANSI 和 ASCII

5. 美国电气和电子工程师学会标准（IEEE）属于（　　）。

　　A．国家标准　　　　B．地区标准　　　　C．行业标准　　　　D．企业标准

6.（　　）是针对重复性的技术事项而制定的标准，是从事生产、建设及商品流通时需要共同遵守的一种技术依据。

　　A．商业标准　　　　B．技术标准　　　　C．管理标准　　　　D．工作标准

7.（　　）是在一定范围内作为其他标准的基础并普遍适用，具有广泛指导意义的标准。

A．产品标准　　　　　　B．方法标准　　　　　　C．基础标准　　　　　　D．服务标准

8．在将国际标准和国外先进标准纳入国家标准的方法中，由国家标准机构直接宣布某项国际标准为国家标准，其具体办法是发布认可公告或通知，公告或通知中一般不附带国际标准的正文，也不在原标准文本上加注采用国家的编号，这种方法称为（　　　）

　　A．封面法　　　　　　B．认可法　　　　　　C．翻译法　　　　　　D．完全重印法

9．我国国家标准 GB 904-91 通用商品条码的结构与 EAN 条码结构相同，由（　　　）位数字码以及对应的条码组成。

　　A．10　　　　　　　　B．12　　　　　　　　C．13　　　　　　　　D．15

10．联合国教科文组织（UNESCO）是由（　　　）确认并公布的国际标准化组织。

　　A．GB　　　　　　　　B．ISO　　　　　　　　C．IEC　　　　　　　　D．IEEE

11．ISO 9000：2000 系列标准现有（　　　）项标准。

　　A．10　　　　　　　　B．13　　　　　　　　C．4　　　　　　　　　D．20

12．在 CMM 的（　　　），企业建立了基本的项目管理过程的政策和管理规程，对成本、进度和功能进行监控，以加强过程能力。对新项目的计划和管理基于以往相似或同类项目的成功经验，以确保再一次成功。

　　A．初始级　　　　　　B．可重复级　　　　　C．定义级　　　　　　D．管理级

13．（　　　）提供了一个软件过程评估的框架，可以被任何软件企业用于软件的设计、管理、监督、控制以及提高获得、供应、开发、操作、升级和支持的能力。

　　A．ISO/IEC 15504　　B．ISO 9001　　　　　C．IEC 176　　　　　　D．ISO 9000：2000

14．《计算机软件产品开发文件编制指南》（GB 8567-88）是（　　　）标准。

　　A．强制性国家　　　　B．推荐性国家　　　　C．强制性行业　　　　D．推荐性行业

15．我国发明专利的保护期为 ___(1)___ 年，实用新型专利权和外观设计专利权的期限为 ___(2)___ 年，均自专利申请日起计算。我国公民的作品发表权保护期为作者终生及其死亡后 ___(3)___ 年。我国商标权的保护期限自核准注册之日起 ___(4)___ 年内有效，但可以根据其所有人的需要无限地续展权利期限。在期限届满前 ___(5)___ 个月内申请续展注册，每次续展注册的有效期为 10 年，续展注册的次数不限。

　（1）A．30　　　　　　B．20　　　　　　　　C．50　　　　　　　　D．55
　（2）A．20　　　　　　B．30　　　　　　　　C．10　　　　　　　　D．40
　（3）A．50　　　　　　B．40　　　　　　　　C．20　　　　　　　　D．10
　（4）A．20　　　　　　B．10　　　　　　　　C．30　　　　　　　　D．25
　（5）A．3　　　　　　　B．5　　　　　　　　　C．6　　　　　　　　　D．7

16．计算机软件著作权的客体是指（　　　）。

　　A．公民、法人和计算机软件　　　　　　　　B．计算机软件和硬件
　　C．计算机程序及其有关文档　　　　　　　　D．计算机软件开发者和计算机软件

17．___(1)___ 是构成我国保护计算机软件著作权的两个基本法律文件。计算机软件著作权的权

利自软件开发完成之日起产生，保护期为____(2)____年。

(1) A. 《软件法》和《计算机软件保护条例》

B. 《中华人民共和国著作权法》和《中华人民共和国版权法》

C. 《中华人民共和国著作权法》和《计算机软件保护条例》

D. 《软件法》和《中华人民共和国著作权法》

(2) A. 不受限制　　　　　　　　　　　B. 50

C. 软件开发者有生之年　　　　　　D. 软件开发者有生之年加死后50年

18. ____(1)____和____(2)____是商业秘密的基本内容。

(1) A. 销售秘密　　B. 经营秘密　　C. 生产秘密　　D. 研发秘密

(2) A. 生产秘密　　B. 营销秘密　　C. 技术秘密　　D. 销售秘密

19. 商业秘密构成的条件是：商业秘密必须具有____(1)____，即不为公众所知悉；必须具有____(2)____，即能为权利人带来经济效益；必须具有____(3)____，即采取了保密措施。

(1) A. 公开性　　B. 确定性　　C. 未公开性　　D. 非确定性

(2) A. 实际性　　B. 效益性　　C. 适用性　　D. 实用性

(3) A. 隐秘性　　B. 秘密性　　C. 隐私性　　D. 保密性

20. 授予专利权的条件是指一项发明创造获得专利权应当具备的实质性条件，包括____(1)____、____(2)____和____(3)____。

(1) A. 新颖性　　B. 灵活性　　C. 便利性　　D. 应用性

(2) A. 适用性　　B. 便捷性　　C. 创造性　　D. 灵活性

(3) A. 应用性　　B. 实用性　　C. 适用性　　D. 通用性

21. （　　）受到《中华人民共和国著作权法》的永久保护。

A. 复制权　　B. 发表权　　C. 出租权　　D. 署名权

22. 某软件设计师按单位下达的任务，独立完成了一项应用软件的开发和设计，其软件著作权属于____(1)____；若其在非职务期间自己创造条件设计完成了某项与其本职工作无关的应用软件，则该软件著作权属于____(2)____；若其在非职务期间利用单位物质条件创作的与单位业务范围无关的计算机程序，其著作权属于____(3)____。

(1) A. 该单位法人　　　　　　　　　　B. 该软件工程师

C. 软件工程师所在单位　　　　　　D. 单位和软件工程师

(2) A. 该软件工程师　　　　　　　　　B. 该单位法人

C. 软件工程师和单位　　　　　　　D. 软件工程师所在单位

(3) A. 该软件工程师

B. 该单位法人

C. 软件工程师所在单位

D. 该软件工程师，但其许可第三人使用软件，应支付单位合理的物质条件使用费

23. 甲单位接受乙单位的委托单独设计完成了某项发明创造，甲乙两单位之间并未签订其他协

议，那么申请专利的权力属于 __(1)__，申请被批准后，专利权归 __(2)__ 所有或持有。

(1) A. 甲和乙两单位共同所有　　　　　B. 甲单位

　　C. 乙单位　　　　　　　　　　　　D. 其他

(2) A. 乙单位　　　　　　　　　　　　B. 甲和乙两单位共同

　　C. 甲单位　　　　　　　　　　　　D. 其他

24. 对于专利侵权而言，侵权行为人承担的主要责任是（　　）。

　　A. 行政责任　　　B. 民事责任　　　C. 刑事责任　　　D. 民事责任和刑事责任

25. 发明和实用新型专利权的保护范围以（　　）作为确定发明和实用新型专利保护范围的标准和依据。

　　A. 说明书　　　　B. 设计图样　　　C. 权利要求书　　D. 申请书

26. 外观设计专利权保护的范围包括（　　）。

　　A. 相同外观设计　　　　　　　　　B. 不同外观设计

　　C. 相似外观设计　　　　　　　　　D. 相同外观设计和相似外观设计

27. 专利局收到发明专利申请后，一个必要的程序是初步审查。经初步审查认为符合本法要求的，自申请日起满（　　）个月，即行公布（公布申请）。

　　A. 6　　　　　　　B. 8　　　　　　C. 12　　　　　　D. 18

28. 某人就同样的发明创造于同一天向有关专利行政部门提交两件或两件以上的专利申请，专利局（　　）

　　A. 授予其中一件专利申请专利权

　　B. 所提交的专利申请均得到批准

　　C. 所提交的专利申请均被驳回

　　D. 授予其中一件专利申请专利权，其余若申请人不主动撤回，则专利局将予以驳回

29. 知识产权是指民事权利主体（公民、法人）基于创造性的（　　）而享有的权利。

　　A. 劳动成果　　　B. 智力成果　　　C. 精神成果　　　D. 科学成果

30. 作为工业产权保护的对象，发明、实用新型和工业品外观设计属于（　　）。

　　A. 识别性标记权利　B. 智力创造权利　C. 创造性成果权利　D. 技术成果权利

31. 下列选项中属于人身权的是 __(1)__，属于财产权的是 __(2)__。

(1) A. 署名权　　　　B. 使用权　　　　C. 发行权　　　　D. 复制权

(2) A. 修改权　　　　B. 获得报酬权　　C. 发表权　　　　D. 署名权

32. 下列选项中不属于著作权保护的对象的是（　　）

　　A. 书籍　　　　　B. 音乐作品　　　C. 法院判决书　　D. 建筑设计图

33. 下列选项中同时具有财产权和人身权双重属性的是 __(1)__。商业秘密具有 __(2)__ 属性。

(1) A. 著作权　　　　B. 商业秘密　　　C. 发现权　　　　D. 使用权

(2) A. 名誉权属性　　B. 人身权属性　　C. 财产权属性　　D. 使用权属性

34. 法律授予知识产权一种专有权，具有独占性。未经其专利人许可，任何单位或个人不得使

用，否则就构成侵权，应承担相应的法律责任。但少数知识产权不具有独占性特征，下列哪项属于该类？（　　）

　　A．商业秘密　　　　B．技术秘密　　　　C．配方秘密　　　　D．生产秘密

35．中国专利局授予的专利权或中国商标局核准的商标专用权受保护的范围是　(1)　。外国人在我国领域外使用中国专利局授权的发明专利，不侵犯我国专利权。著作权虽然自动产生，但它受地域限制。我国法律对外国人的作品的保护实行的是　(2)　。

　　(1) A．只在中国领域内，其他国家则不给予保护

　　　　B．在所有国家

　　　　C．在中国领域及与中国建交的国家境内

　　　　D．与中国建交的国家境内

　　(2) A．都予以保护

　　　　B．对与中国建交的国家的公民作品

　　　　C．一概不予保护

　　　　D．并不都给予保护，只保护共同参加国际条约国家的公民的作品

36．在（　　）情况下，软件经济权利人可以将软件使用权授予第三方，权利人自己也可以使用该软件。

　　A．独占许可使用　　B．独家许可使用　　C．普通许可使用　　D．法定许可使用

37．软件经济权利的转让后，（　　）没有改变。

　　A．保护期　　　　B．著作权主体　　　　C．所有权　　　　D．使用权

38．若一软件设计师利用他人已有的财务管理信息系统软件中所运用的处理过程和操作方法，为某公司开发出财务管理软件，则该软件设计师（　　）。

　　A．侵权，因为处理过程和操作方法是他人已有的

　　B．侵权，因为计算机软件开发所用的处理过程和操作方法是受著作权法保护的

　　C．不侵权，因为计算机软件开发所运用的处理过程和操作方法不属于著作权法的保护对象

　　D．是否侵权，取决于软件设计师是不是合法的受让者

39．某公司购买了一套工具软件，并使用该工具软件开发了新的名为 A 的软件。该公司在销售新软件的同时，向客户提供此工具软件的复制品，则该行为　(1)　。该公司未对 A 软件进行注册商标就开始推向市场，并获得用户的好评，不久之后，另一家公司也推出名为 A 的类似软件，并对之进行了商标注册，则其行为　(2)　。

　　(1) A．不构成侵权行为　　　　　　　　B．侵犯了专利权

　　　　C．侵犯了著作权　　　　　　　　　D．属于不正当竞争

　　(2) A．不构成侵权行为　　　　　　　　B．侵犯了著作权

　　　　C．侵犯了商标权　　　　　　　　　D．属于不正当竞争

40．知识产权一般都具有法定的保护期限，一旦保护期限届满，权利将自行终止，成为社会公众可以自由使用的知识。（　　）权受法律保护的期限是不确定的，一旦为公众所知悉，即成为公众

可以自由使用的知识。

    A．发明专利　　　　B．商标　　　　　C．作品发表　　　D．商业秘密

41．甲、乙两人在同一时间就同样的发明创造提交了专利申请，专利局将分别向各申请人通报有关情况，并提出多种解决这一问题的办法，不可能采用（　　）的办法。

    A．两申请人作为一件申请的共同申请人

    B．其中一方放弃权利并从另一方得到适当的补偿

    C．两件申请都不授予专利权

    D．两件申请都授予专利权

42．我国著作权法中，（　　）系指同一概念。

    A．出版权与版权　　B．著作权与版权　　　C．作者权与专有权　D．发行权与版权

43．某软件设计师自行将他人使用 C 程序语言开发的控制程序转换为机器语言形式的控制程序，并固化在芯片中，该软件设计师的行为（　　）。

    A．不构成侵权，因为新的控制程序与原控制程序使用的程序设计语言不同

    B．不构成侵权，因为对原控制程序进行了转换与固化，其使用和表现形式不同

    C．不构成侵权，将一种程序语言编写的源程序转换为另一种程序语言形式，属于一种"翻译"行为

    D．构成侵权，因为他不享有原软件作品的著作权

参考答案：

1	D	2	DADD	3～7	CACBC	8～12	BCBBB
13～14	AA	15	BCABC	16	C	17	CD
18	BC	19	CDD	20	ACB	21	D
22	AAD	23	BC	24～28	BCDDD	29～30	BC
31	AB	32	C	33	AC	34	B
35	AD	36～38	CAC	39	CA	40～43	DDBD

第**3**天
数据库基础

经过第 2 天的紧张学习，掌握了计算机基础模块二的相关知识要点、难点以及练习了通关模拟题，现在进入第 3 天，学习数据库技术模块一相关内容，包括"数据库技术基础""关系数据库"及"SQL 结构化查询语言"3 个部分。

第 1 学时　数据库技术基础

本学时考点

（1）数据管理技术的发展阶段：人工管理、文件系统、数据库系统和高级数据库系统等阶段，以及各阶段的特点及其对比。

（2）数据模型：概念模型、逻辑模型、外部模型和内部模型。

（3）逻辑模型：层次模型、网状模型、关系模型和对象模型。

（4）数据独立性、物理独立性、逻辑独立性的定义。

（5）数据库（Database，DB）的体系结构：三级结构，两级映像，两级数据独立性。

（6）数据库管理系统（Database Management System，DBMS）的工作模式和主要功能。

（7）数据库系统（Database System，DBS）组成部分、DBS 的系统软件、数据库管理员（Database Administrator，DBA）的定义和职责。

3.1.1　数据库系统概述

数据库技术是当今信息时代各种应用系统赖以支撑的基本计算机技术。通过对数据库相关理论的学习，能够提高数据管理能力，进而提高现实系统的分析、管理和决策能力。

3.1.1.1 基本概念

1. 数据、信息与数据处理

数据（Data）是数据库中存储的基本对象，是存储在某种媒体上的用来描述事物的能够识别的物理符号，如文字、数字、图形、声音、视频等。数据的数值与其语义（数据的含义）是不可分的。

信息是已经被加工为特定形式的数据。对人们而言信息应是实现存在的、准确的、及时的和可以理解的，可用于指导决策的数据。

数据处理是对数据进行收集、组织、存储、加工和传播等工作，是将数据转换为信息的过程。

数据是信息的载体和具体表现形式，信息不随着数据形式的变化而变化，信息=数据+数据处理。

2. 数据库

数据库（Database）是长期储存在计算机内、有组织的、可共享的大量的数据集合。不仅包括数据本身，还包括数据之间的联系。

3. 数据库管理系统

数据库管理系统（DBMS）是用户与操作系统之间的用于科学地组织和存储数据、高效地获取和维护数据的系统软件，常见的 DBMS 有 Access、SQL Server、FoxPro、Oracle、DB2、MySQL、Sybase 等。

4. 数据库应用系统

在数据库系统的基础上，如果使用数据库管理系统（DBMS）软件和数据库开发工具书写出应用程序、应用界面，则构成了数据库应用系统，DBAS 由数据库系统、应用软件及应用界面三者组成。

5. 数据库系统

数据库系统（DBS）是指引入数据库后的计算机系统。

数据库系统的构成如图 3-1 所示，包括：①硬件系统（HW）；②数据库（DB）；③软件系统（SW）；④数据库管理系统（DBMS）；⑤数据库管理员（DBA）。其中，DBMS 是数据库系统的核心。

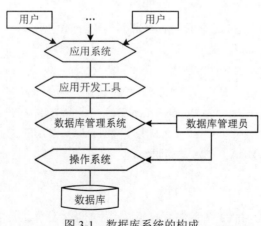

图 3-1　数据库系统的构成

3.1.1.2　数据管理技术的发展

数据处理的中心问题就是数据管理，包括对数据分类、组织、编码、存储、检索和维护。随着计算机软、硬件的不断升级，数据管理经历了人工管理、文件系统、数据库管理、分布式数据库系统、面向对象数据库系统等阶段，数据独立性越来越高，使用越来越方便，技术越来越复杂。

人工管理、文件系统、数据库管理3个管理阶段的特点对比，见表3-1。

表3-1　人工管理、文件系统、数据库管理特点对比

比较项	人工管理阶段	文件系统阶段	数据库管理阶段
应用背景	科学计算	科学计算、数据管理	大规模数据管理
硬件背景	无直接存取存储设备	磁鼓、磁盘	大容量磁盘（阵列）
软件背景	无操作系统	有文件系统	DBMS
处理方式	批处理	联机实时处理、批处理	联机实时处理、分布处理、批处理
数据管理者	用户（程序员）	文件系统	DBMS
数据面向的对象	某一应用程序	某一应用	现实中某一体系
数据共享程度	无共享，冗余极大	共享性差，冗余大	共享性高、冗余小
数据独立性	不独立，完全依赖于程序	独立性差	具有高度的物理独立性和一定的逻辑独立性
数据结构化	无结构	记录内有结构、整体无结构	整体结构化
数据控制能力	程序自己控制	程序自己控制	DBMS提供安全、完整、并发、恢复

3.1.1.3　DBMS的功能和特点

1. DBMS的组成部分

（1）数据定义语言（Data Definition Language，DDL）及其编译处理程序。

（2）数据操纵语言（Data Manipulation Language，DML）及其编译程序。

（3）数据库运行控制程序。

（4）实用工具程序。

2. DBMS的主要功能

（1）数据定义。

（2）数据操纵。

（3）数据库运行管理。

（4）数据组织、存储和管理。

（5）数据库的建立和维护。

（6）数据通信接口。

3. 数据库系统的特点

（1）数据结构化。数据结构化是数据库区别于文件系统的主要特征之一；不再仅仅针对某一

个应用，而是面向全组织；不仅数据内部结构化，数据之间也具有联系。

（2）数据的共享性高，冗余度低，易扩充。数据库系统从整体角度看待和描述数据，数据面向整个系统，可以被多个用户、多个应用共享使用，**数据库的基本特征就是共享**。

数据共享的优点：减少数据冗余，节约存储空间；避免数据之间的不相容性与不一致性；使系统易于扩充，适应不同用户的需求。

1）相容性：同一数据其类型、大小是否相同。

2）一致性：同一数据的不同副本其值是否一样。

（3）数据独立性高。数据库中数据独立性分为逻辑独立性和物理独立性。

1）逻辑独立性指用户的应用程序与数据的逻辑结构是相互独立的；即数据的逻辑结构改变了，用户程序也可以不变。

2）物理独立性指用户的应用程序与数据的存储结构是相互独立的；即当数据的物理存储改变了，应用程序可以不变。

（4）数据由 DBMS 统一管理和控制。

1）数据的安全性（Security）保护：保护数据，以防止不合法的使用造成的数据的泄密和破坏。

2）数据的完整性（Integrity）检查：将数据控制在有效的取值范围内，或保证数据之间满足一定的约束条件。

3）并发（Concurrency）控制：对多用户的并发操作加以控制和协调，防止相互干扰而得到错误的结果。

4）数据库恢复（Recovery）：将数据库从错误状态恢复到某一已知的正确状态。

3.1.1.4 数据库系统的体系结构

从数据库最终用户角度（即数据库的外部体系结构）看，数据库系统的结构分为集中式、客户/服务器、并行式、分布式、Web 数据库等。

从数据库管理系统角度（即数据库的内部体系结构）看，数据库系统通常采用外模式、模式、内模式三级模式结构。

（1）集中式数据库系统。数据、数据管理、功能应用、用户接口及 DBMS 都集中位于 DBMS 所在的计算机上。

（2）客户/服务器式数据库系统。一个处理机（客户端）的请求被送到另一个处理机（服务器）上执行。

（3）并行式数据库系统。使用相连接的多个 CPU 和多个磁盘进行并行操作，提高数据处理和 I/O 速度。常见的并行数据库系统包含如图 3-2 所示的共享内存（磁盘）式多处理器体系结构和无共享式并行体系结构。

（4）分布式数据库系统。分布式数据库系统是数据库系统和计算机网络相结合的产物，是针对面向地理上分散、而管理上又需要不同程度集中的需求而提出的一种数据管理信息系统。

（5）Web 数据库系统。数据库技术是计算机处理与数据存储最有效、最成功的技术，而 Web 技术的特点是资源共享；因此，数据与资源共享这两种技术的结合即形成了今天广泛应用的 Web

数据库，即网络数据库。

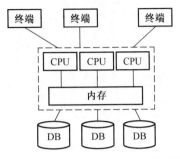

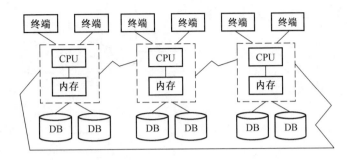

（a）共享内存（磁盘）式多处理器　　　　　（b）无共享式并行体系结构

图 3-2　常见的并行数据库系统

3.1.1.5　数据库系统的三级模式结构

1. 数据库系统模式的概念

（1）"型"和"值"的概念。

型（Type）：是对某一类数据的结构和属性的说明。

值（Value）：是型的一个具体赋值实例。

例如，对于学生记录：

（学号，姓名，性别，系别，年龄，籍贯）表示学生的特征描述形式，是类型。

（900201，李明，男，计算机，22，江苏）是一个具体的学生记录，是型的一个取值。

（2）数据库模式（Schema）。模式是数据库逻辑结构和特征的描述，是型的描述，反映的是数据的结构及其联系，模式是相对稳定的。

（3）实例（Instance）。模式的一个具体值，反映数据库某一时刻的状态，同一个模式可以有很多实例，实例随数据库中的数据的更新而变动。

例如，在学生选课数据库模式中，包含学生记录、课程记录和学生选课记录。

2018 年的一个学生数据库实例，包含 2018 年学校中所有学生的记录、2018 年学校开设的所有课程的记录、2018 年所有学生选课的记录。

显然，2019 年度学生数据库模式对应的实例与 2018 年度学生数据库模式对应的实例是不同的。

2. 数据库系统的三级模式结构

为了有效地组织、管理数据，数据库采用三级模式结构，由内模式、模式和外模式组成，也即由物理级、概念级和视图级组成，如图 3-3 所示。

（1）模式。模式也称逻辑模式，是数据库中全体数据的逻辑结构和特征的描述，是所有用户的公共数据视图，综合了所有用户的需求。一个数据库只有一个模式。

模式的地位：模式处于数据库系统模式结构的中间层，与数据的物理存储细节和硬件环境无关，与具体的应用程序、开发工具及高级程序设计语言无关。

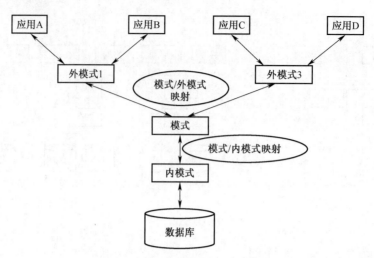

图 3-3　数据库系统的三级模式

模式定义的内容包括数据的逻辑结构（数据项的名字、类型、取值范围等），数据之间的联系，数据有关的安全性、完整性要求等。

（2）外模式。外模式也称子模式或用户模式，是数据库用户（包括应用程序员和最终用户）使用的局部数据的逻辑结构和特征的描述。外模式介于模式与应用之间。

模式与外模式的关系是一对多。

外模式与应用的关系是一对多。外模式可以作为数据库安全性的措施之一，每个用户只能看见和访问所对应的外模式中的数据。

（3）内模式。内模式也称存储模式，是数据物理结构和存储方式的描述，是数据在数据库内部的表示方式。内模式通常包括记录的存储方式（顺序存储、B 树结构存储、hash 存储等）、索引的组织方式、数据是否压缩存储、数据是否加密、数据存储记录结构的规定等。一个数据库只有一个内模式。

3．二级映象与数据独立性

（1）外模式/模式映象。每一个外模式，数据库系统都有一个外模式/模式映象，用于定义外模式与模式之间的对应关系。数据库中外模式/模式映象保证了数据的逻辑独立性。

（2）模式/内模式映象。模式/内模式映象定义了数据全局逻辑结构与存储结构之间的对应关系。数据库中的模式/内模式映象是唯一的，保证了数据的物理独立性。

3.1.2　数据模型

3.1.2.1　数据模型概述

1．数据模型定义

数据模型是对现实世界的模拟，是对现实世界中的概念进行抽象、表示和处理（对数据进行描述、组织和操作）的工具。数据模型是数据库系统的核心和基础。

数据模型应该满足三方面的要求：①能比较真实地模拟现实世界；②容易为人所理解；③便于在计算机上实现。

针对不同的使用对象和应用目的，可采用不同的数据模型。

2. 数据模型三要素

（1）数据结构：描述数据库的组成对象、以及对象之间的联系，是数据库的静态特性。

（2）数据操作：对数据库中各种对象（型）的实例（值）允许执行的操作及操作规则，如查询、插入、删除、修改等，是数据库的动态特性。

（3）完整性约束条件：是一组完整性规则，描述了数据模型中数据及其联系所具有的制约和储存规则；一般包括三类完整性，即实体完整性、参照完整性、用户定义完整性。

3.1.2.2 三类数据模型

（1）概念模型：又称信息模型，是按用户的观点来对数据和信息建模，通常用 E-R 图进行描述，用于数据库设计。从现实世界到概念模型由数据库设计人员完成，与具体的计算机无关。

（2）逻辑模型：是以计算机系统的观点对数据建模，用于数据库管理系统（DBMS）的实现。主要包括网状模型、层次模型、关系模型、面向对象模型等。从概念模型到逻辑模型由数据库设计人员完成，与具体的计算机有关。

（3）物理模型：是对数据最底层的抽象，描述数据在系统内部的表示方式和存取方法。从逻辑模型到物理模型由 DBMS 完成，与具体的计算机有关。

例如，需设计一个学校的教学管理系统数据库，基本设计过程如下。

第一阶段：概念模型。对组织结构进行抽象，利用 E-R 图描述实体及其之间的联系，如图 3-4 所示。

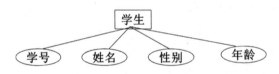

图 3-4 学生实体及其属性

第二阶段：逻辑模型。针对数据库管理系统所支持的数据模型建立数据，如在关系数据库中，将 E-R 图转化为相应的关系模式：学生（学号，姓名，性别，年龄），其中学号是主键。

第三阶段：物理设计。设计数据库的存放路径、索引等。如本例采用 Access 数据库，可以指定该数据库的存储文件为 D:\教学管理.accdb。

3.1.2.3 概念模型

1. 基本概念

（1）E-R 图基本构成。概念模型用于对信息世界建模，是数据库设计的有力工具，也是数据库设计人员和用户之间进行交流的语言，主要通过 E-R 图（实体联系图）进行描述，E-R 图基本构件见表 3-2。

表 3-2　E-R 图基本构件

构件	说明
矩形　▭	表示实体集，通常在矩形框内写明实体名
双边矩形　▭	表示弱实体集，通常双边矩形框内写明弱实体名
菱形　◇	表示联系集，通常在菱形框内写明联系名
双边菱形　◈	表示弱实体集对应的标识性联系
椭圆　◯	表示属性，通常在椭圆内写明属性名
线段　──	将属性与相关的实体集连接，或将实体集与联系集相连
双椭圆　◎	表示多值属性
虚椭圆　⬭	表示派生属性
双线　═	表示一个实体全部参与到联系集中

（2）基本术语。

1）实体（Entity）：客观存在并可相互区别的事物称为实体。实体可以是具体的人、事、物或抽象的概念（如课程实体），对应表中的每一行。

2）属性（Attribute）：实体所具有的特性称为属性。一个实体可以由若干个属性来刻画，对应表中的列。

3）码（Key）：唯一标识实体的属性集称为码，如图 3-5 中的学生编号。

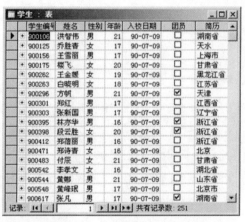

图 3-5　"学生"表示意图

4）域（Domain）：属性的取值范围称为该属性的域，如性别只能取值"男"或"女"。

5）实体型（Entity Type）：用实体名及其属性名集合来抽象和刻画同类实体称为实体型。如学生（学生编号，姓名，性别，年龄，入校日期，团员，简历）。

6）实体集（Entity Set）：同一类型实体的集合称为实体集，例如整个"学生"数据表。

（3）属性的分类。

简单属性：原子的、不可再分的属性，如表 3-3 工资表中的姓名、职称等。

复合属性：可细分为多个部分组成的属性，如工资、扣除。

单值属性：属性对于一个特定的实体只有单独的一个值，如工号。

多值属性：属性可能对应一组值，如家属（一个职工有多个家属）。

NULL 属性：当实体在某个属性上没有值或值未知时，使用 NULL 值。

派生属性：可以从其他属性计算得到的属性，如实发=工资－扣除。

表 3-3　工资表示例

职工号	姓名	职称	工资			扣除		实发	家属
			基本	津贴	职务	房租	水电		
86051	陈平	讲师	1305	1200	50	160	112	2283	妻子、儿女

2. 联系（Relationship）

现实世界中事物内部以及事物之间存在着各种联系，在信息世界中反映为实体内部的联系和实体之间的联系。

（1）实体内部的联系通常是指组成实体的各属性之间的联系。

（2）实体之间的联系通常是指不同实体集之间的联系。

3. 两个实体集之间的联系

（1）一对一联系（1:1）。如果对于实体集 A 中的每一个实体，实体集 B 中至多有一个（也可以没有）实体与之联系，反之亦然，则称实体集 A 与实体集 B 具有一对一联系，记为 1:1。

（2）一对多联系（1:n）。如果对于实体集 A 中的每一个实体，实体集 B 中有 n 个实体（$n\geq0$）与之联系，反之，对于实体集 B 中的每一个实体，实体集 A 中至多只有一个实体与之联系，则称实体集 A 与实体集 B 有一对多联系，记为 1:n。

（3）多对多联系（$m:n$）。如果对于实体集 A 中的每一个实体，实体集 B 中有 n 个实体（$n\geq0$）与之联系，反之，对于实体集 B 中的每一个实体，实体集 A 中也有 m 个实体（$m\geq0$）与之联系，则称实体集 A 与实体 B 具有多对多联系，记为 $m:n$。

两个实体集之间的联系如图 3-6 所示。

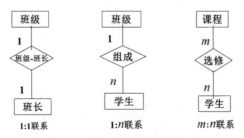

图 3-6　两个实体集之间的联系

4. 三个实体集之间的联系

（1）一对一联系。三个实体集之间的一对一联系要求两两之间满足上述两个实体之间一对一的联系。

例如，考虑只允许生育一个小孩条件下的子女、妻子、丈夫三个实体型，如图 3-7（a）所示。一个子女只有一个父亲，一个母亲；一位丈夫最多只能有一位妻子和一个小孩；一位妻子最多只有一位丈夫和一个小孩。

（2）一对多联系。例如，考虑课程、教师、参考书三个实体型，如图 3-7（b）所示。一门课程可以有若干教师讲授，使用若干本参考书；每一个教师只讲授一门课程；每一本参考书只供一门课程使用。

（3）多对多联系。例如，考虑供应商、项目、零件三个实体型，如图 3-7（c）所示。一个供应商可以供给多个项目多种零件；每个项目可以使用多个供应商供应的零件；每种零件可由不同的供应商供给。

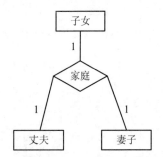
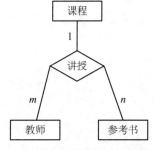
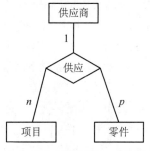

（a）三个实体型间 1:1 联系　　（b）三个实体型间 1:n 联系　　（c）三个实体型间 m:n 联系

图 3-7　三个实体集之间的联系

5. 单个实体集内的联系

（1）一对一联系。如居民内部，对于一夫一妻制度下，丈夫和妻子之间的联系，某一公民（妻子）最多仅有一个丈夫，一个丈夫也仅有一位妻子，如图 3-8（a）所示。

（2）一对多联系。如职工实体型内部具有领导与被领导的联系，某一职工（干部）"领导"若干名职工，一个职工仅被另外一个职工直接领导，如图 3-8（b）所示。

（3）多对多联系。如居民内部的亲戚关系，每个人都可以有很多位亲戚，如图 3-8（c）所示。

（a）单个实体型内部 1:1 联系　　（b）单个实体型内部 1:n 联系　　（c）单个实体型内部 m:n 联系

图 3-8　单个实体集之间的联系

6. 实体关系图（E-R 图）

参考表 3-2 中 E-R 图的基本构件，可绘制完整的 E-R 图。

（1）基本 E-R 图。如图 3-9 所示，图中有两个实体：学生和课程，它们之间是多对多的联系。学生实体的属性为学号、姓名、性别、年龄，联系选型带有一个属性：成绩。

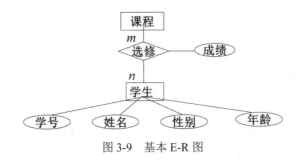

图 3-9　基本 E-R 图

（2）带弱实体的 E-R 图。弱实体是指依赖于其他实体而存在的实体，一般用双线矩形表示。如图 3-10 所示，家属实体是依赖于职工实体而存在的，所以家属实体是弱实体。

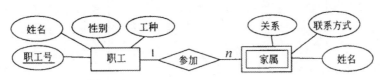

图 3-10　带弱实体的 E-R 图

（3）特殊化的 E-R 图。特殊化可以理解为父实体与子实体之间的关系，有子实体允许重复和不重复两种形式。

如图 3-11（a）所示，专科生、本科生、研究生是学生的子实体，并且三者之间的对象是不重叠的，在连接位置用 d 表示。

如图 3-11（b）所示，在职生、教师、工人是教职工的子实体。显然，如果教师、工人进行进修学习，就变成了在职生，因此子实体的对象之间存在重叠，连接位置用 o 表示。

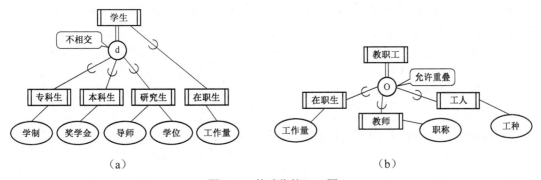

（a）　　　　　　　　　　　　　　　　　　（b）

图 3-11　特殊化的 E-R 图

3.1.2.4　常用数据模型

1．层次模型

层次模型是最早出现的数据模型，如 IBM 公司的 IMS；层次模型用树型结构来表示各类实体以及实体间的联系，层次模型只能表示 1:n 联系，不能表示 m:n 联系。如图 3-12 所示。

层次模型中的术语：根节点，双亲节点，兄弟节点，叶节点。

层次模型的两个基本特征：

（1）有且只有一个节点没有双亲节点，这个节点称为根节点。

（2）根以外的其他节点有且只有一个双亲节点。

2．网状模型

网状数据库系统采用网状模型作为数据的组织方式，如图 3-13 所示。

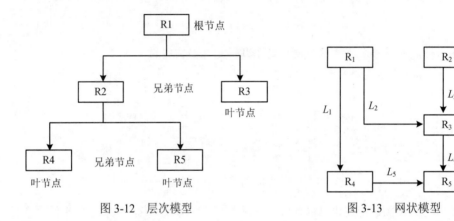

图 3-12　层次模型　　　　　　　　图 3-13　网状模型

网状模型的两个基本特征：

（1）允许一个以上的节点无双亲。

（2）一个节点可以有多于一个以上的双亲。

3．关系模型

（1）关系模型的特点。

1970 年，美国 IBM 公司 San Jose 研究室的研究员 E.F.Codd 首次提出了数据库系统的关系模型，且于 1981 年获得了图灵奖。

关系数据库系统采用关系模型作为数据的组织方式，以关系代数为数学基础，数据用二维表表示。当前绝大多数的数据库均为关系数据模型。关系模型和层次模型、网状模型的最大差别是用关键码而不是用指针导航数据，结构简单，表达信息灵活。

（2）常见术语。

关系模型通常在逻辑上表现为二维表，如图 3-4 所示的"学生"。相关术语如下。

1）关系（Relation）：一个关系对应一张表，如"学生"表。

2）元组（Tuple）：表中的一行即为一个元组。

3）属性（Attribute）：表中的一列即为一个属性。

4）主码（Key）：唯一确定一个元组的属性集合，如"学生编号"属性。

5）域（Domain）：属性的取值范围，如性别只能取值"男"或"女"。

6）分量：元组中的一个属性值，如第一个元组在属性"姓名"上的分量取值为"洪智伟"。

7）关系模式：对关系的描述，基本形式为关系名（属性1，属性2，…，属性n），

例如，学生（学号，姓名，年龄，性别，系，年级）。

（3）关系的规范化理论。一个二维表能称为关系，具有如下性质。

1）属性的原子性，即属性是不可再分的，表中不能包含表。

2）同一关系中的属性是唯一的。

3）关系中的元组是唯一的。

4）关系中元组的有限性。

5）关系中元组的次序无关紧要。

6）关系中属性的次序无关紧要。

4. 面向对象模型

面向对象数据模型（Object Oriented Model）是随着面向对象程序设计的出现，为了在数据库中有效地存储面向对象的相关概念而发展的。面向对象数据模型如图3-14所示。

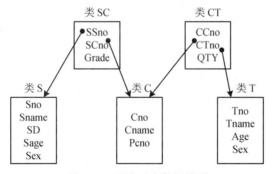

图3-14 面向对象数据模型

面向对象数据模型基本概念如下。

（1）对象和对象标识（Object Identifier，OID）：对象是现实世界中实体的模型化，与记录、元组的概念相似。每一个对象都有一个唯一的标识，称为对象标识。对象标识不等于关系模式中的记录标识，OID是独立的，全系统唯一的。

（2）类（Class）：所有具有相同属性和方法的对象构成了一个对象类。任何一个对象都是某个对象类的一个实例（Instance）。

（3）封装（Encapsulate）：每一个对象是状态（State）和行为（Behavior）的封装。被封装的状态和行为在对象外部是看不见的。

（4）继承（Inherit）：子类可以从其超类中继承所有属性和方法。类的继承可分为单继承（即

一个类只能有一个超类）和多重继承（即一个类可以有多个超类）。

3.1.3　本学时要点总结

数据（Data）、数据库（Database）、数据库管理系统（DBMS）、数据库应用系统、数据库系统（DBS）的基本概念。

数据管理技术的发展和比较：人工管理、文件系统、数据库管理系统。

DBMS 的主要功能：数据定义；数据操纵；数据库运行管理；数据组织、存储和管理；数据库的建立和维护；数据通信接口。

数据库系统的基本特点：数据结构化；数据的共享性高，冗余度低，易扩充；数据独立性高；数据由 DBMS 统一管理和控制。

从数据库最终用户角度看（外部体系结构），数据库系统的结构分为：集中式、客户/服务器、并行式、分布式、Web 数据库系统的特点。

数据库系统结构：三级模式结构（外模式、模式、内模式），二级映像（外模式/模式、模式/内模式），两个独立性（逻辑独立性、物理独立性）。

数据模型是数据库系统的核心和基础。

不同层次的三类数据模型：概念模型、逻辑模型、物理模型。

数据模型的三要素：数据结构、数据操作、完整性约束条件。

概念模型中的基本概念：实体、属性、码、域、实体型、实体集、联系（单实体、双实体、多实体间的 1:1、1:n、$m:n$）。

属性的分类：简单属性、复合属性、单值属性、多值属性、NULL 属性、派生属性。

E-R 图例：方形、椭圆、直线、弱实体、特殊化。

常见逻辑模型：层次模型、网状模型、关系模型、面向对象模型。

关系数据模型的基本概念：关系（Relation）、元组（Tuple）、属性（Attribute）、主码（Key）、域（Domain）、分量、关系模式、外部关键字。

关系的规范化理论：属性的原子性、属性唯一性、元组唯一性、元组的有限性、元组次序无关紧要、属性次序无关紧要。

面向对象数据模型基本概念：①对象和对象标识；②类；③封装；④继承。

第 2 学时　数据库技术基础模拟习题

1. DBS 中"脱机存储器"是指（　　）。

　　A. 快闪存和磁盘　　B. 磁盘和光盘　　　C. 光盘和磁带　　　D. 磁带和磁盘

2. 在 DBS 中，DBMS 和 OS 之间的关系是（　　）。

　　A. 并发运行　　　　B. 相互调用　　　　C. OS 调用 DBMS　D. DBMS 调用 OS

3. 在文件系统阶段的信息处理中，关注的中心问题是系统功能的设计，因而处于主导地位的是（　　）。

　　A．数据结构　　　　B．程序设计　　　　C．外存分配　　　　D．内存分配

4．在数据库方式下，信息处理中占据中心位置的是（　　）。

　　A．磁盘　　　　　　B．程序　　　　　　C．数据　　　　　　D．内存

5．在 DBS 中，逻辑数据与物理数据之间可以差别很大，实现两者之间转换工作的是（　　）。

　　A．应用程序　　　　B．OS　　　　　　C．DBMS　　　　　　D．I/O 设备

6．DB 的三级模式之间应满足（　　）。

　　A．完整性　　　　　B．相容性　　　　　C．结构一致　　　　D．可以差别很大

7．DB 的三级模式结构是对（　　）抽象的 3 个级别。

　　A．存储器　　　　　B．数据　　　　　　C．程序　　　　　　D．外存

8．DB 的三级模式结构中最接近外部存储器的是（　　）。

　　A．子模式　　　　　B．外模式　　　　　C．概念模式　　　　D．内模式

9．DBS 具有"数据独立性"特点的原因是在 DBS 中（　　）。

　　A．采用磁盘作为外存　　　　　　　　B．采用三级模式结构

　　C．使用 OS 来访问数据　　　　　　　D．用宿主语言编写应用程序

10．在 DBS 中，"数据独立性"和"数据联系"这两个概念之间的联系是（　　）。

　　A．没有必然的联系　　　　　　　　　B．同时成立或不成立

　　C．前者蕴含后者　　　　　　　　　　D．后者蕴含前者

11．数据独立性是指（　　）。

　　A．数据之间相互独立　　　　　　　　B．应用程序与 DB 的结构之间相互独立

　　C．数据的逻辑结构与物理结构相互独立　D．数据与磁盘之间相互独立

12．DB 中数据导航是指（　　）。

　　A．数据之间的联系　　　　　　　　　B．从已知数据找未知数据的过程

　　C．数据之间指针的联系　　　　　　　D．数据的组合方式

13．用户使用 DML 语句对数据进行操作，实际上操作的是（　　）。

　　A．数据库的记录　　　　　　　　　　B．内模式的内部记录

　　C．外模式的外部记录　　　　　　　　D．数据库的内部记录值

14．对 DB 中数据的操作分成（　　）两大类。

　　A．查询和更新　　　B．检索和修改　　　C．查询和修改　　　D．插入和修改

15．要想成功地运转数据库，就要在数据处理部门配备（　　）。

　　A．部门经理　　　　B．数据库管理员　　C．应用程序员　　　D．系统设计员

16．数据库在磁盘上的基本组织形式是（　　）。

　　A．DB　　　　　　B．文件　　　　　　C．二维表　　　　　D．系统目录

17．数据库是存储在一起的相关数据的集合，能为各种用户共享，且（　　）。

　　A．消除了数据冗余　　　　　　　　　B．降低了数据的冗余度

C．具有不相容性　　　　　　　　　D．由用户进行数据导航

18．数据库管理系统是（　　）。

A．采用了数据库技术的计算机系统

B．包括数据库、硬件、软件和 DBA 的系统

C．位于用户与操作系统之间的一层数据管理软件

D．包含操作系统在内的数据管理软件系统

19．DBMS 主要由（　　）两大部分组成。

A．文件管理器和查询处理器　　　　B．事务处理器和存储管理器

C．文件管理器和数据库语言编译器　D．存储管理器和查询处理器

20．在实体类型及实体之间联系的表示方法上，层次模型采用＿＿(1)＿＿结构，网状模型采用＿＿(2)＿＿结构，关系模型则采用＿＿(3)＿＿结构。在搜索数据时，层次模型采用单向搜索法，网状模型采用＿＿(4)＿＿的方法，关系模型则采用＿＿(5)＿＿的方法。

(1) ～ (3) A．有向图　B．连通图　　　C．波特图　　　　D．卡诺图

E．节点集　F．边集　　　G．二维表　　　　H．树

(4) ～ (5)

A．双向搜索　　　　B．单向搜索　　　C．循环搜索

D．可从任一节点开始且沿任何路径搜索　E．可从任一节点沿确定的路径搜索

F．可从固定的节点沿任何路径搜索　　　G．对关系进行运算

21．DBS 的体系结构，按照 ANSI/SPARC 报告分为＿＿(1)＿＿；在 DBS 中，DBMS 的首要目标是提高＿＿(2)＿＿；为了解决关系数据库的设计问题，提出和发展了＿＿(3)＿＿；对于 DBS，负责定义 DB 结构以及安全授权等工作的是＿＿(4)＿＿。

(1) A．外模式、概念模式和内模式　　　B．DB、DBMS 和 DBS

C．模型、模式和视图　　　　　　　D．层次模型、网状模型和关系模型

(2) A．数据存取的可靠性　　　　　　　B．应用程序员的软件生产效率

C．数据存取的时间效率　　　　　　D．数据存取的空间效率

(3) A．模块化方法　　　　　　　　　　B．层次结构原理

C．新的计算机体系结构　　　　　　D．规范化理论

(4) A．应用程序员　　B．终端用户　　　C．数据库管理员　D．系统设计员

22．DBS 由 DB、＿＿(1)＿＿和硬件等组成，DBS 是在＿＿(2)＿＿的基础上发展起来的。DBS 由于能够减少数据冗余，提高数据独立性，并集中检查＿＿(3)＿＿，多年来获得了广泛的应用。DBS 提供给用户的接口是＿＿(4)＿＿，它具有数据定义、操作和检查等功能，既可独立使用，也可嵌入在宿主语言中使用。

(1) ～ (2)

A．操作系统　　　B．文件系统　　　C．编译系统

D．应用程序系统　E．数据库管理系统

（3）A．数据完整性　　　B．数据层次性　　　C．数据操作性　　　D．数据兼容性

（4）A．数据库语言　　　B．过程性语言　　　C．宿主语言　　　　D．面向对象语言

23．DBS 的数据独立性是指 __(1)__；DBMS 的功能之一是 __(2)__；DBA 的职责之一是 __(3)__。编写应用程序时，需要把数据库语言嵌入在 __(4)__ 中；为此应在 DBMS 中提供专门设计的 __(5)__。

（1）A．不会因为数据的数值变化而影响应用程序

　　　B．不会因为系统数据存储结构与数据逻辑结构的变化而影响应用程序

　　　C．不因为存取策略的变化而影响存储结构

　　　D．不因为某些存储结构的变化而影响其他的存储结构

（2）～（3）

　　　A．编制与数据库有关的应用程序　　　B．规定存取权　　　C．查询优化

　　　D．设计实现数据库语言　　　　　　　E．确定数据库的数据模型

（4）A．编译程序　　　B．操作系统　　　C．中间语言　　　D．宿主语言

（5）A．宿主语言编译程序　　　　　　B．宿主语言解释程序

　　　C．操作系统接口　　　　　　　　D．预处理程序

参考答案：

1～5	CDBCC	6～10	DBDBA	11～15	BBCAB	16～19	BBCD
20	HAGDG	21	ACDC	22	EBA A	23	BCBDD

第 3 学时　关系数据库

本学时考点

（1）关系数据库基本理论：关系的表示、关系的完整性。

（2）关系代数基本运算：并、交、差、笛卡尔积、选择、投影、连接、除。

（3）元组演算和域演算。

（4）查询优化的基本步骤、启发式优化原则。

（5）函数依赖和 Armstrong 公理。

（6）闭包计算及其应用。

（7）关系模式的规范化理论。

（8）模式分解的无损连接与保持函数依赖。

3.3.1　关系数据库概述

关系模型是 1970 年由 E.F.Codd 提出的，已成为当今主要的数据模型。关系模型有两个显著的特点：一是其数据结构简单，均为二维表格，简化了编程者的工作；二是有坚实的理论基础，体现

在关系运算理论和关系模式设计理论上。

3.3.1.1 基本概念

1. 关系数据模型常见术语

关系模型常见术语前已述及，在此不再赘述。

2. 笛卡尔积（Cartesian Product）

域（Domain）是一组具有相同数据类型的值的集合。例如：整数、实数、介于某个取值范围的整数、指定长度的字符串集合、{'男'，'女'}等。

给定一组域 D_1，D_2，$\cdots$，D_n，这些域可以有相同的取值，则 D_1，D_2，$\cdots$，D_n 的笛卡尔积为

$$D_1 \times D_2 \times \cdots \times D_n = \{ (d_1, d_2, \cdots, d_n) \mid d_i \in D_i, i=1,2,\cdots,n\}$$

笛卡尔积即为所有域的所有取值的一个组合，且每组（d_1，d_2，$\cdots$，d_n）不能重复。

【例 3-1】 若 $D_1=\{0, 1\}$，$D_2=\{a, b\}$，$D_3=\{c, d\}$，求解 $D_1 \times D_2 \times D_3$。

解：形式化表示：$D_1 \times D_2 \times D_3 = \{ (0,a,c), (0,a,d), (0,b,c), (0,b,d), (1,a,c), (1,a,d), (1,b,c), (1,b,d) \}$
二维表形式如图 3-15 所示。

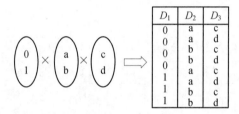

图 3-15　域的乘积及其二维表形式

3. 关系（Relation）形式化定义

$D_1 \times D_2 \times \cdots \times D_n$ **笛卡尔积的子集**叫作在域 $D_1,D_2,\cdots,D_n$ 上的**关系**，表示为：$R(D_1,D_2,\cdots,D_n)$

其中，R 为关系名；n 为关系的目或度（Degree），即域或属性的个数，如图 3-15 中，度为 3；m 为基数（Cardinal number），即元组个数，如图 3-15 中，基数为 8。

元组：关系中的每个元素是关系中的元组，通常用 t 表示。

4. 关系的码

候选码（Candidate Key）：若关系中的某一属性组的值能唯一地标识一个元组，则称该属性组为候选码。简单情况下候选码只包含一个属性。

超建（Super Key）：以候选码作为其真子集的属性集合。

全码（All Key）：关系模式的所有属性组成这个关系模式的候选码。

主码（Primary Key）：如关系有多个候选码，则选定其中一个为主码。

主属性（Prime Attribute）：候选码的诸属性称为主属性。

非主属性（Non-Prime Attribute）：不包含在任何候选码中的属性。

5. 关系的三种类型

基本关系（基表）：实际存在的表，是实际存储数据的逻辑表示。

查询表：查询的临时结果集。

视图表：由基本表或其他视图表导出的虚表，即查询定义的存储形式，不实际存储数据。

3.3.1.2 关系模式

1. 关系模式的基本性质

关系模式（Relation Schema）是型：表示为学生（学号，姓名，年龄，性别，系，年级）。

关系是值：动态的、随时间不断变化的，如表 3-4 所示的"学生"表中的元组。

关系模式是对关系的静态的、稳定的描述。关系模式和关系现在往往统称为关系。

表3-4 "学生"表

学号	姓名	年龄	性别	系名	年级
2005004	王小明	19	女	社会学	2005
2005006	黄大鹏	20	男	商品学	2005
…	…	…	…	…	…

2. 关系模式的形式化表示

关系模式的形式化表示为

$$R(U,D,DOM,F)$$

其中，R 为关系名；U 为组成该关系的属性名集合；D 为属性组 U 中属性所来自的域（不同属性可来自相同域）；DOM 为属性向域的映象集合；F 为属性间的数据依赖关系集合。

关系模式通常可以简记为：

$$R(U) \quad 或 \quad R(A1，A2，\cdots，An)$$

其中，R 为关系名；$A1$，$A2$，$\cdots$，An 为属性名。

注：域名及属性向域的映象用来说明属性的类型、长度。

3.3.1.3 完整性约束

数据库中完整性（Integrity）是指数据的正确性（Correctness）、有效性（Validity）、相容性（Consistency），完整性约束用于防止错误的数据进入数据库。数据库完整性是由一组完整性规则构成的。

数据库的三类完整性有实体完整性、参照完整性、用户定义完整性。实体完整性和参照完整性是关系模型必须满足的完整性约束条件，称为关系的两个不变性。

1. 实体完整性

实体完整性通过键保证元组的唯一性。若属性 A 是基本关系 R 的主属性，则 A 既不能重复，也不能取空值（NULL）。如前面学生表中，"学号"为键，因此"学号"既不能重复，也不能取空值。空值（NULL）表示不知道、不存在的值，相当于 unknown 的含义。

2. 参照完整性

参照完整性通过外键（或外码）保证多个实体集之间的联系。

如 学生、课程、学生与课程之间的多对多联系选修关系模式如下。

学生（<u>学号</u>，姓名，性别，专业号，年龄）

课程（<u>课程号</u>，课程名，学分）

选修（<u>学号</u>，<u>课程号</u>，成绩）

（1）外码。外码又称外键（Foreign Key），设 F 是基本关系 R 的一个或一组属性，但不是关系 R 的码，如果 F 的值来自于基本关系 S 的主码 K_s，则称 F 是基本关系 R 的外码。

R 称为参照关系（Referencing Relation），即拥有外码的关系，如上例中的"选修"关系。

S 称为被参照关系（Referenced Relation），如上例中的"学生"和"课程"关系。

（2）外码的要点。

1）关系 R 和 S 不一定是不同的关系，一个关系可以同时既是参照关系和被参照关系。

2）S 的主码 K_s 和 R 的外码 F 必须定义在同一个（或一组）域上。

3）外码并不一定要与相应的主码同名。一般当外码与相应的主码属于不同关系时，往往取相同的名字，以便于识别两者的联系。

（3）参照完整性的操作规则。

1）不能在相关表的外键字段中输入不存在于主表主键中的值。

2）如果在相关表中存在匹配的记录，则不能从主表中删除这个记录。

3）如果在相关表中存在匹配的记录，则不能在主表中修改主键的值。

4）级联更新：更改主表中主键值，自动将相关表中所有相关的记录的外键更新为新值。

5）级联删除：删除父表中的记录时，自动删除相关表中的相关记录。

3. 用户定义完整性

用户定义完整性通过 check 关键字或触发器来定义，用于定义数据的逻辑关系，反映了某一具体应用所涉及的数据必须满足的语义要求。

例如，学生（学号，姓名，性别，专业号，年龄，班长）关系中，可定义用户完整性如下：

（1）"学号"属性数字位数必须为 10 位，并满足一定的规则。

（2）"姓名"最长 50 个字符，且不允许用领导人的名字。

（3）"性别"属性只能取值 {男，女}。

（4）"专业号"只能取值：空；学校已规定的专业。

（5）"年龄"不能为负数，不允许超过规定数值。

（6）"班长"只能取值：空；本班学生的学号。

3.3.2 关系代数

3.3.2.1 关系运算概述

1. 关系数据库语言的分类

（1）关系代数语言。关系数据库系统建立在关系数据模型之上，关系数据模型有其完备的数学理论基础，关系模型的数据操作通常用关系代数和关系演算来表示。

关系代数的两类基本运算为传统集合运算和专门关系运算。

1）传统集合运算：并、交、差、笛卡尔积。

2）专门关系运算：选择、投影、连接。

其中，选择、投影、并、差、笛卡尔积被称为关系运算的 5 种基本运算。

（2）关系演算语言。关系演算语言用谓词来表达查询要求，分为以下两类。

1）元组关系演算语言：谓词变元的基本对象是元组变量，如 APLHA，QUEL 等。

2）域关系演算语言：谓词变元的基本对象是域变量，如 QBE。

（3）具有关系代数和关系演算双重特点的语言。如结构化查询语言（Structured Query Language，SQL）。

2. 关系操作的特点

集合操作方式：操作的对象和操作的结果都是集合。

3. 关系运算术语

设关系模式为 $R(A_1, A_2, \cdots, A_n)$，则有如下定义。

R：关系。

$t \in R$：表示 t 是 R 的一个元组。

$t[A_i]$：表示元组 t 中属性 A_i 的分量。

$t[A] = (t[A_{i1}], t[A_{i2}], \cdots, t[A_{ik}])$：表示元组 t 在属性列 A 上分量集合。

$A = \{A_{i1}, A_{i2}, \cdots, A_{ik}\}$：其中 $A_{i1}, A_{i2}, \cdots, A_{ik}$ 是 $A_1, A_2, \cdots, A_n$ 中的一部分，则 A 称为属性列或属性集合。

$\overline{A}$：表示 $\{A_1, A_2, \cdots, A_n\}$ 去掉 $\{A_{i1}, A_{i2}, \cdots, A_{ik}\}$ 后剩余的属性集合。

3.3.2.2　传统集合运算

传统的集合运算及其运算符见表 3-5，此处主要对并、交、差、积进行介绍。

表 3-5　集合运算及其运算符

运算符		含义	运算符		含义
集合运算符	∪	并	比较运算符	>	大于
	-	差		≥	大于等于
	∩	交		<	小于
	×	笛卡尔积		≤	小于等于
				=	等于
				<>	不等于

1. 并（Union）：$R \cup S$

运算条件：R 和 S 具有相同的目 n（即两个关系都有 n 个属性），且相应的属性取自同一个域

（即属性值要兼容），R 和 S 的关系如图 3-16 所示。

	S					R	
A	B	C			A	B	C
a_1	b_2	c_2			a_1	b_1	c_1
a_1	b_3	c_2			a_1	b_2	c_2
a_2	b_2	c_1			a_2	b_2	c_1

图 3-16　R 和 S 的关系

并的结果仍为 n 目关系，由属于 R 或属于 S 的元组组成：$R \cup S = \{ t | t \in R \lor t \in S \}$，如图 3-17 所示。

2. 交（Intersection）：$R \cap S$

运算条件与并运算的运算条件相同。交的结果仍为 n 目关系，由既属于 R 又属于 S 的元组组成：$R \cap S = \{ t | t \in R \land t \in S \}$，如图 3-18 所示。

3. 差（Difference）：$R-S$

运算条件与并运算的运算条件相同。差的结果仍为 n 目关系，由属于 R 但不属于 S 的元组组成：$R-S = \{ t | t \in R \land t \notin S \}$，如图 3-19 所示。

	$R \cup S$				$R \cap S$				$R-S$	
A	B	C		A	B	C		A	B	C
a_1	b_1	c_1		a_1	b_2	c_2		a_1	b_1	c_1
a_1	b_2	c_2		a_2	b_2	c_1				
a_2	b_2	c_1								
a_1	b_3	c_2								

图 3-17　R 和 S 的并运算　　　图 3-18　R 和 S 的交运算　　　图 3-19　R 和 S 的差运算

4. 广义的笛卡尔积（Extended Cartesian Product）

若关系 R 与 S 的基本性质如下：

R：n 目关系，k_1 个元组（基数）。

S：m 目关系，k_2 个元组（基数）。

则 $R \times S$ 的结果有如下性质：

（1）$R \times S = \{ \widehat{t_r t_s} | t_r \in R \land t_s \in S \}$，其中 $\widehat{t_r t_s}$ 称为连接元组或元组的连接。

（2）列数为（$n+m$），元组的前 n 列是关系 R 的一个元组，后 m 列是关系 S 的一个元组。

（3）元组（行）个数为 $k_1 \times k_2$。

如图 3-20 所示，R 的目为 3，基数为 3，S 的目为 2，基数为 3，则 $R \times S$ 的目为 5，基数为 9。

注意：$R \times S$ 运算中，关系 R 和 S 的结构可以是不同的。

3.3.2.3　专门关系运算

专门关系运算及其运算符见表 3-6。

R				S			R×S				
A	B	C		A	B		R.A	R.B	R.C	S.A	S.B
a_1	b_1	c_1		a_1	b_2		a_1	b_1	c_1	a_1	b_2
a_1	b_2	c_2		a_2	b_3		a_1	b_1	c_1	a_1	b_3
a_2	b_2	c_1		a_2	b_2		a_1	b_1	c_1	a_2	b_2
							a_1	b_2	c_2	a_1	b_2
							a_1	b_2	c_2	a_1	b_3
							a_1	b_2	c_2	a_2	b_2
							a_2	b_2	c_1	a_1	b_2
							a_2	b_2	c_1	a_1	b_3
							a_2	b_2	c_1	a_2	b_2

图 3-20　关系 R 与 S 及其笛卡尔积

表 3-6　关系运算及运算符

运算符	含义		运算符	含义	
专门的关系运算符	σ	选择	逻辑运算符	⌐	非
	π	投影		∧	与
	⋈	连接		∨	或
	÷	除			

学生（Student）关系见表 3-7。

表 3-7　Student 关系

学号/Sno	姓名/Sname	性别/Ssex	年龄/Sage	所在系/Sdept
200215121	李勇	男	20	CS
200215122	刘晨	女	19	IS
200215123	王敏	女	18	MA
200215125	张立	男	19	IS

1. 选择（Selection）

选择运算是在关系 R 中选择满足给定条件的诸元组，形式化表示如下：

$$\sigma_F(R) = \{t|t \in R \wedge F(t) = '真'\}$$

其中，F 为选择条件（逻辑表达式），基本形式为：$X_1 \theta Y_1$。

如查询信息系（IS 系）全体学生，结果见表 3-8。

$$\sigma_{Sdept = 'IS'}(\textbf{Student}) \quad 或 \quad \sigma_{5 = 'IS'}(\textbf{Student})$$

表 3-8　信息系学生

Sno	Sname	Ssex	Sage	Sdept
200215122	刘晨	女	19	IS
200215125	张立	男	19	IS

选择运算表达式示例：

$\sigma_{\text{Ssex} = '男' \wedge \text{Sage} < 20}$ (Student)：查询 20 岁的男学生。

$\sigma_{\text{Sdept} = 'IS' \vee \text{Ssex} = '女'}$ (Student)：查询 IS 系的学生，或者女学生。

$\sigma_{\neg(\text{Sdept} = 'IS')}$ (Student)：查询不是 IS 系的学生。

$\sigma_{\text{Sname} = '张\%'}$ (Student)：查询姓"张"的学生。

2. 投影（Projection）

投影运算是从 R 中选择出若干属性列组成新的关系，形式化表示如下：

$$\pi_A(R) = \{\, t[A] \mid t \in R \,\}$$

其中，A 为 R 中的属性列。

如查询学生的年龄和所在系，结果见表 3-9。

$$\pi_{\text{Sage, Sdept}}(\text{Student}) \qquad 或 \qquad \pi_{4,\ 5}(\text{Student})$$

投影结果可能摒弃了原关系中的某些列，而且还可能摒弃了某些元组（重复行），这带来了一些问题（考虑求平均值带来的影响），所以一些数据库中引入了"包"计算，允许重复元组的存在，如表 3-9 中有两行 {19，IS}。

3. 连接运算（Join）

连接运算（也称为 θ 连接）从 R 和 S 的广义笛卡尔积 $R \times S$ 中选取满足比较关系 θ 的元组。形式表示如下：

$$R \underset{A\theta B}{\bowtie} S = \{\widehat{t_r t_s} \mid t_r \in R \wedge t_s \in S \wedge t_r[A]\theta t_s[B]\}$$

其中，A 和 B 分别为 R 和 S 上度数相等且可比的属性组，θ 为任意比较运算符。

表 3-9　学生的年龄和系别

Sage	Sdept
20	CS
19	IS
18	MA
19	IS

（1）连接的计算过程 $R \underset{A > B}{\bowtie} S$。

1）计算 $R \times S$ 的笛卡尔积。

分值
85
60

成绩	姓名	性别
85	张三	男
74	李四	男

=

课程	学号	姓名	性别
85	85	张三	男
85	74	李四	男
60	85	张三	男
60	74	李四	男

2）从笛卡尔积中选择满足条件的记录。

课程	学号	姓名	性别
85	85	张三	男
85	74	李四	男
60	85	张三	男
60	74	李四	男

（分值>成绩）→

课程	学号	姓名	性别
85	74	李四	男

（2）等值连接（$R \bowtie S\ (A{=}B)$）。

从 R 和 S 的笛卡尔积中选择 A、B 属性值相等的元组，A、B 可以是属性集合。等值连接是 θ 连接的特例，即限定 θ 为"="。

计算 $R \bowtie S$（分值=成绩）的结果如下。

从（1）的笛卡尔积中选择满足条件（分值=成绩）的记录。

课程	学号	姓名	性别
85	85	张三	男
85	74	李四	男
60	85	张三	男
60	74	李四	男

（分值=成绩）→

课程	学号	姓名	性别
85	85	张三	男

（3）自然连接（$R \bowtie S$）。

自然连接要求连接的 A、B 属性组必须相同，并在结果中去掉重复的属性列。自然连接是等值连接的特例。

计算 $R \bowtie S$ 的结果如下，注意两个关系中存在相同的属性"成绩"。

成绩
85
60

成绩	姓名	性别
85	张三	男
74	李四	男

＝

成绩	姓名	性别
85	张三	男

4. 除（Division）

给定关系 $R(X，Y)$ 和 $S(Y，Z)$，其中 X，Y，Z 为属性组。R 中的 Y 与 S 中的 Y 可以有不同的属性名，但必须来自相同的域集。R 与 S 的除运算得到一个新的关系 $P(X)$。

$P(X)$ 为元组在 X 上分量值 x 的象集 Y_x 包含 S 在 Y 上投影的集合。

$$R \div S = \{t_r[X] \mid t_r \in R \wedge \pi_Y(S) \subseteq Y_x\}$$

Y_x：x 在 R 中的象集，$x = t_r[X]$

给定一个关系 $R(X，Z)$，X 和 Z 为属性组，当 $t[X]{=}x$ 时，x 在 R 中的象集（Images Set）为

$$Z_x = \{t[Z] \mid t \in R，t[X]{=}x\}$$

象集表示 R 中属性组 X 上值为 x 的诸元组在 Z 上分量的集合 ，如图 3-21 所示。

R

x_1	Z_1
x_1	Z_2
x_1	Z_3
x_2	Z_2
x_2	Z_3
x_3	Z_1
x_3	Z_3

x_1 在 R 中的象集：Z_{x1}={Z1,Z2,Z3}，

x_2 在 R 中的象集：Z_{x2}={ Z2,Z3}，

x_3 在 R 中的象集：Z_{x3}={Z1, Z3}

图 3-21　象集的计算

设关系 R、S 分别为图 3-22 中的（a）和（b），$R \div S$ 的结果为图 3-22（c），计算过程如下。

在关系 R 中，A 可以取四个值$\{a_1，a_2，a_3，a_4\}$，则

a_1 的象集为$\{(b_1，c_2)，(b_2，c_3)，(b_2，c_1)\}$

a_2 的象集为$\{(b_3，c_7)，(b_2，c_3)\}$

a_3 的象集为$\{(b_4，c_6)\}$

a_4 的象集为$\{(b_6，c_6)\}$

S 在$(B，C)$上的投影为

$\{(b_1，c_2)，(b_2，c_1)，(b_2，c_3)\}$

则只有 a_1 的象集包含了 S 在$(B，C)$属性组上的投影。

所以 $R \div S=\{a1\}$

R

A	B	C
a_1	b_1	c_2
a_2	b_3	c_2
a_3	b_4	c_6
a_3	b_2	c_3
a_4	b_6	c_6
a_2	b_2	c_3
a_1	b_2	c_1

（a）

S

B	C	D
b_1	c_2	d_1
b_2	c_1	d_1
b_2	c_3	d_2

（b）

$R \div S$

A
a_1

（c）

图 3-22　除的运算过程

3.3.2.4　关系代数的扩展操作

1．外连接

（1）悬浮元组（Dangling Tuple）。在一个连接当中，如果一个元组不能和另外关系中的任何一个元组匹配，则该元组称为悬浮元组，一般被舍弃。

如图 3-23 所示，自然连接 $R \bowtie S$ 的悬浮元组为标注的各表中最后两个元组。因为其连接属性为 B，对于 R 而言，b_4 在 S 中无配对元组；同理，S 中的 b_5 在 R 中无配对元组。

	R			S	
A	B	C		B	C
a_1	b_1	5		b_1	3
a_1	b_2	6		b_2	7
a_2	b_3	8		b_3	10
a_2	b_4	12		b_3	2
				b_5	2

图 3-23 悬浮元组示例

（2）完全外连接（Outer Join）。如果把舍弃的元组（悬浮元组）也保存在结果关系中，而在其他属性上填空值（NULL），这种连接就叫作外连接。上面 R 和 S 的完全外连接如图 3-24 所示。

（3）左外连接（Left Outer Join 或 Left Join）。如果只把左边关系 R 中要舍弃的元组保留就叫作左外连接。R 和 S 的左外连接如图 3-25 所示。

（4）右外连接（Right Outer Join 或 Right Join）。如果只把右边关系 S 中要舍弃的元组保留就叫作右外连接。R 和 S 的右外连接如图 3-26 所示。

A	B	C	E
a_1	b_1	5	3
a_1	b_2	6	7
a_2	b_3	8	10
a_2	b_3	8	2
a_2	b_4	12	NULL
NULL	b_5	NULL	2

图 3-24 R 和 S 的完全外连接

A	B	C	E
a_1	b_1	5	3
a_1	b_2	6	7
a_2	b_3	8	10
a_2	b_3	8	2
a_2	b_4	12	NULL

图 3-25 R 和 S 的左外连接

A	B	C	E
a_1	b_1	5	3
a_1	b_2	6	7
a_2	b_3	8	10
a_2	b_3	8	2
NULL	b_5	NULL	2

图 3-26 R 和 S 的右外连接

2. 重命名

重命名形式表示为 $\rho_s(A_1,A_2,\cdots,A_n)(R)$；重命名的操作结果为将关系 R 的名字改为 S，且 S 关系中各属性分别命名为 $A_1,A_2,\cdots,A_n$。

如图 3-27 中所示，表示将 S 关系中的 A、B、C 属性分别重命名为 D、E、F，从而使 $R\times S$ 的结果不存在重名的属性。

	R	
A	B	C
a_1	b_1	c_1
a_1	b_2	c_2
a_2	b_2	c_1

	S	
A	B	C
a_1	b_2	c_2
a_1	b_3	c_2
a_2	b_2	c_1

$R\times(\rho_s(D,E,F)(S))$

A	B	C	D	E	F
a_1	b_1	c_1	a_1	b_2	c_2
a_1	b_1	c_1	a_1	b_3	c_2
a_1	b_1	c_1	a_2	b_2	c_1
a_1	b_2	c_2	a_1	b_2	c_2
a_1	b_2	c_2	a_1	b_3	c_2
a_1	b_2	c_2	a_2	b_2	c_1
a_2	b_2	c_1	a_1	b_2	c_2
a_2	b_2	c_1	a_1	b_3	c_2
a_2	b_2	c_1	a_2	b_2	c_1

图 3-27 重命名运算

3. 广义投影（Generalized Projection)

广义投影允许在投影列表中使用算术运算，如下面的表达式：

$$\pi_{Sname,year(date())-Sage}(Student)$$

得到的结果如图 3-28 所示。

姓名 Sname	出生年份 year(date())-Sage
李勇	1997
刘晨	1998
王敏	1999
张立	1998

图 3-28　广义投影运算

4. 聚集操作

聚集操作用于汇总或"聚集"关系某一列中出现的值。常见的聚集函数有 COUNT（统计列中值的个数）、SUM（对列求和）、AVG（对列求平均值）、MAX（对列求最大值）、MIN（对列求最小值）。

AVG$_{Sage}$(student)：对学生表中的 Sage 列求平均值。

MAX$_{Sage}$(student)：对学生表中的 Sage 列求最大值。

5. 分组操作

分组操作将元组根据某一属性组的取值进行分组，再对各分组中的元组进行聚集操作。

Cno G$_{avg\ Grade,max\ Grade}$ (SC)：表示按 Cno 对 SC 中元组进行分组，并统计每组的 Grade 平均值和最大值。

3.3.2.5　关系代数运算的思路

上面对常见的关系代数运算（并、交、差、笛卡尔积、投影、选择、连接、除、重命名、消除重复、聚集、分组、排序、扩展投影等）进行了详细介绍。而对于一个数据查询目标，关系运算的基本思路如下：

（1）确定产生最终数据的数据源（或范围）。

（2）组织数据源，并从数据中选择满足条件的元组。

（3）获得最终所需的数据列。

（4）将获得的数据列按照一定的要求排序。

3.3.3　元组演算与域演算

把数理逻辑的谓词演算引入关系运算中，得到以关系演算为基础的运算。关系演算可分为元组关系演算和域关系演算。

元组关系演算（元组演算）以元组为变量。域关系演算（域演算）以属性（域）为变量。

3.3.3.1 元组关系演算（Tuple Relational Calculus）

元组中的表达式简称为元组表达式，其一般形式为：**{ t | P(t) }**

其中，t 是元组变量，表示一个元组；P 是公式，在数理逻辑中也称为谓词，也就是计算机语言中的条件表达式。$\{t | P(t)\}$ 表示满足公式 P 的所有元组 t 的集合。

元组演算的 3 个原子公式：

（1）$R(t)$：R 是关系名，t 是元组变量；$R(t)$ 表示"t 是关系 R 的一个元组"。

（2）$t[i]\theta u[j]$：其中 t 和 u 是元组变量；θ 是算术比较运算符；$t[i]\theta u[j]$ 表示"元组 t 的第 i 个分量和 u 的第 j 个分量之间满足 θ 关系"。

（3）$t[i]\theta C$ 或 $C\theta t[j]$：其中 C 是常量。$t[i]\theta C$ 表示元组 t 的第 i 个分量值与常量 C 之间满足 θ 关系。

若有如图 3-29 所示的三个关系 S、C 和 SC，分别表示学生、课程、选课成绩信息。检索选修课程名为"数学"的学生号和学生姓名，其元组演算表达式如下：

$$\{t | (\exists u)(\exists v)(\exists w)(S(u) \wedge SC(v) \wedge C(w) \wedge u[1] = v[1] \wedge v[2] = w[1] \wedge w[2] = '数学' \wedge t[1] = u[1] \wedge t[2] = u[2])\}$$

3.3.3.2 域关系演算（Domain Relational Calculus）

域演算表达式的一般形式为：

$$\{t_1, \cdots, t_k \mid R(t_1, \cdots, t_k)\}$$

其中，$t_1, \cdots, t_k$ 是域变量，$R(t_1, \cdots, t_k)$ 是域演算公式。

Sno	Sname	Sex	SD	Age
3001	王 平	女	计算机	18
3002	张 勇	男	计算机	19
4003	黎 明	女	机械	18
4004	刘明远	男	机械	19
1041	赵国庆	男	通信	20
1042	樊建玺	男	通信	20

S

Cno	Cname	Pcno	Credit
1	数据库	3	3
2	数 学		4
3	操作系统	4	4
4	数据结构	7	3
5	数字通信	6	3
6	信息系统	1	4
7	程序设计	2	2

C

Sno	Cno	Grade
3001	1	93
3001	2	84
3001	3	84
3002	2	83
3002	3	93
1042	1	84
1042	2	82

SC

图 3-29 关系 S、C 和 SC

域演算的 3 个原子公式：

（1）$R(t_1, \cdots, t_i, \ldots, t_k)$：表示"以 $t_1, \ldots, t_i, \ldots, t_k$ 为分量的元组在关系 R 中"。

（2）$t_i \theta u_j$：t_i 和 u_j 是域变量，表示"元组 t 的第 i 个分量和 u 的第 j 个分量之间满足 θ 关系"。

（3）$t_i \theta C$ 或 $C\theta t_i$：C 是常量，表示"元组 t 的第 i 个分量值与常量 C 之间满足 θ 关系"。

检索选修课程名为"数据库"的学生号和学生姓名，域演算表达式为

$$\{t_1 t_2 \mid (\exists u_1 u_2 u_3 u_4 u_5)(\exists v_1 v_2 v_3)(\exists w_1 w_2 w_3 w_4)(S(u_1 u_2 u_3 u_4 u_5) \wedge SC(v_1 v_2 v_3) \wedge C(w_1 w_2 w_3 w_4) \wedge$$
$$u_1 = v_1 \wedge v_2 = w_1 \wedge w_2 = '数据库' \wedge t_1 = u_1 \wedge t_2 = u_2)\}$$

3.3.4 查询优化

3.3.4.1 查询优化概述

1. RDBMS 查询处理步骤

RDBMS 查询处理步骤如图 3-30 所示。

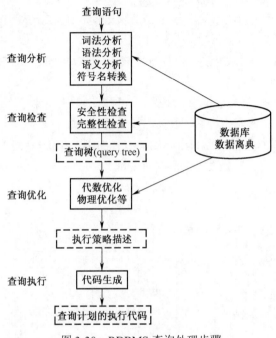

图 3-30 RDBMS 查询处理步骤

（1）查询分析：对查询语句进行扫描及词法分析和语法分析。

（2）查询检查：检查数据库对象、用户权限、完整性约束等。

（3）查询优化：高效执行的查询处理策略，查询优化器。

（4）查询执行：执行代码生成器（Code Generator）生成的查询计划代码。

2. 查询优化器

查询优化是影响 RDBMS 性能的关键因素。查询优化利用优化器完成，其优点是不仅用户不必考虑如何最好地表达查询以获得较好的效率，而且在于系统可以比用户的"优化"做得更好。

（1）优化器可以从数据字典中获取许多统计信息。

（2）如果数据库的物理统计信息改变了，优化器可以自动对查询重新优化以选择相适应的执行计划。

（3）优化器可以考虑数百种不同的执行计划。

（4）优化器中包括了很多复杂的优化技术。

3. RDBMS 查询代价模型

RDBMS 通过某种代价模型计算出各种查询执行策略的执行代价，然后选取代价最小的执行方案。

（1）集中式数据库：总代价=I/O 代价+CPU 代价+内存代价。

（2）分布式数据库：总代价=I/O 代价+CPU 代价+内存代价+通信代价。

由于分布式数据库需要在不同物理节点之间进行通信，因此多了通信代价。

查询优化的总目标：选择有效的策略，求得给定关系表达式的值，使得查询代价最小。

3.3.4.2 查询优化实例

【例 3-2】求选修了 2 号课程的学生姓名。用 SQL 语句表达如下：

    SELECT   Student.Sname
    FROM   Student, SC
    WHERE   Student.Sno=SC.Sno AND   SC.Cno='2';

假定学生-课程数据库中有 1000 个学生记录，10000 个选课记录，其中选修 2 号课程的选课记录为 50 个。

可以用多种等价的关系代数表达式来完成这一查询，如：

$$Q_1 = \pi_{Sname}(\sigma_{Student.Sno=SC.Sno \wedge Sc.Cno='2'}(Student \times SC))$$

$$Q_2 = \pi_{Sname}(Student \infty \sigma_{Sc.Cno='2'}(SC))$$

1. Q_1 查询代价

（1）计算广义笛卡尔积。把 Student 和 SC 的每个元组连接起来。在内存中尽可能多地装入 Student 表的若干块，留出一块存放另 SC 表的元组；SC 中的每个元组和 Student 中每个元组连接，连接后的元组装满一块后就写到中间文件上；从 SC 中读入一块和内存中的 Student 元组连接，直到 SC 表处理完；再读入若干块 Student 元组，读入一块 SC 元组；重复上述处理过程，直到把 Student 表处理完。

设一个块能装 10 个 Student 元组或 100 个 SC 元组，在内存中存放 5 块 Student 元组和 1 块 SC 元组，则读取的总块数为：

$$(1000 \div 10)+(1000 \div (10 \times 5)) \times (10000 \div 100)=100+20 \times 100=2100 \text{ 块}$$

其中，读 Student 表 100 块；读 SC 表 20 遍，每遍 100 块；若每秒读写 20 块，则总计要花 105s。

连接后的元组数为 $10^3 \times 10^4 = 10^7$，设每块能装 10 个元组，则写出这些块要用 $10^6/20 = 5 \times 10^4$s。

（2）选择操作。依次读入连接后的元组，按照选择条件选取满足要求的元组。假定内存处理时间忽略，则读取中间文件花费的时间（与写中间文件一样）需 5×10^4s。满足条件的元组假设仅 50 个，均可放在内存中。

（3）投影操作。把第（2）步的结果在 Sname 上作投影输出，得到最终结果。

$$Q_1 \text{查询代价总时间} \approx 105+2 \times 5 \times 10^4 \approx 10^5 s=27.8h$$

所有内存处理时间均忽略不计。

2. Q_2 查询代价

（1）先对 SC 表作选择运算，只需读一遍 SC 表，存取 100 块花费时间为 5s，因为满足条件的元组仅 50 个，不必使用中间文件。

（2）读取 Student 表，把读入的 Student 元组和内存中的 SC 元组作连接。也只需要读一遍 Student 表共 100 块，花费时间为 5s。

（3）把连接结果投影输出。

Q_2 查询代价总时间 ≈5+5≈10s

显然完成同一查询任务，前一代数表达式完成查询需要 28h，后一表达式仅 10s。对比来看，最大的开销在于进行大型的连接运算时存储**中间结果**。

3.3.4.3　查询的代数优化

代数优化策略：通过对关系代数表达式的等价变换来提高查询效率。

两个关系表达式 E1 和 E2 是等价的，可记为 E1≡E2。

1. 典型的启发式优化规则

（1）选择运算应尽可能先做。在优化策略中这是最重要、最基本的一条。

（2）把投影运算和选择运算同时进行。避免重复扫描关系。

（3）把投影同其前或其后的双目运算结合起来。

（4）把某些选择同在它前面要执行的笛卡尔积结合起来成为一个连接运算。

（5）找出公共子表达式。如果重复出现的子表达式的结果不是很大的关系并且从外存中读入这个关系比计算该子表达式的时间少得多，则先计算一次公共子表达式并把结果写入中间文件。

2. 查询树的启发式优化

求选修了 2 号课程的学生姓名。用 SQL 表达为

SELECT Student.Sname FROM Student，SC WHERE Student.Sno=SC.Sno AND SC.Cno='2'；

关系代数表达式如下：

$$Q_1=\pi_{Sname}(\sigma_{Student.Sno=SC.Sno \wedge Sc.Cno='2'}(Student \times SC))$$

$$Q_2=\pi_{Sname}(Student \infty \sigma_{Sc.Cno='2'}(SC))$$

其对应的查询树构造如图 3-31 所示。

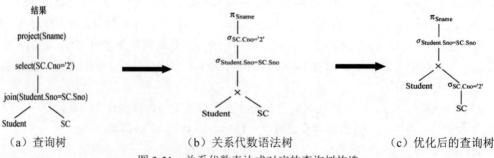

（a）查询树　　　　　　　（b）关系代数语法树　　　　　　（c）优化后的查询树

图 3-31　关系代数表达式对应的查询树构造

3.3.5 关系数据库设计理论

针对具体问题，如何构造一个适合于它的数据模式？考虑应该设计多少个关系模式、每个关系模式由哪些属性构成、关系模式之间的联系等。

数据库设计目标是避免出现：①过多数据冗余；②更新异常；③插入异常；④删除异常。

解决方案是数据库逻辑设计工具——关系数据库规范化理论。

3.3.5.1 函数依赖

1. 关系模式的形式化表示

关系模式的形式化表示为

$$R(U,D,DOM,F)$$

其中，R 为关系名；U 为组成该关系的属性名集合；D 为属性组 U 中属性所来自的域（不同属性可来自相同域）；DOM 为属性向域的映象集合；F 为属性间的数据依赖关系集合。

简化关系模式 R 为：$R(U, F)$，当且仅当 U 上的一个关系 r 满足 F 时，r 称为关系模式 $R(U, F)$ 的一个关系。

数据依赖：定义关系内部各属性值间的相互关连（主要体现于值的相等与否），它是数据库模式设计的关键。

2. 函数依赖（Functional Dependency，FD）

关系 R 上的 FD：如果 R 的两个记录在属性 A_1，A_2，…，A_n 上一致（即在这些属性上对应分量相同），则两个记录在分量 B 上的值也必定相同。标记如下

$$A_1A_2...A_n \rightarrow B \quad 即 \quad A_1，A_2，…，A_n \ 函数决定 \ B$$

3. 函数依赖形式定义

设 $R(U)$ 是一个属性集 U 上的关系模式，X 和 Y 是 U 的子集。

若对于 $R(U)$ 的任意一个可能的关系 r，r 中不可能存在两个元组在 X 上的属性值相等，而在 Y 上的属性值不等，则称 "X 函数确定 Y" 或 "Y 函数依赖于 X"，记作 $X \rightarrow Y$。

若 $X \rightarrow Y$，$Y \rightarrow X$，则记作 $X \longleftrightarrow Y$。

若 Y 函数不依赖于 X，则记作 $X \nrightarrow Y$。

函数依赖的类型：

（1）平凡函数依赖：$Y \subseteq X$。

（2）非平凡函数依赖：Y 中至少有一个属性不属于 X。

（3）完全非平凡函数依赖：Y 中所有属性均不属于 X。

4. 完全和部分函数依赖

在 $R(U)$ 中，如果 $X \rightarrow Y$，并且对于 X 的任何一个真子集 X'，都有 Y 函数不依赖于 X'，则称 Y 对 X 完全函数依赖，记作：$X \stackrel{F}{\longrightarrow} F$。

若 $X \rightarrow Y$，但 Y 不完全依赖于函数 X，则称 Y 对 X 部分函数依赖，记作 $X \stackrel{P}{\longrightarrow} F$。

5. 传递函数依赖

在 $R(U)$ 中，如果 $X \rightarrow Y$, $(Y \nsubseteq X)$, $Y \nrightarrow X$, $Y \rightarrow Z$, $(Z \nsubseteq Y)$，则称 Z 对 X 传递函数依赖。记为：

$$X \xrightarrow{\text{传递}} Z$$

注：如果 $Y \rightarrow X$，即 $X \leftarrow \rightarrow Y$，则 Z 直接依赖于 X。

3.3.5.2　Armstrong 公理

若想知道一个 FD 是否能从指定的 FD 集合中推导出来，可使用闭包算法，但也可以使用 Armstrong 公理的规则进行推导。

1. 关系模式 $R <U, F>$ 上的基本规则

（1）自反律（Reflexivity）：若 $Y \subseteq X \subseteq U$，则 $X \rightarrow Y$ 为 F 所蕴含。

（2）增广律（Augmentation）：若 $X \rightarrow Y$ 为 F 所蕴含，且 $Z \subseteq U$，则 $XZ \rightarrow YZ$ 为 F 所蕴含。

（3）传递律（Transitivity）：若 $X \rightarrow Y$ 及 $Y \rightarrow Z$ 为 F 所蕴含，则 $X \rightarrow Z$ 为 F 所蕴含。

2. 根据三条基本规则可以得到以下推理规则

（1）合并规则：由 $X \rightarrow Y$, $X \rightarrow Z$，有 $X \rightarrow YZ$。

（2）伪传递规则：由 $X \rightarrow Y$, $WY \rightarrow Z$，有 $XW \rightarrow Z$。

（3）分解规则：由 $X \rightarrow Y$ 及 $Z \subseteq Y$，有 $X \rightarrow Z$。

3.3.5.3　规范化理论的引出

建立一个描述学校教务的数据库，学生（Student 表，表 3-10）包括学号（Sno）、所在系（Sdept）、系主任姓名（Mname）、课程名（Cname）、成绩（Grade）等属性，用关系模式描述 Student $<U, F>$。

$$U = \{Sno, Sdept, Mname, Cname, Grade\}$$

表 3-10　Student 表示例

Sno	Sdept	Mname	Cname	Grade
S_1	计科系	张明	C_1	95
S_2	计科系	张明	C_1	90
S_3	计科系	张明	C_1	88
S_4	计科系	张明	C_1	70
…	…	…	…	…

教务系统的逻辑规则如下，其属性关系如图 3-32 所示。

（1）一个系有若干学生，而一个学生只属于一个系。

（2）一个系只有一名（正职）负责人，即系主任。

（3）一个学生可选修多门课程，每门课程有若干学生选修。

（4）每个学生选修每门课有一个成绩。

则，函数依赖集合 $F = \{Sno \rightarrow Sdept, Sdept \rightarrow Mname, (Sno, Cname) \rightarrow Grade\}$。

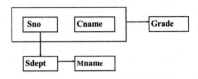

图 3-32　属性之间的依赖关系

1. 关系模式存在的问题

（1）数据冗余：系主任名重复出现。

（2）更新异常：系主任更换，则需更换所有学生相应信息。

（3）插入异常：如某系刚成立，没有学生，则不能插入系的相关信息。

（4）删除异常：如删除所有学生信息，则将删除一个系的信息。

2. 产生问题的原因

（1）存在部分函数依赖(Sno,Cname)→^{P}Sdept，因为 Sno→Sdept 成立，且 Sno 是(Sno,Cname)的真子集。

（2）存在传递函数依赖 Sno→Sdept，Sdept→Mname，Mname 传递函数依赖于 Sno。

3. 消除异常方法

通过分解关系模式来消除其中不合适的数据依赖，即上述的部分函数依赖和传递函数依赖。

把 Student{Sno, Sdept, Mname, Cname, Grade}模式分解为 3 个关系模式：

　　　　S {Sno, Sdept,Sno→Sdept}

　　　　SC {Sno,Cname,Grade,(Sno,Cname)→Grade}

　　　　DEPT {Sdept,Mname,Sdept→Mname}

3.3.5.4　闭包计算及其应用

属性集闭包的定义：假设有属性集合 $\{A_1,A_2,\cdots,A_n\}$，S 是属性集合上的 FD 集合。则设 S 下 $\{A_1,A_2,\cdots,A_n\}$ 的闭包（closure）为集合 B，使得每一个满足 S 的关系，也同样满足 $A_1A_2\cdots A_n\to B$。即 $A_1A_2\cdots A_n\to B$ 是从 S 的 FD 中推断出来的。将 $\{A_1,A_2,\cdots,A_n\}$ 的闭包记为 $\{A_1,A_2,\cdots,A_n\}^+$。

为简化讨论，允许存在平凡 FD，于是 $A_1,A_2,\cdots,A_n$ 总是在 $\{A_1,A_2,\cdots,A_n\}^+$ 中。

1. 闭包求解算法

属性集 $\{A_1,A_2,\cdots,A_n\}$ 关于某已知 FD 集合 S 的闭包算法如下：

（1）设 X 是结果闭包属性集合，先把 X 初始化为 $\{A_1,A_2,\cdots,A_n\}$。

（2）在 S 中查找形如 $B_1B_2\cdots B_n\to C$ 的式子，这里 $B_1,B_2,\cdots,B_n$ 在 X 中，而 C 不在 X 中。如找到，则把 C 加入到 X 中。

（3）重复第（2）步，直到不再有其他的属性加入到 X。

（4）当不再能添加任何属性时，集合 X 就是 $\{A_1,A_2,\cdots,A_n\}^+$。

【例 3-3】考虑含有属性 A,B,C,D,E,F 的关系，设关系有 FD：$AB\to C$，$BC\to AD$，$D\to E$，$CF\to B$，则 $\{A,B\}$ 的闭包 $\{A,B\}^+$ 是？

解：根据上面的算法，初始 X 集合为 $\{A,B\}$。

1）由于 $AB{\rightarrow}C$，且 C 不在 X 中，则将 C 加入 X，则 $X=\{A,B,C\}$。

2）由于 $BC{\rightarrow}AD$ 通过分解规则写为 $BC{\rightarrow}A$、$BC{\rightarrow}D$，且 A 已经在 X 中，而 D 不在 X 中，则将 D 加入 X，则 $X=\{A,B,C,D\}$。

3）由于 $D{\rightarrow}E$，且 E 不在 X 中，则将 E 加入 X，则 $X=\{A,B,C,D,E\}$。

4）由于 $CF{\rightarrow}B$ 中 F 是决定属性，通过 X 中的属性不能推导出 F，则 F 不能加入 X。

5）最终，$\{A,B\}^+=\{A,B,C,D,E\}$。

2. 判断任一给定的 $A_1A_2{\cdots}A_n{\rightarrow}B$ 是否来自 FD 集合 S 的推导

（1）利用 S 计算 $\{A_1,A_2,\cdots,A_n\}^+$。

（2）如果 B 在 $\{A_1,A_2,\cdots,A_n\}^+$ 中，则说明 $A_1A_2{\cdots}A_n{\rightarrow}B$ 可以从 S 推断出来。

（3）如果 B 不在 $\{A_1,A_2,\cdots,A_n\}^+$ 中，则 $A_1A_2{\cdots}A_n{\rightarrow}B$ 不能从 S 推断出来。

考虑含有属性 A,B,C,D,E,F 的关系，设关系有 FD：$AB{\rightarrow}C$，$BC{\rightarrow}AD$，$D{\rightarrow}E$，$CF{\rightarrow}B$，是否 $AB{\rightarrow}D$，$D{\rightarrow}A$ 可由 S 推导？

根据上面算法，可知 $AB{\rightarrow}D$ 能由 S 推导，而 $D{\rightarrow}A$ 不能。

3. 利用闭包求键

码（键）：设 K 为 $R<U,F>$ 中的属性或属性组合，如 K 满足下列条件，则认为 K 是关系 R 的键或候选码（*Candidate Key*）：

（1）$K{\rightarrow}U$，即 K 函数决定其他属性。

（2）不存在 K 的任意真子集 L，使得 $L{\rightarrow}U$。即码必须是最小属性集合。

闭包和键的关系：当且仅当 $\{A_1,A_2,\cdots,A_n\}$ 是关系的键时，$\{A_1,A_2,\cdots,A_n\}^+$ 才是这个关系所有属性的集合。故如要验证 $\{A_1,A_2,\cdots,A_n\}$ 是否为关系的键，可验证 $\{A_1,A_2,\cdots,A_n\}^+$ 是否包含所有属性。

4. LR 候选码求解法

给定一个关系模式：$R(U,\ F)$，$U=\{A_1,\ A_2,\ \cdots,\ A_n\}$

（1）F 是 R 的函数依赖集，将属性分为四类。

1）L：仅出现在函数依赖集 F 左部的属性。

2）R：仅出现在函数依赖集 F 右部的属性。

3）LR：在函数依赖集 F 的左右部都出现的属性。

4）NLR：在函数依赖集 F 中未出现的属性。

（2）根据候选码的特性，对于给定一个关系模式 $R(U,\ F)$，可以得出如下结论：

1）若 X 是 L 类属性，则 x 必为 R 的候选码的成员。若 $X_F^+=U$，则 X 必为 R 的唯一候选码。

2）若 X 是 R 类属性，则 X 不是 R 的候选码的成员。

3）若 X 是 NLR 类属性，则 X 必为 R 的候选码的成员。

4）若 X 是 L 类和 NLR 类属性组成的属性集，若 $X_F^+=U$，则 X 必为 R 的唯一候选码。

【例 3-4】设关系模式 $R(U,\ F)$，其中，$U=(A,\ B,\ C,\ D)$，$F=\{A{\rightarrow}C,\ C{\rightarrow}B,\ AD{\rightarrow}B\}$，求 R 的候选码。

解：首先根据 F 为属性分类。

L：*AD*，R：*B*，LR：*C*，NLR：*Φ*

显然根据结论 1），*AD* 为 L 属性，且 $\{AB\}^{+}=\{ABCD\}$；因此，*AD* 为 *R* 的唯一候选码。

5. 最小函数依赖集

如果函数依赖集 *F* 满足下列条件，则称 *F* 为一个最小函数依赖集，或称极小函数依赖集。

（1）*F* 中的任一函数依赖的右部仅有一个属性，即无多余的属性。

（2）*F* 中不存在这样的函数依赖 $X \rightarrow A$，使得 *F* 与 $F-\{X \rightarrow A\}$ 等价，即无多余的函数依赖。

（3）*F* 中不存在这样的函数依赖 $X \rightarrow A$，*X* 有真子集 *Z* 使得 *F* 与 $F-\{X \rightarrow A\} \cup \{Z \rightarrow A\}$ 等价，即去掉各函数依赖左边的多余属性，*A* 对 *X* 为完全函数依赖。

3.3.6 关系模式的规范化理论

范式是指符合某一种级别的关系模式的集合，满足不同程度要求的为不同范式。

某一关系模式 *R* 为第 *n* 范式，可简记为 $R \in nNF$。

一个低级别范式的关系模式，通过模式分解消除其中不合适的数据依赖后，可以转换为若干个高级别范式的关系模式的集合，这种过程就叫规范化。

3.3.6.1 关系模式规范化的基本步骤

现有研究中，将关系的模式根据其特性分为从 1NF 到 5NF，它们的关系为

$$1NF \supset 2NF \supset 3NF \supset BCNF \supset 4NF \supset 5NF$$

下面主要讨论从 1NF 到 4NF 的基本特性和模式分解的方法，如图 3-33 所示。

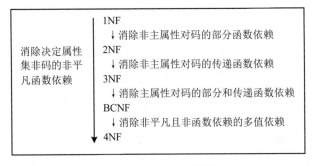

图 3-33 规范化路线图

根据上面的规范化路线图，涉及的重要概念包括键、主属性、非主属性、部分函数依赖、传递函数依赖。

3.3.6.2 1NF

1NF 定义：如果一个关系模式 *R* 的所有属性都是不可再分的基本数据项（原子属性），则 $R \in$ 1NF。

第一范式是对关系模式的最起码的要求。不满足第一范式的数据库模式不能称为关系数据库，但是满足第一范式的关系模式并不一定是一个合理的关系模式。

如关系模式 *S-L-C*(Sno, Sdept, Sloc, Cno, Grade)，Sloc 为学生住处，假设每个系的学生住在同一个地方。其属性之间的依赖关系如图 3-34 所示，函数依赖包括：

(Sno, Cno)→^FGrade

Sno→Sdept

(Sno, Cno)→^PSdept

Sno→Sloc

(Sno, Cno)→^PSloc

Sdept→Sloc

根据分析，*S-L-C* 的码为(Sno, Cno)，*S-L-C* 满足第一范式。非主属性 Sdept 和 Sloc 部分函数依赖于码(Sno, Cno)。

S-L-C 关系模式存在的缺陷为插入异常、删除异常、修改复杂、数据冗余度大。

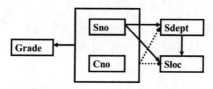

图 3-34 *S-L-C* 的属性间关系

3.3.6.3 2NF

2NF 定义：若 R∈1NF，且每一个非主属性完全函数依赖于码，则 R∈2NF。

即 2NF 允许关系中存在传递 FD，但不允许有左边是键真子集的非平凡 FD 存在，消除非主属性对码的部分依赖。

将一个 1NF 关系分解为多个 2NF 的关系，可以在一定程度上**减轻**原 1NF 关系中存在的插入异常、删除异常、数据冗余度大、修改复杂等问题，但不能完全消除。

如将 *S-L-C*(Sno, Sdept, Sloc, Cno, Grade)分解为两个关系模式，消除非主属性对码的部分函数依赖：

（1）*S-C*(Sno,Cno,Grade)；(Sno, Cno)→^F Grade。

（2）*S-L*(Sno,Sdept,Sloc)；Sno→Sdept，Sdept→Sloc，Sno→Sloc。

分解后的 *S-C*、*S-L* 达到了 2NF，但仍然异常：必须有学生入住才能录入系别，原因是存在传递依赖 Sno→Sdept，Sdept→Sloc，Sno→Sloc。

3.3.6.4 3NF

若 *R*∈3NF，则每一个非主属性既不部分依赖于码也不传递依赖于码。

如 2NF 关系模式 *S-L*(Sno, Sdept, Sloc)中存在函数依赖：Sno→Sdept、Sdept→Sloc，可知存在非主属性对码的传递函数依赖 Sno→Sloc。

S-L 分解为两个关系模式，以消除传递函数依赖：

        S-D（Sno,Sdept）函数依赖：Sno→Sdept

D-L（Sdept,Sloc）函数依赖：Sdept→Sloc

至此，1NF 关系模式 S-L-C(Sno, Sdept, Sloc, Cno, Grade)，通过上述分解，得到 3 个 3NF 关系模式：

S-C(Sno,Cno,Grade)函数依赖：(Sno, Cno) →Grade

S-D(Sno,Sdept)函数依赖：Sno→Sdept

D-L(Sdept,Sloc) 函数依赖：Sdept→Sloc

3NF 说明：一个关系模式总可以信息无损地分解到 3NF，并且原关系中的 FD 仍存在于分解后的多个关系中。**3NF 可以一定程度上避免数据异常，但仍然会导致大量冗余。**

3.3.6.5　BC 范式（BCNF）

（1）关系 R 满足 BCNF 当且仅当：如果 R 中非平凡 FD $A_1A_2\cdots A_n \to B_1B_2\cdots B_m$ 成立，则 $\{A_1,A_2,\cdots,A_n\}$ 是关系 R 的超键，即每一个决定属性因素都包含码。**BCNF 能保证不产生异常。**

第三范式的基础上，消除主属性对不含它的码的部分和传递函数依赖，则达到 BCNF。

（2）3NF 与 BCNF 的关系。

1）若 $R\in$BCNF，则 $R\in$3NF，反之则不然。

2）若 $R\in$3NF，且只有一个候选码，则 $R\in$BCNF。

3）若 R 是全码关系，则 $R\in$BCNF。

（3）分解为 BCNF。分解到 BCNF 的步骤：

1）寻找违反 BCNF 条件的非平凡 FD：$A_1A_2\cdots A_n \to B_1B_2\cdots B_m$，即要找 $\{A_1,A_2,\cdots,A_n\}$ 不是超键的 FD。

2）然后尽可能地往 FD 右边增加足够多的由 $\{A_1,A_2,\cdots,A_n\}$ 决定的属性。

3）最后将上述 FD 分解为两个模式：一个包含 FD 的所有属性，另一个包含位于这个 FD 左边的属性和不属于 FD 的所有属性。

如设 R(Pno,Pname,Mname)的属性分别表示零件号、零件名和厂商名，如果约定：每种零件号只有一个零件名，但不同的零件号可以有相同的零件名；每种零件可以有多个厂商生产，但每家厂商生产的零件应有不同的零件名，则：

函数依赖集为：Pno→Pname，(Pname,Mname)→Pno。

R 中的候选码为(Pname,Mname)或(Pno,Mname)，属性都是主属性，所以 R 是 3NF 的。

但主属性 Pname 部分依赖于码(Pname,Mname)，因此 R 不是 BCNF 的，可分解为：

$$R1(Pno,Pname),R2(Pno,Mname)$$

3.3.6.6　多值函数依赖（MVD）

（1）多值函数依赖定义。

设 $R(U)$ 是一个属性集 U 上的一个关系模式，X、Y 和 Z 是 U 的子集，并且 $Z=U-X-Y$。关系模式 $R(U)$ 中多值依赖 $X\to\to Y$ 成立，当且仅当对 $R(U)$ 的任一关系 r，给定的一对 (x,z) 值，有一组 Y 的值，且这组值仅仅取决于 x 值而与 z 值无关。

Teaching(C, T, B)关系如图 3-35 所示。有多值函数依赖：$C\to\to T$、$C\to\to B$，即多值依赖具有对称性。

课程C	教员T	参考书B
物 理	李 勇	普通物理学
物 理	李 勇	光学原理
物 理	李 勇	物理习题集
物 理	王 军	普通物理学
物 理	王 军	光学原理
物 理	王 军	物理习题集
数 学	李 勇	数学分析
数 学	李 勇	微分方程
数 学	李 勇	高等代数
数 学	张 平	数学分析
数 学	张 平	微分方程
数 学	张 平	高等代数
…	…	…

图 3-35　Teaching 表数据图

（2）平凡多值依赖和非平凡的多值依赖。

若 $X \rightarrow \rightarrow Y$，而 $Z = \phi$，则称，$X \rightarrow \rightarrow Y$ 为平凡的多值依赖；

若，$Z \neq \phi$，则称 $X \rightarrow \rightarrow Y$ 为非平凡的多值依赖。

3.3.6.7　4NF

关系模式 $R<U,F> \in 1NF$，如果对于 R 的每个非平凡多值依赖 $X \rightarrow \rightarrow Y$，$X$ 都含有码，则 $R \in 4NF$。

如果 $R \in 4NF$，则 $R \in BCNF$。4NF 是广义的 BCNF，而每个 FD 又是一个 MVD，所以只要违反 BCNF 条件，也必然违反 4NF 条件。

4NF 的分解算法与 BCNF 的分解算法非常类似。对于 $X \rightarrow \rightarrow Y$，若 X 不是超键，则认为此 MVD 违反了 4NF 条件，则可把关系 R 分解为两个模式：

（1）含有 X 和 Y 的全部属性。

（2）含有 X 和 $U\text{-}X\text{-}Y$ 的全部属性。

【例 3-5】 将 Teaching(C, T, B) 分解到 4NF。

解：该模式有 MVD：$C \rightarrow \rightarrow T$，$C \rightarrow \rightarrow B$，而关系的键为 $\{C,T,B\}$，则不满足 4NF。

利用上述分解方法可分解为满足 4NF 的两个关系模式：$\{C,T\}$，$\{C, B\}$。

3.3.7　无损分解及保持函数依赖

把一个关系模式分解成为多个关系模式后，需要研究分解后关系模式的两个特性。

（1）保持函数依赖：如果 F 上的每一个函数依赖都在其分解后的某一个关系上成立，则该分解是保持函数依赖的。

（2）无损分解：分解为两个子模式的判断方法、分解为 3 个及其以上子模式的判断方法。

3.3.7.1　分解为两个子模式的无损分解

分解为两个子模式是否为无损分解的判断方法：

关系模式 $R(U,F)$ 的一个分解，$\rho = \{R_1 (U_1,F_1)，R_2 (U_2,F_2)\}$ 具有无损分解的充分必要的条件是：

$$U_1 \cap U_2 \rightarrow U_1\text{-}U_2 \in F^+ 或 U_1 \cap U_2 \rightarrow U_2\text{-}U_1 \in F^+$$

【例 3-6】 给定关系模式 $R(U,F)$，$U=\{A, B, C, D, E\}$，$F=\{ B{\to}A, D{\to}A, A{\to}E, AC{\to}B \}$ 则，R 分解为 $R_1(ABCE)$、$R_2(CD)$，是否为无损分解，是否保持函数依赖？

解： $R_1{\cap}R_2{\to}R_1{-}R_2=(C){\to}(ABE)$，$R_1{\cap}R_2{\to}R_2{-}R_1=(C){\to}(D)$，都不能由 F 推导，则不是无损分解。

由于 $D{\to}A$ 不在 $R1$ 或 R_2 上，所以也不保持函数依赖。

3.3.7.2　分解为 3 个子模式及以上的无损分解

分解为 3 个及其以上子模式的无损分解的判断常采用 Chase 法。

假设关系模式 $R(U,F)$ 的一个分解 $\rho=\{R_1(U_1,F_1), R_2(U_2,F_2), \cdots, R_k(U_k,F_k)\}$，$U=\{A_i,A_2,\cdots,A_n\}$，$F=\{FD_1,FD_2,\cdots,FD_k\}$，并设 F 是一个最小依赖集，记 FD_i 为 $X_i{\to}A_{ij}$。判断 ρ 是否无损连接的步骤如下：

（1）建立一张 n 列 k 行的表，每一列对应一个属性 A_j，每一行对应一个 R_i。若属性 $A_j{\in}R_i$，则在 j 列 i 行上填上 a_j，否则填上 b_{ij}；

（2）把表格看成模式 R 的一个关系，反复检查 F 中每个 FD 在表格中是否成立，若不成立，则修改表格中的值，修改方法如下。

对于 F 中的一个 FD：$X{\to}Y$，如果表格中有两行在 x 值上相等，在 Y 值上不相等，那么把这两行在 Y 值上也改成相等的值；如果 Y 值中有一个是 a_j，那么另一个也改成 a_j；如果没有 a_j，那么用其中一个 b_{ij} 替换另一个值（且尽量把下标 i, j 改成较小的数）；一直到表格不能修改为止。这个过程称为 Chase 过程。

（3）若修改后表格中有一行是全 a（即 $a_1,a_2,\cdots,a_n$），那么称 ρ 相对于 F 是无损分解，否则称有损分解。

【例 3-7】 关系模式 $R(U,F)$，其中 $U=\{A,B,C,D,E\}$，$F=\{AC{\to}E,E{\to}D,A{\to}B,B{\to}D\}$，请判断下面两个分解是否是无损连接的。

$$\rho_1=\{R_1(AC),R_2(ED),R_3(AB)\}$$
$$\rho_2=\{R_1(ABC),R_2(ED),R_3(ACE)\}$$

（1）对于 ρ_1，构造追踪表见表 3-11；根据 FD 集合进行追踪，得到表 3-12。

表 3-11　构造 ρ_1 的追踪初始表

	A	B	C	D	E
$R_1(AC)$	a_1	b_{12}	a_3	b_{14}	b_{15}
$R_2(ED)$	b_{21}	b_{22}	b_{23}	a_4	a_5
$R_3(AB)$	a_1	a_2	b_{33}	b_{34}	b_{35}

表 3-12　根据 FD 集合修改后 ρ_1 的追踪表

	A	B	C	D	E
$R_1(AC)$	a_1	a_2	a_3	b_{14}	b_{15}
$R_2(ED)$	b_{21}	b_{22}	b_{23}	a_4	a_5
$R_3(AB)$	a_1	a_2	b_{33}	b_{14}	b_{35}

由于利用 F 中所有函数依赖进行标记修改，在表 3-11 中未出现全为 a 的行，因此 ρ_1 的分解是有损的。

（2）对于 ρ_2，构造追踪表见表 3-13；根据 FD 集合进行追踪，得到表 3-14。

表 3-13　构造 ρ_2 的追踪初始表

	A	B	C	D	E
$R_1(ABC)$	a_1	a_2	a_3	b_{14}	b_{15}
$R_2(ED)$	b_{21}	b_{22}	b_{23}	a_4	a_5
$R_3(ACE)$	a_1	b_{32}	a_3	b_{34}	a_5

表 3-14　根据 FD 集合修改后 ρ_2 的追踪表

	A	B	C	D	E
$R_1(ABC)$	a_1	a_2	a_3	a_4	a_5
$R_2(ED)$	b_{21}	b_{22}	b_{23}	a_4	a_5
$R_3(ACE)$	a_1	a_2	a_3	a_4	a_5

由于利用 F 中所有函数依赖进行标记修改，在表 3-14 中的第 1 行、第 3 行都全为 a，因此 ρ_2 的分解是无损的。

3.3.7.3　模式分解及其特性

在表 3-15 中，对比了 3NF、BCNF、4NF 在对 FD 和 MVD 进行分解和保持的特性。由表 3-15 可见，对于关系模式而言，一般选择分解到 3NF；虽然 3NF 存在一定的 FD 冗余，但其保持了 FD。同时，有时数据中的部分冗余，可能显著改善系统的性能。

表 3-15　3NF、BCNF、4NF 保持函数依赖的特性

性质	3NF	BCNF	4NF
消除 FD 冗余	大多数	YES	YES
消除 MVD 冗余	NO	NO	YES
保持 FD	YES	可能	可能
保持 MVD	可能	可能	可能

3.3.8　本学时要点总结

关系数据模型的基本概念：关系（Relation）、元组（Tuple）、属性（Attribute）、主码（Key）、域（Domain）、分量、关系模式、外部关键字。

关系的码：候选码、超键、全码、主码、主属性、非主属性。

关系的 3 种类型：基本关系（基表）、查询表、视图表。

关系的规范化理论：属性的原子性、属性唯一性、元组唯一性、元组的有限性、元组次序无关紧要、属性次序无关紧要。

数据库完整性类型：实体完整性、参照完整性、用户定义完整性。

关系的 5 种基本操作：选择、投影、并、差、笛卡尔积。

传统的集合运算：并、交、差、笛卡尔积。

选择：注意表达式的书写，如 $\sigma_{Ssex = '男' \land Sage < 20}$ (Student)。

投影：$\pi_{Sage, Sdept}$(Student)，注意投影会导致关系丢失候选码，导致元组重复。

连接：作用在两个关系上的运算，连接的种类有：θ 连接、等值连接、自然连接。

除：注意象集 Z_x 的概念。

关系代数扩展操作：外连接（完全外连接、左外连接、右外连接）、重命名、广义投影、聚集运算、分组。

元组演算与域演算及其表达式的区别。

查询处理是 RDBMS 的核心，查询优化技术是查询处理的关键技术。

RDBMS 查询处理步骤：查询分析、查询检查、查询优化、查询执行。

代数优化策略：通过对关系代数表达式的等价变换来提高查询效率。

查询优化的 5 条基本启发式规则。

数据依赖的定义：定义关系内部属性值间的相互关连（主要体现于值的相等与否），它是数据库模式设计的关键。

数据依赖类型（$X \rightarrow Y$）：平凡的、非平凡的、完全非平凡的、部分函数依赖、完全函数依赖。

Armstrong 公理基本规则：自反律、增广律、传递律。

Armstrong 公理推导规则：合并、分解、伪传递。

闭包的计算方法、闭包的应用：判断函数依赖推导关系、确定关系候选码。

根据属性及函数依赖确定关系候选码规则。

最小函数依赖集的判断规则。

1NF 到 4NF 的规范化进化规则。

分解保持函数依赖：如果 F 上的每一个函数依赖都在其分解后的某一个关系上成立，则该分解是保持函数依赖的。

分解为两个子模式无损分解判断：$U_1 \cap U_2 \rightarrow U_1 - U_2 \in F^+$ 或 $U_1 \cap U_2 \rightarrow U_2 - U_1 \in F^+$

分解为 3 个及以上子模式无损分解判断方法：Chase 追踪法。

第 4 学时　关系数据库模拟习题

1. 关系的度是指关系中（　　）。

　　A．属性的个数　　　　B．元组的个数　　　C．不同域的个数　　D．相同域的个数

2. 在传统关系系统中，对关系的错误描述是（　　）。

　　A．关系是笛卡尔积的子集　　　　　　　B．关系是一张二维表

　　C．关系可以嵌套定义　　　　　　　　　D．关系中的元组次序可交换

3. 在关系代数中对传统的集合运算要求参与运算的关系（　　）。

　　A．具有相同的度　　　　　　　　　　　B．具有相同的关系名

　　C．具有相同的元组个数　　　　　　　　D．具有相同的度且对应属性取自同一个域

4. 关系模式 R 属性集为 $\{A, B, C\}$，函数依赖集 $F = \{AB \rightarrow C, AC \rightarrow B, B \rightarrow C\}$，则 R 属于（　　）。

　　A．1NF　　　　　　　B．2NF　　　　　　　C．3NF　　　　　　　D．BCNF

5. 两个函数依赖集等价是指（　　）。

　　A．函数依赖个数相等　　　　　　　　　B．函数依赖集的闭包相等

C．函数依赖集相互包含　　　　　　　　D．同一关系上的函数依赖集

6. 对于表 S 和 SC 的关系，当进行左外联结时，其结果集的属性列数为___（1）___，元组个数为___（2）___。

Sno	Sname	Sex	SD	Age
3001	王　平	女	计算机	18
3002	张　勇	男	计算机	19
4003	黎　明	女	机械	18
4004	刘明远	男	机械	19
1041	赵国庆	男	通信	20
1042	樊建玺	男	通信	20

S

Sno	Cno	Grade
3002	1	93
3002	2	84
3002	3	84
4004	2	83
4004	3	93
1042	1	84
1042	2	82

SC

（1）A．6　　　　　　B．7　　　　　　　　C．8　　　　　　　D．9

（2）A．7　　　　　　B．8　　　　　　　　C．9　　　　　　　D．10

7. 给定关系模式 $R(U,F)$，其中 U 为关系 R 属性集，F 是 U 上的一组函数依赖，若 $X \to Y$，（　　）是错误的，因为该函数依赖不蕴含在 F 中。

A．$Y \to Z$ 成立，则 $X \to Z$

B．$X \to Z$ 成立，则 $X \to YZ$

C．$Z \subseteq U$ 成立，则 $X \to YZ$

D．$WY \to Z$ 成立，则 $XW \to Z$

8. 若存在关系模式 $R(\{A, B, C\}，\{A \to B, B \to C\})$，并将 R 分解为 $R1(A,B)$ 和 $R2(B,C)$，则该分解（　　）。

A．满足无损联结，但不保持函数依赖

B．不满足无损联结，但保持函数依赖

C．既不满足无损联结，又不保持函数依赖

D．既满足无损联结，又保持函数依赖

9. 设关系模式 $R(ABCDE)$ 上 FD 集为 F，并且 $F = \{A \to BC, CD \to E, B \to D, E \to A\}$。

（1）试求 R 的候选键。

（2）试求 $B+$ 的值。

10. 设关系模式 $R(ABCD)$，$\rho = \{AB, BC, CD\}$ 是 R 的一个分解。设 $F1 = \{A \to B, B \to C\}$，$F2 = \{B \to C, C \to D\}$

（1）如果 $F1$ 是 R 上的 FD 集，此时 ρ 是否无损分解？

（2）如果 $F2$ 是 R 上的 FD 集，此时 ρ 是否无损分解？

11. 设关系 R、S、W 各有 10 个元组，那么这 3 个关系自然连接的元组个数为（　　）。

A．10　　　　　　　　　　　　　　　　B．30

C．1000　　　　　　　　　　　　　　　D．不确定（与计算结果有关）

12. 设关系 R 和 S 的属性个数分别为 2 和 3，那么 $R \underset{1<2}{\bowtie} S$ 等价于（　　）。

A．$\sigma_{1<2}(R \times S)$　　　B．$\sigma_{1<4}(R \times S)$　　　C．$\sigma_{1<2}(R \bowtie S)$　　　D．$\sigma_{1<4}(R \bowtie S)$

第 3 天

13. 如果两个关系没有公共属性，那么其自然连接操作（　　）。

    A. 转化为笛卡尔积操作　　　　　　　　B. 转化为连接操作

    C. 转化为外部并操作　　　　　　　　　D. 结果为空关系

14. 设关系 R 和 S 都是二元关系，那么与下面元组表达式等价的关系代数表达式是（　　）。

$$\{t \mid (\exists u)(\exists v)(R(u) \wedge S(v) \wedge u[1]=v[1] \wedge t[1]=v[1] \wedge t[2]=v[2])\}$$

    A. $\pi_{3,4}(R \bowtie S)$　　　B. $\pi_{2,3}(R \underset{1=3}{\bowtie} S)$　　　C. $\pi_{3,4}(R \underset{1=1}{\bowtie} S)$　　　D. $\pi_{3,4}(\sigma_{1=1}(R \times S))$

15. 设有关系 $R(A, B, C)$ 和 $S(B, C, D)$，那么与 $R \bowtie S$ 等价的关系代数表达式是（　　）。

    A. $\sigma_{3=5}(R \underset{2=1}{\bowtie} S)$　　　　　　　　　　B. $\pi_{1,2,3,6}(\sigma_{3=5}(R \underset{2=1}{\bowtie} S))$

    C. $\sigma_{3=5 \wedge 2=4}(R \times S)$　　　　　　　　D. $\pi_{1,2,3,6}(\sigma_{3=2 \wedge 2=1}(R \times S))$

16. 在关系数据模型中，通常可以把　(1)　称为属性，而把　(2)　称为关系模式。常用的关系运算是关系代数和　(3)　。在关系代数中，对一个关系投影操作后，新关系的元组个数　(4)　原来关系的元组个数。

    （1）A. 记录　　　　B. 基本表　　　　C. 模式　　　　D. 字段

    （2）A. 记录　　　　B. 记录类型　　　C. 元组　　　　D. 元组集

    （3）A. 集合代数　　B. 逻辑演算　　　C. 关系演算　　D. 集合演算

    （4）A. 小于　　　　B. 小于或等于　　C. 等于　　　　D. 大于

17. 关系 R 和 S 如下表所述，$R \div \pi_{1,2}(\sigma_{1<3}(S))$ 的结果为　(1)　，R 与 S 的左外连接、右外连接和完全外连接的元组个数分别为　(2)　。

关系 R		
A	B	C
a	b	c
b	a	d
c	d	d
d	f	g

关系 S		
A	B	C
a	z	a
b	a	h
c	d	d
d	s	c

    （1）A. $\{d\}$　　　B. $\{c,d\}$　　　C. $\{c,d,g\}$　　　D. $\{(a,b),(b,a),(c,d),(d,f)\}$

    （2）A. 2,2,4　　　B. 2,2,7　　　　C. 4,4,7　　　　D. 4,4,4

18. 给定关系模式 $R(U,F)$，$U=\{A,B,C,D,E\}$，$F=\{B \to A, D \to A, A \to E, AC \to B\}$，那么属性集 AD 的闭包为　(1)　，R 的候选键为　(2)　。

    （1）A. ADE　　　B. ABD　　　　C. ABCD　　　D. ACD

    （2）A. ABD　　　B. ADE　　　　C. ACD　　　　D. CD

19. 设关系模式 $R(A,B,C,D)$，F 是 R 上成立的 FD 集，$F=\{A \to B, B \to C, C \to D, D \to A\}$，$p=\{AB,BC,AD\}$ 是 R 上的一个分解，那么分解 p 相对于 F（　　）。

    A. 是无损连接分解，也是保持 FD 的分解

    B. 是无损连接分解，但不保持 FD 的分解

    C. 不是无损连接分解，但保持 FD 的分解

D．既不是无损连接分解，也不保持 FD 的分解

20．设图书馆数据库中有一个关于读者借书的关系模式 *R*(L#,B#,BNAME,AUTH,BIRTH)，属性为读者借书证号、所借书的书号、书名、书的作者、作者的出生年份。

如果规定：一个读者同时可借阅多本书籍；每本书只有一个书名和作者；作者的姓名不允许同名同姓；每个作者只有一个出生年份。

那么，关系模式 *R* 上基本的函数依赖集为　(1)　。

A．{L#→B#，B#→BNAME, BNAME→AUTH, AUTH→BIRTH}

B．{L#→B#，B#→(BNAME，AUTH，BIRTH)}

C．{B#→(BNAME, AUTH), AUTH→BIRTH}

D．{(L#，B#)→BNAME,B#→AUTH,AUTH→IRTH}

R 上的关键码为　(2)　。

A．(L#)　　　　　B．(L#，B#)　　　C．(L#,B#,AUTH)　　D．(L#,BNAME,AUTH)

R 的模式级别为　(3)　。

A．属于 1NF 但不属于 2NF　　　　　B．属于 2NF 但不属于 3NF

C．属于 3NF 但不属于 2NF　　　　　D．属于 3NF

参考答案：

1～5	ACDCB	6	BD	7～8	CD		
9．（1）*R* 的候选键有 4 个：A、E、CD 和 BC；（2）B⁺=BD。							
10．（1）损失分解；（2）无损分解。							
11～15	DBACB	16	DBCB	17	AC	18	AD
19	B	20	CBA				

第 5 学时　结构化查询语言（SQL）

本学时考点

（1）SQL 数据库的体系结构，SQL 语言的组成。

（2）SQL 的数据定义：基本表与索引的创建和撤销。

（3）SQL 的数据查询：SELECT 的基本语法，分组查询、连接查询、子查询、集合查询。

（4）SQL 的数据更新：插入、删除、修改。

（5）视图的创建和撤销，对视图更新操作的限制。

（6）嵌入式 SQL：预处理方式、使用规定、使用技术、卷游标、动态 SQL 语句。

（7）SQL 的数据控制：SQL 的事务处理语句、并发处理语句、完整性约束语句、触发器、安全性处理语句。

（8）存储过程与存储函数。

3.5.1　SQL 语言概述

SQL 是关系数据库的标准语言，集数据定义语言（DDL）、数据操纵语言（DML）、数据控制语言（Data Control Language，DCL）功能于一体，是数据库使用的重要接口。

3.5.1.1　SQL 功能分类

SQL 语言虽然功能强大，但是并不复杂，其核心仅包含 9 个操作动词，见表 3-16。

表 3-16　SQL 语言的 9 个核心动词

SQL 功能	动词
数据查询	SELECT
数据定义	CREATE，DROP，ALTER
数据操纵	INSERT，UPDATE，DELETE
数据控制	GRANT，REVOKE

3.5.1.2　SQL 结构化查询语言特点

1．SQL 语言的基本特点

（1）综合统一：集数据定义语言（DDL），数据操纵语言（DML），数据控制语言（DCL）功能于一体。

（2）高度非过程化，只要提出"做什么"，无须了解存取路径，即能完成操作。

（3）面向集合的操作方式，操作对象、查找结果是元组的集合。

（4）以同一种语法结构提供多种使用方式，如独立使用、嵌入到高级语言中使用等。

（5）语言简洁，易学易用。

2．SQL 支持关系数据库三级模式结构

SQL 语言支持关系数据库的三级模式结构，如图 3-36 所示。

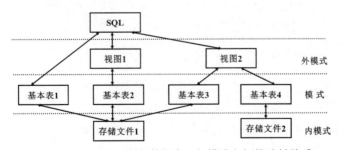

图 3-36　SQL 语言与数据库三级模式之间的映射关系

3.5.1.3　SQL 支持的基本数据类型

不同 DBMS 支持的数据类型不完全相同。表 3-17 是 DBMS 支持的常见数据类型。

选用哪种数据类型的总体原则是：存储空间越小越好、查询效率越高越好。

表 3-17　DBMS 支持的常见数据类型

类型	说明
char(n)	固定长度字符串，表示 n 个字符的固定长度字符串
varchar(n)	可变长度字符串，表示最多可以有 n 个字符的字符串
int	整型，也可以用 integer
smallint	短整型
numeric(p,d)	定点数 p 为整数位，n 为小数位
real	浮点型
double precision	双精度浮点型
float(n)	n 为浮点型
boolean	布尔型
date	日期型
time	时间型

3.5.2　表的创建与结构修改

有一教学数据库 ST，其关系模式及其简化 E-R 图如图 3-37 所示。

学生表：Student(Sno,Sname,Ssex,Sbirthday,Sage,Sdept)

课程表：Course(Cno,Cname,Cpno,Ccredit)

学生选课表：SC(Sno,Cno,Grade)

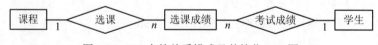

图 3-37　ST 中的关系模式及其简化 E-R 图

3.5.2.1　表的创建

1. 数据库操作

SQL Server 数据库创建语法：　CREATE DATABASE database_name

　　　　创建 st 数据库：create　database　st

SQL Server 数据库删除语法：　DROP DATABASE database_name

　　　　删除 st 数据库：DROP　database　st

2. 基本表定义

CREATE TABLE <表名>

(<列名> <数据类型>[<列级完整性约束条件>]

[,<列名> <数据类型>[<列级完整性约束条件>]] …

[,<表级完整性约束条件>]);

如果完整性约束条件涉及该表的多个属性列，则必须定义在表级上，否则既可以定义在列级也可以定义在表级。

【例 3-8】建立"学生"表 Student。

```
CREATE TABLE Student
(   Sno     CHAR(9)    PRIMARY KEY,
        Sname    CHAR(20)   UNIQUE,
        Ssex     CHAR(2)    CHECK (Ssex IN ('男', '女') )    default('男') ,
        Sbirthday  DATETIME,
        Sage     SMALLINT    NOT NULL,
        Sdept    CHAR(20),
        CONSTRAINT C1 CHECK (year(getdate())-year(Sbirthday)=Sage)
    );
```

说明：PRIMARY KEY 表示定义 Sno 为主键；UNIQUE 表示定义 Sname 为唯一索引；CHECK (Ssex IN ('男', '女'))表示定义 Ssex 只能取值"男"或"女"；default('男')表示 Ssex 默认值为'男'；NOT NULL 表示该字段不能为空；CONSTRAINT C1 CHECK (year(getdate())-year(sbirthday)= Sage)表示定义了一个名称为 C1 的表级约束，要求出生日期 Sbirthday 与年龄 Sage 要相符。

【例 3-9】建立"课程"表 Course。

```
CREATE TABLE   Course
    ( Cno      CHAR(4)   PRIMARY KEY,
      Cname    CHAR(40),
      Cpno     CHAR(4) ,
      Ccredit  SMALLINT,
      FOREIGN KEY (Cpno) REFERENCES    Course(Cno)
      );
```

说明：FOREIGN KEY (Cpno) REFERENCES   Course(Cno)表示建立了一个参照关系，其中外键为 Cpno，Cpno 的值要参考或引用 Course 表中 Cno 字段的值，这是一个实体内部的联系。

【例 3-10】建立"学生选课"表 SC。

```
CREATE TABLE   SC
    ( Sno    CHAR(9),
      Cno    CHAR(4),
      Grade   SMALLINT check(grade BETWEEN 0 AND 100),
      PRIMARY KEY (Sno,Cno),
      FOREIGN KEY (Sno) REFERENCES Student(Sno) ON DELETE CASCADE ON UPDATE CASCADE,
     FOREIGN KEY(Cno) REFERENCES Course(Cno) ON DELETE CASCADE    ON UPDATE CASCADE,
      );
```

说明：PRIMARY KEY (Sno,Cno)表示创建一个组合主键，ON DELETE CASCADE 表示外键处理采用级联删除方式，ON UPDATE CASCADE 表示外键处理采用级联更新方式。

3. CONSTRAINT 完整性约束命名子句

CONSTRAINT 用来定义带有名称的完整性约束。

```
CONSTRAINT <完整性约束条件名>
[PRIMARY KEY 短语
```

|FOREIGN KEY 短语
|CHECK 短语]

通过对完整性进行命名，就可以通过名字对完整性进行操作，可以独立对表的完整性进行添加、删除和修改。

4. 删除基本表

删除基本表语法：DROP TABLE <表名> ［RESTRICT|CASCADE］

（1）RESTRICT：删除表是有限制的。欲删除的基本表不能被其他表的约束所引用，如果存在依赖该表的对象（索引、视图、触发器），则此表不能被删除。不同的 RDBMS 对相关语法的支持不同。SQL Server 要求必须删掉外键才能删除表。

（2）CASCADE：删除该表没有限制。在删除基本表的同时，将相关的依赖对象一起删除。

【例 3-11】删除 Student 表。

DROP TABLE Student ;

3.5.2.2　修改表的结构

修改表结构基本语法如下。

ALTER TABLE <表名>
　　[ADD <新列名> <数据类型> [完整性约束]]
　　[DROP <列名> <完整性约束名>]
　　[ALTER COLUMN<列名> <数据类型>];

【例 3-12】向 Student 表增加列：入学时间（日期）、身份证号（字符串）。

ALTER TABLE Student ADD Sentrance DATE, SID char(18);

【例 3-13】从 Student 表删除列：入学时间、身份证号。

ALTER TABLE Student DROP Sentrance, SID;

【例 3-14】修改字段数据类型：将年龄的数据类型改为整数。

ALTER TABLE Student ALTER COLUMN Sage INT;

【例 3-15】添加约束条件：要求本科入学学生年龄小于 40 岁。

ALTER TABLE Student ADD CONSTRAINT C3 CHECK (Sage < 40);

【例 3-16】删除约束条件：删除对本科入学学生年龄的约束。

ALTER TABLE Student DROP CONSTRAINT C3;

【例 3-17】添加唯一性约束。

ALTER TABLE Student add constraint uq_student_sname unique(sname);

【例 3-18】添加主键约束。

ALTER TABLE SC ADD CONSTRAINT pk_sc primary key(sno,cno);

【例 3-19】添加外键约束。

ALTER TABLE SC ADD CONSTRAINT fk_sc_stud_sno foreign key(sno) references student(sno) on update cascade on delete cascade;

【例 3-20】删除表中的约束。

ALTER TABLE SC DROP CONSTRAINT pk_sc;

3.5.3　索引定义与维护

建立索引的目的是加快查询速度，类似书本的目录。

DBMS 一般会自动建立 PRIMARY KEY、UNIQUE 列上的索引，索引的维护由 DBMS 自动完成。

3.5.3.1 索引建立与删除语法

1. 索引建立

CREATE [UNIQUE] [CLUSTER] INDEX <索引名>　ON <表名>(<列名>[<次序>][,<列名>[<次序>]]…);

唯一索引：UNIQUE

聚簇索引：CLUSTER

次序：ASC（升序），DESC（降序）。

2. 索引删除

删除索引基本语法：DROP INDEX <索引名>

删除索引时，系统会从数据字典中删去有关该索引的描述。

3.5.3.2 聚簇索引

1. 聚簇索引的特点

（1）属性上具有相同值的元组集中存放在连续的物理块中称为聚簇。

（2）一个表只能创建一个聚簇索引。

（3）聚簇索引的逻辑顺序与物理顺序一致。

2. 聚簇索引的优缺点

优点：提高按聚簇码进行查询的效率，节省存储空间。

缺点：建立与维护聚簇的开销大，需要移动元组位置。

3. 聚簇索引的设计原则

属性具有以下情况的，适合为其添加聚簇索引：

（1）经常做连接操作。

（2）经常进行等值比较。

（3）值重复率很高。

3.5.3.3 索引操作示例

【例 3-21】在学生表的学生姓名上建立聚簇索引。

CREATE CLUSTER INDEX Stusname ON Student(Sname);

【例 3-22】为学生-课程数据库中的 Student、Course、SC 三个表建立索引。

CREATE UNIQUE INDEX Stusno ON Student(Sno);
CREATE UNIQUE INDEX SCno ON SC(Sno ASC, Cno DESC);

【例 3-23】删除 Student 表的 Stusname 索引。

DROP INDEX Stusname;

3.5.4 数据操纵

数据操纵包括插入（Insert）、修改（Update）、删除（Delete）。

3.5.4.1 插入元组

1. 插入元组语法格式

```
INSERT
INTO <表名> [(<属性列 1>[, <属性列 2>···)]
VALUES (<常量 1> [, <常量 2>]    ···        )
```

INTO 子句：属性列的顺序可与表定义中的顺序不一致，可以不指定属性列，或指定部分属性列。

VALUES 子句：提供的值必须与 INTO 子句匹配（值的个数、值的类型）。

【例 3-24】 将一个新学生元组插入到 Student 表中。

学生表关系模式：Student(Sno,Sname,Ssex, Sbirthday ,Sage,Sdept)

```
INSERT
INTO    Student (Sno, Sname, Ssex, Sbirthday ,Sage, Sdept)
VALUES ('200215128', '陈冬', '男', '1999-5-1' , 18, 'IS')
```

由于 INTO 属性列表与表的定义完全一致，则也可以用如下插入语句。

```
INSERT    INTO Student
VALUES ('200215128', '陈冬', '男', '1999-5-1' , 18, 'IS')
```

【例 3-25】 插入一条选课记录('200215128', '1')。

选课表关系模式：SC(Sno,Cno,Grade)

```
INSERT    INTO SC(Sno, Cno)
VALUES ('200215128', '1')
```

RDBMS 将在新插入记录的 Grade 列上自动地赋空值。

或者插入语句写为

```
INSERT    INTO SC    VALUES (' 200215128 ', ' 1 ', NULL)
```

2. 将子查询结果插入指定表中

可以将子查询的结果插入到指定表中，即可以将多条记录插入数据表。

语句格式为

```
INSERT
INTO <表名>   [(<属性列 1> [, <属性列 2>···   )]
子查询;
```

子查询中 SELECT 子句的字段列表必须与 INTO 子句的字段列表匹配，即值的个数及类型相符。

【例 3-26】 从 Student 查询出所有女学生，并插入 student_F(Sno,Sname,Ssex)表中。

```
insert into student_F
select Sno,Sname,Ssex from student where ssex='女';
```

3.5.4.2 修改数据

修改指定表中满足 WHERE 子句条件的元组中的分量，语法格式：

```
UPDATE    <表名>
SET <列名>=<表达式>[, <列名>=<表达式>]···
[WHERE <条件>]
```

SET 子句：指定修改方式、要修改的列、修改后的取值。

WHERE 子句：指定要修改的元组，缺省时表示要修改表中的所有元组。

【例 3-27】 将学生 200215121 的年龄改为 20 岁，出生日期修改为 2017-5-1。

```
UPDATE Student
SET Sage=22, Sbirthday ='2017-5-1'
WHERE Sno='200215121'
```

【例 3-28】将所有学生的年龄增加 1 岁。

```
UPDATE Student SET Sage= Sage+1
```

RDBMS 在执行添加、修改语句时会检查操作是否破坏表上已定义的完整性规则。

3.5.4.3　删除元组

删除指定表中满足 WHERE 子句条件的元组，语法格式

```
DELETE
FROM    <表名>
[WHERE <条件>]
```

WHERE 子句指定要删除元组的筛选条件；如果不使用 WHERE 表示要删除表中的全部元组，但表的定义仍在数据库中。

【例 3-29】删除学号为 200215128 的学生记录。

```
DELETE   FROM Student   WHERE Sno= '200215128'
```

【例 3-30】删除所有的学生选课记录。

```
DELETE   FROM   SC
```

3.5.5　数据查询

数据查询是数据库的核心操作，SQL 语言提供了 SELECT 语句进行数据库查询。

SELECT 基本语法：

```
SELECT [ALL|DISTINCT] <目标列表达式> [,<目标列表达式>] …
    FROM   <表名或视图名>[, <表名或视图名>] …
    [ WHERE <条件表达式> ]
    [ GROUP BY <列名 1> [ HAVING <条件表达式> ] ]
    [ ORDER BY <列名 2> [ ASC | DESC ] ];
```

SQL 查询通过 WHERE 子句选择元组，实现选择运算。常用查询条件运算符见表 3-18。

表 3-18　常用查询条件运算符

查询条件	谓词
比较	=, >, <, >=, <=, !=, <>, !>, !<；NOT+上述比较运算符
确定范围	BETWEEN AND，NOT BETWEEN AND
确定集合	IN，NOT IN
字符匹配	LIKE，NOT LIKE
空值	IS NULL，IS NOT NULL
多重条件（逻辑运算）	AND，OR，NOT

SELECT 语句完整的执行顺序如下：

（1）from 子句组合来自不同数据源的数据。

（2）where 子句基于指定的条件对记录行进行筛选。

（3）group by 子句将数据划分为多个分组。

（4）使用聚集函数进行数据统计。

（5）使用 having 子句筛选满足条件的分组。

（6）select 进行投影操作，将选定的列输出。

3.5.5.1　SELECT 单表查询

1. 选择表中的若干列

SELECT 选择指定列（投影运算）要点：

（1）* 表示所有的列。

（2）AS 字句进行重命名。

（3）<目标列表达式>可以是算术表达式、字符串常量、函数、列别名。

【例 3-31】查询学生信息，显示所有的列。

SELECT * FROM Student;

【例 3-32】利用 as 对字段、表达式重命名。

SELECT　Sname as NAME, 'Year of Birth: 'as BIRTH,
2013-Sage as BIRTHDAY, LOWER(Sdept)　as DEPARTMENT
FROM Student;

输出结果如下所示：

NAME	BIRTH	BIRTHDAY	DEPARTMENT
李勇	Year of Birth:	1984	cs
刘晨	Year of Birth:	1985	is
王敏	Year of Birth:	1986	ma
张立	Year of Birth:	1985	is

2. 消除重复行

DISTINCT 关键字消除取值重复的行，即进行集合运算；如没指定 DISTINCT，则缺省为 ALL，即进行包运算。

【例 3-33】包运算，如图 3-38（a）所示。

SELECT ALL　Sno　FROM SC;

【例 3-34】集合运算，如图 3-38（b）所示。

SELECT DISTINCT　Sno FROM SC;

Sno	Sno
200215121	200215121
200215121	200215122
200215121	
200215122	
200215122	

（a）　　　　（b）

图 3-38　DISTINCT 关键字的应用

3. 常用选择运算符

（1）BETWEEN … AND 确定范围。

【例 3-35】查询年龄在 20～23 岁（包括 20 岁和 23 岁）之间的学生的姓名、系别和年龄。

SELECT Sname, Sdept, Sage FROM　Student
WHERE Sage BETWEEN 20 AND 23

【例 3-36】查询年龄不在 20～23 岁之间的学生姓名、系别和年龄。

SELECT Sname, Sdept, Sage FROM　Student
WHERE Sage NOT BETWEEN 20 AND 23

（2）IN（值表）确定集合。

【例 3-37】查询信息系（IS）、数学系（MA）和计算机科学系（CS）学生的姓名和性别。

SELECT Sname, Ssex FROM　Student　WHERE Sdept IN ('IS', 'MA', 'CS')

（3）LIKE 字符匹配（模糊查询）。

1）LIKE 中通配符："%"表示零个或多个字符，"_"表示一个字符。

【例 3-38】查询所有姓刘学生的姓名、学号和性别。

SELECT Sname, Sno, Ssex　FROM Student　WHERE　Sname　LIKE '刘%';

【例 3-39】查询姓"欧阳"且全名为三个汉字的学生的姓名。

SELECT Sname FROM　Student　WHERE　Sname　LIKE　'欧阳_';

2）将通配符转义为普通字符：ESCAPE ' \ '表示' \ '为转义字符。

【例 3-40】查询 DB_Design 课程的课程号和学分。

SELECT Cno, Ccredit　FROM Course　WHERE Cname LIKE 'DB_Design' ESCAPE '\'

【例 3-41】查询以"DB_"开头，且倒数第 3 个字符为 i 的课程。

SELECT * FROM Course WHERE Cname LIKE 'DB_%i__' ESCAPE ' \

（4）空值（NULL）。NULL 比较运算符：IS NULL（是空值）或 IS NOT NULL（不是空值）。

【例 3-42】某些学生选修课程后没有参加考试，所以有选课记录，但没有考试成绩。查询缺少成绩的学生的学号和相应的课程号。

SELECT Sno, Cno FROM　SC WHERE　Grade　IS NULL

（5）多重条件查询。逻辑运算符：用 AND（并且，同时满足）和 OR（或者，满足一个即可）来联结多个查询条件。

【例 3-43】查询计算机系年龄在 20 岁以下的学生姓名。

SELECT Sname FROM　Student WHERE Sdept= 'CS' AND Sage<20;

【例 3-44】查询信息系（IS）、数学系（MA）和计算机科学系（CS）学生的姓名和性别。

SELECT Sname, Ssex FROM Student WHERE Sdept= ' IS ' OR Sdept= ' MA' OR Sdept= ' CS ';

4. ORDER BY 子句

ORDER BY 子句用于按一个或多个字段对元组排序。

升序：ASC（缺省值）；降序：DESC；

对于空值（NULL）的排序：

（1）ASC：排序列为空值的元组最后显示最先。

（2）DESC：排序列为空值的元组最先显示最后。

【例 3-45】查询全体学生情况,查询结果按所在系升序排列,同一系中的学生按年龄降序排列。

SELECT * FROM Student ORDER BY Sdept, Sage DESC

5. 聚集函数

聚集函数用于在查询中对某列或元组进行统计,常见聚集函数如下所示:

COUNT([DISTINCT|ALL] *)　　　统计元组个数

COUNT([DISTINCT|ALL] <列名>)　统计列中值的个数

SUM([DISTINCT|ALL] <列名>)　　对列求和

AVG([DISTINCT|ALL] <列名>)　　 对列平均值

MAX([DISTINCT|ALL] <列名>)　　对列求最大值

MIN([DISTINCT|ALL] <列名>)　　 对列求最小值

注意:使用 DISTINCT 去掉重复值,ALL 时不消除重复值,默认情况为 ALL。

【例 3-46】查询学生总人数。

SELECT COUNT(*) AS 学生人数 FROM　Student;

【例 3-47】查询选修了课程的学生人数。

SELECT COUNT(DISTINCT Sno) AS 选修人数　FROM SC;

【例 3-48】计算 1 号课程的学生平均成绩。

SELECT AVG(Grade) AS 平均分 FROM SC WHERE Cno='1';

6. GROUP BY 子句

GROUP BY 分组子句:用于按指定的列或多列的值对元组进行分组,值相等的为一组。

GROUP BY 子句要点如下:

(1)细化聚集函数的作用范围。

(2)未对查询结果分组,聚集函数将作用于整个查询结果。

(3)对查询结果分组后,聚集函数将分别作用于每个组。

(4)作用对象是查询的中间结果表。

(5)Select 后面的字段列表只能是 GROUP BY 后的分组字段或聚集函数统计字段。

(6)HAVING 短语作用于组,从中选择满足条件的组,HAVING 必须与 GROUP BY 配合。

【例 3-49】求各个课程号及相应的选课人数。

SELECT Cno, COUNT(Sno) AS 选课人数 FROM SC　GROUP BY Cno;

【例 3-50】求选修人数大于 40 人的课程编号及人数。

SELECT Cno, COUNT(Sno) AS 选课人数　FROM SC
GROUP BY Cno HAVING COUNT(Sno) >40;

3.5.5.2　多表连接查询

1. 连接查询概述

连接查询用于根据各个表之间的逻辑关系从多个表中检索数据。

(1)两个表在查询中的关联方式。

1)指定每个表中要用于联接的列(外键、自然连接)。

2)指定比较各列的值时要使用的逻辑运算符(=、<>等)。

（2）实现连接的方式。

可在 FROM 或 WHERE 子句中指定连接。在 FROM 子句中指定连接条件有助于将这些连接条件与 WHERE 子句中可能指定的其他搜索条件分开，效率较高。

（3）连接查询的分类。

1）内连接：θ 连接、等值连接、自然连接。

2）外连接。

LEFT JOIN 或 LEFT OUTER JOIN：结果集中包括左悬浮元组。

RIGHT JOIN 或 RIGHT OUTER JOIN：结果集中包括右悬浮元组。

FULL JOIN 或 FULL OUTER JOIN。结果集中包括左、右悬浮元组。

2. 内联接

（1）等值连接：连接运算符为"="。

【例 3-51】查询每个学生及其选修课程的情况。

SELECT Student.*, SC.* FROM Student, SC WHERE Student.Sno = SC.Sno

等价于

　SELECT * FROM student AS a INNER JOIN sc AS p ON a.sno = p.sno

等值连接查询结果见表 3-19。

表 3-19　学生及其选修课程等值连接查询结果

Student.Sno	Sname	Ssex	Sage	Sdept	SC.Sno	Cno	Grade
200215121	李勇	男	20	CS	200215121	1	92
200215121	李勇	男	20	CS	200215121	2	85
200215121	李勇	男	20	CS	200215121	3	88
200215122	刘晨	女	19	CS	200215122	2	90
200215122	刘晨	女	19	CS	200215122	3	80

（2）自然连接（合并重复属性 sno）。

【例 3-52】查询每个学生及其选修课程的情况。

SELECT 　　Student.Sno, Sname, Ssex, Sage, Sdept, Cno, Grade
FROM 　　　Student, SC WHERE Student.Sno = SC.Sno

等价于

SELECT a.*, p.cno, p.grade 　FROM student AS a INNER JOIN sc AS p ON a.sno = p.sno

自然连接查询结果见表 3-20，仅保留一个 sno。

表 3-20　学生及其选修课程自然连接查询结果

Student.Sno	Sname	Ssex	Sage	Sdept	Cno	Grade
200215121	李勇	男	20	CS	1	92
200215121	李勇	男	20	CS	2	85

Student.Sno	Sname	Ssex	Sage	Sdept	Cno	Grade
200215121	李勇	男	20	CS	3	88
200215122	刘晨	女	19	CS	2	90
200215122	刘晨	女	19	CS	3	80

（3）自身连接。自身连接指一个表与其自己进行连接。

1）需要给表起两个别名以示区别。

2）由于所有属性名都是同名属性，因此必须使用别名前缀。

【例 3-53】查询每一门课的间接先修课（即先修课的先修课）。

```
SELECT   FIRST.Cno, SECOND.Cpno
FROM    Course AS FIRST, Course AS SECOND
WHERE FIRST.Cpno = SECOND.Cno
```

本例的基本运算过程如图 3-39 所示。

FIRST表（Course表）

Cno	Cname	Cpno	Ccredit
1	数据库	5	4
2	数学		2
3	信息系统	1	4
4	操作系统	6	3
5	数据结构	7	4
6	数据处理		2
7	PASCAL语言	6	4

SECOND表（Course表）

Cno	Cname	Cpno	Ccredit
1	数据库	5	4
2	数学		2
3	信息系统	1	4
4	操作系统	6	3
5	数据结构	7	4
6	数据处理		2
7	PASCAL语言	6	4

查询结果：

Cno	Cpno
1	7
3	5
5	6

图 3-39　自身连接查询示例

3. 外连接

（1）左外连接（保留左悬浮元组）。

```
SELECT a.sno, a.sname, b.cno,b.grade
FROM student a LEFT OUTER JOIN sc b ON a.sno = b.sno
```

（2）右外连接（保留右悬浮元组）。

```
SELECT a.sno, a.sname, b.cno,b.grade
FROM student a RIGHT OUTER JOIN sc b ON a.sno = b.sno
```

（3）完全外连接（保留左、右悬浮元组）。

```
SELECT a.sno, a.sname, b.cno,b.grade
FROM student a FULL OUTER JOIN sc b ON a.sno = b.sno
```

4. 复合条件连接

【例3-54】找出选修成绩为优秀的学生编号、姓名、课程名称、成绩。

```
SELECT Student.Sno, Sname, Cname, Grade
FROM    Student, SC, Course
WHERE Student.Sno = SC.Sno and SC.Cno = Course.Cno AND SC.Grade > 90
```

利用 FROM 进行连接：

```
SELECT Student.Sno, Sname, Cname, Grade
FROM Student INNER JOIN (Course INNER JOIN SC ON Course.Cno = SC.Cno) ON Student.Sno = SC.Sno
Where SC.Grade > 90
```

3.5.5.3　SELECT 子查询（嵌套查询）

1. 嵌套查询概述

（1）嵌套查询概念。一个 SELECT-FROM-WHERE 语句称为一个查询块或子查询。包含查询块的查询称为嵌套查询（或父查询），子查询可以在任何允许使用表达式的地方出现。如下例所示。

```
SELECT Sname       //*外层查询/父查询
FROM Student    WHERE Sno IN（
SELECT Sno    FROM SC    WHERE Cno='2'）;   //内层查询/子查询
```

（2）嵌套查询分类。

1）带有 IN 谓词的子查询。

2）带有比较运算符的子查询。

3）带有 ANY（SOME）或 ALL 谓词的子查询。

4）带有 EXISTS 谓词的子查询。

2. 带有 IN 谓词的子查询

【例3-55】查询与"刘晨"在同一个系学习的学生。

```
SELECT Sno, Sname, Sdept
FROM Student
WHERE Sdept    IN
         (SELECT Sdept
          FROM Student
          WHERE Sname='刘晨')
```

该查询由两步骤完成：

（1）子查询求出刘晨所在的系别。

（2）将子查询结果作为外部查询的值，完成外部查询。

由于子查询不依赖于父查询，所以此查询称为**不相关子查询**。

3. 带有比较运算符的子查询

比较运算符包括=、<>、>、>=、<、!>，!< 或 <=等。该类子查询有两个要点：

（1）子查询必须跟在比较符之后。

（2）子查询只能返回标量值（单个值）。

【例3-56】假设一个学生只可能在一个系学习，则在［例3-55］中可以用"="代替 IN。

```
SELECT Sno, Sname, Sdept
FROM Student
```

```
WHERE Sdept=
        (SELECT Sdept
         FROM   Student
         WHERE Sname='刘晨')
```

错误书写方式：

```
SELECT Sno, Sname, Sdept
FROM Student
WHERE ( SELECT Sdept
         FROM Student
         WHERE Sname='刘晨')
         = Sdept
```

4. 带有 ANY（SOME）或 ALL 谓词的子查询

（1）模糊比较谓词。

ANY：任意一个值。

ALL：所有值。

SOME：与 ANY 等价。

说明：子查询返回一列值，可以包括 GROUP BY 或 HAVING 子句。

（2）常见谓词组合形式。

> ANY   大于子查询结果中的某个值

> ALL   大于子查询结果中的所有值

< ANY   小于子查询结果中的某个值

< ALL   小于子查询结果中的所有值

>= ANY   大于等于子查询结果中的某个值

>= ALL   大于等于子查询结果中的所有值

<= ANY   小于等于子查询结果中的某个值

<= ALL   小于等于子查询结果中的所有值

= ANY   等于子查询结果中的某个值

=ALL   等于子查询结果中的所有值

!=（或<>）ANY   不等于子查询结果中的某个值

!=（或<>）ALL   不等于子查询结果中的任何一个值

【例 3-57】查询其他系中比计算机科学某一学生年龄小的学生姓名和年龄。

```
SELECT Sname, Sage
FROM Student
WHERE Sage < ANY (SELECT   Sage
                   FROM   Student
                   WHERE Sdept=' CS ')
               AND Sdept <> 'CS '
```

【例 3-58】查询其他系中比计算机科学系所有学生年龄都小的学生姓名及年龄。

```
SELECT Sname, Sage
FROM Student
```

```
WHERE Sage < ALL
            (SELECT Sage
            FROM Student
            WHERE Sdept= ' CS ')
        AND Sdept <> ' CS '
```

用聚集函数实现该功能：

```
SELECT Sname, Sage
FROM Student
WHERE Sage <
            (SELECT MIN(Sage)
            FROM Student
            WHERE Sdept= ' CS ')
        AND Sdept <>' CS '
```

（3）谓词与聚集函数。ANY（或 SOME），ALL 谓词与聚集函数、IN 谓词的等价转换关系见表 3-21。

表 3-21　谓词与聚集函数的等价转换关系

	=	<>或！=	<	<=	>	>=
ANY	IN	—	<MAX	<=MAX	>MIN	>=MIN
ALL	—	NOT IN	<MIN	<=MIN	>MAX	>=MAX

注意子查询结果类型：

1）仅带有比较运算符的子查询的结果必须是单个值。

2）带有 ANY、SOME、ALL、IN 的子查询可以返回一列表值。

5. 带有 EXISTS 谓词的子查询

带有 EXISTS 谓词的子查询不返回任何数据，只产生逻辑真值"true"或逻辑假值"false"。

（1）若内层查询结果非空，则外层的 WHERE 子句返回真值。

（2）若内层查询结果为空，则外层的 WHERE 子句返回假值。

（3）由 EXISTS 引出的子查询，其子查询目标列表达式通常都用*。

【例 3-59】查询所有选修了 1 号课程的学生姓名。

用嵌套查询：

```
SELECT Sname FROM Student
WHERE EXISTS
    (SELECT * FROM SC
    WHERE Sno=Student.Sno AND Cno= ' 1 ')
```

用连接运算：

```
SELECT Sname
FROM Student, SC
WHERE Student.Sno=SC.Sno AND SC.Cno= '1'
```

6. 相关子查询

相关子查询是指子查询的求解依赖于父查询的查询。首先取外层查询中表的第一个元组，根据它与内层查询相关的属性值处理内层查询，若 WHERE 子句返回值为真，则取此元组放入结果表；

然后再取外层表的下一个元组；重复该过程，直至外层表全部检查完。外部查询的每一行，子查询均执行一次。

【例 3-60】找出每个学生超过他选修课程平均成绩的课程号。

```
SELECT Sno, Cno
    FROM   SC AS x
    WHERE Grade >=(SELECT AVG(Grade)
                FROM SC AS y WHERE y.Sno=x.Sno)
```

3.5.5.4　集合查询

集合操作包括并操作 UNION、交操作 INTERSECT、差操作 EXCEPT。集合查询的要求：

（1）字段数，字段名称必须相同。

（2）对应字段的数据类型也必须相同。

1. 并操作 UNION

【例 3-61】利用并运算，查询计算机科学系的学生及年龄不大于 19 岁的学生。

```
(SELECT * FROM Student WHERE Sdept= 'CS')
UNION
(SELECT * FROM Student WHERE Sage<=19)
```

【例 3-62】查询电影名称和上映年份。

```
(select title, year from movie)
Union
(select movietitle as title, movieyear as year    from starsin)
```

UNION：合并结果自动去掉重复元组。

UNION ALL：合并结果，保留重复元组。

2. 交操作 INTERSECT

【例 3-63】利用交运算，查询计科系年龄不大于 19 岁的学生。

```
(SELECT * FROM Student WHERE Sdept='CS' )
INTERSECT
(SELECT * FROM Student WHERE Sage<=19 )
```

3. 差操作 EXCEPT

【例 3-64】利用差运算，查询计科系中年龄大于 19 岁的学生。

```
(SELECT * FROM Student WHERE Sdept='CS' )
EXCEPT
(SELECT * FROM Student WHERE Sage<=19 )
```

3.5.6　视图定义与更新

视图是从一个或几个基本表（或视图）导出的**虚表**，数据库中只存放视图的定义，不存放视图对应的数据；基本表中的数据发生变化，从视图中查询出的数据也随之改变。

3.5.6.1　视图定义

1. 语法格式

```
CREATE   VIEW <视图名>   [(<列名>   [, <列名>]…)]
    AS   <子查询>
```

[WITH CHECK OPTION]

RDBMS 只是把视图定义存入数据字典，并不执行其中的 SELECT 语句。在对视图查询时，按视图的定义从基本表中将数据查出。

（1）子查询不允许含有 ORDER BY 子句和 DISTINCT 短语。

（2）WITH CHECK OPTION 表示对视图进行 UPDATE、INSERT 和 DELETE 操作时要保证相关行满足视图定义中谓词条件。

（3）组成视图的属性列名，以下情况必须明确指定组成视图的所有列名：①某个目标列为聚集函数或列表达式时；②多表连接时选出了几个同名列作为视图的字段时；③对视图中某列进行重命名时。

【例 3-65】建立信息系学生的视图，并要求进行修改和插入操作时仍需保证该视图只有信息系的学生。

```
CREATE VIEW IS_Student
    AS
    SELECT Sno, Sname, Sage
    FROM Student
    WHERE Sdept= 'IS'
    WITH CHECK OPTION
```

对 IS_Student 视图的更新操作。

修改操作：自动加上 Sdept= 'IS'的条件。

删除操作：自动加上 Sdept='IS'的条件。

插入操作：自动检查 Sdept 属性值是否为'IS'。

2. 基于视图的视图

【例 3-66】建立信息系选修了 1 号课程且成绩在 90 分以上的学生的视图。

```
CREATE VIEW IS_S2
    AS
    SELECT Sno, Sname, Grade
    FROM IS_S1
    WHERE Grade>=90
```

3. 带表达式的视图

带表达式的视图，在定义视图时应完整指出字段列。

【例 3-67】定义一个反映学生出生年份的视图。

```
CREATE   VIEW BT_S(Sno, Sname, Sbirth)
    AS
    SELECT Sno, Sname, 2000-Sage FROM   Student
```

4. 分组视图

【例 3-68】将学生的学号及他的平均成绩定义为一个视图。

```
CREATE   VIEW S_G(Sno, Gavg)
      AS
      SELECT Sno, AVG(Grade)   FROM SC GROUP BY Sno
```

3.5.6.2　删除视图

```
DROP   VIEW   <视图名>[ CASCADE ]
```

从数据字典中删除指定的视图定义。如果该视图上还导出了其他视图，使用 CASCADE 级联删除语句，把该视图和由它导出的所有视图一起删除（该语法部分数据库并不支持）。

删除基本表时，由该基本表导出的所有视图定义都必须显式地使用 DROP VIEW 语句删除。

【例 3-69】删除视图 IS_S1。

DROP VIEW IS_S1

3.5.6.3 查询视图

【例 3-70】在信息系学生的视图 IS_Student 中找出年龄小于 20 岁的学生。

SELECT Sno, Sage FROM IS_Student WHERE Sage<20

视图查询采用"视图消解法"，对视图的查询实质是对最终的基本表进行查询，转换后的查询语句为：

SELECT Sno, Sage FROM Student WHERE Sdept= 'IS' AND Sage<20

3.5.6.4 视图更新

视图更新是指通过视图来插入、删除、修改数据。

对视图的更新，最终转换为对基本表的更新。

为防止用户通过视图对数据进行插入、删除、修改时，对不属于视图范围内的基本表数据进行操作，可在定义视图时加上 WITH CHECK OPTION 子句。

【例 3-71】将信息系学生视图 IS_Student 中学号 200215122 的学生姓名改为"刘辰"。

UPDATE IS_Student SET Sname= '刘辰' WHERE Sno= ' 200215122 '

采用"视图消解法"，转换后的语句为：

UPDATE Student SET Sname= '刘辰' WHERE Sno= ' 200215122 ' AND Sdept= 'IS'

【例 3-72】向信息系学生视图 IS_S 中插入一个新的学生记录 200215129，赵新，20 岁。

INSERT INTO IS_Student VALUES('95029', '赵新', 20)

采用"视图消解法"，转换为对基本表的更新：

INSERT INTO Student(Sno, Sname, Sage, Sdept) VALUES('200215129 ', '赵新', 20, 'IS')

【例 3-73】删除信息系学生视图 IS_Student 中学号记录。

DELETE FROM IS_Student WHERE Sno= ' 200215129 '

采用"视图消解法"，转换为对基本表的更新：

DELETE FROM Student WHERE Sno= ' 200215129 ' AND Sdept= 'IS'

1. 不可更新视图

一些视图是不可更新的，因为对这些视图的更新，不能唯一地有意义地转换成对相应基本表的更新，如分组视图。

【例 3-74】视图 S_G 为不可更新视图。

UPDATE S_G SET Gavg=90 WHERE Sno='200215121'

对视图的更新无法转换成对基本表 SC 的更新。

2. 视图更新规则

（1）关系 R 的 WHERE 子句中的子查询中不用使用 R，即不允许在试图定义中进行递归调用。

（2）从多个基本表通过连结操作导出的视图不允许更新。

（3）对使用了分组、集函数操作的视图不允许更新操作。

（4）如果视图是从单个基本表通过投影、选取操作导出的则允许更新操作，且语法同基本表。

3.5.6.5　临时视图 With

With 子句提供了定义一个临时视图的方法，该定义只对 With 子句出现的那条查询有效。（With 在 SQL99 才引入）。

【例 3-75】若教师关系为 Teachers(TName, Eno, Tdept, SBX, Salary, Address)，查询工资最高的教师姓名，如果具有同样工资最高的教师有多个，它们都会被选择。

（1）定义临时视图 max-Salary。

```
with max-Salary(value) AS SELECT max(Salary)    FROM Teachers
```

（2）对 max-Salary 进行查询。

```
SELECT Tname
FROM Teachers, max-Salary
WHERE Teachers.Salary= max-Salary.value
```

3.5.6.6　视图的作用

（1）视图能够简化用户的操作，提供更清晰的逻辑表达。

（2）视图使用户能以多种角度看待同一数据。

（3）视图对重构数据库提供了一定程度的逻辑独立性。

（4）视图能够对机密数据提供一定的安全保护。

3.5.7　权限管理

存取控制机制组成了 DBMS 的安全子系统，主要作用是确保只有授权的用户能访问数据库，而未被授权的人员无法接近数据。

存取控制机制的组成：定义存取权限，检查存取权限。

3.5.7.1　SQL Server 用户权限

1. SQL Server 用户验证

（1）获得 SQL Server 服务器连接许可（创建登录账户）。

（2）获得访问特定数据库中数据的权利（创建数据库用户）。

2. 创建登录账户

创建登录账户，能够访问 SQL 服务器，guest 用户身份，但不能访问数据库对象。

```
create login lg1 with password='123', default_database=jiaoxuedb
```

3. 映射数据库

创建数据库用户，并将指定数据库映射到相关用户。

```
create user user1 for login lg1
```

4. 删除数据库用户

```
drop user username
```

5. 删除 Server 登录账户

```
drop login loginname
```

3.5.7.2 授权

1. GRANT 基本概念

GRANT 操作将操作对象的指定操作权限授予指定的用户。

GRANT 语法：

```
GRANT <权限>[,<权限>]...
[ON <对象类型> <对象名>]
TO <用户>[,<用户>]...
[WITH GRANT OPTION]
```

WITH GRANT OPTION 子句使获得权限的用户可以将该权限授予给其他用户。

注意：不允许循环授权，如图 3-40 所示。

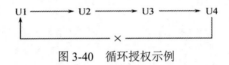

图 3-40　循环授权示例

2. 关系数据库系统中存取控制对象

关系数据库系统中存取控制对象见表 3-22。

表 3-22　数据库系统中的存取控制对象

对象类型	操作类型
模式	CREATE SCHEMA
基本表	CREATE TABLE，ALTER TABLE
视图	CREATE VIEW
索引	CREATE INDEX
基本表和视图	SELECT，INSERT，UPDATE，DELETE，REFERENCES，ALL PRIVILEGES
属性列	SELECT，INSERT，UPDATE，REFERENCES ALL PRIVILEGES

权限粒度是指可以定义的数据对象的范围，粒度越细，授权子系统就越灵活，但系统定义与权限检查的开销会相应增大。

3. GRANT 授权人

授权人包括 DBA、数据库创建者（Owner）、拥有该权限的用户。接受权限的用户包括一个或多个具体用户、PUBLIC（全体用户）。

4. 授权示例

【例 3-76】把 Student 表的查询权限授给用户 U1。

```
GRANT SELECT ON TABLE Student TO U1, PUBLIC
```

【例 3-77】把对 Student 表和 Course 表的全部权限授予用户 U2 和 U3（注意，ALL 语法在 SQL Server 2005 中已经不再使用了，只能逐步完成）。

GRANT ALL PRIVILIGES ON TABLE Student, Course TO U2, U3

【例 3-78】把查询 Student 表和修改学号的权限授给用户 U4。

GRANT UPDATE(Sno), SELECT ON TABLE Student TO U3

对属性列授权时必须明确指出相应的属性列名。

【例 3-79】把对表 SC 的 INSERT 权限授予 U5 用户，并允许他再将此权限授予其他用户。

GRANT INSERT ON TABLE SC TO U4 WITH GRANT OPTION

执行［例 3-79］后，U4 不仅拥有了对表 SC 的 INSERT 权限，还可以将此权限授予其他用户。

GRANT INSERT ON TABLE SC TO U5

3.5.7.3 权限回收

授予的权限可以由 DBA 或其他授权者用 REVOKE 语句收回。

REVOKE 语句格式：

REVOKE <权限>[,<权限>]...
[ON <对象类型> <对象名>]
FROM <用户>[,<用户>]...[CASCADE|RESTRICT]

CASCADE：级联收回该用户拥有的及其已经授予其他用户的权限。

RESTRICT：当用户存在授予其他用户权限时，拒绝回收用户权限。

【例 3-80】收回所有用户对表 SC 的查询权限。

REVOKE SELECT ON TABLE SC FROM PUBLIC

【例 3-81】把用户 U4 对 SC 表的 INSERT 权限收回。

REVOKE INSERT ON TABLE SC FROM U4 CASCADE

3.5.7.4 数据库角色

数据库角色是被命名的一组权限的集合，可以为一组具有相同权限的用户创建一个角色。

数据库角色授权的基本步骤：①角色的创建；②给角色授权；③将角色授予其他的角色或用户；④角色权限的收回。

【例 3-82】通过角色来实现将一组权限授予一个用户。步骤如下：

（1）创建一个角色 R1。

CREATE ROLE R1

（2）使角色 R1 拥有 Student 表的 SELECT、UPDATE、INSERT 权限。

GRANT SELECT, UPDATE, INSERT ON TABLE Student TO R1

（3）利用角色 R1 授权。

GRANT R1 TO U1, U2, U3

（4）回收 U1 的 R1 权限。

REVOKE R1 FROM U1

3.5.8 嵌入式 SQL 与面向对象 SQL

3.5.8.1 嵌入式 SQL

1. 基本概念

嵌入式 SQL 是将 SQL 语句嵌入到其他宿主语言中（如 C、C++、Java、Basic 等）；此时，程序中会含有两种不同的计算模型的语句。

SQL 语句：面向集合的语句，负责操纵数据库。

高级语言语句：过程性的面向记录的语句，负责控制程序流程。

为了区分 SQL 语句与主语言语句，SQL 语句必须加前缀 EXEC SQL，并以 ";" 结束，如下所示：

```
EXEC SQL <SQL 语句>;
```

2. 嵌入式 SQL 的处理过程

嵌入式 SQL 的处理过程如图 3-41 所示。

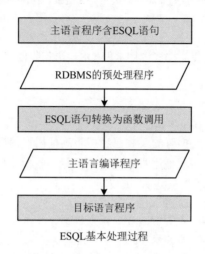

图 3-41 嵌入式 SQL 的处理过程

3. 主语言工作单元与数据库工作单元通信

（1）SQL 通信区（SQL Communication Area，SQLCA）：作用是向主语言传递 SQL 语句执行的状态信息，使主语言能够根据此信息控制程序流程。

（2）主变量（共享变量）：主语言向 SQL 语句提供参数主要通过主变量完成，主变量由主语言的程序定义，并用 SQL 的 DECLARE 语句说明。

```
EXEC SQL BEGIN DECLARE SECTION;        /*说明主变量*/
    char Msno[4],Mcno[3],givensno[5];
    int Mgrade;
    char SQLSTATE[6];    /*SQLSTATE 是特殊共享变量, 解释 SQL 语句执行状况*/
EXEC SQL END DECLARE SECTION;
```

4. 游标

SQL 语言是面向集合的，一条 SQL 语句可以产生或处理多条记录；而主语言是面向记录的，一组主变量一次只能存放一条记录；通过游标实现 SQL 集合操作与主语记录操作之间的匹配关系。

游标使用基本步骤：

（1）定义游标：EXEC SQL DECLARE <游标名> CURSOR FOR END EXEC

（2）打开游标：EXEC SQL OPEN<游标名>   END EXEC

（3）推进游标：EXEC SQL FETCH FROM<游标名>INTO<变量表> END EXEC，将当前记录

的属性值存入指定的局部变量，同时将游标指针移到下一条记录。

（4）关闭游标：EXEC SQL CLOSE<游标名>   END EXEC

5. 嵌入式 SQL 示例

在 C 语言中嵌入 SQL 的查询，检索某学生的学习成绩，其学号由共享主变量 givensno 给出，结果放在主变量 Sno.Cno，Grade 中。如果成绩不及格，则删除该记录，如果成绩在 60～69 分之间，则将成绩修改为 70 分，并显示学生的成绩信息（除 60 分以下的）。

```
void sel()
    {
        EXEC SQL BEGIN DECLARE SECTION;
        char Msno[4], Mcno[3l, givensno[5];
        int Mgrade;
        char SQLSTATE[6];
        EXEC SQL END DECLARE SECTION;
        EXEC SQL DECLARE Scx CURSOR FOR
                SELECT Sno,Cno,Grade FROM SC WHERE Sno=:givensno;
        EXEC SQL OPEN Scx;
While(1)
    {   EXEC SQL FETCH FROM Scx INTO :Msno, :Mcno,:Mgrade;
        If (NO_MORE_TUPLES) Break;
        If (Mgrade<60)
            EXEC SQL DELETE FROM Sc WHERE CURRENT OF Scx;
        Else
            { If (Mgrade<70)
              EXEC SQL UPDATE Sc    SET grade=70 WHERE CURRENT OF Scx;
              MGrade=70
            }
            Printf("%S, %S,%d ',Msno,Mcno, Mgrade);
    }
    }
```

3.5.8.2　面向对象 SQL

SQL 99 标准支持对象关系模型，即支持嵌套关系模型。

1. 类型继承

```
create type Person
    (name varchar(20),
    address varchar(20))
```

```
create type Student
    under Person
    (degree varchar(20),
    department varchar(20))
```

```
create type Teacher
    under Person
    (salary integer,
    department varchar(20))
```

继承由关键字 under 指出。下面利用多重继承定义助教数据类型。

```
create type TeachingAssistant
    under Student, Teacher
```

2. 表的继承

```
create table People of Person
```

```
create table Students of Student
    under People
```

```
create table Teachers of Teacher
    under People
```

3. 引用

```
create type Department(
    name varchar(20),
    head ref(Person) scope people))
```

引用由关键字 ref 指出。

3.5.9 存储过程与存储函数

3.5.9.1 存储过程

存储过程是用 PL/SQL 语句书写的数据库服务器端的程序代码，经编译和优化后存储在数据库服务器中，使用时只要调用即可。

1. 存储过程的优点

（1）利用输入、输出参数实现参数调用或返回多个值。

（2）允许模块化的程序设计。

（3）更快的执行速度。

（4）减少网络流量。

（5）提供了一定的安全机制。

（6）提高数据库管理员和程序设计人员的工作效率，将数据处理功能设计成为存储过程后，其他程序开发人员可以在各种语言程序中进行调用，而不必再编写相同功能代码。

2. 存储过程基本语法

```
CREATE PROC [ EDURE ] procedure_name [ ; number ]
  [ { @parameter data_type }   [ VARYING ] [ = default ] [ OUTPUT ]] [ ,...n ]
  [ WITH   { RECOMPILE | ENCRYPTION} ]
  [ FOR REPLICATION ]
    AS sql_statement [ ...n ]
```

3. 存储过程示例

（1）创建存储过程 Pro_Qsinf：通过输入学生学号来查询学生的姓名、年龄、系名。

```
Create Procedure Pro_Qsinf @sno_in char(20)= '001101', @sname_out char(8) output,
                    @sage_out int output,@dept_out char(10) output
As
select @sname_out=sname,@sage_out=age ,@dept_out=dept
From Student where sno=@sno_in
```

执行存储过程 Pro_Qsinf。查询并显示出默认学号（即 001101）和学号为 001102 学生的姓名和年龄。

```
declare @sno_in char(8),@sname_out char(8),@sage_out int, @sdept_out char(10)
exec Pro_Qsinf default, @sname_out output, @sage_out output, @sdept_out output
print @sname_out
print @sage_out
print @sdept_out
```

（2）创建存储过程 Pro_Psinf：利用游标对学生记录进行逐条处理，将 18 岁男学生的系别改为"数学"，同时打印输出修改前的信息记录。

```
Create Procedure Pro_Psinf
AS
    declare @sno char(10),@sname char(10),@sex char(2),@age int,@dept char(10)
    declare cursor_F cursor for select sno,sname,sex,age,dept from student for update
    open cursor_F
    fetch next from cursor_f into @sno,@sname,@sex,@age,@dept
    while @@fetch_status=0
        begin
            if (@sex='男' and @age=18)
                begin
                    UPDATE student SET dept='数学' WHERE CURRENT OF cursor_f
                    print @sno+@sname+@sex+str(@age)+'      '+@dept
                    fetch next from cursor_f into @sno,@sname,@sex,@age,@dept
                end
            else
                fetch next from cursor_f into @sno,@sname,@sex,@age,@dept
        end
    close cursor_f        //关闭游标引用
    DEALLOCATE cursor_f   //删除游标引用，当释放最后的游标引用时
```

执行上面的存储过程，结果如图 3-42 所示。

删除当前游标出的记录语法为：

```
DELETE FROM table_name    WHERE CURRENT OF cursor_name
```

3.5.9.2　存储函数

自定义函数：又称存储函数，指数据库管理员在数据库中针对特定数据处理功能，而编写的可返回特定信息的函数。

函数定义语法：

```
CREATE FUNCTION [ owner_name. ] function_name
    ([ { @parameter data_type [ = default ] } [ ,...n ]])
        RETURNS scalar_expression
        [ WITH <function_option> [ ,...n ] ]
        [ AS ]
        BEGIN
                function_body
                RETURN scalar_expression
        END
```

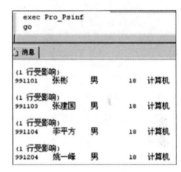

图 3-42　Pro_Psinf 执行结果

【例 3-83】定义存储函数 Sname_Fun，实现输入学生编号返回学生姓名。

```
CREATE FUNCTION Sname_Fun(@sno_in char(10))
returns char(10)
as
begin
    declare @sname_out char(10)
    select @sname_out=sname from student where sno=@sno_in
    return(@sname_out)
end
```

存储函数 Sname_Fun 通过函数名返回由 return 返回的学生姓名信息。

3.5.10　触发器与断言

3.5.10.1　触发器（Trigger）

1．触发器基本概念

触发器（Trigger）是用户定义在表上的一类由事件驱动（insert、update、delete）的特殊过程，触发器可以定义比用 CHECK 约束更为复杂的数据约束。

触发器基本功能如下：

（1）触发器可以引用其他表中的列。

（2）触发器可以利用 TRANSACT-SQL 进行复杂逻辑处理。

（3）触发器可以评估数据修改前后的表状态，并采取相应策略。

（4）触发器可以完成某些自动化的数据处理工作。

2．触发器定义语法

（1）语法说明。

```
CREATE TRIGGER<触发器名> [{BEFOREIAFTER）]
    { [DELETE I INSERTI UPDATE OF[列名清单]]）
    ON 表名
    [REFERENCING<临时视图名>]
    [FOR EACH ROW ]
    [WHEN<触发条件>]
    BEGIN
    <触发动作>
    END [触发器名]
```

1）一个表上相同时间相同事件的触发器只允许定义一次。

2）REFERENCING：指定临时视图的别名来存放数据表中的新值和旧值。

3）FOR EACH ROW：表示表上每条记录的触发事件发生，则触发器执行一次。

4）FOR EACH STATEMENT：表示对于指定的 SQL 语句执行一次，则触发器执行一次；SQL 语句一次可能对多条记录进行相关操作。

5）WHEN：指定触发器的触发条件。

（2）删除触发器。

```
DROP TRIGGER <触发器名>
```

3．触发器示例

（1）利用触发器实现银行转账业务自动处理。银行关系模式：

```
账户 Account(Account-no,branch-name,balance,…)
贷款 Loan(Loan-no,branch-name,amount,…)
存款 Loan(customer-name,Account-no,…)
CREATE TRIGGER   overdraft_trigger   after update   on Account
Referencing new row as nrow  //表示把新值（修改后或插入的）放入到 nrow 临时表中。如要存储旧值（被修改或
                             删除的），可以写为：Referencing Old row as nold
For each row
When nrow.balance < 0  //从 nrow 临时表中获得新的 balance 的值
```

```
Begin atomic
    Insert into borrower
        (SELECT customer-name, Account-no FROM depositor
        Where nrow.account-no=depositor.account-no ) ;
        Insert into loan values (nrow.account-no, nrow.branch-name, -nrow.balance ) ;
        update account set balance=0 Where account.account-no=nrow.account-no
End
```

（2）利用触发器实现级联更新。

```
CREATE TRIGGER   cascade_update_trigger   after update   on student
Referencing new row as nrow, old row as orow
For each row
When nrow.sno<>orow.sno
Begin atomic
    update sc set sno=nrow.sno Where sno=orow.sno
End
```

3.5.10.2　断言（ASSERTION）

断言（ASSERTION）提供了定义多个属性间或多个不同关系间的完整性约束的一种方法（类似触发器，但多数数据库并不支持）。

【例 3-84】在教学数据库的模式 Student、SC、C 中创建一个断言 ASSE-SC：每门课最多允许 50 名男同学选修。

```
CREATE ASSERTION ASSE-SC2 CHECK
    (50>=ALL(SELECT COUNT(SC.Sno)
            FROM Student,SC
            WHERE Student.Sno=SC.Sno AND SEX='男'
            GROUP BY Cno));
```

3.5.11　本学时要点总结

SQL 语言基本分类：数据定义、数据查询、数据操作、数据控制。

定义表 Create table：Primary key、unique、not null、foreign key、check、default、constraint、on delete cascade、on update cascade。

数据操纵：insert、update、delete。

删除表：drop table。

简单查询要点：*、as、distinct、all。

运算符：between and、in、like、null。

聚集函数：count、sum、avg、max、min。

分组查询：group by、having。

连接查询：from 与 where 表示形式。

INNER JOIN：θ 联接、等值联接、自然联接。

OUTER JOIN：左、右、完全。

嵌套查询：IN、比较运算符、ANY 和 ALL、EXISTS。

集合查询：UNION、INTERSECT、EXCEPT。

视图虚表：是从一个或几个基本表（或视图）导出的表。

视图更新的基本规则及视图的基本作用。

授权语法：GRANT <权限>[,<权限>]... [ON <对象类型> <对象名>]　　TO <用户>[,<用户>]...

[WITH GRANT OPTION]

权限回收语法：REVOKE <权限>[,<权限>]... [ON <对象类型> <对象名>]　　FROM <用户>。

数据库角色 role 的含义。

嵌入 SQL 语句基本写法：EXEC SQL <SQL 语句>;

主语言工作单元与数据库工作单元通信：SQL 通信区 SQLCA、主变量（共享变量）、游标。

SQL 99 标准支持的对象关系模型，即支持嵌套关系模型：继承 under、引用类型 ref。

存储过程和存储函数的定义和要点。

触发器的定义和注意事项，要求掌握定义中的相关关键字。

断言（ASSERTION）的意义。

第 6 学时　结构化查询语言（SQL）模拟习题

1．SQL 中，与 NOT IN 等价的操作符是（　　）。

　　A．=SOME　　　　　B．<>SOME　　　　　C．=ALL　　　　　D．<>ALL

2．SQL 中，下列操作不正确的是（　　）。

　　A．AGE IS NOT NULL　　　　　　　　B．NOT (AGE IS NULL)

　　C．SNAME='王五'　　　　　　　　　　D．SNAME='王%'

3．有关嵌入式 SQL 的叙述，不正确的是（　　）。

　　A．宿主语言是指 C 一类高级程序设计语言

　　B．宿主语言是指 SQL 语言

　　C．在程序中要区分 SQL 语句和宿主语言语句

　　D．SQL 有交互式和嵌入式两种使用方式

4．如果嵌入的 SELECT 语句的查询结果肯定是单元组，则（　　）。

　　A．肯定不涉及游标机制　　　　　　　B．必须使用游标机制

　　C．是否使用游标，由应用程序员决定　　D．是否使用游标，与 DBMS 有关

5．"断言"是 DBS 采用的（　　）。

　　A．完整性措施　　　B．安全性措施　　　C．恢复措施　　　D．并发控制措施

6．"角色"是 DBS 采用的（　　）。

　　A．完整性措施　　　B．安全性措施　　　C．恢复措施　　　D．并发控制措施

7．在 SQL 语言中，删除基本表的命令是＿＿(1)＿＿，修改表中数据的命令是＿＿(2)＿＿。

（1）A．DESTROY TABLE　　　　　　　　B．DROP TABLE

　　　C．DELETE TABLE　　　　　　　　　D．REMOVE TABLE

（2）A．INSERT   B．DELETE   C．UPDATE   D．MODIFY

8．在 SQL 的查询语句中，允许出现聚集函数的是（   ）。

    A．SELECT 子句   B．WHERE 子句

    C．HAVING 短语   D．SELECT 子句和 HAVING 短语

9．SQL 语言中实现候选码约束的语句是（   ）。

    A．用 Candidate Key 指定   B．用 Primary Key 指定

    C．用 UNIQUE NOT NULL 约束指定   D．用 UNIQUE 约束指定

10．不能激活触发器执行的操作是（   ）。

    A．DELETE   B．UPDATE   C．INSERT   D．SELECT

11．允许取空值但不允许出现重复值的约束是（   ）。

    A．NULL   B．UNIQUE   C．PRIMARY KEY   D．FOREIGN KEY

12．某高校 5 个系的学生信息存放在同一个基本表中，采取（   ）的措施可使各系的管理员只能读取本系学生的信息。

    A．建立各系的列级视图，并将对该视图的读权限赋予该系的管理员

    B．建立各系的行级视图，并将对该视图的读权限赋予该系的管理员

    C．将学生信息表的部分列的读权限赋予各系的管理员

    D．将修改学生信息表的权限赋予各系的管理员

13．关于对 SQL 对象的操作权限的描述，正确的是（   ）。

    A．权限的种类分为 INSERT、DELETE 和 UPDATE 3 种

    B．权限只能用于实表不能应用于视图

    C．使用 REVOKE 话句获得权限

    D．使用 COMMIT 语句赋予权限

14．设有员工实体 Employee (employeeID, name, sex, age, tel, departID)，其中 employeeID 为员工号，name 为员工姓名，sex 为员工性别，age 为员工年龄，tel 为员工电话（要求记录手机号码和办公室电话），departID 为员工所在部门号（要求参照另一部门实体 department 的主码 departID）。

Employee 实体中存在的派生属性及其原因是＿＿(1)＿＿；Employee 实体中还存在多值属性，该属性及其该属性的处理为＿＿(2)＿＿；对属性 departID 的约束是＿＿(3)＿＿。

    （1）A．name，会存在同名员工   B．age，用属性 birth 替换 age 并可计算 age

        C．tel，员工有多少电话   D．departID，实体 Department 已有 departID

    （2）A．name，用 employeeID 可以区别

        B．sex，不作任何处理

        C．tel，将 tel 加上 employeeID 独立为一个实体

        D．tel，强制记录一个电话号码

    （3）A．Primary Key NOT NULL   B．Primary Key

        C．Foreign Key   D．Candidate Key

15. 建立一个供应商、零件数据库。其中"供应商"表 S(Sno, Sname, Zip, City)表示供应商代码、供应商名、供应商邮编、供应商所在城市，其函数依赖为：{Sno→(Sname.zip,city),Zip→City}。"零件"表 P(Pno, Pname, Color, Weight，City)表示零件号、零件名、颜色、重量及产地。表 S 与表 P 之间的关系 SP(Sno, Pno, Price, Qty)表示供应商代码、零件号、价格、数量。

（一）若要求供应商名不能取重复值，关系的主码是 Sno。请将下面的 SQL 语句空缺部分补充完整。

```
CREATE TABLE S(
Sno CHAR(5),
Sname CHAR(30)     (1)
Zip CHAR(8),
City CHAR(20)
    (2)   );
```

（1）A. NOT NULL　　　　　　　　　　B. UNIQUE

　　　C. PRIMARY KEY(Sno)　　　　　　D. PRIMARY KEY(Sname)

（2）A. NOT NULL　　　　　　　　　　B. NOT NULL UNIQUE

　　　C. PRIMARY KEY(Sno)　　　　　　D. PRIMARY KEY(Sname)

（二）查询供应红色零件，价格低于 500 元，且数量大于 200 的供应商代码、供应商名、零件号、价格及数量的 SQL 语句如下，请将下面的 SQL 语句空缺部分补充完整。

```
SELECT   Sno, Sname, Pno, Price, Qty
FROM S，SP
WHERE Pno IN ( SELECT Pno FROM P WHERE   (3)   )
AND   (4)
```

（3）A. SP. Price < 500　　　　　　　　B. SP. Qty > 200

　　　C. SP. Price < 500 AND SP. Qty > 200　D. Color ='红'

（4）A. SP. Price < 500　　　　　　　　B. SP. Qty > 200

　　　C. SP. Price < 500 AND SP. Qty > 200　D. ='红'

16. 企业职工和部门的关系模式如下所示，其中部门负责人也是一个职工。

　　职工（职工号，姓名，年龄，月薪，部门号，电话，地址）

　　部门（部门号，部门名，电话，负责人代码，任职时间）

请将下面的 SQL 语句空缺部分补充完整。

CREATE TABLE 部门(

部门号 CHAR(4) PRIMARY KEY,

部门名 CHAR(20),

电话 CHAR(13),

负责人代码 CHAR(5),

任职时间 DATE,

FOREIGN KEY   (1)   );

（1）A. （电话）REFERENCES（职工电话）

B.（部门号）REFERENCES 部门（部门号）

C.（部门号）REFERENCES 职工（部门号）

D.（负责人代码）REFERENCES 职工（职工号）

查询比软件部所有职工月薪都要少的职工姓名及月薪的 SQL 语句如下：

```
SELECT 姓名，月薪　FROM 职工
WHERE 月薪<（SELECT____(2)____ FROM　职工
WHERE　部门号=_____(3)_____
```

（2）A．月薪　　　　　B．ALL（月薪）　　C．MIN（月薪）　　D．MAX（月薪）

（3）A．职工.部门号　　AND　　部门名='软件部'

B．职工. 部门号　　AND　　部门.部门名='软件部'

C．部门.部门号　　AND　　部门名='软件部'

D．（SELECT　部门号　FROM　　部门　WHERE　部门名='软件部'）

17. 阅读下列说明，回答问题 1 至问题 4。

某工程项目公司的信息管理系统的部分关系模拟式如下：

职工（职工编号，姓名，性别，居住城市）

项目（项目编号，项目名称，状态，城市，负责人编号）

职工项目（职工编号，项目编号）

其中：

（1）一个职工可以同时参与多个项目，一个项目需要多个职工参与。

（2）职工的居住城市与项目所在城市来自同一个域。

（3）每个项目必须有负责人，且负责人为职工关系中的成员。

（4）项目状态有两个：0 表示未完成，1 表示已完成。

【问题 1】下面是创建职工关系的 SQL 语句，职工编号唯一标识一个职工，职工姓名不能为空。请将空缺部分补充完整。

```
CREATE TABLE 职工（
    职工编号 CHAR(6),
    姓名 CHAR(8)_____①_____,
    性别 CHAR(2),
    居住城市 VARCHAR(20),
    PRIMARY KEY_____②_____);
```

【问题 2】下面是创建项目关系的 SQL 语句，请实施相关的完整性约束。

```
CREATE TABLE 项目（
    项目编号 CHAR(6),
    项目名称 VARCHAR(20),
    状态 CHAR(1) CHECK_____③_____,
    城市 VARCHAR(20),
```

负责人编号 CHAR(6)_____④_____,

FOREIGN KEY _____⑤_____ REFERENCES_____⑥_____);

【问题3】请完成下列查询的 SQL 语句。

（1）查询至少参加两个项目的职工编号和参与的项目数。

SELECT 职工编号，_____⑦_____，

FROM 职工项目

GROUP BY_____⑧_____，

HAVING_____⑨_____；

（2）查询参与居住城市正在进行的工程项目的职工工号和姓名。

SELECT 职工.职工编号，姓名

FROM 职工，职工项目，项目

WHERE 职工.职工编号=职工项目.职工编号 AND 项目.项目编号=职工项目.项目编号

AND_____⑩_____ AND_____⑪_____；

【问题4】假设项目编号为 P001 的项目负责人李强（其用户名为 U1）有对参与该项目的职工进行查询的权限。下面是建立视图 emp 和进行授权的 SQL 语句，请将空缺部分补充完整。

（1）CREATE VIEW_____⑫_____

AS SELECT 职工编号，姓名，性别，城市

FROM 职工

WHERE 职工编号 IN (SELECT _____⑬_____，

FROM 职工项目

WHERE_____⑭_____)

WITH CHECK OPTION；

GRANT_____⑮_____ON emp TO U1

参考答案：

1～5	DDBCA	6	B	7	BC	8～12	DCDBB
13	A	14	BCC	15	BCDC	16	DCD

17. ①NOT NULL ②(职工编号) ③(状态 IN('0', '1')) ④NOT NULL ⑤负责人编号
⑥职工(职工编号) ⑦COUNT(项目编号) ⑧职工编号 ⑨COUNT(项目编号)>=2
⑩职工.居住城市=项目.城市 ⑪项目.状态='0' ⑫emp ⑬职工编号 ⑭项目编号='P001'
⑮SELECT

经过第 3 天的紧张学习,掌握了数据库技术模块的相关知识要点、难点以及练习了通关模拟题,现在进入第 4 天,学习数据库应用模块相关内容,包括"数据库设计""事务管理"及"数据库发展和新技术"3 个部分。

第 1 学时　数据库设计

本学时考点

（1）数据库系统 DBS 的生存周期及其 6 个阶段的任务和工作。

（2）新奥尔良法数据库设计基本步骤。

（3）概念设计及其步骤：E-R 模型的基本元素；E-R 方法的概念设计步骤；扩展 ER 模型（弱实体、子类实体、父类实体）。

（4）逻辑设计及其步骤：E-R 模型到关系模型的转换规则；E-R 方法的逻辑设计步骤。

（5）数据库的运行和管理相关要点。

4.1.1　数据库设计过程综述

数据库应用系统（DBS）是利用数据库系统资源开发的面向某一类实际应用的软件系统。例如管理信息系统（Management Information System，MIS）、决策支持系统（Decision Support System，DSS）、办公自动化系统（Office Automation System，OAS）等。数据库已成为现代信息系统的基础与核心部分，是进行决策的重要依据；大数据已经成为我国的一个产业方向。

数据库设计是指对于一个给定的应用环境，构造（设计）优化的数据库逻辑模式和物理结构，并据此建立数据库及其应用系统，使之能够有效地存储和管理数据，满足各种用户的应用需求，包括信息管理要求和数据操作要求。数据库设计的优劣将直接影响信息系统的质量和运行效果。数据库应用系统的开发是一项软件工程，但又有自己的特点，所以特称为"数据库工程"。

4.1.1.1 数据库系统生存周期

1. 数据库系统总生存周期

数据库系统生存周期中每个阶段的主要工作和成果，见表 4-1。

表 4-1　数据库系统生存周期

阶段	主要工作和成果	
规划	组织层次图，可行性分析报告，系统总目标，项目开发计划	
需求分析	业务流程图，系统关联图，数据流图，数据字典	
设计	数据库结构的设计： 概念设计（E-R 模型） 逻辑设计（关系模型） 物理设计（物理结构）	应用程序的设计： 概要设计（程序结构图） 详细设计（模块的算法，程序流程图）
实现	建库建表	应用程序编码
	装载数据	（结构化编程，面向对象编程）
测试	数据库结构的测试： 测试 DB 的结构及使用 测试 DB 的并发、恢复、完整性和安全性能力	应用程序的测试： 单元测试 集成测试 确认测试
	DBS 试运行	
运行维护	数据库部分： DB 的转储与恢复改正性维护 DB 安全性完整性控制适应性维护 DB 性能的监督分析和改进完善性维护 DB 的重组织和重构造预防性维护	应用程序部分： 改正性维护 适应性维护 完善性维护 预防性维护

2. 新奥尔良数据库设计方法

新奥尔良（New Orleans）数据库设计方法的基本步骤如下。

（1）需求分析。

（2）概念结构设计。

（3）逻辑结构设计。

（4）物理结构设计。

3. 数据库的结构设计和行为设计

数据库设计也可以分为结构设计和行为设计。

（1）结构设计：系统逻辑模式和子模式设计，是对数据的分析设计。

（2）行为设计：数据库上动态操作设计，是对应用系统功能的分析设计。

4. 数据库设计不同阶段对应的数据库各级模式

数据库设计不同阶段对应的数据库各级模式如图 4-1 所示。

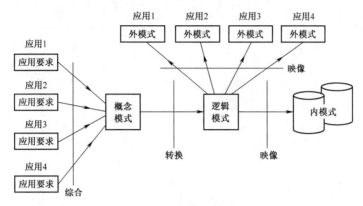

图 4-1　数据库设计不同阶段形成的数据库各级模式

需求分析和概念设计独立于任何数据库管理系统（DBMS）。逻辑设计和物理设计与选用的 DBMS 密切相关。

5. 数据库设计常用工具

数据库设计中，使用辅助设计工具能够有效地提高设计的效率和设计历史的管理；同时，一些数据库设计工具还能直接将设计的 E-R 图转换为特定 DBMS 上的逻辑结构，非常方便。

常用的数据库设计工具有 ORACLE Designer、IMB RATIONAL、ERWIN、MS VISIO 等。

6. 数据库设计的基本策略

数据库设计的基本策略为：自顶向下、自底向上、逐层分解、逐步求精。

4.1.1.2　数据库系统设计各阶段简介

1. 系统需求分析

（1）系统需求分析的主要工作。项目确定之后，系统需求分析的主要工作是用户和设计人员对数据库应用系统所要涉及的内容（数据）和功能（行为）的整理和描述，以用户的角度来认识系统，如图 4-2 所示。

（2）系统需求分析要点。参与人员：分析人员和用户。

获取的用户信息：①信息要求；②处理要求；③系统要求。

常用分析工具：数据流图、数据字典、判定树、判定表。

需求分析阶段成果：系统需求说明书，主要包括数据流图、数据字典、各种说明性表格、统计输出表和系统功能结构图等。

系统需求说明书是以后设计、开发、测试和验收等过程的重要依据。

2. 概念结构设计

（1）概念结构设计的主要工作。在需求分析的基础上，依照需求分析中的信息要求，对用户信息加以分类、聚集和概括，建立信息模型，概念结构设计反映了用户观点，如图 4-3 所示。

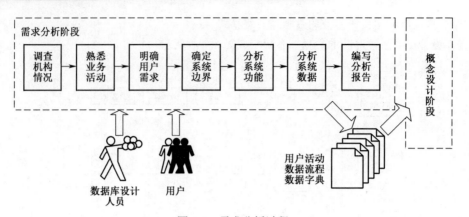

图 4-2　需求分析过程

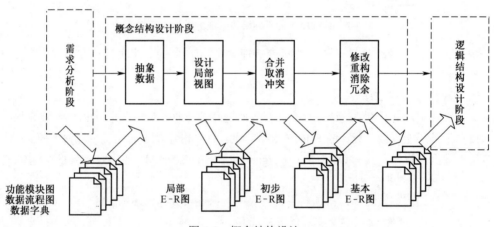

图 4-3　概念结构设计

（2）概念结构设计要点。

参与人员：分析人员和用户。

概念结构设计的策略：自顶向下、自底向上、逐步扩张、混合策略。

常用设计工具：E-R 或类图。

概念结构设计成果：各层 E-R 图。

3. 逻辑结构设计

在概念结构设计的基础上，逻辑结构设计阶段的主要工作步骤包括确定数据模型、将 E-R 图转换成为指定的数据模型、确定完整性约束和确定用户视图，如图 4-4 所示。

4. 物理结构设计

（1）物理结构设计的主要工作。数据库逻辑结构设计之后，需要确定数据库在计算机中的具体存储结构。为一个给定的逻辑数据模型设计一个最适合应用要求的物理结构的过程，就是数据库的物理设计，如图 4-5 所示。

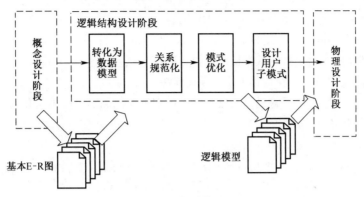

图 4-4　逻辑结构设计

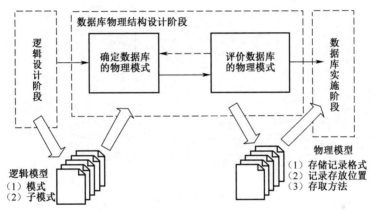

图 4-5　物理结构设计

（2）物理结构设计设计要点。数据库的物理设计一般是基于具体的 DBMS 的。

主要工作：确定数据分布、确定存储结构、确定访问方式。

建立索引：索引类型（唯一、聚簇）、索引建立原则。

5. 应用程序设计

（1）应用程序设计的主要工作。数据库应用系统开发是基于 DBMS 的二次开发，遵循常规的软件工程方法；一方面是对用户信息的存储，另一方面就是对用户处理要求的实现，通常在设计过程中把数据存储的设计称为结构设计，把处理要求的实现称为行为设计。

（2）应用程序设计的两种方法：结构化设计方法和面向对象设计方法。相关设计方法参考"系统开发和运行知识"部分。

6. 数据库系统的实现

（1）数据库系统实现的主要工作。数据库应用系统的实现是根据设计，由开发人员编写代码程序来完成的。包括数据库的操作程序和应用程序。

（2）使用 SQL 语言编写数据库操作程序。

1）数据库建立程序，使用 SQL 中的 DDL 语言。

2）数据库操纵程序，使用 SQL 中的 DML 语言。

3）事务处理程序，对复杂的数据操作以事务的形式执行。

存储过程和触发器程序，在数据库中实现逻辑控制。

（3）采用高级程序设计语言设计应用系统。应用程序的编写一般采用高级语言如 C、Basic、Pascal、Fortran 等来实现。

7．数据库实施

根据逻辑设计和物理设计的结果，在计算机上建立起实际的数据库结构并装入数据，进行试运行和评价的过程，叫作数据库的实施（或实现），如图 4-6 所示。

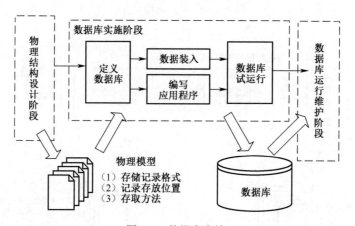

图 4-6　数据库实施

8．数据库维护

数据库顺利地进行了实施，才能将系统交付用户使用。数据库一旦投入运行，就标志着数据库维护工作的开始。

数据库维护的主要工作：

（1）对数据库性能的监测和改善。

（2）数据库的备份及故障恢复。

（3）数据库重组和重构。

数据库运行阶段，对数据库的维护主要由 DBA 完成。

9．数据库的保护

数据库的保护就是要排除和防止各种对数据库的干扰和破坏，确保数据安全、可靠，以及在数据库已经遭到破坏后如何尽快地恢复正常。相关详情参看"数据库技术基础"部分内容。

数据库的保护的主要工作：

（1）备份及故障恢复。

（2）安全性控制。

（3）完整性控制。

（4）并发控制。

4.1.2　概念结构设计与 E-R 图

在需求分析的基础上，根据需求分析中的信息要求，对用户信息加以分类、聚集和概括，建立信息模型，用以反映用户的观点。常用设计工具为：E-R 图或类图。

4.1.2.1　概念设计的 4 类方法

概念结构设计的策略有：自顶向下、自底向上、逐步扩张、混合策略。

1.　自顶向下

首先定义全局概念结构的框架，然后逐步细化，如图 4-7 所示。

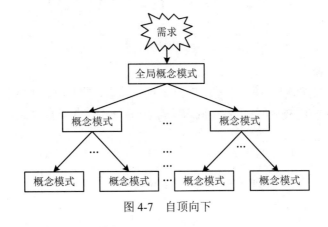

图 4-7　自顶向下

2.　自底向上

首先定义各局部应用的概念结构，然后将它们集成起来，得到全局概念结构，如图 4-8 所示。

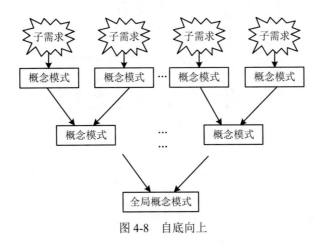

图 4-8　自底向上

3. 逐步扩张

首先定义最重要的核心概念结构，然后向外扩充，以滚雪球的方式逐步生成其他概念结构，直至总体概念结构，如图 4-9 所示。

4. 混合策略

将自顶向下和自底向上相结合，用自顶向下策略设计一个全局概念结构的框架，以它为骨架集成由自底向上策略中设计的各局部概念结构。

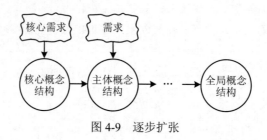

图 4-9　逐步扩张

4.1.2.2　数据抽象

概念模型是对现实世界的抽象。抽象是对实际的人、事、物和概念中抽取所关心的共同特性，忽略非本质的细节，并把这些特性用各种概念精确地加以描述。3 类抽象如图 4-10 所示。

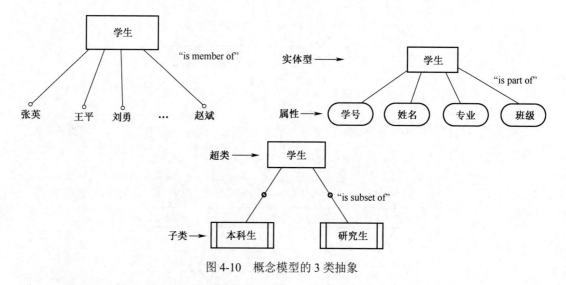

图 4-10　概念模型的 3 类抽象

1. 分类（Classification）

定义某一类概念作为现实世界中一组对象的类型，抽象了对象值和型之间的"is member of"的语义。

2. 聚集（Aggregation）

定义某一类型的组成成分或组成属性，抽象了对象内部成分之间"is part of"的语义。

3．概括（Generalization）

定义类型之间的一种子集联系（即继承），抽象了类型之间的"is subset of"的语义。

4.1.2.3　E-R 图概念结构设计的方法与步骤

该部分内容参看本书 2.5.4 节"E-R 图设计与分析"部分。

4.1.2.4　类图与 E-R 图的联系

统一建模语言（UML）中的类图描述了系统的静态结构（类与类之间的关系），与 E-R 图有很多类似之处。类图与 E-R 图中术语的区别见表 4-2。

表 4-2　类图与 E-R 图术语对比

E-R 图中的术语	类图中的术语
实体集（Entity Set）	类（Class）
实体（Entity）	对象（Object）
联系（Relationship）	关联（Association）
联系元数	关联元数（Degree）
实体的基数（Cardinality）	重数（Multiplicity）

对于大学信息系统，分别用 E-R 图（图 4-11）和类图（图 4-12）进行设计。

实体：University 大学、Person 人员、Faculty 教师、Coursetext 课程。

联系：President 校长、Staff 聘用、Teacher 任课、Edit 编写。

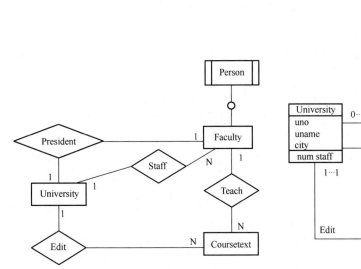

图 4-11　大学信息系统的 E-R 图

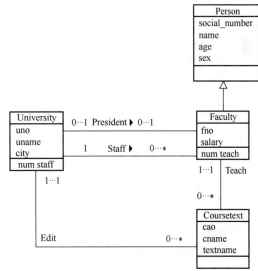

图 4-12　大学信息系统的类图

4.1.3 逻辑结构设计与 E-R 转换规则

4.1.3.1 逻辑结构设计

1. 逻辑结构设计的主要任务

逻辑结构设计的主要任务是将概念结构设计阶段设计好的基本 E-R 图转换为与选用的 DBMS 产品所支持的数据模型相符合的逻辑结构，主要过程如图 4-13 所示。

2. 逻辑结构设计的主要工作

（1）确定数据模型。

（2）将 E-R 图转换成为指定的数据模型。

（3）确定完整性约束。

（4）确定用户视图。

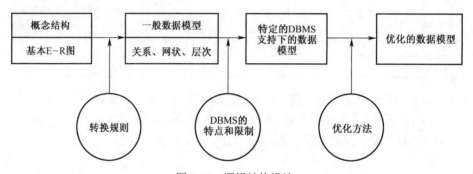

图 4-13　逻辑结构设计

4.1.3.2 E-R 图向关系模型的转换

E-R 图向关系模型的转换要解决的问题是如何将实体型和实体间的联系转换为关系模式，如何确定这些关系模式的属性和码。

1. 二元联系的转换（一元联系类似）

（1）1:1 联系：可以在两个实体类型转换成的两个关系模式中的任意一个关系模式的属性中，加入另一个关系模式的键（作为外键）和联系类型的属性。

（2）1:n 联系：在 N 端实体类型转换成的关系模式中加入 1 端实体类型的键（作为外键）和联系类型的属性。

（3）m:n 联系：将联系也转换成关系模式，其属性为两端实体类型的键（作为外键）加上联系类型的属性，而关系模式的键为两端实体键的组合。

（4）具有相同键的关系模式可合并，从而减少关系模式个数。

【例 4-1】二元联系转换示例。

教师授课系统的 E-R 图如图 4-14 所示，根据上述规则，转换得到的关系模式如下。

系（系编号，系名，电话，主管人的教工号）

教师（<u>教工号</u>，姓名，性别，职称，<u>系编号</u>，聘期）

课程（<u>课程号</u>，课程名，学分，<u>系编号</u>）

任教（<u>教工号</u>，<u>课程号</u>，教材）

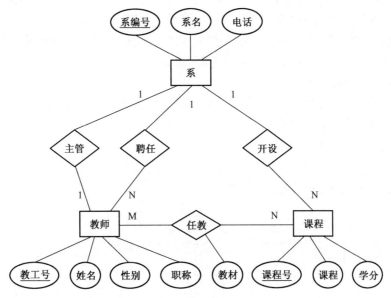

图 4-14　教师授课系统 E-R 图

【例 4-2】一元联系转换示例。

一元联系的 E-R 图如图 4-15 所示，根据上述规则，转换得到的关系模式如下。

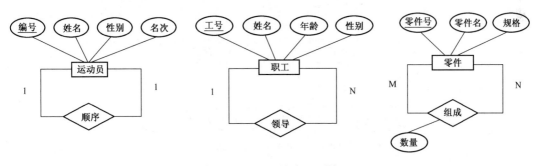

图 4-15　一元联系 E-R 图

1:1 联系： 运动员（<u>编号</u>，姓名，性别，名次，上一名次编号）

1:n 联系： 职工（<u>工号</u>，姓名，年龄，性别，<u>经理工号</u>）

n:m 联系： 零件（<u>零件号</u>，零件名，规格）、组成（<u>零件号</u>，<u>子零件号</u>，数量）

2. 三元联系的转换

（1）1:1:1 联系：在 3 个实体类型转换成的 3 个关系模式中的任意一个关系模式的属性中，加入另两个关系模式的键（作为外键）和联系类型的属性。

（2）1:1:*n* 联系：在 N 端实体类型转换成的关系模式中加入两个 1 端实体类型的键（作为外键）和联系类型的属性。

（3）1:*m:n* 联系：将联系也转换成关系模式，其属性为 M 端和 N 端实体类型的键（作为外键）加上联系类型的属性，而关系模式的键为 M 端和 N 端实体键的组合。

（4）M:N:P 联系：将联系也转换成关系模式，其属性为 3 端实体类型的键（作为外键）加上联系类型的属性，而关系模式的键为 3 端实体键的组合。

【例 4-3】三元联系转换示例。

进销存系统的 E-R 图如图 4-16 所示，根据上述规则，转换得到的关系模式如下。

仓库（<u>仓库号</u>，仓库名，地址）

商店（<u>商店号</u>，商店名）

商品（<u>商品号</u>，商品名）

进货（<u>仓库号</u>，<u>商店号</u>，<u>商品号</u>，日期，数量）

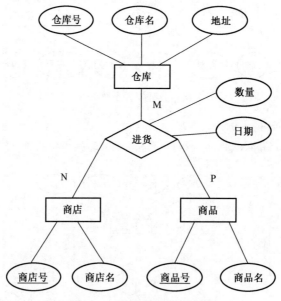

图 4-16　进销存系统 E-R 图

4.1.3.3　优化数据模型的方法

（1）确定数据依赖：按需求分析阶段所得到的语义，写出每个关系模式内部各属性之间的数据依赖以及不同关系模式属性之间数据依赖。

（2）消除冗余的联系：对于各个关系模式之间的数据依赖进行极小化处理，消除冗余的联系。

（3）确定所属范式，并按需求分析作为依据判断是否要对它们进行合并或分解。一般说来，达到第三范式就足够了。

（4）分解关系模式，以提高数据操作的效率和存储空间的利用率。

4.1.3.4　定义用户外模式时应该注重的问题

（1）使用更符合用户习惯的别名。

（2）针对不同级别的用户定义不同的试图，以满足系统对安全性的要求。

（3）简化用户对系统的使用。

例如：在学校建立一个数据库中心，存放学校所有数据；对学校不同部门定义其应用和管理功能，创建不同的用户视图。

4.1.4　数据库的运行和管理

数据库试运行合格后，即可投入正式运行。运行标志着开发任务的基本完成和维护工作的开始。数据库运行过程中物理存储会不断变化，会影响数据库的效能和稳定。如何使数据库发挥最大效能、保证数据库安全稳定、解决各种突发问题成为数据库运行管理的目标。

4.1.4.1　DBS 的运行计划

为保证数据库系统安全、稳定地运行，需要综合考虑可能遇到的各种问题，制定详尽的运行计划和应对措施。

1．数据库系统的运行计划

数据库系统的运行计划包括以下 4 个部分：

（1）确定运行策略。

（2）确定数据库系统监控对象和监控方式。

（3）确定数据库系统报警对象和报警方式。

（4）制订数据库系统的管理计划。

2．确定运行策略

（1）系统正常运行策略。

1）系统运行对物理环境的要求。

2）系统运行对人员的要求。

3）数据库的安全性策略。

4）数据库备份和恢复策略。

（2）系统非正常运行策略。

1）突发事件的应对策略。

2）高负载状态的应对策略。

3．确定数据库系统监控对象和监控方式

（1）对系统运行状态的了解采用监控系统。

（2）监控分类：性能监控、故障监控、安全监控。

（3）监控方式分类：系统监控、应用程序监控。

（4）系统日志是监控的主要依据。

4.1.4.2 DBS 的运行和维护

按照软件工程的理论，数据库系统的运行和维护要花整个系统 60%以上的费用，可见运行和维护工作的重要性。运行和维护工作主要有：新旧系统的转换、监控数据的收集和使用、日常维护管理工作、运行统计工作、运行标准、审计工作等。

1. 新旧系统的转换

（1）异构数据库系统之间的转换。

（2）同构数据库系统不同版本之间的转换。

（3）同一数据库系统在不同主机平台之间的迁移。

异构通常指采用不同的 DBMS，同构指使用相同的 DBMS。

2. 数据库的日常维护工作

（1）数据库重组与重构。

重组是指对数据库的物理存储进行重新组织，目的是提高数据库的存储性能，不会修改数据库的逻辑结构；重构是指当数据库不能满足实际系统变化时，对数据库的相关逻辑结构（模式）进行修改，以满足系统的业务需求。

（2）视图的维护。

（3）文档的维护。

4.1.4.3 数据库的管理

在数据库系统运行期间，数据库的管理有数据字典管理、完整性维护、存储管理、备份和恢复、并发控制与死锁管理、安全性管理、数据库管理员的职责等。

1. 数据字典管理

数据字典（Data Dictionary）是任何通用 DBMS 的核心，也称为"系统目录"。主要功能是存储 DBMS 管理的数据库的定义或描述。这类信息被称为"元数据"，主要包括数据库三级结构和两级映像的定义。

2. 提高系统性能的存储手段

（1）索引文件和数据文件分开存储，事务日志文件存储在高速设备上。

（2）适时修改数据文件和索引文件的页面大小。

（3）定期对数据进行排序（重组）。

（4）增加必要的索引项。

4.1.4.4 DBS 性能调整

大多数系统的性能会受制于一个或几个部件的性能，这些部件称为瓶颈。下面介绍容易成为瓶颈的 SQL 语句、表、索引、存储器、硬件设备的优化、改进和增强等问题。

1. 表的设计

如果频繁地访问涉及两个表的连接操作，则考虑将其合并。如果频繁地访问只是在表中某一部分字段上进行，则把这部分字段单独构成一个表。对于很少更新的表，引入物化视图。物化视图是指既存储定义又存储其计算了的数据视图。

2. SQL 语句的性能优化

尽可能地减少多表查询；尽可能地减少物化视图；在采用嵌套查询时，尽可能以不相关子查询替代相关子查询；只检索需要的列；在 WHERE 子句中尽可能使用 IN 运算来代替 OR 运算；查询时避免使用 LIKE '%string'，避免全表数据扫描；采用 LIKE 'string%'形式可使用对应字段上的索引；尽量使用 UNION ALL 而不使用 UNION，因为后者操作时要排序并移走重复记录，而前者不执行该操作；经常使用 COMMIT 语句，以尽早释放封锁。

3. 索引的改进

如果查询是瓶颈，那么在关系上创建适当的索引来加速查询；如果更新是瓶颈，则索引太多会导致性能下降，因为这些索引在关系被更新时也必须被更新，此时应删除一些索引以加速更新；应该正确选择索引的类型；将有利于大多数的查询和更新的索引设为聚簇索引。

4. 设备增强

主机设备的增强、磁盘设备的增强、网络设备的增强，能够有效提高系统性能和可靠性。

5. 数据库性能优化

数据库系统性能的优化工作主要是运行参数的调整。DBA 可以在 3 个级别上对 DBS 进行调整。

（1）最低级（硬件层面上）：如果磁盘 I/O 是瓶颈，则增加磁盘或使用 RAID 系统；如果磁盘缓冲区容量是瓶颈，则增加内存；如果 CPU 是瓶颈，则改用更快的处理器。

（2）中间级（数据库系统参数）：例如缓冲区大小和检查点间隔等。

（3）最高级（模式和事务）：调整模式的设计、索引的建立、事务的执行来提高性能。

4.1.5 本学时要点总结

数据库系统的生存周期及其各阶段工作任务。

概念结构设计的策略：自顶向下、自底向上、逐步扩张、混合策略。

数据抽象：分类 is member of、聚集 is part of、概括 is subset of。

E-R 模型设计：局部 E-R 图、全局 E-R 图（消除冲突）、拓展 E-R 图。

冲突分类：两类属性冲突、两类命名冲突、三类结构冲突。

E-R 图向关系模型的转换要解决的问题。

二元联系的转换（一元联系类似）：1:1 联系、1:n 联系、m:n 联系。

三元联系的转换：1:1:1 联系、1:1:n 联系、1:m:n 联系、M:N:P 联系。

数据库运行和维护包含：DBS 的运行计划、DBS 的运行和维护、DBS 的管理、DBS 性能调整。

确定运行策略：系统正常运行策略、系统非正常运行策略。

监控分类：性能监控、故障监控、安全监控。

数据库的日常维护工作：数据库重组与重构、视图的维护、文档的维护。

数据库的管理工作：数据字典管理、完整性维护、存储管理、备份和恢复、并发控制与死锁管理、安全性管理、数据库管理员的职责。

数据库性能调整：SQL 语句、表、索引、存储器、硬件设备的优化、改进和增强。

第 2 学时　数据库设计模拟习题

1. 需求分析阶段设计数据流图（DFD）通常采用（　　）。

　　A．面向对象的方法　　　　　　　　　B．自底向上的方法

　　C．回溯的方法　　　　　　　　　　　D．自顶向下的方法

2. 概念设计阶段设计概念模型通常采用（　　）。

　　A．面向对象的方法　　　　　　　　　B．回溯的方法

　　C．自底向上的方法　　　　　　　　　D．自顶向下的方法

3. 概念结构设计的主要目标是产生数据库的概念结构，该结构主要反映（　　）。

　　A．应用程序员的编程需求　　　　　　B．DBA 的管理信息需求

　　C．数据库系统的维护需求　　　　　　D．企业组织的信息需求

4. 数据库设计人员和用户之间沟通信息的桥梁是（　　）。

　　A．程序流程图　　　　　　　　　　　B．实体联系图

　　C．模块结构图　　　　　　　　　　　D．数据结构图

5. 在 E-R 模型转换成关系模型的过程中，下列叙述不正确的是（　　）。

　　A．每个实体类型转换成一个关系模式

　　B．每个联系类型转换成一个关系模式

　　C．每个 $M:N$ 联系类型转换成一个关系模式

　　D．在处理 1:1 和 1:N 联系类型时，不生成新的关系模式

6. 设计子模式属于数据库设计的（　　）。

　　A．需求分析　　　　B．概念设计　　　　C．逻辑设计　　　　D．物理设计

7. 当同一个实体集内部的实体之间存在着一个 1:N 联系时，那么根据 E-R 模型转换成关系模型的规则，这个 E-R 结构转换成的关系模式个数为（　　）。

　　A．1　　　　　　　B．2　　　　　　　C．3　　　　　　　D．4

8. 如果有 10 个不同的实体集，它们之间存在着 12 个不同的二元联系（二元联系是指两个实体集之间的联系），其中 3 个 1:1 联系，4 个 1:N 联系，5 个 $M:N$ 联系，那么根据 E-R 模型转换成关系模型的规则，这个 E-R 结构转换成的关系模式集中主键和外键的总数分别为（　　）。

　　A．14 和 12　　　　B．15 和 15　　　　C．15 和 17　　　　D．19 和 19

9. 如果有 3 个不同的实体集，它们之间存在着一个 $M:N:P$ 联系，那么根据 E-R 模型转换成关系模型的规则，这个 E-R 结构转换成的关系模式个数为（　　）。

　　A．3　　　　　　　B．4　　　　　　　C．5　　　　　　　D．6

10. UML 类图中的类相当于 E-R 模型中的（　　）。

　　A．实体　　　　　　B．实体集　　　　　C．联系　　　　　　D．属性

11. 在某学校的综合管理系统设计阶段，教师实体在学籍管理子系统中被称为"教师"，而在

人事管理子系统中被称为"职工"，这类冲突被称之为（　　）

  A．语义冲突   B．命名冲突   C．属性冲突   D．结构冲突

12．DBS 的运行管理工作的主要承担者是（　　）。

  A．终端用户   B．应用程序员   C．系统分析员 D．DBA

13．不属于数据库系统监控的对象是（　　）。

  A．性能监控   B．故障监控   C．网络监控   D．安全监控

14．在收集监控数据时，通常采用的方法是（　　）。

  A．统计方式   B．日志方式   C．随机方式   D．抽样方式

15．在 DBS 的日常维护工作中，不属于"新旧系统转换"的工作是（　　）。

  A．异构数据库系统在不同网络协议之间的转换

  B．异构数据库系统之间的转换

  C．同构数据库系统不同版本之间的转换

  D．同一数据库系统在不同主机平台之间的迁移

16．DBS 运行标准是指各项指标的基线，下面不属于运行标准的是（　　）。

  A．前台应用程序完成单笔交易的时间   B．Cache 缓冲区的命中率

  C．表空间的大小   D．CPU 平均空闲率

17．审计工作属于（　　）。

  A．并发控制措施   B．安全性措施

  C．完整性措施   D．DB 恢复的措施

18．DD 中的数据称为（　　）。

  A．元数据   B．基本数据   C．微数据   D．中心数据

19．对频繁执行的 SQL 语句进行优化的规则中，不正确的是（　　）。

  A．尽可能减少多表查询，而使用嵌套查询

  B．在采用嵌套查询时，尽可能使用相关子查询

  C．尽量使用 UNION ALL 操作，而不使用 UNION 操作

  D．经常使用 COMMIT 语句，以尽量释放封锁

20．在表的逻辑设计时，不正确的规则是（　　）。

  A．为消除数据冗余，要求全部模式都达到 BCNF 标准

  B．如果频繁地访问的数据涉及两个表，那么考虑将其合并

  C．如果频繁地访问一个表中的部分字段值，那么这部分字段值应单独构成一个表

  D．对于很少更新的表，引入物化视图

21．需求分析阶段要生成的文档是（　　）和数据字典。

  A．数据流图   B．E-R 图   C．UML 图   D．功能模块图

22．有关概念结构设计，下列说法正确的是（　　）。

  A．概念结构设计是应用程序模块设计的基础

B．概念结构设计只应用到数据字典

C．概念结构设计与具体 DBMS 无关

D．概念结构设计就是确定关系模式

23．在教学管理业务分 E-R 图中，"教师"实体具有"主讲课程"属性，而在人事管理业务分 E-R 图中，"教师"实体没有此属性，做分 E-R 图合并时应做如下处理：（   ）。

A．更改人事管理业务分 E-R 图中"教师"实体为"职工"实体

B．合并后的"教师"实体具有两个分 E-R 图中"教师"实体的全部属性

C．合并后的"教师"实体具有两个分 E-R 图中"教师"实体的公共属性

D．保持两个"教师"实体及各自原有属性不变

24．E-R 图中某实体具有一个多值属性，在转化为关系模式时，应（   ）。

A．将多值属性作为对应实体的关系模式中的属性，即满足 4NF

B．将实体的码与多值属性单独构成关系模式，即满足 4NF

C．用其他属性来替代多值属性，而不需要存储该多值属性

D．将多值属性独立为一个关系模式，其码作为实体的外码

25．数据库应用系统中通常会将标准编码构建成字典表，包含代码和名称项，如民族（民族代码，民族名称），针对这类表，为提高查询性能，应采用的优化方式是（   ）。

A．代码的普通索引   B．代码的单一索引

C．代码的聚簇索引   D．代码的哈希分布

26．确定系统边界属于数据库设计的（   ）阶段。

A．需求分析   B．概念设计   C．逻辑设计   D．物理设计

27．关于 E-R 图合并，下列说法不正确的是（   ）。

A．E-R 图合并可以从总体上认识企业信息

B．E-R 图合并可以解决各分 E-R 图之间存在的冲突

C．E-R 图合并可以解决信息冗余

D．E-R 图合并可以发现设计是否满足信息需求

28．在 C/S 体系结构中，客户端连接数据不需要指定的是（   ）。

A．数据库服务器地址   B．应用系统用户名和密码

C．数据库用户名和密码   D．连接端口

29．不属于数据库访问接口的是（   ）。

A．ODBC   B．JDBC   C．ADO   D．XML

30．某应用系统的应用人员分为 3 类：录入、处理和查询，用户权限管理的方案适合采用（   ）。

A．针对所有人员建立用户名并授权

B．对关系进行分解，每类人员对应一组关系

C．建立每类人员的视图并授权给每个人

D．建立用户角色并授权

31．开发大型的管理信息系统（MIS）时，首选的数据库管理系统（DBMS）是（　　）。

A．FoxPro　　　　　B．Access　　　　　C．Oracle　　　　　D．Excel

32．管理信息系统输入设计的最根本原则是（　　）。

A．提高效率、减少错误　　　　　　B．提高可靠性、减少错误

C．增加理解、减少输入　　　　　　D．增加美观、使人愉悦

33．某公司的数据库应用系统中，其数据库服务器配置两块物理硬盘，可以采用下述存储策略，一个比较正确合理的存储策略是（　　）。

①将表和索引放在同一硬盘的不同逻辑分区以提高性能

②将表和索引放在不同硬盘以提高性能

③将日志文件和数据库文件放在同一硬盘的不同逻辑分区以提高性能

④将日志文件和数据库文件放在不同硬盘以提高性能

⑤将备份文件和日志文件与数据库文件放在同一硬盘以保证介质故障时能够恢复

A．①④　　　　B．①③⑤　　　　C．②④　　　　D．②

34．分析题

某商业集团的销售管理中，商店信息包括：商店编号、商店名、地址；商品信息包括：商品号、商品名、规格、单价；职工信息包括：职工编号、姓名、性别、业绩。商店与商品间存在"销售"联系，每个商店可销售多种商品，每种商品也可放在多个商店销售，每个商店销售一种商品，有月销售量；商店与职工间存在着"聘用"联系，每个商店有许多职工，每个职工只能在一个商店工作，商店聘用职工有聘期和月薪。

（1）请画出 E-R 图，并在图上注明属性、联系的类型。

（2）将 E-R 图转换成关系模式，注意关系模式中存在主码和外码的需标明。

35．综合运用题

某学员为人才交流中心设计了一个数据库，对人才、岗位、企业、证书、招聘等信息进行了管理。其初始 E-R 图如下图所示。

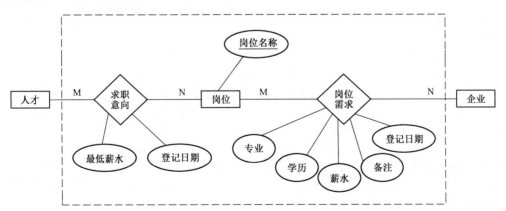

实体约束情况如下:

(1) 实体"企业"的标识符是(企业编号)。

(2) 实体"岗位"的标识符是(岗位名称)。

(3) 实体"人才"的标识符是(个人编号,证书名称),因为有可能一个人拥有多张证书。

实体"企业"和"人才"的结构如下所示:

企业(企业编号,企业名称,联系人,联系电话,地址,企业网址,电子邮件,企业简介)

人才(个人编号,姓名,性别,出生日期,身份证号,毕业院校,专业,学历,证书名称,证书编号,联系电话,电子邮件,个人简历及特长)

回答下列问题:

(1) 根据转换规则,把 E-R 图转换成关系模式集。

(2) 由于一个人可能持有多个证书,须对"人才"关系模式进行优化,把证书信息从"人才"模式中抽出来,这样可得到哪两个模式?

(3) 对最终的各关系模式,以下划线指出其主键,用波浪线指出其外键。

(4) 另有设计的实体联系图如下图所示,请用 200 字以内的文字分析这样设计存在的问题。

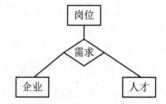

(5) 如果允许企业通过互联网修改本企业的基本信息,应对数据库的设计作何种修改?请用 200 字以内的文字叙述实现方案。

参考答案:

1～5	DCDBB	6～10	CACBB	11～15	BDCDA	16～20	CBABA
21～25	ACBDC	26～30	ADBDC	31～33	CAC		

34. 分析题

(1) E-R 图如下所示。

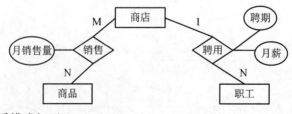

(2) 转换后的关系模式如下。

商店(商店编号,商店名,地址)

商品(商品号,商品名,规格,单价)

职工（<u>职工编号</u>，姓名，性别，业绩，<u>商店编号</u>，月薪，聘期）

销售（<u>商店编号</u>，<u>商品号</u>，月销量）

35．综合运用题

（1）～（3）

企业（<u>企业编号</u>，企业名称，联系人，联系电话，地址，企业网址，电子邮件，企业简介）

岗位（<u>岗位名称</u>）

人才（<u>个人编号</u>，姓名，性别，出生日期，身份证号，毕业院校，专业，学历，联系电话，电子邮件，个人简历及特长）

证书（<u>证书编号</u>，证书名称，<u>人才编号</u>）

求职意向（<u>人才编号</u>，<u>岗位名称</u>，最低薪水，登记日期）

岗位需求（<u>企业编号</u>，<u>岗位名称</u>，专业，学历，薪水，备注，登记日期）

（4）

此处的"需求"是"岗位""企业"和"人才"3 个实体之间的联系，而事实上只有人才被聘用之后三者之间才产生联系。本系统解决的是人才的求职和企业的岗位需求，人才与企业之间没有直接的联系。

（5）

建立企业的登录信息表，包含用户名和密码，记录企业的用户名和密码，将对本企业的基本信息的修改权限赋予企业的用户名，企业工作人员通过输入用户名和密码，经过服务器将其与登录信息表中记录的该企业的用户名和密码进行验证后，合法用户才有权修改企业的信息。

第 3 学时　事务管理

本学时考点

（1）事务的 ACID 特性：原子性、一致性、隔离性、持久性。

（2）故障的种类及其恢复：事务内部故障、系统故障、介质故障、计算机病毒。

（3）并发事务异常：丢失修改、读脏数据、不可重复读、读幻影。

（4）并发控制的主要技术是封锁：排他锁（X 锁）、共享锁（S 锁）。

（5）三级封锁协议、死锁检测、两段封锁协议。

（6）数据库的三类完整性：实体完整性、参照完整性、用户自定义完整性。

（7）数据库的安全性及常见的数据库安全性控制技术。

4.3.1　事务管理

在 DBS 运行时，DBMS 要对 DB 进行监控，以保证整个系统的正常运转，防止数据意外丢失和不一致数据的产生。DBMS 对 DB 的监控称为数据库控制，有时也称为数据库保护。对数据库的控制主要通过 4 个方面实现：数据库的恢复、并发控制、完整性控制和安全性控制，每一方面都构成了 DBMS 的一个子系统。

1. 事务（Transaction）

事务是一个数据库操作序列，是不可分割的工作单位，事务内部的操作，要么全做，要么全都不做。

事务是 DBS 运行的最小逻辑工作单位，是恢复和并发控制的基本单位。在关系数据库中，一个事务可以是一条或多条 SQL 语句，也可以包含一个或多个程序。

事务以 BEGIN TRANSACTION 语句开始，以 COMMIT 语句或 ROLLBACK 语句结束，如银行转账事务。

【例 4-4】设银行数据库中有一转账事务 T。

```
BEGIN TRANSACTION;
read (A) ;
A: =A-50;
write (A) ;
if (A<O)
        ROLLBACK;
else
      {read (B) ;
       write (B) ;
      COMMIT; }
```

2. 事务的 ACID 特性

（1）原子性（Atomicity）：事务是数据库的逻辑工作单位，事务中包括的诸操作要么都做，要么都不做。

（2）一致性（Consistency）：事务执行的结果必须是使数据库从一个一致性状态转变到另一个一致性状态。

（3）隔离性（Isolation）：对并发执行而言，一个事务的执行不能被其他事务干扰。一个事务内部的操作及使用的数据对其他并发事务是隔离的，并发执行的各个事务之间不能互相干扰。

（4）持久性（Durability）：事务一旦提交，它对数据库中数据的改变就应该是永久性的。

3. 事务的状态及其转换

事务的状态包括活动状态、部分提交状态、失败状态、中止状态、提交状态，其状态转换图如图 4-17 所示。

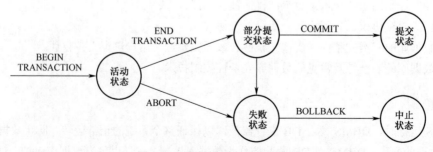

图 4-17　事务的状态及其转换图

4.3.2　故障恢复

数据库系统出现故障是不可避免的，常见的故障包括：

（1）系统故障：计算机软、硬件故障。

（2）人为故障：操作员的失误、恶意的破坏等。

数据库的恢复：把数据库从错误状态恢复到某一已知的正确状态（亦称为一致状态或完整状态）。

4.3.2.1　恢复操作的基本原理

恢复操作的基本原理是冗余，即利用存储在系统其他地方的冗余数据来重建数据库。

1．建立冗余数据方法

建立冗余数据方法分为：数据转储（backup）、登录日志文件（logging）。

2．数据转储

数据转储指 DBA 将整个数据库复制到磁带或其他磁盘上保存起来的过程，备用的数据称为后备副本或后援副本。数据转储的方式见表 4-3。

表 4-3　数据转储的方式

转储方式	转储状态	
	动态转储	静态转储
海量转储	动态海量转储	静态海量转储
增量转储	动态增量转储	静态增量转储

（1）海量转储：每次转储整个数据库。

（2）增量转储：只转储上次转储后更新过的数据。

（3）静态转储：转储期间不允许对数据库的任何存取、修改活动，得到的一定是一个数据一致性的副本。

（4）动态转储：转储操作与用户事务并发进行，转储期间允许对数据库进行存取或修改，不能保证副本中的数据正确有效性。动态转储故障恢复时需要日志文件辅助。

3．故障的种类

数据库系统的故障如下：

（1）事务内部故障。

（2）系统故障（软故障）。

（3）介质故障（硬故障）。

（4）计算机病毒（常导致数据不一致）。

4．事务内部故障分类

（1）可预见故障：通过事务程序本身可发现的。

（2）非预期故障：不能由应用程序处理的，如运算溢出、并发事务发生死锁而被选中撤销该事务、违反了某些完整性限制等。

事务故障意味着事务没有达到预期的终点（COMMIT 或 ROLLBACK），数据库可能处于不正确状态。

恢复策略：撤消事务（UNDO），强行回滚。

5. 系统故障

系统故障或软故障是指造成系统停止运转的任何事件，如硬件错误、操作系统故障、DBMS 代码错误、系统断电等，使得系统要重新启动。

系统故障或软故障发生时的恢复策略：

（1）强行撤消（UNDO）：故障时，事务未提交。

（2）重做（REDO）：故障时，事务已提交，但缓冲区中的信息尚未写回到磁盘。

6. 介质故障

发生介质故障（硬故障）和遭受病毒破坏时，磁盘上的物理数据库可能遭到毁灭性破坏。此时，恢复的方法如下：

（1）重装转储的后备副本到新的磁盘，使数据库恢复到转储时的一致状态。

（2）在日志中找出转储以后所有已提交的事务。

（3）对这些已提交的事务进行 REDO 处理，将数据库恢复到故障前某一时刻的一致状态。

注意：事务故障和系统故障的恢复由系统自动进行，介质故障的恢复需要 DBA 配合执行。

4.3.2.2　日志

日志文件（log）是用来记录事务对数据库的更新操作的文件，利用日志文件恢复时是从后向前扫描事务的相关执行标志，对提交的事务进行重做 REDO，对失败的事务进行撤消 UNDO。

1. 利用日志进行故障恢复的两个问题

（1）搜索整个日志将耗费大量的时间。

（2）REDO 处理重新执行事务，也将浪费大量时间。

解决方案方法：具有检查点（Checkpoint）的日志恢复技术。

2. 具有检查点的日志

（1）数据结构支持。在日志文件中增加检查点记录：记录检查点时刻所有正在执行的事务清单。

增加重新开始文件：记录各个检查点记录在日志文件中的地址。

检查点记录与重新开始文件组织结构如图 4-18 所示。

（2）利用检查点的恢复策略。系统出现故障时，恢复子系统将根据事务的不同状态采取不同的恢复策略，如图 4-19 所示。

由于检查点记录之前的事务是正确执行完毕的，数据库中的数据是一致的；因此，恢复子系统扫描日志文件时，仅需扫描到离数据库故障最近的检查点处，并完成该检查点记录中各事务的处理即可，而不必再扫描整个日志文件，极大提高了故障恢复效率。

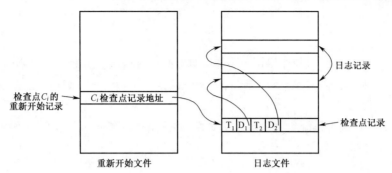

图 4-18　检查点记录与重新开始文件组织结构

4.3.2.3　数据库镜像（Mirror）

数据库镜像（Mirror）技术能够有效提高数据库的可用性。

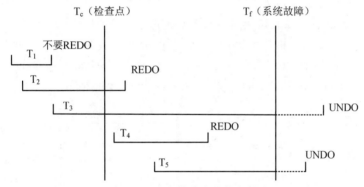

图 4-19　具有检查点的恢复策略

DBMS 自动把整个数据库或其中的关键数据复制到另一个磁盘上，并保证镜像数据与主数据库的一致性，每当主数据库更新时，DBMS 自动把更新后的数据复制过去。数据库镜像的工作过程如图 4-20 所示。

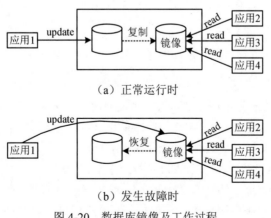

图 4-20　数据库镜像及工作过程

4.3.3　并发控制

并发操作是指在多用户系统中多用户可能同时对同一数据进行的操作。并发操作破坏了事务的隔离性从而导致数据库的数据不一致，产生的不一致主要有四类：丢失修改、读脏数据、不可重复读和读幻影。

DBMS 的并发控制子系统负责协调并发事务的执行，保证数据库的完整性不受破坏，避免用户得到不正确的数据。

4.3.3.1　事务调度

1. 事务调度的概念

调度（schedule）：指事务的执行次序。

串行调度（serialschedule）：指多个事务依次串行执行，即只有当一个事务的所有操作都执行完毕后，才执行另一个事务的所有操作。

并行调度（concurrentschedule）：指系统同时处理多个事务的执行。

（1）串行调度。设有两个事务 T0 和 T1，事务 T0 从账号 A 转 2000 元到账号 B；事务 T1 从账号 A 转 20%的款到账号 B，如图 4-21 所示。A、B 的初值为 10000 和 20000。图 4-21（a）执行结果：A=6400，B=23600；图 4-21（b）执行结果：A=6000，B=24000。

时间	T0	T1		T0	T1
t1	read(A)				read(A);
t2	A:=A -2000;				temp:=A*0.2;
t3	write(A);				A:=A -temp;
t4	read(B);				write(A);
t5	B:=B+2000;				read(B);
t6	write(B).				B:=B+temp;
t7		read(A);			write(B)
t8		temp:=A*0.2;		read(A)	
t9		A:=A -temp;		A:=A -2000;	
t10		write(A);		write(A);	
t11		read(B);		read(B);	
t12		B:=B+temp;		B:=B+2000;	
t13		write(B)		write(B).	

（a）先 T0 后 T1　　　　（b）先 T1 后 T0

图 4-21　串行调度

（2）并行调度。上述事务 T0 和 T1 的并行调度情况，如图 4-22 所示。A、B 的初值为 10000 和 20000。图 4-22（a）执行结果：A=6400，B=23600；图 4-22（b）执行结果：A=8000，B=24000。

要点：多个事务的并发执行是正确的，当且仅当其执行结果与按某一次序串行执行这些事务时的结果相同。所以，图 4-22（a）的并行调度执行结果是正确的。

2. 并发调度的不一致性

并发操作由于打破了事务的隔离性，带来的数据不一致性有四类：丢失修改、读脏数据、不可重复读、读幻影。如图 4-23 所示。

时间	T0	T1	T0	T1
t1	read(A)		read(A)	
t2	A:=A -2000;		A:=A -2000;	
t3	write(A);			read(A);
t4		read(A);		temp:=A*0.2;
t5		temp:=A*0.2;		A:=A -temp;
t6		A:=A -temp;		write(A);
t7		write (A);		read(B);
t8	read(B);		write(A);	
t9	B:=B+2000;		read(B);	
t10	write(B).		B:=B+2000;	
t11		read(B);	write(B).	
t12		B:=B+temp;		B:=B+temp;
t13		write(B)		write(B)

（a）正确的调度　　　（b）错误的调度

图 4-22　并行调度

时间	T1	T2	T1	T2	T1	T2
t1	read(A)[16]		read(A)[50]			
t2		read(A)[16]	read(B)[100]		read(C)[100]C	
t3	A=A-1		C=A+B[150]		=C*2[200]	
t4		A=A-1		read(B)[100]	write(C)[200]	
t5	write(A)[15]			B=B*2[200]		read(C)[200]
t6				write(B)[200]		…
t7		write(A)[15]	read(A)[50]			…
t8			read(B)[200]		ROLLBACK	
t9			C=A+B[250]		(C = 100)	
t10			(验算不对)			

（a）丢失修改　　　（b）不可重复读　　　（c）读脏数据

图 4-23　事务并发执行造成的数据不一致性

（1）丢失修改：前一事务的修改被后一事务覆盖，如 T1 对 A 的修改被 T2 覆盖。

（2）读脏数据：一事务读取的数据是另一事务中间修改但最后撤销的数据，如 T2 读取 T1 修改的 C 为 200，但是最终 T1 撤销修改，数据库中的 C 实际是 100，显然 T2 读取的数据就不正确了。

（3）不可重复读：一事务在对同一数据的两次读取结果不相同，因为在两次读取期间，该数据被另一事务修改。

（4）读幻影：与不可重复读类似，主要针对数据库记录的操作，一事务在同一数据集两次统计时结果不同，因为在两次统计期间，另一事务对该数据集进行了插入、删除或修改操作。

并发操作带来的数据不一致性解决方法：利用封锁技术保证事务的隔离性。

4.3.3.2 封锁

并发控制的主要技术是封锁。封锁就是事务 T 在对某个数据对象（如表、记录等）访问之前，先向系统发出请求，对其加锁。

1. 基本封锁类型

排他锁（Exclusive Locks，简记为 X 锁）：写锁。

共享锁（Share Locks，简记为 S 锁）：读锁。

进程并发操作时，加锁的相容矩阵，如图 4-24 所示。

T2 \ T1	X	S	-
X	N	N	Y
S	N	Y	Y
-	Y	Y	Y

Y=Yes，相容的请求；N=No，不相容的请求

图 4-24　锁的相容矩阵

2. 封锁机制的应用

利用封锁机制可以有效解决事务并发操作带来的数据不一致性问题，如图 4-25 所示。

解决丢失修改

T1	T2
① Xlock A	
② R(A)=16	
	Xlock A
③ A←A-1	等待
W(A)=15	等待
Commit	等待
Unlock A	等待
④	获得Xlock A
	R(A)=15
	A←A-1
⑤	W(A)=14
	Commit
	Unlock A

解决不可重复读

T1	T2
① Slock A	
Slock B	
R(A)=50	
R(B)=100	
求和=150	
②	Xlock B
	等待
	等待
	等待
③ R(A)=50	等待
R(B)=100	等待
求和=150	等待
Commit	等待
Unlock A	等待
Unlock B	等待
④	获得XlockB
	R(B)=100
	B←B*2
⑤	W(B)=200
	Commit
	Unlock B

解决读脏数据

T1	T2
① Xlock C	
R(C)=100	
C←C*2	
W(C)=200	
②	Slock C
	等待
③ ROLLBACK	等待
(C恢复为100)	等待
Unlock C	等待
④	获得Slock C
	R(C)=100
⑤	Commit C
	Unlock C

图 4-25　封锁机制解决事务并发带来的数据不一致性

注意上述封锁过程中，事务加锁的时间和类型，在下午考试题的并发问题中非常关键。

3. 三级封锁协议

三级封锁协议的内容和优缺点见表 4-4。

表 4-4　三级封锁协议的内容和优缺点

级别	内容		优点	缺点
一级封锁协议	事务在修改数据之前，必须先对该数据加 X 锁，直到事务结束时才释放	但只读数据的事务可以不加锁	防止"丢失修改"	不加锁的事务，可能"读脏数据"也可能"不可重复读"
二级封锁协议		但其他事务在读数据之前必须先加 S 锁	读完后即可释放 S 锁	防止"丢失修改"防止"读脏数据"
三级封锁协议			直到事务结束时才释放 S 锁	防止"丢失修改"防止"读脏数据"防止"不可重复读"

4. 事务隔离级别

通常，数据库系统提供了四种事务隔离级别供用户选择，用户可在存储过程、触发器中指定事务执行时的隔离级别。

（1）四种事务隔离级别。

1）Serializable（串行化）：事务串行化执行，事务只能一个接着一个地执行，而不能并发执行。

2）Repeatable Read（可重复读）：一个事务在执行过程中可以看到其他事务已经提交的新插入的记录，但是不能看到其他事务对已有记录的更新。

3）Read Commited（读已提交）：一个事务在执行过程中可以看到其他事务已经提交的新插入的记录，而且能看到其他事务已经提交的对已有记录的更新。

4）Read Uncommitted（读未提交）：事务在执行过程中可以读取其他事务没有提交的更新。

（2）隔离级别与数据一致性。不同隔离级别能够不同程度上避免事务并发执行带来的数据不一致性，见表 4-5。

表 4-5 中，"Y"表示会出现的不一致性类型；"N"表示不会出现。

表 4-5　隔离级别与数据不一致性相容矩阵

	丢失修改	读脏数据	不可重复读	读幻像影
读未提交	Y	Y	Y	Y
读已提交	N	N	Y	Y
可重复读	N	N	N	Y
串行化	N	N	N	N

（3）在 SQL 语句的应用。在存储过程、存储函数或触发器的事务处理前，可以加入如下代码，来指定事务的隔离级别。

```
SET TRANSACTION ISOLATION LEVEL Repeatable Read ;
```

上面代码表示设置事务隔离级别为"可重复读"。

4.3.3.3 活锁与死锁

封锁技术可以有效地解决并行操作的不一致性问题，但也带来一些新的问题：

（1）活锁（饿死）：指低优先级事务一直永久等待，无法执行。

（2）死锁（循环争用）：指两个或多个事务相互封锁了对方数据，出现死等待。

1．避免活锁

为了防止活锁的出现，可以采用先来先服务调度，或优先级调度。

2．解决死锁

预防死锁的策略：一次封锁法、顺序封锁法。

一次封锁协议要求每个事务必须一次将所有要使用的数据全部加锁，否则就不能继续执行。**该协议可以避免死锁的产生。**

一次封锁的缺点是降低了系统并发度，且难于事先精确地确定封锁对象。

3．死锁的诊断与解除

死锁诊断：并发控制子系统周期性地生成事务等待图，如果发现图中存在回路，则表示系统中出现了死锁，如图 4-26 所示。

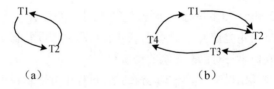

（a）　　　　　　　　　　（b）

图 4-26　死锁的事务等待图

死锁解除：系统选择一个处理代价最小的事务，将其撤消，释放其占有的资源，从而解除死锁；之后在重新执行该事务。

4.3.3.4 两段锁协议

封锁协议：运用封锁方法时，对数据对象加锁时需要约定一些规则，如何时申请封锁、持锁时长短间、何时释放封锁等。

理论上证明使用两段封锁协议（Two-Phase Locking，2PL）产生调度的是可串行化调度，能保证数据的一致性，但是不能保障不产生死锁。

在 2PL 中，事务必须分两个阶段对数据加锁或解锁：

第一阶段是获得封锁，也称为扩展阶段：事务可以申请获得任何数据项上的任何类型的锁，但是不能释放任何锁。

第二阶段是释放封锁，也称为收缩阶段：事务可以释放任何数据项上的任何类型的锁，但是不能再申请任何锁。

【例 4-5】事务 Ti 遵守两段锁协议，其封锁序列是：

Slock A   Slock B   Xlock C   Unlock B   Unlock A   Unlock C；

|←   扩展阶段   →| |←   收缩阶段   →|

事务 Tj 不遵守两段锁协议，其封锁序列是：

Slock A   Unlock A   Slock B   Xlock C   Unlock C   Unlock B；

也即，在 2PL 中，同一事务中的加锁与解锁操作不能相交叉。

4.3.3.5 封锁粒度

封锁对象的大小称为封锁粒度（Granularity）。封锁的对象包括逻辑单元或物理单元。

（1）逻辑单元：属性值、属性值集合、元组、关系、索引项、整个索引、整个数据库等。

（2）物理单元：页（数据页或索引页）、物理记录等。

封锁粒度与系统的并发度和并发控制的开销密切相关：封锁的粒度越小，并发度越高，系统开销也就越大。

4.3.4 数据库完整性

数据库的完整性（Integrity）指数据的正确性（Correctness）、有效性（Validity）、相容性（Consistency），防止错误的数据进入数据库。数据库完整性是由一组完整性规则构成的。

数据库的三类完整性如下。

（1）实体完整性：通过键保证元组的唯一性。

（2）参照完整性：通过外键保证多个实体之间的联系。

（3）用户定义完整性：通过 check 或触发器，满足用户对数据的逻辑需求。

实体完整性和参照完整性是关系模型必须满足的完整性约束条件，称为关系的两个不变性。

4.3.5 数据库安全性

数据库的安全性（Security）是指保护数据库，防止不合法的使用，避免数据的泄密、更改和破坏。数据库安全机制的设计目标是试图破坏安全性的人所花费的代价远远大于得到的利益。

4.3.5.1 安全性级别

（1）环境级：机房和设备应加以保护，防止有人进行物理破坏。

（2）用户级：正确授予用户访问数据库的权限。

（3）OS 级：防止未经授权的用户从 OS 处着手访问数据库。

（4）网络级：保证网络安全性，防止非法用户通过网络访问数据库。

（5）DBS 级：检查用户的身份是否合法，即应用程序级。

4.3.5.2 授权

利用授权机制，数据库用户可以将相关权限赋予其他用户，或收回赋予的权限。

（1）SQL 授权语句：GRANT（授予）、REVOKE（回收）。

（2）关系数据库系统中存取控制对象，相关知识参看"权限管理"部分。

（3）授权粒度：指可以授权的数据对象的范围。粒度越细，授权子系统越灵活，但系统定义与检查权限的开销也会相应增大。

4.3.5.3 数据库角色

数据库角色是被命名的一组权限的集合。可以为一组具有相同权限的用户创建一个角色。数据库角色授权的基本步骤：

（1）角色的创建。

（2）给角色授权。

（3）将一个角色授予其他的角色或用户。

（4）角色权限的收回。

4.3.5.4 视图机制

利用视图把需要保密的数据对用户隐藏起来，从而对数据提供一定程度的安全保护。

【例 4-6】建立计算机系学生的视图。

（1）建立计算机系学生的视图 CS_Student：

    CREATE VIEW CS_Student

    AS

    SELECT * FROM Student WHERE Sdept='CS'

（2）在视图上进一步定义存取权限：

    GRANT SELECT ON CS_Student TO U1

4.3.5.5 审计

审计日志（Audit Log）通常记录用户对数据库的所有操作。DBA 利用审计日志可以找出非法存取数据的人、时间和内容。

4.3.5.6 数据加密

为了更好地保证数据库的安全性，可用密码技术对口令和数据加密，防止数据传输途中遭到非法截取。常见的加密算法有：对称加密法、公钥加密法（详情参考"计算机系统基础知识"部分）。

4.3.5.7 统计数据库的安全性

统计数据库是指仅向公众提供统计、汇总信息，而不提供单个记录的明细内容的数据库系统。为避免用户从统计数据库中推导出记录具体信息，可采用一些访问规则：

（1）规则 1：任何查询至少要涉及 N（N 足够大）个以上的记录。

（2）规则 2：任意两个查询的相交数据项不能超过 M 个。

（3）规则 3：任一用户的查询次数不能超过 $1+(N-2)/M$。

4.3.6 本学时要点总结

数据库的控制主要通过 4 个方面实现：数据库的恢复、并发控制、完整性控制和安全性控制。

事务的 ACID 特性：原子性、一致性、隔离性、持久性。

事务的状态：活动状态、部分提交状态、失败状态、中止状态、提交状态。

故障的种类及其恢复：事务内部故障、系统故障、介质故障、计算机病毒。

具有检查点（checkpoint）的恢复技术：检查点记录、重新开始文件。

数据库镜像事务的调度：串行调度、并行调度。

并发操作破坏了事务的隔离性导致数据库数据的不一致性，主要有四类：丢失修改、读脏数据、不可重复读、读幻影。

并发控制的主要技术是封锁：排他锁（X 锁）、共享锁（S 锁）。

三级封锁协议：掌握不同级别能避免数据的哪种不一致性。

死锁检测：事务等待图。

一次性封锁协议、两段封锁协议、封锁粒度。

数据库的安全性（Security）：保护数据库，防止不合法的使用，以免数据的泄密、更改或破坏。

安全性级别：①环境级；②用户级；③OS 级；④网络级；⑤DBS 级。

数据库安全性策略：授权、数据库角色、视图机制、审计、数据加密、统计数据库的安全性。

第 4 学时　事务管理模拟习题

1. 事务（Transaction）是一个（　　）。

　　A．程序　　　　　　B．进程　　　　　　C．操作序列　　　D．完整性规则

2. 事务对 DB 的修改，应该在数据库中留下痕迹，永不消逝。这个性质称为事务的（　　）。

　　A．持久性　　　　　B．隔离性　　　　　C．一致性　　　　D．原子性

3. 事务的并发执行不会破坏 DB 的完整性，这个性质称为事务的（　　）。

　　A．持久性　　　　　B．隔离性　　　　　C．一致性　　　　D．原子性

4. 数据库恢复的重要依据是（　　）。

　　A．DBA　　　　　　B．DD　　　　　　　C．文档　　　　　D．事务日志

5. 后备副本的主要用途是（　　）。

　　A．数据转储　　　　B．历史档案　　　　C．故障恢复　　　D．安全性控制

6. "日志"文件用于保存（　　）。

　　A．程序运行过程　　B．数据操作　　　　C．程序执行结果　D．对数据库的更新操作

7. 在 DB 恢复时，对已经 COMMIT 但更新未写入磁盘的事务执行（　　）。

　　A．REDO 处理　　　B．UNDO 处理　　　C．ABORT 处理　　D．ROLLBACK 处理

8. 在 DB 恢复时，对尚未做完的事务执行（　　）。

　　A．REDO 处理　　　B．UNDO 处理　　　C．ABORT 处理　　D．ROLLBACK 处理

9. 在 DB 技术中，"脏数据"是指（　　）。

　　A．未回退的数据　　　　　　　　　　　B．未提交的数据

　　C．回退的数据　　　　　　　　　　　　D．未提交随后又被撤销的数据

10. 事务的执行次序称为（　　）。

　　A．过程　　　　　　B．步骤　　　　　　C．调度　　　　　D．优先级

11. 在事务等待图中，如果两个事务的等待关系形成一个循环，那么就会（　　）。

    A．出现活锁现象　　　B．出现死锁现象　　　C．事务执行成功　D．事务执行失败

12. "所有事务都是两段式"与"事务的并发调度是可串行化"两者之间的关系是（　　）。

    A．同时成立与不成立　　　　　　　　　B．没有必要的联系

    C．前者蕴含后者　　　　　　　　　　　D．后者蕴含前者

13. 事务的 ACID 性质中，关于原子性（Atomicity）的描述正确的是（　　）。

    A．指数据库的内容不出现矛盾的状态

    B．若事务正常结束，即使发生故障，更新结果也不会从数据库中消失

    C．事务中的所有操作要么都执行，要么都不执行

    D．若多个事务同时进行，与顺序实现的处理结果是一致的

14. 关于事务的故障与恢复，下列描述正确的是（　　）。

    A．事务日志是用来记录事务执行的频度

    B．采用增量备份，数据的恢复可以不使用事务日志文件

    C．系统故障的恢复只需进行重做（REDO）操作

    D．对日志文件设立检查点的目的是为了提高故障恢复的效率

15. 一级封锁协议解决了事务的并发操作带来的（　　）不一致性的问题。

    A．数据丢失修改　　　B．数据不可重复读　C．读脏数据　　　　D．数据重复修改

16. （　　）能保证不产生死锁。

    A．两段锁协议　　　　B．一次封锁法　　　C．2 级封锁法协议　D．3 级封锁协议

17. （　　），数据库处于一致性状态。

    A．采用静态副本恢复后　　　　　　　　B．事务执行过程中

    C．突然断电后　　　　　　　　　　　　D．缓冲区数据写入数据库后

18. 一个事务执行过程中，其正在访问的数据被其他事务所修改，导致处理结果不正确，这是由于违背了事务的（　　）而引起的。

    A．原子性　　　　　　B．一致性　　　　　C．隔离性　　　　　D．持久性

19. 数据库系统设计员可通过外模式、概念模式和内模式来描述　(1)　次上的数据特性；数据库的视图、基本表和存储文件的结构分别对应　(2)　；数据的物理独立性和数据的逻辑独立性是分别通过修改　(3)　的映像来保证的。

    （1）A．视图层、逻辑层和物理层　　　　B．逻辑层、视图层和物理层

    　　　C．物理层、视图层和逻辑层　　　　D．物理层、逻辑层和视图层

    （2）A．模式、内模式、外模式　　　　　B．外模式、模式、内模式

    　　　C．模式、外模式、内模式　　　　　D．外模式、内模式、模式

    （3）A．外模式/模式和模式/内模式　　　B．外模式/内模式和外模式/模式

    　　　C．模式/内模式和外模式/模式　　　D．外模式/内模式和模式/内模式

20. 设计关系模式时，派生属性不会作为关系中的属性来存储。员工（工号，姓名，性别，出

生日期，年龄，家庭地址）关系中，派生属性是__(1)__；复合属性是__(2)__。

(1) A. 姓名　　　　　B. 性别　　　　　C. 出生日期　　　　D. 年龄

(2) A. 工号　　　　　B. 姓名　　　　　C. 家庭地址　　　　D. 出生日期

21. 数据模型的三要素包括（　　）。

　　A. 外模式、模式、内模式　　　　　　B. 网状模型、层次模型、关系模型

　　C. 实体、联系、属性　　　　　　　　D. 数据结构、数据操纵、完整性约束

22. 通过重建视图能够实现（　　）。

　　A. 数据的逻辑独立性　　　　　　　　B. 数据的物理独立性

　　C. 程序的逻辑独立性　　　　　　　　D. 程序的物理独立性

23. 在数据库系统中，数据完整性约束的建立需要通过数据库管理系统提供的数据（　　）语言来实现。

　　A. 定义　　　　　B. 操作　　　　　C. 查询　　　　　D. 控制

24. 不能用做数据完整性约束实现技术的是（　　）。

　　A. 实体完整性约束　　B. 触发器　　　　C. 参照完整性约束　　D. 视图

参考答案：

1～5	CABDC	6～10	DABDC	11～15	BCCDA	16～18	AAC
19	ABC	20	DC	21-24	DAAD		

第 5 学时　数据库发展和新技术

本学时考点

（1）分布式数据库：分布式数据库的体系结构、基本特征和含义、分布式事务管理、分布式事务（2PC 和 3PC）提交协议。

（2）Web 技术与数据库。

（3）XML 技术及在数据库中的使用。

（4）OODBS、ERP、DSS、DW、DM 相关概念及特点。

（5）非关系型数据库 NoSQL 及其应用。

4.5.1　分布式数据库

随着数据库应用的不断发展，规模的不断扩大，传统数据库系统必须适应新技术的发展从而满足应用的需求。本部分主要对数据库最近二十年内的新发展和新技术进行了比较全面的叙述。

4.5.1.1　分布式数据库基本概念

分布式数据库系统（Distributed Database System，DDBS）是指物理上分散、逻辑上集中的数

据库系统,系统中的数据分布存放在计算机网络中不同场地的计算机中,每一场地都有自治处理(即独立处理)能力并能完成局部应用,同时每一场地也参与(至少一种)全局应用,程序通过网络通信子系统执行全局应用。

1. 分布式数据库的系统组成

分布式数据库系统由两个重要的部分组成,如图 4-27 所示。

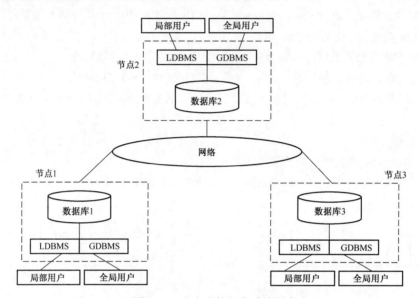

图 4-27　分布式数据库系统组成

(1)分布式数据库(DDB)。

(2)分布式数据库管理系统(DDBMS),又分为:

1)局部数据库管理系统(Local Database Management System,LDBMS)。

2)全局数据库管理系统(Global Database Management System,GDBMS)。

2. 分布式数据库系统的基本特点

(1)物理分布性:数据不是存储在一个场地(计算机)上,而是存储在计算机网络中的多个场地上。

(2)逻辑相关性:数据物理分布在各个场地,但逻辑上是一个整体,被所有用户共享,用一个分布式数据库管理系统来统一管理。

(3)场地自治性:各场地上的数据由本地的 DBMS 管理,具有自治处理能力,完成本场地应用(即局部应用)。

(4)场地透明性:使用分布式数据库中的数据时,用户不必指明数据所在的位置。

3. 分布式 DBS 与集中式 DBS 比较

分布式 DBS 与集中式 DBS 相比较有如下优、缺点:

(1)优点:有灵活的体系结构;分布式的管理和控制机构;经济性能优越;系统的可靠性高、

可用性好；局部应用的响应速度快；可扩展性好，易于集成现有的系统。

（2）缺点：系统开销较大，需要处理通信任务；存取结构复杂；数据安全性和保密性较难处理。

4．分布式数据库管理系统的分类

（1）同构同质型 DDBS。

（2）同构异质型 DDBS。

（3）异构型 DDBS。

构：指数据模型，如关系、网状、层次模型等。

质：指数据库管理系统（DBMS），如 Oracle、MySQL 等。

4.5.1.2　分布式数据库的体系结构

1．DDB 的体系结构

分布式数据库内部体系结构由 6 层构成，如图 4-28 所示。

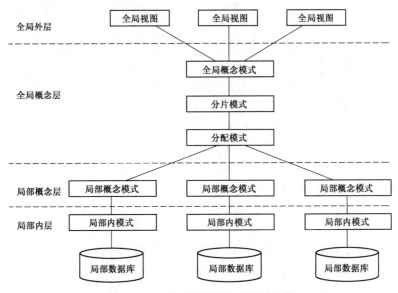

图 4-28　分布式数据库内部体系结构

（1）全局外层：全局应用的用户视图，全局概念模式的子集。

（2）全局概念模式：全局数据的逻辑结构。

（3）分片模式：全局概念模式从逻辑上可划分为若干不相交的片段，称为数据分片。

（4）分配模式：根据数据分配策略来定义每个分片的物理存放地。

（5）局部概念层：某场地上所有全局概念模式在该场地上映像的集合。

（6）局部内层：描述数据在局部场地上的物理存储结构。

结构从整体上可以分成两大部分：下面 2 层是集中式数据库原有的模式结构，代表各个场地局部 DBS 的结构；上面 4 层是 DDBS 增加的结构。

2. DDB 的分布透明性

DDB 的 6 层模式结构之间存在着 5 级映像，其中最上面一级映像（映像 1）和最下面一级映像（映像 5）体现了类似于集中式数据库的逻辑独立性和物理独立性。在 DDBS 中，用透明性表示数据独立性。分片透明性、位置透明性、局部数据模型透明性合起来称为"分布透明性"，如图 4-29 所示。

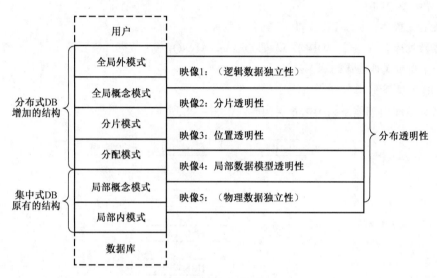

图 4-29　分布透明性

（1）分片透明性：最高层次的分布透明性，用户编写程序只须对全局关系进行操作，不必考虑数据的分片与存储场地。

（2）位置透明性：位于分片模式和分配模式之间，用户编写程序时，不必指出片段的存储场地。

（3）局部数据模型透明性：用户编写程序时，不必指出场地上使用的是何种数据模型。

透明性越高，则数据独立性越好，越利于应用程序的开发和用户访问，但系统效率越低。

3. 数据分片

分布式数据库中数据存储可以从数据分片（Data Fragmentation）和数据分配（Data Allocation）两个角度考察。

DDBS 中的数据可以被分割和复制在网络场地的各个物理数据库中。数据存放的单位不是关系而是分段（Fragment），一个分段是全局概念模式中的某个逻辑部分，也有利于控制数据的冗余度。

（1）数据分片的 4 种形式：

1）水平分片：把全局关系的所有元组划分成若干不相交的子集。

2）垂直分片：把全局关系的属性集分成若干子集，每个属性至少映射到一个垂直分片中，并包含主键。

3）导出分片：又称为导出水平分片，即水平分片的条件不是本关系属性的条件，而是其他关系属性的条件。

4）混合分片：综合以上 3 种分片方式。

（2）定义分片时必须遵守的 3 个条件：

1）完备性条件：必须把全局关系的所有数据映射到片段中，决不允许有属于全局关系的数据却不属于它的任何一个片段。

2）可重构条件：必须保证能够由同一个全局关系的各个片段来重建该全局关系。对于水平分片可用并操作重构全局关系；对于垂直分片可用连接操作重构全局关系。

3）不相交条件：要求一个全局关系被分割后所得到的各个数据片段互不重叠，但对垂直分片的主键除外（用于实现连接运算）。

如定义关系 S(SNO,SNAME,AGE,SEX) 的两个水平分片：

DEFINE FRAGMENT SHF1 AS SELECT * FROM S WHERE SEX='M';

DEFINE FRAGMENT SHF2 AS SELECT * FROM S WHERE SEX='F';

4．数据分配（数据分布）

数据分配是指如何将数据分片分配到在计算机网络各场地上。

4 种数据分配策略如下：

（1）集中式：所有的数据分段都分配在同一个场地上。

（2）分割式：所有数据只有一份，它被分割成若干逻辑分段，每个逻辑分段被指派在一个特定的场地上。

（3）全复制式：数据在每个场地重复存储，也就是每个场地上都有一个完整的数据副本。

（4）混合式：这是一种介于分割式和全复制式之间的分配方式。

4.5.1.3　分布式数据库的管理

1．分布式数据库的查询优化

$$QC= CPU 代价+I/O 代价+通信代价$$

在 DDBS 中查询优化的首要目标是使该查询在执行时其通信代价最小。

（1）处理不同场地间数据的联接操作，有两种方法：

1）基于半联接优化策略（自然联接+投影）：网络中只传输参与联接的数据。

2）基于联接优化策略：完全在连接的基础上考虑查询处理。

（2）联接处理策略的选择。

1）如果传输费用是主要的，那么采用半联接策略比较有利。

2）如果局部处理费用是主要的，则采用联接方案比较有利。

2．分布事务管理

分布式数据库系统中，把一个分布式事务看成是由若干个不同站点上的子事务组成。分布式事务一样具有 ACID 特性。

分布式事务与集中式事务相区别的特性：

（1）执行特性：需要创建一个控制进程，来协调各个子事务之间的执行。

（2）操作特性：分布式事务中加入大量的通信原语，负责协调各个子事务之间数据传送、进度协调等。

（3）控制报文：分布式数据库系统中，除了数据报文要进行传输外，网络中各个场地之间的大量控制报文也需要传输。

3. 分布式数据库的故障

分布式数据库的故障，如图 4-30 所示。

（1）介质故障：存放数据的介质发生的故障，如磁带，磁盘的损坏等。

（2）系统故障：CPU 错、死循环、缓冲区满、系统崩溃等。

（3）事务故障：计算溢出、完整性被破坏、操作员干预、输入输出错等。

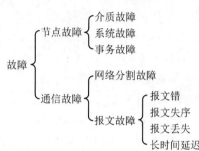

图 4-30　分布式数据库的故障

（4）网络分割故障：系统中部分节点和其他节点完全失去了联系，两组节点无法通信。

（5）报文故障：收到的报文格式或数据错误、报文先后次序不正确、丢失了部分报文和长时间收不到报文。

4. 两阶段提交协议（2PC）

两阶段提交协议（2PC）是一种分布式事务提交方法，它把本地原子性提交行为的效果扩展到分布式事务中，保证了分布式事务提交的原子性，提高了分布式数据库系统的可靠性，2PC 提交示意图，如图 4-31 所示。

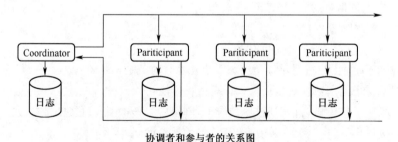

协调者和参与者的关系图

图 4-31　两阶段提交协议（2PC）

（1）2PC 把事务的提交过程分为两个阶段。

1）表决阶段：协调者发送"准备提交"指令，所有参与者进行表决，具有一票否决权。

2）执行阶段：根据协调者的指令，参与者提交或者撤消事务，并给协调者发送确认消息。

（2）全局提交规则。

1）只要有一个参与者撤消事务，协调者就必须做出全局撤消决定。

2）只有所有参与者都同意提交事务，协调者才能做出全局提交决定。

5. 三阶段提交协议（3PC）

事务在提交时可能阻塞，从而降低了事务的可用性。三阶段提交协议（3PC）是在 2PC 基础上增加了全局预提交和准备就绪两个报文，可以确认所有参与者的状态，减少了阻塞。

3PC 三阶段提交协议：

（1）第一阶段：协调者向所有的参与者发"准备提交"报文，只有所有参与者都投票"建议提交"，才进入第二阶段。

（2）第二阶段：协调者向所有的参与者发"全局预提交"报文，只有所有参与者都投票"准备就绪"，才进入第三阶段。

（3）第三阶段：协调者向所有的参与者发"全局提交"报文，所有参与者一起提交。

4.5.2　Web 与数据库

4.5.2.1　Web 应用简介

随着计算机网络和 Internet 技术的不断发展，基于 WWW 的 Web 应用在全球范围内不断地改变着人们的生活方式、企业的经营模式、社会各部门的工作方式。

Web 应用如下所示：

（1）新闻娱乐网站：信息发布、视频点播、音乐点播、博客、论坛系统、聊天系统、在线游戏等。

（2）电子商务与电子政务系统：在线购物系统、政府网站、公文交换系统等。

（3）应用系统：收费系统、网上银行、Web 监控等。

（4）搜索引擎：百度、谷歌、搜狗等。

4.5.2.2　Web 应用系统及其工作原理

Web 应用系统采用客户机/服务器技术，以可靠的 TCP 连接，由 HTTP 协议实现。服务器称为 WWW 服务器（或 Web 服务器），客户机称为浏览器（Browser），即 B/S 模式，体系结构如图 4-32 所示。

图 4-32　Web 应用系统及其工作原理

WWW 服务器和浏览器之间通过 HTTP 协议（Hyper Text Transfer Protocol）传递信息，信息用超文本标记语言（Hyper Text Markup Language，HTML）编写，浏览器对 HTML 解释执行。

4.5.2.3　Web 应用系统体系结构

Web 应用系统体系结构如图 4-33 所示。

（1）浏览器：用于在客户端对获取的 HTML 文档进行解释，或获取用户输入，常见的浏览器有 IE、Google Chrome、FireFox、腾讯、360 等。

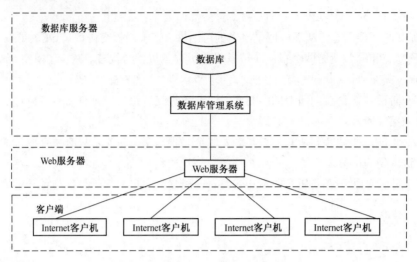

图 4-33 Web 应用系统体系结构

（2）Web 服务器：用于对外提供 WWW 服务，常见的服务器有 IIS，TOMCAT，APACH 等。

（3）动态网页开发技术：用于开发交互式的 Web 应用系统，常用动态网页开发技术有 CGI、ASP、ASP.NET、PHP、JSP 等。

（4）数据库访问接口（数据库访问引擎）：用于在程序设计语言中提供数据库访问的统一接口，常用数据库访问接口有 ODBC、DAO、ADO、JDBC 等，如图 4-34 所示的 ADO 对象模型。

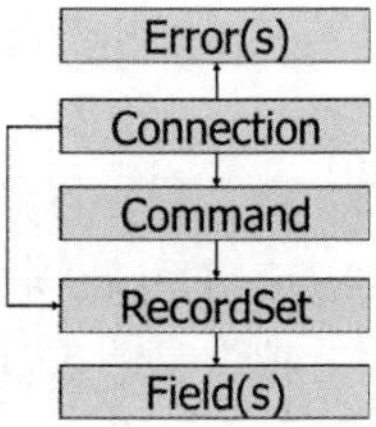

4.5.2.4 ASP 应用

1．ASP 简介

图 4-34 ADO 对象模型

ASP（Active Server Page）活动服务页，由微软 1997 年 10 月开发推出，其体系结构如图 4-35 所示。

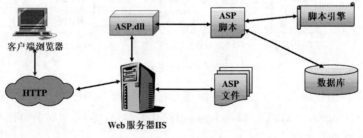

图 4-35 ASP 工作原理

ASP 可以实现以下功能：

（1）访问服务器端的文件系统。

（2）连接数据库并开发基于数据库的应用。

（3）在应用中嵌入 Active X，COM 组件和 Java Applet。

2．ASP 的特点

（1）全嵌入 HTML，与 HTML、Script 语言完美结合。

（2）无须手动编译（Compling）或链接程序，可在服务器端直接执行。

（3）面向对象（Object Oriented），并可扩展 ActiveX Server 组件功能。

（4）能与任何 ActiveX Scripting 语言相容，可使用 plug-in 第三方脚本语言。

（5）可使用服务器端的脚本来产生客户端的脚本。

（6）存取数据库轻松容易（使用 ADO 组件）。

（7）可使用任何语言编写自己的 ActiveX Server 组件。

（8）无浏览器兼容问题。

（9）程序代码隐蔽，在客户端仅可看到由 ASP 输出的动态 HTML 文件。

3．ASP 内置对象

ASP 对象是 ASP 应用开发的强大工具。ASP 有 7 个对象（Request、Response、Session、Application、Server、Asperror、Objectcontext）能完成 Web 应用的基本功能。

4.5.3　XML 与数据库

可扩展标记语言（Extensible Markup Language，XML）是 W3C 在 1996 年设计的一种超越 HTML 能力范围的新语言。

4.5.3.1　XML 优点

（1）可扩充性：XML 中数据标签不是固定的，用户可以根据需要定义自己的标签。

（2）灵活性：XML 利用数据描述标签和文档类型定义的规则集，将数据与其表示分开，使得 XML 中的数据可以用多种形式表示，重用性比较高。

（3）自描述性：XML 文档有文档类型说明，人和计算机都能够读懂。

（4）环境无关性：XML 文档不依赖具体的计算机环境，可以有效地在异构系统之间进行数据交换。

4.5.3.2　XML 在数据库中的应用

当前 XML 在数据库技术的主要运用是作为异构数据库间数据迁移交换的工具。

数据交换需注意的要点：

XML 作为一种文件的格式，会受到存储的种种限制，其面临的主要限制有大小、并发性、工具选择、安全和综合性等。为了利用 XML 在数据库之间传输数据，需要在文档结构和数据库结构之间进行相互映射，映射一般有两种方式：模板驱动和模型驱动。

（1）模板驱动映射。在以模板驱动的映射中，没有预先定义文档结构和数据库结构之间的映射关系，而是使用将命令语句（如 SQL 语句）内嵌入模板的方法，让数据传输中间件来处理该模板，如图 4-36 所示。

```
<? xml version = "1.0" ?>
<FlightInfo>
<Intro> The following flights have available seats: </Intro>
<SelectStmt>SELECT Airline, FltNumber, Depart, Arrive FROM Flights
</SelectStmt>
<Conclude> We hope one of these meets your needs </Conclude>
```

图 4-36　模板驱动映射

（2）模型驱动映射。利用 XML 文档结构对应的数据模型显式或隐式地映射成数据库的结构，反之亦然。模型驱动映射的缺点是灵活性不够，但是简单易用。模型驱动映射有两种模型：表格模型和特定数据对象模型。

表格模型是用得最多的映射模型，如图 4-37 所示。

4.5.4　ODBS 与 ORDB 数据库

随着面向对象程序设计技术等计算机新技术的发展，出现了新的数据形式，如多媒体数据、空间数据、时态数据、复合数据等；同时，传统数据库的数据结构比较简单，不能支持新的数据类型和嵌套、递归的数据结构，因此，出现了面向对象数据库系统。数据库技术的发展如图 4-38 所示。

图 4-37　模型驱动映射

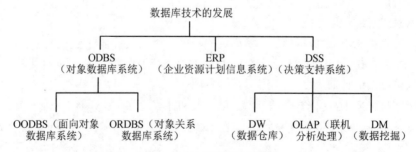

图 4-38　数据库技术的发展

4.5.4.1　面向对象数据库的数据类型

面向对象技术中，数据类型系统由基本类型、复合类型和引用类型组成。

1. 基本类型

基本数据类型包括整型、浮点型、字符、字符串、布尔型和枚举型。

2. 复合类型

（1）行类型：不同类型元素的有序集合，也称为元组类型。例如日期可以由日、月、年 3 部分组成（1，October，2001）。

（2）数组类型：相同类型元素的有序集合。例如省名数组 [贵州，湖南，…]。

（3）列表（List）类型：相同类型元素的有序集合，允许重复，例如{70, 80, 80, 90}。

（4）包类型：相同类型元素的无序集合，允许重复。例如成绩集{80, 90, 70, 80, 80}。

（5）集合类型：相同类型元素的无序集合，元素必须不同，例如学号{001, 002, …}。

注意：数组、列表、包、集合统称为汇集（Collection）类型或批量（Bulk）类型。

4.5.4.2　面向对象数据库（OODB）

数据库技术与面向对象程序设计方法相结合形成了面向对象数据库系统（Object Oriented Database System，OODBS）。

1. OODB 基本概念

面向对象数据模型的 5 个基本概念：对象、类、继承性、对象标识和对象嵌套。

（1）对象：将客观世界中的实体抽象为问题空间中的对象。对象由 3 部分构成：属性、方法、消息。例如日期可以由日、月、年 3 部分组成（1, October, 2001）。

（2）类：一系列相似对象的集合，对应于 E-R 模型中的实体集概念，每个对象称为类的实例。

（3）继承性：继承性允许不同类的对象共享他们公共部分的结构和特性，包括单继承性和多重继承性两种形式，如图 4-39 所示。

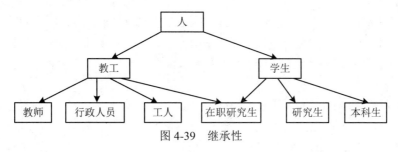

图 4-39　继承性

（4）对象标识：OID 来标识对象，且具有永久持久性。OID 是唯一的，在生存期间，标识不能改变。

（5）对象嵌套：一个对象的属性可以是一个对象，形成了嵌套关系；属性也是对象的对象称为复杂对象，如图 4-40 所示。

图 4-40　对象嵌套

2. OODB 语言

面向对象数据库语言用于描述面向对象数据库的模式，说明并操纵类定义与对象实例。必须支持 ODMG（对象数据库管理组织）制定的标准，基本功能有：

（1）类的定义和操纵。

（2）操作/方法的定义。

（3）对象的操纵。

4.5.4.3　对象关系数据库（ORDB）

1. ORDB 产生背景

从关系模型、嵌套关系模型、复合对象模型到对象关系模型，如图 4-41 所示。

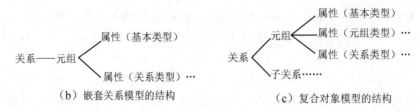

图 4-41　对象关系模型

嵌套关系模型和复合对象模型的一个明显弱点是它们无法表达递归的结构，类型定义不允许递归。

对象关系数据模型在传统的关系数据模型基础上，提供元组、数组、集合一类丰富的数据类型，同时提供了处理新的数据类型操作的能力，并且具有继承性和对象标识等面向对象特性。

2. ORDB 数据类型的定义

（1）对象行值的表示：（值 1，值 2，…，值 n）。

（2）数组值的表示：array[值 1，值 2，…，值 n]。

（3）列表值的表示：list（值 1，值 2，…，值 n）。

（4）多集值的表示：multiset（值 1，值 2，…，值 n）。

（5）集合值的表示：set（值 1，值 2，…，值 n）。

3. 继承性的定义

（1）类型级的继承性。继承的定义用 UNDER 来完成。下例中，首先定义了 Person 类型，然后利用继承方式定义了 student 类型和 teacher 类型，而定义的 TeachingAssistant 类型同时继承了 student 类型和 teacher 类型。

```
CREATE  TYPE  Person(name varchar(10),          CREATE  TYPE  Student UNDER  Person
              social_number char(18));                    (degree  varchar(10),
                                                          department  varchar(20));


create type Teacher
    under Person
    (salary integer,
    department varchar(20))

CREATE  TYPE  TeachingAssistant UNDER Student, Teacher;
```

（2）表级的继承性。表的继承定义方式与类型的继承方式类似，如下例所示。

```
CREATE  TABLE  people OF Person                    CREATE  TABLE  students OF Student
                                                                    UNDER  people;
CREATE  TABLE  teaching_assistants of TeachingAssistant
              UNDER students, teachers;
```

由上可知，继承的关键字为"UNDER"。

4. 引用类型的定义

数据类型可以嵌套定义，但要实现递归，就要采用 "引用"类型。

（1）类型引用。类型的引用使用关键字"ref"。下面示例中，首先定义了 Person 类型，在定义 University 类型时，其引用了 Faculty 类型来定义 President 属性。

```
CREATE  TYPE  Person (name  varchar (10),
                      social_number  char (18));
CREATE  TYPE  University (uno  char (10),
                          uname  varchar (20),
                          city  varchar (20),
                          president  ref (Faculty),
                          staff  setof (ref (Faculty)),
                          edit  setof (ref (Coursetext)));
```

（2）表引用。表的引用使用关键字"WITH OPTIONS SCOPE"。下面示例中，首先定义了 People 表，在定义 Universities 表时，其引用了 Faculties 表来定义 President 属性取值范围。

```
CREATE  TABLE  people OF Person
CREATE  TABLE  universities OF University
              (president WITH OPTIONS SCOPE faculties,
               staff WITH OPTIONS SCOPE faculties,
               edit WITH OPTIONS SCOPE coursetexts);
```

由上可知，引用的关键字为"ref"。

5. ORDB 与 OODB 的比较

各种 DBS 的优缺点概括如下：

（1）关系系统：数据类型简单，查询语言功能强大，高保护性。

（2）OODBS：支持复合数据类型，与程序设计语言集成一体化、高性能。

（3）ORDBS：支持复合数据类型，查询语言功能强大，高保护性。

4.5.5　DW、DM、ERP 与 DSS

4.5.5.1　企业资源计划

企业资源计划（Enterprise Resource Planning，ERP）是指建立在信息技术的基础上，以系统化的管理思想，为企业决策层及员工提供决策运行手段的管理平台。

1. ERP 的发展历史

从 20 世纪 60 年代开始，制造业的信息计划与管理经历了 4 个阶段：基本 MRP、闭环 MRP、MRPⅡ 和 ERP。

（1）基本 MRP：又称物料需求计划，目标是围绕所要生产的产品，在正确的时间、地点，按照规定的数量得到真正需要的物料，通过按照各种物料真正需要的时间来确定订货与生产日期，以避免造成库存积压。

（2）闭环 MRP：在基本 MRP 的基础上，还将生产能力需求计划（CCRP）、车间作业计划和采购作业计划也全部纳入 MRP，从而形成一个环形回路。

（3）MRPⅡ：MRPⅡ围绕企业的基本经营目标，以生产计划为主线，对企业制造的各种资源进行统一计划和控制，使企业的物流、信息流和资金流畅通无阻，同时也实现了动态反馈。

2．ERP 的特点

ERP 总体思路是把握一个中心、两类业务和三条干线。

（1）一个中心：盈利。

（2）企业主要有两类业务：计划与执行。

（3）ERP 设计的三条干线：供需链管理、生产管理、财务管理。

4.5.5.2　数据仓库

企业内的各级人员都希望能够快速、交互、方便有效地从大量杂乱无章的数据中获取有意义的信息，决策者希望能够利用现有数据指导企业决策和发展企业，活动竞争优势。

1．DW 的特征

数据仓库（DataWarehouse，DW）是建立决策支持系统的重要技术手段，是建立决策支持系统的基础。数据仓库的数据具有 4 个基本特征：面向主题的、集成的、不可更新的、随时间不断变化。

（1）面向主题：传统数据库是针对特定应用而设计的，是面向应用的；而 DW 中的数据是面向某一分析主题，而进行组织的。

（2）集成性：数据进入 DW 之前，必须经过加工与集成。

（3）不可更新：DW 中包括了大量的历史数据，数据主要用于查询和分析，极少或根本不更新。

（4）随时间不断变化：DW 中的数据随着时间的增加不断增加、变化。

2．DW 的物理设计

DW 的物理设计包括两方面：粒度和分割。

（1）粒度：在 DW 数据单位中，保存数据的详细程度和级别，称为"粒度"（Granularity）。数据越详细，粒度越小，级别越低；数据综合度越高，粒度越大，级别越高。

（2）分割：数据分割（Partition）是指把逻辑统一的数据分割成较小的、可以独立管理的物理单元。

3．DW 脏数据及休眠数据

（1）DW 的脏数据：脏数据是在数据源中抽取、转换和装载到 DW 的过程中出现的多余数据和无用数据。

（2）DW 的休眠数据：指当前不使用，将来也很少使用或不使用的数据。

删除休眠数据的方法：

1）直接删除法：直接删除较长时间用户不访问的数据。

2）归档存储法：将已确定的休眠数据归档存入一个大容量的存储媒介中，例如磁带。

3）邻线（Near Line）存储法：邻线存储作为存储大量数据的廉价、可扩展的方式，是将邻线存储设备（如磁带、光盘等）直接连接到服务器，可以在人为干预下，实现相关数据的在线访问。

4．DW 存储的多维数据模型

DW 一般是基于多维数据模型（Multidimensional Data Model）构建的。多维模型将数据看成数据立方体（Data Cube）形式，由维和事实构成。

（1）维：人们观察主题的特定角度，每一个维分别用一个表来描述，称为"维表"。

（2）事实：表示所关注的主题，由表来描述，称为"事实表"，特点是包含数值数据（事实）。

如图 4-42 所示是每天各城市销售商品的数据组织起来的三维数据立方体。每个单元（小立方体）包含一个特定日期、特定城市、销售特定商品的销售额数据。

DW 常见多维数据模型分为：星型模式、雪花模式和事实星座模式。

5．DW 的数据转移

DW 中的数据是集成了各种异构数据源中的数据形成的。DB 在集成到 DW 时，还必须经过抽取、转换、装载的过程，即 ETL 过程。

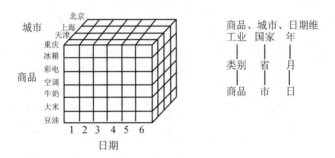

图 4-42　DW 的多维数据模型

DW 数据转移分为以下 4 种：

（1）简单转移：数据处理一次只针对一个字段，而不考虑相关字段的值。

（2）清洗：清洗的目的是保证前后一致地格式化和使用某一字段或相关的字段群。

（3）集成：将业务数据从一个或几个来源中取出，并逐字段地将数据映射到数据仓库的新数据结构上。

（4）聚集和概括：是把业务环境中找到的零星数据压缩成仓库环境中的较少数据块。

6．DB 与 DW 的区别和比较

DB 与 DW 的区别和比较见表 4-6。

表 4-6　DB 与 DW 的特点比较

DB 数据	DW 数据
操作型数据	分析型数据
细节的	综合的或提炼的

DB 数据	DW 数据
在存取时准确的	代表过去的数据
可更新的	不可更新的
操作需求事先可知道	操作需求事先不知道
事务驱动	分析驱动
面向应用	面向分析
一次操作数据量小	一次操作数据量大
支持日常工作	支持决策工作
DB 规模为 100MB 至 GB 级数量级	100GB 至 TB 级数量级

4.5.5.3　OLAP 与 OLTP

联机事务处理 OLTP（On-LineTransaction Processing）：以简单的、原始的、可重复使用的、例行短事务为主的传统 DB 操作。

联机分析处理 OLAP（On-Line Analytical Processing）：以大量的、总结性的、与历史有关的、涉及面广的、以分析为主的操作。OLAP 基本的数据分析方法包括：切片、切块、钻取、旋转等。

OLTP 与 OLAP 对比见表 4-7。

表 4-7　OLTP 与 OLAP 特点比较

OLTP	OLAP
数据库原始数据	数据库导出数据或数据仓库数据
细节性数据	综合性数据
当前数据	历史数据
经常更新	不可更新，但周期性刷新
一次性处理的数据量小	一次性处理的数据量大
响应时间要求高	响应时间合理
用户数量小	用户数量相对较小
面向操作人员，支持日常操作	面向决策人员、支持管理需要
面向应用，事务驱动	面向分析、分析驱动

4.5.5.4　数据挖掘（DM）

数据挖掘（Data Mining，DM）是将"机器学习"应用于大型数据库和数据仓库，从大量、不完全、有噪声、模糊和随机的实际应用数据中提取隐含在其中的、事先不为人知的、但又是潜在有用的信息和知识的过程，如图 4-43 所示。

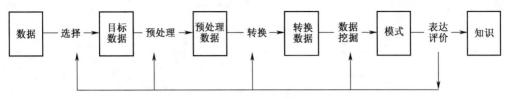

图 4-43　数据挖掘的处理过程

1．DM 常用分析方法

（1）关联：挖掘出隐藏在数据之间的相互联系，结果是关联规则。

（2）序列模式：挖掘出数据之间的联系，侧重点在于分析数据间的前后（因果）关系。

（3）分类：根据给定的类别标记将其分成若干类，并抽取各类的特征描述。即根据给定数据模式，预测结果。

（4）聚类：按数据相似性和差异性，将数据划分为若干子集，使属于同一族群内的观测值尽量相似。

（5）离群点分析：也称为异常检测，其目标是发现与大部分其他对象不同的对象。

（6）回归分析：是确定两种或两种以上变量间相互依赖的定量关系的一种统计分析方法。

2．DM 常用技术

（1）人工神经网络方法：从结构上模仿生物神经网络，通过训练来学习的非线性预测模型。

（2）决策树：决策树用树型结构来表示决策集合。

（3）遗传算法：新的优化技术，基于生物进化的概念设计了一系列的过程来达到优化的目的。

（4）最近邻技术：这种技术通过 K 个最与之相近的历史记录的组合来辨别新的记录。

（5）规则归纳：通过统计方法归纳、提取有价值的 If-Then 规则。

（6）可视化：采用直观的图形方式将信息模式数据的关联或趋势呈现给决策者，决策者可以通过可视化技术交互式地分析数据关系。

4.5.5.5　DSS 决策支持系统

决策支持系统（Decision Support System，DSS）是在管理信息系统（MIS）的基础上发展起来的，其新特点是增加了模型库和模型库管理系统，增强对复杂问题的处理能力，使人们尽可能地按客观规律办事、避免错误、取得预期的效果。

DSS 经历了三部件结构的 DSS、智能 DSS、新 DSS、综合 DSS 的发展历程。

1．三部件 DDS 结构

包括数据库子系统、模型库子系统（包括模型库和模型库管理系统）、人机交互子系统及用户。

2．智能 DDS

智能 DDS 在三部件 DDS 之上增加了知识库。

3．新 DSS 结构（20 世纪 90 年代中期）

新 DSS 明显特点是以数据驱动方式提供决策支持。新 DSS 中数据是主体，模型是辅助的。

新 DSS 结构如图 4-44 所示。

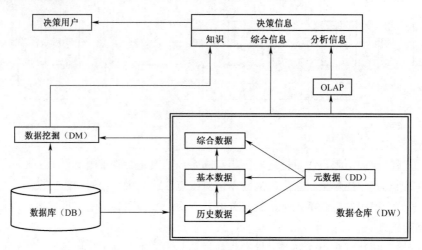

图 4-44　新型 DSS 结构

4. 综合 DSS（21 世纪初）

综合 DSS 把 DW、OLAP、DM、MB（模型库）、KB（知识库）、DB 和人机交互系统结合起来，如图 4-45 所示。

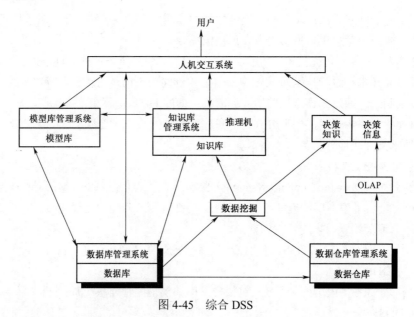

图 4-45　综合 DSS

4.5.6　NoSQL 数据库

非关系型数据库（NoSQL），不使用 SQL 作为其操作语言，数据存储不需要固定的表结构，通常也不存在连接操作。

第 4 天

4.5.6.1　NoSQL 的数据一致性

NoSQL 在大数据存取上具备关系型数据库无法比拟的性能优势，使数据存储在横向伸缩性上能够满足需求（尤其是 Web 应用）。同时，NoSQL 不需要满足事务的 ACID，只需要满足 Base（弱一致性理论，只要求最终一致性）即可，ACID 与 BASE 的对比见表 4-8。

表 4-8　ACID 与 BASE 的对比

ACID	BASE
很强的数据一致性	弱一致性，数据即使有些陈旧也无妨
隔离性	优先考虑可用性
关注"操作提交"	尽力服务
允许事务嵌套	结果对精确度要求不高
可用性	比较"激进"
比较"保守"	更简单
难于演变	更快速
	易于演变

4.5.6.2　NoSQL 的存储分布

NoSQL 的存储分布需要考虑访问磁盘方式和性能的影响，NoSQL 存储分布主要分为基于行的存储布局、列存储布局、带有局部性群组的列存储布局、LSM-Tree（日志合并树）等四种。

员工信息表见表 4-9。

表 4-9　员工信息表

员工号	姓	名	工资
7001	高	大海	4200
7002	王	胜利	3800
7003	李	小鹏	4900

表中，员工数据按行、列、局部性群组存储格式如下所示。

```
7001，高，大海，4200;         7001, 7002, 7003;        7001, 7002, 7003;
7002，王，胜利，3800;         高，王，李;               高，大海，4200;
7003，李，小鹏，3900;         大海，胜利，小鹏;          王，胜利，3800;
                            4200, 3800, 3900;         李，小鹏，3900;
      行存储                     列存储              带有局部性群组的列存储
```

4.5.6.3　几种典型的 NoSQL 数据库

（1）文档存储数据库：是以文档为存储信息的基本单位，如 BaseX、CouchDB、MongoDB 等。

（2）键值存储数据库：支持简单的键值存储和提取，具有极高的并发读写性能，如 Dynamo、Memcached、Redis 等。

（3）图形存储数据库：利用计算机将点、线、面等图形基本元素按照一定的数据结构进行存储，如 FlockDB、Neo4j 等。

（4）多值数据库：是一种分布式数据库系统，提供了一个通用的数据集成与访问平台，屏蔽了各种数据库系统不同的访问方法和用户界面，给用户呈现出一个访问多种数据库的公共接口。

如，文档存储型数据库 MongoDB：10gen 公司开发的以高性能和可扩展性为特征的文档型数据库。最大特点就是无表结构，其数据和数据结构以 BSON（JSON 的二进制编码格式）形式保存。

JSON 基本语法规则：①一个对象放在{ }之间。②每个名后面跟一个":"号。③"名/值"对之间用","号分隔。④数组在[ ]之间，值用","号分隔。

汽车的定义和存储如图 4-46 所示。

```
{
    "name" : "car",                    "index" : [
    "price" : 890000,                      {"name" : "price", "value" : 890000},
    "weight" : {                           {"name" : "weight", "value" : 1930},
        "value" : 1930,                    {"name" : "engine", "value" : 3.0},
        "units" : "kg"                 ]
    },
    "engine" : {
        "value" : 3.0,
        "units" : "L"
    },
}
```

图 4-46　汽车的定义和存储

4.5.7　本学时要点总结

数据分片形式：水平分片、垂直分片、导出分片、混合分片。

分片必须遵守的原则：完备性条件、可重构条件、不相交条件。

数据分配策略：集中式、分割式、全复制式、混合式。

分布式数据库的查询代价：QC= CPU 代价+I/O 代价+通信代价

数据的联接操作类型：基于半联接优化策略（自然联接+投影）、基于联接优化策略。

分布式数据库的故障：介质故障、系统故障、事务故障、网络分割故障、报文故障。

分布式事务的提交：2PC 及 3PC。

Web 应用系统采用客户机/服务器技术以及可靠的 TCP 连接 HTTP 实现。服务器称为 WWW 服务器（或 Web 服务器），客户机称为浏览器（Browser）。

ASP 的 7 个对象：Request、Response、Session、Application、Server、Asperror、Objectcontext。

XML 优点：可扩充性、灵活性、自描述性、环境无关性。

XML 在数据库技术的主要运用是作为异构数据库间信息交换的工具。

XML 在文档结构和数据库结构之间进行相互的映射方式：模板驱动和模型驱动。

面向对象的复合数据类型：行类型、数组类型、列表 List 类型、包类型、集合类型。

面向对象数据模型的 5 个基本概念：对象、类、继承性、对象标识和对象嵌套。

对象关系数据库（ORDB）的继承性（UNDER）和引用（ref）。

制造业的信息计划与管理经历了4个阶段：基本 MRP、闭环 MRP、MRPⅡ、ERP。

ERP 设计的总体思路是把握一个中心（赢利）、两类业务（计划与执行）和三条干线（供需链管理、生产管理、财务管理）。

数据仓库的数据具有4个基本特征：面向主题的、集成的、不可更新的、随时间不断变化。

DW 的多维数据模型分为：星型模式、雪花模式和事实星座模式。

DW 四种数据转移：简单转移、清洗、集成、聚集和概括。

DB 与 DW 的对比。

OLTP 与 OLAP 的对比。

常用的数据挖掘分析方法：关联、序列模式、分类、聚类、离群点分析、回归分析。

DSS 经历了三部件结构的 DSS、智能 DSS、新 DSS、综合 DSS 的发展历程。

NoSQL 的存储分布：行存储布局、列存储布局、带有局部性群组的列存储布局、LSM-Tree（日志合并树）。

NoSQL 数据库类型：文档存储数据库、键值存储数据库、图形存储数据库、多值数据库系统。

第6学时　数据库发展和新技术模拟习题

1．在进行数据查询时，用户编写的应用程序只对全局关系进行操作，而不必考虑数据的逻辑分片，这需要分布式数据库至少要提供（　　）。

　　A．分片透明性　　　B．分配透明性　　　C．局部数据模型透明性　D．逻辑透明性

2．在一个由 10 个节点组成的分布式数据库系统中，一个节点完全和其他节点都失去了联系，那么这种故障是（　　）。

　　A．系统故障　　　　B．介质故障　　　　C．网络分割故障　D．报文故障

3．（　　）是完全非阻塞协议。

　　A．1PC　　　　　　B．2PC　　　　　　C．3PC　　　　　　D．不存在协议

4．下面的例子采用的是（　　）。

```
<? xml version="1.0" ?>
<FlightInfo>
<Intro> The following flights have available seats: </Intro >
<SelectStmt> SELECT Airline,FltNumber,Depart,Arrive From Flights </SelectStmt>
< Conclude > We hope one of these meets your needs </Conclude >
</ FlightInfo >
```

　　A．模型驱动　　　　B．表格驱动　　　　C．模板驱动　　　D．对象驱动

5．ASP 是通过（　　）打开或者关闭数据库连接的。

　　A．Connection 对象　B．Recordset 对象　C．Command 对象　D．Parameter 对象

6．下列关于 ASP 的说法中，错误的是（　　）。

　　A．ASP 应用程序无须编译

B．ASP 的源程序不会被传到客户浏览器

C．访问 ASP 文件时，不能用实际的物理路径，只能用其虚拟路径

D．ASP 的运行环境具有平台无关性

7．如果各个场地的数据模型是不同的类型（层次型或关系型），那么这种 DDBS 是（　　）。

    A．同构型　　　　　　B．异构型　　　　　　C．同质型　　　　　　D．异质型

8．DDBS 的分片模式和分配模式均是（　　）。

    A．全局的　　　　　　B．局部的　　　　　　C．集中的　　　　　　D．分布的

9．在 DDBS 中，必须把全局关系映射到片段中，这个性质称为（　　）。

    A．映射条件　　　　　B．完备性条件　　　　C．重构条件　　　　　D．不相交条件

10．在 DDBS 中，必须从分片能通过操作得到全局关系，这个性质称为（　　）。

    A．映射条件　　　　　B．完备性条件　　　　C．重构条件　　　　　D．不相交条件

11．DDBS 中"分布透明性"可以归入（　　）。

    A．逻辑独立性　　　　B．物理独立性　　　　C．场地独立性　　　D．网络独立性

12．DDBS 中，透明性层次越高，（　　）。

    A．网络结构越简单　　　　　　　　　　　B．网络结构越复杂

    C．应用程序编写越简单　　　　　　　　　D．应用程序编写越复杂

13．关系代数的半联接操作由（　　）操作组合而成。

    A．投影和选择　　　B．联接和选择　　　C．联接和投影　　　D．自然联接和投影

14．如果分布式数据库系统只提供了分配透明性，则用户在访问该数据库系统的时候需要考虑（　　）。

    A．逻辑分片情况　　　　　　　　　　　　B．片段所在的场地、位置

    C．片段副本的数量　　　　　　　　　　　D．片段是否有副本

15．在分布式数据库的垂直分片中，为保证全局数据的可重构和最小冗余，分片需满足的必要条件是（　　）。

    A．要有两个分片具有相同关系模式以进行并操作

    B．任意两个分片不能有相同的属性名

    C．各分片必须包含原关系的码

    D．对于任一分片，总存在另一个分片能够和它进行无损连接

16．分布式数据库中，（　　）是指各场地数据的逻辑结构对用户不可见。

    A．分片透明性　　　B．场地透明性　　　C．场地自治　　　D．局部数据模型透明性

17．传统的 SQL 技术中，使用"SELECT DISTINCT"方式查询得到的结果，实际上为（　　）。

    A．数组　　　　　　B．列表　　　　　　C．包　　　　　　　D．集合

18．在 OODB 中，对象标识符具有（　　）。

    A．过程内持久性　　B．程序内持久性　　C．程序间持久性　　D．永久持久性

19．OO 技术中，存储和操作的基本单位是（　　）。

A. 记录　　　　　　B. 块　　　　　　C. 对象　　　　　D. 字段

20. 面向对象技术中，封装性是一种（　　）。

　　A. 封装技术　　　B. 信息隐蔽技术　　C. 组合技术　　　D. 传递技术

21. 在面向对象数据模型中，下列叙述不正确的是（　　）。

　　A. 类相当于 E-R 模型中的实体类型　　　　B. 类本身也是一个对象

　　C. 类相当于 E-R 模型中的实体集　　　　　D. 类的每个对象也称为类的实例

22. 在 OODB 中，包含其他对象的对象，称为（　　）。

　　A. 强对象　　　　B. 超对象　　　　C. 复合对象　　　D. 持久对象

23. 在 OODB 中，对象标识（　　）。

　　A. 与数据的描述方式有关　　　　　　　B. 与对象的物理存储位置有关

　　C. 与数据的值有关　　　　　　　　　　D. 是指针一级的概念

24. DB 中的数据属于 ＿＿(1)＿＿ 数据，DW 中的数据属于 ＿＿(2)＿＿ 数据：DB 属于 ＿＿(3)＿＿ 驱动方式，DW 属于 ＿＿(4)＿＿ 驱动方式。

　　(1)、(2)：A. 历史型　　　B. 操作型　　　C. 更新型　　　D. 分析型

　　(3)、(4)：A. 事务　　　　B. 用户　　　　C. 分析　　　　D. 系统

25. DW 的多维数据模型将数据看成数据立方体形式，由 ＿＿(1)＿＿ 和 ＿＿(2)＿＿ 组成。

　　(1)、(2)：A. 实体　　　B. 联系　　　C. 维　　　　D. 类

　　　　　　　E. 对象　　　F. 事务　　　G. 事实　　　H. 表

26. DW 中的脏数据是指数据获取过程中出现的（　　）数据。

　　A. 未提交　　　　B. 多余　　　　C. 冗余　　　　D. 重复

27. DW 中的休眠数据是指 DW 中的（　　）数据。

　　A. 以前经常用，现在无用的、过时的　　　B. 当前经常用，将来很少使用或不使用的

　　C. 当前不使用，将来有用的　　　　　　　D. 当前不使用，将来也很少使用或不使用的

28. DW 的数据具有若干基本特征，下列不属于 DW 基本特征的是（　　）。

　　A. 面向主题的　　B. 集成的　　　　C. 不可更新的　　D. 不随时间变化的

29. 关于 OLAP 和 OLTP 的说法，下列不正确的是（　　）。

　　A. OLAP 是面向主题的，OLTP 是面向应用的

　　B. OLAP 是分析处理方式，OLTP 是事务处理方式

　　C. OLAP 的数据是当前数据，OLTP 的数据是历史数据

　　D. OLAP 关心的是数据输出量，OLTP 关注的是数据进入

　　E. OLAP 的用户数目较少，OLTP 的数目较多

　　F. OLAP 以 DW 为基础，其最终数据来源与 OLTP 一样均来自底层的 DBS

30. DM 是从（　　）演变而成的。

　　A. 系统工程　　　B. 机器学习　　　C. 运筹学　　　D. 离散数学

31. 下列关于 DM 与 DW 的说法，不正确的是（　　）。

A．DM 为 DW 提供了广泛的数据源

B．DM 为 DW 提供了决策支持

C．DW 是一种存储技术，包含了大量的历史数据、当前的详细数据以及综合数据

D．DM 是从大量的数据中挖掘出有用的信息和知识

32．下列关于 DM 与 OLAP 的说法，不正确的是（　　）。

A．DM 和 OLAP 都属于分析型工具

B．DM 在本质上是一个归纳的过程

C．DM 是在做出明确假设后去挖掘知识，发现知识

D．OLAP 是一种自上而下不断深入的分析工具，是一种演绎推理的过程

33．有关联机分析处理（OLAP）与联机事务处理（OLTP）的正确描述是（　　）。

A．OLAP 面向操作人员，OLTP 面向决策人员

B．OLAP 使用历史性的数据，OLTP 使用当前数据

C．OLAP 经常对数据进行插入、删除等操作，而 OLTP 仅对数据进行汇总和分析

D．OLAP 不会从已有数据中发掘新的信息，而 OLTP 可以

34．数据仓库通过数据转移从多个数据源中提取数据，为了解决不同数据源格式上的不统一，需要进行（　　）操作。

A．简单转移　　　　B．清洗　　　　　C．集成　　　　　D．聚集和概括

35．不常用作数据挖掘的方法是（　　）。

A．人工神经网络　　B．规则推导　　　C．遗传算法　　　D．穷举法

36．分布式数据库的节点自治性访问的是（　　）。

A．全局外层　　　　B．全局概念层　　C．局部概念层　　D．局部内层

37．针对分布式事务，要求提供参与者状态的协议是（　　）。

A　一次封锁协议　　B．两段锁协议　　C．两阶段提交协议　D．三阶段提交协议

38．分布式事务故障不同于集中式事务故障的是（　　）。

A．介质故障　　　　B．系统故障　　　C．事务故障　　　D．通信故障

39．分布式数据库能够提高某些查询效率是因为其具有（　　）。

A．数据分片　　　　B．数据副本　　　C．基于同构模式　D．基于异构模式

40．XML 与数据库转存时，不需要考虑的问题是（　　）。

A．基本属性的次序　　　　　　　　　B．XML 文档结构和数据库结构之间的映射

C．利用数据库保存文档还是数据　　　D．XML 中类型的约束与数据库的约束

41．以下关于大数据的叙述中，错误的是（　　）。

A．大数据的数据量巨大　　　　　　　B．结构化数据不属于大数据

C．大数据具有快变性　　　　　　　　D．大数据具有价值

42．分布式数据库两阶段提交协议中"两阶段"是指（　　）。

A．加锁阶段、解锁阶段　　　　　　　B．扩展阶段、收缩阶段

C. 获取阶段、运行阶段　　　　　　　　D. 表决阶段、执行阶段

43. 在基于 Web 的电子商务应用中，业务对象常用的数据库访问方式之一是（　　）。

A. JDBC　　　　　B. COM　　　　　C. CGI　　　　　D. XML

44. 不属于分布式数据库系统优点的是（　　）。

A. 体系结构灵活，适应分布式的管理和控制机构

B. 系统的可靠性高、可用性好、具有可扩展性

C. 局部应用的响应速度快

D. 数据的安全性、保密性强

45. DDBS 的数据分片是指对（　　）。

A. 磁盘分片　　　B. 系统分片　　　C. DB 分片　　　D. 内存分片

46. "<title style ="italic"> science</title>" 是 XML 中一个元素的定义，其中元素的内容是（　　）。

A. title　　　　　B. style　　　　　C. italic　　　　　D. science

47. 并行数据库体系结构中具有独立处理机、内存和磁盘的是（　　）。

A. 共享内存　　　B. 共享磁盘　　　C. 无共享　　　D. 共享内存和磁盘

48. 面向对象数据模型不包含（　　）。

A. 属性集合　　　B. 方法集合　　　C. 消息集合　　　D. 对象实例

49. 以下的 SQL 99 语句，Dept 与 Employee 之间的关系是（　　）。

```
CREATE TYPE Employee (
name string,
ssn integer) ;
CREATE TYPE Dept (
Name string
Head ref( Employee)   SCOPE   Employee) ;
```

A. 类型继承　　　B. 类型引用　　　C. 数据引用　　　D. 无任何关系

50. 对象－关系模型与关系模型的区别是（　　）。

A. 对象－关系模型支持关系嵌套，关系模型不支持

B. 关系模型支持 BLOB 类型，对象－关系模型不支持

C. 对象－关系模型不支持数组类型，关系模型支持

D. 对象－关系模型不是数据模型，关系模型是数据模型

51. 在面向对象数据库系统中，要求面向对象数据库系统应该具有表达和管理对象的能力，也就是说它应该支持　(1)　，而不依赖于对象本身的值，对象间只需要通过　(1)　就能够相互区分。面向对象数据库系统与面向对象编程语言交互的接口，可以提供　(2)　和共享对象的能力，从而允许多个程序和应用在整个数据库操作周期内访问和共享这些对象。

（1）A. 类名　　　　B. 数据类型定义　　C. 值域标识　　　D. 对象标识

（2）A. 数值定义　　B. 持久化对象　　　C. 定义对象　　　D. 删除对象

52. 企业信息化的发展历经了基本 MRP、闭环的 MRP，MRP II 和 ERP，其中基本 MRP 着重

管理企业的 __(1)__ ，接着又发展成闭环的 MRP，闭环 MRP 强调了 __(2)__ 。当发展到 MRP II 阶段的时候，围绕着 __(3)__ ，以 __(4)__ 为主线。直到 20 世纪 90 年代提出 ERP 理论，才真正地将 __(5)__ 这三者紧密结合在一起。

(1) A. 供应链计划　　B. 物料需求计划　　C. 物流管理计划　D. 销售管理计划

(2) A. 计划的可实施性　　　　　　B. 生产能力对需求计划的影响

　　C. 销售计划　　　　　　　　　D. 生产管理

(3) A. 企业的基本经营目标　B. 物料需求计划　C. 物流管理计划　D. 销售管理计划

(4) A. 计划的可实施性　　B. 销售计划　　　C. 生产计划　　　D. 物料计划

(5) A. 供应链管理、生产管理、财务管理　　B. 客户关系管理、生产管理、财务管理

　　C. 供应链管理、生产管理、人力资源管理　D. 供应链管理、销售管理、财务管理

53. ERP 设计的总体思路即把握一个中心、两类业务、三条干线，其中一个中心为 __(1)__ ，两类业务为 __(2)__ ，三条干线分别为供应链管理、生产管理、财务管理。

(1) A. 以生产为中心　B. 以销售为中心　C. 以盈利为中心　D. 以客户为中心

(2) A. 计划和执行　　B. 生产和销售　　C. 客户与企业　　D. 管理与经营

54. 决策支持系统的特点是增加了 __(1)__ 和 __(2)__ ，建立了模型库和数据库的有机结合。这种有机结合适应人机交互功能，自然促使新型系统的出现，即 DSS 的出现。它不同于 MIS 数据处理，也不同于模型的数值计算，而是它们的有机集成。

(1) A. 知识库　　　B. 模型库　　　C. 数据模型　　D. 数据处理模型

(2) A. 数据库管理系统　　　　　　B. 知识库管理系统

　　C. 决策文件管理系统　　　　　D. 模型库管理系统

55. 建立数据仓库过程中一个重要问题是如何提高系统的性能。其物理设计可以有更多的方法和途径来提高系统性能。但最基本的方法和原则还是 __(1)__ 和 __(2)__ 。

(1) A. 内外模式划分　B. 存储空间划分　C. 粒度划分　　D. 权限划分

(2) A. 数据分割　　　B. 数据集中　　　C. 数据整合　　D. 数据分类

56. 针对 E-R 图中的组合属性（如地址由省、市、街道、门牌号等组成），在面向对象数据库中用（　　）来实现。

　　A. 结构类型　　　B. 方法　　　C. 存储过程　　D. 数组

参考答案：

1～5	ACDCA	6-10	DBABC	11～15	BCDAD	16～20	DDDCB
21～23	ACD	24	BDAC	25	CG	26～30	BDDCB
31～35	ACBBD	36～40	CDDBA	41～45	BDADC	46～50	DBDBA
51	DB	52	BBACA	53	CA	54	BD
55	CA	56	A				

第**5**天

模拟真题实战

经过前面 4 天的紧张学习，基本上完成了软考"数据库系统工程师"科目中大纲要求的相关知识要点及难点的掌握。现在进入第 5 天，通过实际真题模拟试卷的习作和训练，更进一步地了解真题的出题方式、难易程度、出题范围、解题技巧，为参加考试做足准备。

第 1～3 学时　数据库系统工程师上午题模拟试卷及其解析

上午题模拟试卷

1．CPU 执行算术运算或者逻辑运算时，常将源操作数和结果暂存在（　　）中。

  A．程序计数器（PC）   B．累加器（AC）

  C．指令寄存器（IR）   D．地址寄存器（AR）

2．要判断字长为 16 位的整数 a 的低四位是否全为 0，则（　　）。

  A．将 a 与 0x000F 进行"逻辑与"运算，然后判断运算结果是否等于 0

  B．将 a 与 0x000F 进行"逻辑或"运算，然后判断运算结果是否等于 F

  C．将 a 与 0xFFF0 进行"逻辑异或"运算，然后判断运算结果是否等于 0

  D．将 a 与 0xFFF0 进行"逻辑与"运算，然后判断运算结果是否等于 F

3．计算机系统中常用的输入/输出控制方式有无条件传送、中断、程序查询和 DMA 方式等。当采用（　　）方式时，不需要 CPU 执行程序指令来传送数据。

  A．中断   B．程序查询   C．无条件传送 D．DMA

4．某系统由右图所示的冗余部件构成。若每个部件的千小时可靠度都为 R，则该系统的千小时可靠度为（　　）。

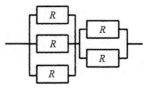

  A．$(1-R^3)(1-R^2)$ B．$[1-(1-R)^3][1-(1-R)^2]$

  C．$(1-R^3)+(1-R^2)$ D．$[1-(1-R)^3]+[1-(1-R)^2]$

5. 已知数据信息为 16 位，最少应附加（　　）位校验位，才能实现海明码纠错。

    A. 3   B. 4   C. 5   D. 6

6. 以下关于 Cache（高速缓冲存储器）的叙述中，不正确的是（　　）。

    A. Cache 的设置扩大了主存的容量

    B. Cache 的内容是主存部分内容的拷贝

    C. Cache 的命中率并不随其容量增大线性地提高

    D. Cache 位于主存与 CPU 之间

7. HTTPS 使用（　　）协议对报文进行封装。

    A. SSH   B. SSL   C. SHA-1   D. SET

8. 以下加密算法中适合对大量的明文消息进行加密传输的是（　　）。

    A. RSA   B. SHA-1   C. MD5   D. RC5

9. 假定用户 A、B 分别从 I1、I2 两个 CA 取得了各自的证书，下面（　　）是 A、B 互信的必要条件。

    A. A、B 互换私钥   B. A、B 互换公钥

    C. I1、I2 互换私钥   D. I1、I2 互换公钥

10. 甲软件公司受乙企业委托安排公司软件设计师开发了信息系统管理软件，由于在委托开发合同中未对软件著作权归属作出明确的约定，所以该信息系统管理软件的著作权由（　　）享有。

    A. 甲   B. 乙   C. 甲与乙共同   D. 软件设计师

11. 根据我国商标法，下列商品中必须使用注册商标的是（　　）。

    A. 医疗仪器   B. 墙壁涂料   C. 无糖食品   D. 烟草制品

12. 甲、乙两人在同一天就同样的发明创造提交了专利申请，专利局将分别向各申请人通报有关情况，并提出多种可能采用的解决办法。下列说法中，不可能采用（　　）。

    A. 甲、乙作为共同申请人

    B. 甲或乙一方放弃权利并从另一方得到适当的补偿

    C. 甲、乙都不授予专利权

    D. 甲、乙都授予专利权

13. 数字语音的采样频率定义为 8kHz，这是因为（　　）。

    A. 语音信号定义的频率最高值为 4kHz   B. 语音信号定义的频率最高值为 8kHz

    C. 数字语音传输线路的带宽只有 8kHz   D. 一般声卡采样频率最高为 8kHz

14. 使用图像扫描仪以 300DPI 的分辨率扫描一幅 3×4 英寸的图片，可以得到（　　）像素的数字图像。

    A. 300×300   B. 300×400   C. 900×4   D. 900×1200

15～16. 某软件项目的活动图如下图所示，其中顶点表示项目里程碑，连接顶点的边表示包含的活动，边上的数字表示活动的持续时间（天），则完成该项目的最少时间为 __(15)__ 天。活动 BD 和 HK 最早可以从第 __(16)__ 天开始（活动 AB、AE 和 AC 最早从第 1 天开始）。

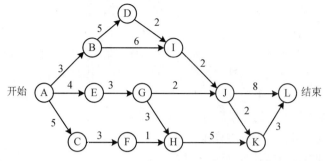

（15）A．17　　　　B．18　　　　　　C．19　　　　　D．20

（16）A．3 和 10　　B．4 和 11　　　C．3 和 9　　　　D．4 和 10

17～18．在采用结构化开发方法进行软件开发时，设计阶段接口设计主要依据需求分析阶段的　(17)　。接口设计的任务主要是　(18)　。

（17）A．数据流图　　B．E-R 图　　　C．状态－迁移图　D．加工规格说明

（18）A．定义软件的主要结构元素及其之间的关系

　　　B．确定软件涉及的文件系统的结构及数据库的表结构

　　　C．描述软件与外部环境之间的交互关系，软件内模块之间的调用关系

　　　D．确定软件各个模块内部的算法和数据结构

19．在进行软件开发时，采用无主程序员的开发小组，成员之间相互平等；而主程序员负责制的开发小组，由一个主程序员和若干成员组成，成员之间没有沟通。在一个由 8 名开发人员构成的小组中，无主程序员组和主程序员组的沟通路径分别是（　　）。

　　　A．32 和 8　　　　B．32 和 7　　　C．28 和 8　　　D．28 和 7

20．在高级语言源程序中，常需要用户自定义的标识符为程序中的对象命名，常见的命名对象有（　　）。

　　　①关键字（或保留字）②变量　　③函数　　④数据类型　　⑤注释

　　　A．①②③　　　　B．②③④　　　C．①③⑤　　　D．②④⑤

21．在仅由字符 a、b 构成的所有字符串中，其中以 b 结尾的字符串集合可用正规式表示为（　　）。

　　　A．(b|ab)*b　　　B．(ab*)*b　　　C．a*b*b　　　D．(a|b)*b

22．在以阶段划分的编译中，判断程序语句的形式是否正确属于（　　）阶段的工作。

　　　A．词法分析　　　B．语法分析　　　C．语义分析　　　D．代码生成

23．某计算机系统页面大小为 4K，进程的页面变换表如下所示。若进程的逻辑地址为 2D16H。该地址经过变换后，其物理地址应为（　　）。

页号	物理块号
0	1
1	3
2	4
3	6

　　　A．2048H　　　　B．4096H

　　　C．4D16H　　　　D．6D16H

24．某系统中有 3 个并发进程竞争资源 R，每个进程都需要 5 个 R，那么至少有（　　）个 R，

才能保证系统不会发生死锁。

    A. 12   B. 13   C. 14   D. 15

25. 以下关于 C/S（客户机/服务器）体系结构的优点的叙述中，不正确的是（   ）。

    A. 允许合理的划分三层的功能，使之在逻辑上保持相对独立

    B. 允许各层灵活地选用平台和软件

    C. 各层可以选择不同的开发语言进行并行开发

    D. 系统安装、修改和维护均只在服务器端进行

26. 在设计软件的模块结构时，（   ）不能改进设计质量。

    A. 尽量减少高扇出结构   B. 模块的大小适中

    C. 将具有相似功能的模块合并   D. 完善摸块的功能

27. 在面向对象方法中，多态指的是（   ）。

    A. 客户类无需知道所调用方法的特定子类的实现

    B. 对象动态地修改类

    C. 一个对象对应多张数据库表

    D. 子类只能够覆盖父类中非抽象的方法

28. 在数据库系统运行维护阶段，通过重建视图能够实现（   ）。

    A. 程序的逻辑独立性   B. 程序的物理独立性

    C. 数据的逻辑独立性   D. 数据的物理独立性

29. 数据库概念结构设计阶段是在（   ）的基础上，依照用户需求对信息进行分类、聚集和概括，建立概念模型。

    A. 逻辑设计   B. 需求分析   C. 物理设计   D. 运行维护

30. 数据模型通常由（   ）三要素构成。

    A. 网状模型、关系模型、面向对象模型   B. 数据结构、网状模型、关系模型

    C. 数据结构、数据操纵、关系模型   D. 数据结构、数据操纵、完整性约束

31. 给定关系模式 R<U, F>，其中 U 为关系 R 的属性集，F 是 U 上的一组函数依赖，X、Y、Z、W 是 U 上的属性组。下列结论正确的是（   ）。

    A. 若 $WX \rightarrow Y$，$Y \rightarrow Z$ 成立，则 $X \rightarrow Z$ 成立

    B. 若 $WX \rightarrow Y$，$Y \rightarrow Z$ 成立，则 $W \rightarrow Z$ 成立

    C. 若 $X \rightarrow Y$，$WY \rightarrow Z$ 成立，则 $XW \rightarrow Z$ 成立

    D. 若 $X \rightarrow Y$，$Z \subseteq U$ 成立，则 $X \rightarrow YZ$ 成立

32~33. 在关系 R(A1,A2,A3) 和 S(A2,A3,A4) 上进行 $\pi_{A_1,A_4}(\sigma_{A_2 <'2017' \wedge A_4 ='95'}(R \bowtie S))$ 关系运算，与该关系表达式等价的是   （32） 。

    A. $\pi_{1,4}(\sigma_{2<'2017' \vee 4='95'}(R \bowtie S))$ B. $\pi_{1,6}(\sigma_{2<'2017'}(R) \times \sigma_{3='95'}(S))$

    C. $\pi_{1,4}(\sigma_{2<'2017'}(R) \times \sigma_{6='95'}(S))$ D. $\pi_{1,6}(\sigma_{2=4 \wedge 3=5}(\sigma_{2<'2017'}(R) \times \sigma_{3='95'}(S)))$

    将该查询转换为等价的 SQL 语句如下：

SELECT DISTINCT A$_1$,A$_4$ FROM R,S WHERE R.A$_2$<'2017' （33） ；

    A. OR S.A$_4$<'95' OR R.A$_2$=S.A$_2$ OR R.A$_3$=SA$_3$

    B. AND S.A$_4$<'95' OR R.A$_2$=S.A$_2$ AND R.A$_3$=SA$_3$

    C. AND S.A$_4$<'95' AND R.A$_2$=S.A$_2$ AND R.A$_3$=SA$_3$

    D. OR S.A$_4$<'95' AND R.A$_2$=S.A$_2$ OR R.A$_3$=SA$_3$

34～35. 给定关系模式 R<U, F>，U={A, B, C, D, E}，F= {B→A, D→A, A→E, AC→B}，则 R 的候选关键字为 （34） ，分解 ρ= {R1(ABCE)，R2(CD)} （35） 。

（34）A. CD   B. ABD   C. ACD   D. ADE

（35）A. 具有无损连接性，且保持函数依赖

    B. 不具有无损连接性，但保持函数依赖

    C. 具有无损连接性，但不保持函数依赖

    D. 不具有无损连接性，也不保持函数依赖

36～37. 并发执行的三个事务 T1、T2 和 T3，事务 T1 对数据 D1 加了共享锁，事务 T2、T3 分别对数据 D2、D3 加了排他锁，之后事务 T1 对数据 （36） ；事务 T2 对数据 （37） 。

（36）A. D2、D3 加排他锁都成功

    B. D2、D3 加共享锁都成功

    C. D2 加共享锁成功，D3 加排他锁失败

    D. D2、D3 加排他锁和共享锁都失败

（37）A. D1、D3 加共享锁都失败

    B. D1、D3 加共享锁都成功

    C. D1 加共享锁成功，D3 加排他锁失败

    D. D1 加排他锁成功，D3 加共享锁失败

38. 数据库概念结构设计阶段的工作步骤依次为（　　）。

    A. 设计局部视图→抽象→修改重构消除冗余→合并取消冲突

    B. 设计局部视图→抽象→合并取消冲突→修改重构消除冗余

    C. 抽象→设计局部视图→修改重构消除冗余→合并取消冲突

    D. 抽象→设计局部视图→合并取消冲突→修改重构消除冗余

39. 在数据传输过程中，为了防止被窃取可以通过（　　）来实现的。

    A. 用户标识与鉴别 B. 存取控制   C. 数据加密   D. 审计

40～41. 在某企业的工程项目管理数据库中供应商关系 Supp、项目关系 Proj 和零件关系 Part 的 E-R 模型和关系模式如下：

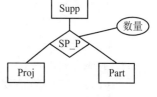

Supp（供应商号，供应商名，地址，电话）//供应商号唯一标识 Supp 中的每一个元组

Proj（项目号，项目名，负责人，电话）//项目号唯一标识 Proj 中的每一个元组

Part（零件号，零件名）//零件号唯一标识 Part 中的每一个元组

其中，每个供应商可以为多个项目供应多种零件，每个项目可以由多个供应商供应多种零件，每种零件可以由多个供应商供应给多个项目。SP_P 的联系类型为__（40）__，__（41）__。

（40）A．*:*:*　　　　B．1:*:*　　　　C．1:1:*　　　　D．1:1:1

（41）A．不需要生成一个独立的关系模式

　　　B．需要生成一个独立的关系模式，该模式的主键为（项目号，零件号，数量）

　　　C．需要生成一个独立的关系模式，该模式的主键为（供应商号，数量）

　　　D．需要生成一个独立的关系模式，该模式的主键为（供应商号，项目号，零件号）

42～44．给定关系模式 SP_P（供应商号，项目号，零件号，数量），查询至少给 3 个（包含 3 个）不同项目供应了零件的供应商，要求输出供应商号和供应零件数量的总和，并按供应商号降序排列。

　　　　SELECT 供应商号，SUM（数量）FROM SP_P__（42）__　　__（43）__　　__（44）__　。

（42）A．ORDER BY 供应商号　　　　　　　　B．GROUP BY 供应商号

　　　C．ORDER BY 供应商号 ASC　　　　　　D．GROUP BY 供应商号 DESC

（43）A．WHERE 项目号 >2　　　　　　　　　B．WHERE COUNT(项目号)>2

　　　C．HAVING (DISTINCT 项目号)> 2　　　D．HAVING COUNT(DISTINCT 项目号)>2

（44）A．ORPER BY 供应商号　　　　　　　　B．GROUP BY 供应商号

　　　C．ORDER BY 供应商号 DESC　　　　　　D．GROUP BY 供应商号 DESC

45～46．某企业的信息系统管理数据库中的员工关系模式为 Emp（员工号，姓名，部门号，岗位，联系地址，薪资），函数依赖集 F={员工号→（姓名，部门号，岗位，联系地址），岗位→薪资}。Emp 关系的主键为__（45）__，函数依赖集 F__（46）__。

（45）A．员工号，Emp 存在冗余以及插入异常和删除异常的问题

　　　B．员工号，Emp 不存在冗余以及插入异常和删除异常的问题

　　　C．（员工号，岗位），Emp 存在冗余以及插入异常和删除异常的问题

　　　D．（员工号，岗位），Emp 不存在冗余以及插入异常和删除异常的问题

（46）A．存在传递依赖，故关系模式 Emp 最高达到 1NF

　　　B．存在传递依赖，故关系模式 Emp 最高达到 2NF

　　　C．不存在传递依赖，故关系模式 Emp 最高达到 3NF

　　　D．不存在传递依赖，故关系模式 Emp 最高达到 4NF

47．满足 BCNF 范式的关系（　　）。

　　　A．允许属性对主键的部分依赖　　　　　B．能够保证关系的实体完整性

　　　C．没有传递函数依赖　　　　　　　　　D．可包含组合属性

48．数据的物理存储结构，对于程序员来讲，（　　）。

　　　A．采用数据库方式管理数据是可见的，采用文件方式管理数据是不可见的

　　　B．采用数据库方式管理数据是不可见的，采用文件方式管理数据是可见的

C．采用数据库方式管理数据是可见的，采用文件方式管理数据是可见的

D．采用数据库方式管理数据是不可见的，采用文件方式管理数据是不可见的

49．在 SQL 中，用户（　　）获取权限。

　　A．只能通过数据库管理员授权　　　　B．可通过对象的所有者执行 GRANT 语句

　　C．可通过自己执行 GRANT 语句　　　　D．可由任意用户授权

50．保证并发调度的可串行化，是为了确保事务的（　　）。

　　A．原子性和一致性　　B．原子性和持久性　　C．隔离性和持久性　　D．隔离性和一致性

51．满足两阶段封锁协议的调度一定是（　　）。

　　A．无死锁的调度　　　B．可串行化调度

　　C．可恢复调度　　　　D．可避免级联回滚的调度

52．右图中两个事务的调度属于（　　）。

　　A．可串行化调度　　　B．串行调度

　　C．非可串行化调度　　D．产生死锁的调度

read(A)	
A:=A+100	
write(A)	
	read(B)
	B:=B*0.2
	write(B)
read(B)	
B:=B-100	
write(B)	
	read(A)
	A:=A*0.3
	write(A)

53．以下对数据库故障的描述中，不正确的是（　　）。

　　A．系统故障指软硬件错误导致的系统崩溃

　　B．由于事务内部的逻辑错误造成该事务无法执行的故障属于事务故障

　　C．可通过数据的异地备份来减少磁盘故障可能给数据库系统造成数据丢失

　　D．系统故障一定会导致磁盘数据丢失

54．有两个关系模式 R(A,B,C,D) 和 S(A,C,E,G)，则 X=R×S 的关系模式是（　　）。

　　A．X(A,B,C,D,E,G)　　　　　　　　　B．X(A,B,C,D)

　　C．X(R.A,B,R.C,D,S.A,S.C,E,G)　　　D．X(B,D,E,G)

55．给定关系模式 R<U，F>，其中属性集 U={A，B，C，D，E，G，H}函数依赖集 F= {A→B，AE→H，BG→DC，E→C，H→E }，下列函数依赖不成立的是（　　）。

　　A．A→AB　　　　　B．H→C　　　　　C．AEB→C　　　　D．A→BH

56．在日志中加入检查点，可（　　）。

　　A．减少并发冲突　　　　　　　　　　　B．提高一并故障恢复的效率

　　C．避免级联回滚　　　　　　　　　　　D．避免死锁

57～58．某销售公司需开发数据库应用系统管理客户的商品购买信息。该系统需记录客户的姓名、出生日期、年龄和身份证号信息，记录客户每次购买的商品名称和购买时间等信息。如果在设计时将出生日期和年龄都设定为客户实体的属性，则年龄属于__(57)__，数据库中购买记录表中每条购买记录对应的客户必须在客户表中存在，这个约束属于__(58)__。

　　(57) A．派生属性　　　B．多值属性　　　C．主属性　　　　D．复合属性

　　(58) A．参与约束　　　B．参照完整性约束　　C．映射约束　　　D．主键约束

59～60．NULL 值在数据库中表示__(59)__，逻辑运算 UNKNOWN OR TRUE 的结果是__(60)__。

　　(59) A．空集　　　　　B．零值　　　　　C．不存在或不知道　　D．无穷大

（60）A．NULL B．UNKNOWN C．TRUE D．FALSE

61．CAP 理论是 NoSQL 理论的基础，下列性质不属于 CAP 的是（ ）。

　　A．分区容错性 B．原子性 C．可用性 D．一致性

62．以下是并行数据库的四种体系结构，在（ ）体系结构中所有处理器共享一个公共的主存储器和磁盘。

　　A．共享内存 B．共享磁盘 C．无共享 D．层次

63．数据仓库中的数据组织是基于（ ）模型的。

　　A．网状 B．层次 C．关系 D．多维

64～65．数据挖掘中分类的典型应用不包括　（64）　。　（65）　可以用于数据挖掘的分类任务。

（64）A．识别社交网络中的社团结构，即连接稠密的子网络

　　B．根据现有的客户信息，分析潜在客户

　　C．分析数据，以确定哪些贷款申请是安全的，哪些是有风险的

　　D．根据以往病人的特征，对新来的病人进行诊断

（65）A．EM B．Apriori C．K-means D．SVM

66．在浏览器地址栏输入一个正确的网址后，本地主机将首先在（ ）中查询该网址对应的 IP 地址。

　　A．本地 DNS 缓存 B．本机 hosts 文件

　　C．本地 DNS 服务器 D．根域名服务器

67．下面关于 Linux 目录的描述中，正确的是（ ）。

　　A．Linux 只有一个根目录，用"/root"表示

　　B．Linux 中有多个根目录，用"/"加相应目录名称表示

　　C．Linux 中只有一个根目录，用"/"表示

　　D．Linux 中有多个根目录，用相应目录名称表示

68．以下 IP 地址中，属于网络 10.110.12.29/255.255.255.224 的主机 IP 是（ ）。

　　A．10.110.12.0 B．10.110.12.30 C．10.110.12.31 D．10.110.12.32

69．在异步通信中，每个字符包含 1 位起始位、7 位数据位和 2 位终止位，若每秒钟传送 500 个字符，则每秒有效数据速率为（ ）。

　　A．500b/s B．700b/s C．3500b/s D．5000b/s

70．以下路由策略中，依据网络信息经常更新路由的是（ ）。

　　A．静态路由 B．洪泛式 C．随机路由 D．自适应路由

阅读下面英语短文并选择合适的单词填入空格中。

The beauty of software is in its function, in its internal structure, and in the way in which it is created by a team. To a user, a program with just the right features presented through an intuitive and　（71）　interface is beautiful. To a software designer, an internal structure that is partitioned in a simple and intuitive manner, and that minimizes internal coupling is beautiful. To developers and managers, a motivated team of developers making significant progress every week, and producing defect-free code, is beautiful. There is beauty on all these levels.

Our world needs software—lots of software. Fifty years ago software was something that ran in a few big and expensive machines. Thirty years ago it was something that ran in most companies and industrial settings. Now there is software running in our cell phones, watches, appliances, automobiles, toys, and tools. And need for new and better software never   （72） . As our civilization grows and expands, as developing nations build their infrastructures, as developed nations strive to achieve ever greater efficiencies, the need for more and more Software   （73）   to increase. It would be a great shame if, in all that software，there was no beauty.

We know that software can be ugly. We know that it can be hard to use, unreliable, and carelessly structured. We know that there are software systems whose tangled and careless internal structures make them expensive and difficult to change. We know that there are software systems that present their features through an awkward and cumbersome interface. We know that there are software systems that crash and misbehave. These are   （74）   systems. Unfortunately, as a profession, software developers tend to create more ugly systems than beautiful ones.

There is a secret that the best software developers know. Beauty is cheaper than ugliness. Beauty is faster than ugliness. A beautiful software system can be built and maintained in less time, and for less money, than an ugly one. Novice software developers don't understand this. They think that they have to do everything fast and quick. They think that beauty is   （75） . No! By doing things fast and quick, they make messes that make the software stiff, and hard to understand. Beautiful systems are flexible and easy to understand. Building them and maintaining them is a joy. It is ugliness that is impractical. Ugliness will slow you down and make your software expensive and brittle. Beautiful systems cost the least build and maintain, and are delivered soonest.

（71）A. simple   B. hard   C. complex   D. duplicated
（72）A. happens   B. exists   C. stops   D. starts
（73）A. starts   B. continues   C. appears   D. stops
（74）A. practical   B. useful   C. beautiful   D. ugly
（75）A. impractical   B. perfect   C. time-wasting   D. practical

上午题模拟试卷解析

1.【答案】B

【解析】寄存器是CPU中的一个重要组成部分，它是CPU内部的临时存储单元。寄存器既可以用来存放数据和地址，也可以存放控制信息或CPU工作时的状态。在CPU中增加寄存器的数量，可以使CPU把执行程序时所需的数据尽可能地放在寄存器中，从而减少访问内存的次数，提高其运行速度。但是寄存器的数目也不能太多，除了增加成本外，由于寄存器地址编码增加也会增加指令的长度。CPU 中的寄存器通常分为存放数据的寄存器、存放地址的寄存器、存放控制信息的寄存器、存放状态信息的寄存器和其他寄存器等类型。

程序计数器用于存放指令的地址。当程序顺序执行时，每取出一条指令，PC 内容自动增加一个值，指向下一条要取的指令。当程序出现转移时，则将转移地址送入 PC，然后由 PC 指向新的程序地址。

程序状态寄存器用于记录运算中产生的标志信息，典型的标志为有进位标志位、零标志位、符号标志位、溢出标志位、奇偶标志等。

地址寄存器包括程序计数器、堆栈指示器、变址寄存器、段地址寄存器等，用于记录各种内存地址。

累加寄存器通常简称为累加器，它是一个通用寄存器。其功能是当运算器的算术逻辑单元执行算术或逻辑运算时，为 ALU 提供一个工作区。例如，在执行一个减法运算前，先将被减数取出放在累加器中，再从内存储器取出减数，然后同累加器的内容相减，所得的结果送回累加器中。累加器在运算过程中暂时存放被操作数和中间运算结果，累加器不能用于长时间地保存一个数据。

指令寄存器一般用来保存当前正在执行的一条指令。

地址寄存器一般用来保存当前 CPU 所访问的内存单元的地址，以方便对内存的读写操作。

2.【答案】A

【解析】要判断数的最后四位是否都为 0，应该将最后四位与 1 进行逻辑与运算，其他数位与 0 做逻辑与运算，最后判定最终的结果是否为 0；因此得出与 a 进行逻辑与运算的数：前 12 位为 0 最后 4 位为 1，即 0x000F。

逻辑或运算：0 或 0=0；1 或 0=1；0 或 1=1；1 或 1=1。

逻辑与运算：0 与 0=0；1 与 0=0；0 与 1=0；1 与 1=1。

3.【答案】D

【解析】直接程序控制（无条件传送/程序查询方式）：

无条件传送：在此情况下，外设总是准备好的，它可以无条件地随时接收 CPU 发来的输出数据，也能够无条件地随时向 CPU 提供需要输入的数据。

程序查询方式：在这种方式下，利用查询方式进行输入、输出，就是通过 CPU 执行程序查询外设的状态，判断外设是否准备好接收数据或准备好了向 CPU 输入的数据。

中断方式：由程序控制 I/O 的方法，其主要缺点在于 CPU 必须等待 I/O 系统完成数据传输任务，在此期间 CPU 需要定期地查询 I/O 系统的状态，以确认传输是否完成。因此整个系统的性能严重下降。

直接主存存取（Direct Memory Access，DMA）是指数据在主存与 I/O 设备间的直接成块传送，即在主存与 I/O 设备间传送数据块的过程中，不需要 CPU 作任何干涉，只需在过程开始启动（即向设备发出传送一块数据的命令）与过程结束（CPU 通过轮询或中断得知过程是否结束和下次操作是否准备就绪）时由 CPU 进行处理，实际操作由 DMA 硬件直接完成，CPU 在传送过程中可做别的事情。

4.【答案】B

【解析】本题考查系统可靠性。

计算机系统是一个复杂的系统，而且影响其可靠性的因素也非常繁复，很难直接对其进行可靠性分析。若采用串联方式，则系统可靠性为每个部件的乘积 $R=R_1 \times R_2 \times R_3 \times \cdots \times R_n$；若采用并联方式，则系统的可靠性为 $R=1-(1-R_1) \times (1-R_2) \times (1-R_3) \times \cdots \times (1-R_n)$。

在本题中，既有并联又有串联，计算时首先要分别计算图中两个并联后的可靠度，它们分别为 $1-(1-R)^3$ 和 $1-(1-R)^2$。然后是两者串联，根据串联的计算公式，可得系统的可靠度为 $[1-(1-R)^3] \times [1-(1-R)^2]$。

5.【答案】C

【解析】设有效信息位的位数为 n，校验位数为 k，则能够检测一位出错并能自动纠正一位错误的海明校验码应满足下面的关系：$2^k \geq n+k+1$。

6.【答案】A

【解析】高速缓存是用来存放当前最活跃的程序和数据的，作为主存局部域的副本，其特点是：容量一般在几 KB 到几 MB 之间；速度一般比主存快 5～10 倍，由快速半导体存储器构成；其内容是主存局部域的副本，对程序员来说是透明的。

高速缓存的组成如下图所示：Cache 由两部分组成：控制部分和 Cache 部分。Cache 部分用来存放主存的部分拷贝（副本）信息。控制部分的功能是判断 CPU 要访问的信息是否在 Cache 中，若在即为命中，若不在则没有命中。命中时直接对 Cache 存储器寻址。未命中时，要按照替换原则，决定主存的一块信息放到 Cache 的哪一块里面。

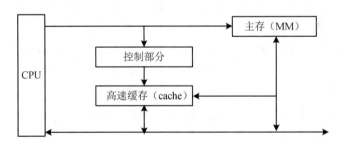

7.【答案】B

【解析】HTTPS（Hyper Text Transfer Protocol over Secure Socket Layer），是以安全为目标的 HTTP 通道，简单讲是 HTTP 的安全版。即 HTTP 下加入 SSL 层，HTTPS 的安全基础是 SSL，因此加密的详细内容就需要 SSL。

8.【答案】D

【解析】加密技术中对称性加密技术的算法效率比较高，适合于大量数据的加密，在本题中属于对称性加密算法的只有 RC5。

9.【答案】D

【解析】由于密钥对中的私钥只有持有者才拥有，所以私钥是不可能进行交换的。可以排除 A、

C 两个选项。A、B 要互信，首先其颁发机构必须能相互信任，所以可以排除 B 选项。

10.【答案】A

【解析】对于委托开发的作品，如果有合同约束著作权的归属，按合同约定来判定；如果合同没有约定，则著作权归创造方。

11.【答案】D

【解析】《中华人民共和国商标法实施细则》规定，必须使用注册商标的商品范围包括：

（1）国家规定并由国家工商行政管理局公布的人用药品和烟草制品。

（2）国家规定并由国家工商行政管理局公布的其他商品。《中华人民共和国商标法》规定，必须使用注册商标的商品在商标未经核准注册时不得在市场上销售。

12.【答案】D

【解析】软件专利权是指通过申请专利对软件的设计思想进行保护的一种方式，而非对软件本身进行的保护，我国在专利保护上，实行先申请制度，即谁申请在先，谁就享有该专利权。同时申请则协商归属，协商不成则同时驳回双方的专利申请。

13.【答案】A

【解析】音频数字化过程中采样频率应为声音最高频率的 2 倍。本题采样频率为 8kHz，所以其语音的最高频率应不超过 4kHz。

14.【答案】D

【解析】图像分辨率是指组成一幅图像的像素密度，也是水平和垂直的像素表示，即用每英寸多少点（DPI）表示数字化图像的大小。

用 300DPI 来扫描一幅 3×4 英寸的彩色照片，那么得到一幅 900×1200 个像素点的图像。

15～16.【答案】D　B

【解析】关键路径：在活动图中时间跨度最长的路径。其决定项目最少工期。

项目关键路径是路径最长的一条，在该图中路径：A→B→D→I→J→L=3+5+2+2+8=20，是路径最长的一条。

由任务 A→B 需要 3 天，所以 B→D 应在第 4 天开始；由于 H 点最迟的时间为 10 天（A→E→G→H），所以 H→K 应在第 11 天开始。

17～18.【答案】A　C

【解析】

17. 软件设计必须依据对软件的需求来进行，结构化分析的结果为结构化设计提供了最基本的输入信息。从分析到设计往往经历以下流程：

（1）研究、分析和审查数据流图。根据穿越系统边界的信息流初步确定系统与外部接口。

（2）根据数据流图决定问题的类型。数据处理问题通常有两种类型：变换型和事务型。针对两种不同的类型分别进行分析处理。

（3）由数据流图推导出系统的初始结构图。

（4）利用一些启发式原则来改进系统的初始结构图，直到得到符合要求的结构图为止。

（5）根据分析模型中的实体关系图和数据字典进行数据设计，包括数据库设计或数据文件的设计。

（6）在设计的基础上，依旧分析模型中的加工规格说明、状态转换图进行过程设计。

所以接口设计应该为需求分析阶段的数据流图，即选项A。

18. 接口设计的主要任务为：描述软件与外部环境之间的交互关系，软件内模块之间的调用关系。

19.【答案】D

【解析】程序设计小组的组织形式一般有主程序员组，无主程序员组和层次式程序员组。其中无主程序员组中的成员之间相互平等，工作目标和决策都由全体成员民主讨论。对于项目规模较小、开发人员少、采用新技术和确定性较小的项目比较合适，而对大规模项目不适宜采用。所以其沟通路径的数量为（8×7）/2=28

而主程序员制则由主程序员负责决策，其他成员与主程序员沟通即可。所以其沟通路径数量为8-1=7。

20.【答案】A

【解析】在编写程序时需要命名的对象有关键字、变量、函数。

21.【答案】D

【解析】正规式(a|b)* 对应的正规集为{ε，a，b，aa，ab，…，所有由 a 和 b 组成的字符串}，结尾为 b。

22.【答案】B

【解析】词法分析阶段是编译过程的第一阶段，其任务是对源程序从前到后（从左到右）逐个字符扫描，从中识别出一个个"单词"符号。词法分析过程的依据是语言的词法规则，即描述"单词"结构的规则。

语法分析阶段的任务是在词法分析的基础上，根据语言的语法规则将单词符号序列分解成各类语法单位。通常语法分析是确定整个输入串是否构成一个语法上正确的程序。一般来说，通过编译的程序，不存在语法上的错误。

语义分析阶段的任务主要检查源程序是否包含静态语义错误，并收集类型信息供后面的代码生成阶段使用。语义分析的一个主要工作是进行类型分析和检查。

中间代码生成的任务是根据语义分析的输出生成中间代码。

目标代码生成是编译器工作的最后一个阶段。其任务是把中间代码变换成特定机器上的绝对指令代码、可重定位的指令代码或汇编指令代码。本阶段与具体机器密切相关。

23.【答案】C

【解析】页面大小为 4K 说明页内地址为 12 位。也就是逻辑地址中 2D16H 中的 D16H 在页内（十六进制转二进制，每位十六进制的数对应四位二进制），其 2 表示的是页号，逻辑页号为 2 对应的物理块号为 4。所以该逻辑地址对应的物理地址应该为 4D16H。

24.【答案】B

【解析】给每个进程分配其所需的最大资源数少一个资源（本题 3×4 个），如果还有一个资源剩余，则不会发生死锁。因为将这个剩余资源分配给任意一个进程，该进程就会得到满足运行，其运行后，将其所释放的资源再分配给其他进程，这样所有的进程都可以执行完成。

25.【答案】D

【解析】C/S（客户机/服务器）体系结构由于在客户端需要安装相关的客户端软件，当客户端软件需要安装、修改和维护时，需要到每个客户端进行维护操作。

26.【答案】C

【解析】将具有相似功能的模块合并，会导致模块的聚合程度变低，可维护性下降。

在结构化设计中，系统由多个逻辑上相对独立的模块组成，在模块划分时需要遵循如下原则：

（1）模块的大小要适中。系统分解时需要考虑模块的规模，过大的模块可能导致系统分解不充分，其内部可能包括不同类型的功能，需要进一步划分，尽量使得各个模块的功能单一；过小的模块将导致系统的复杂度增加，模块之间的调用过于频繁，反而降低了模块的独立性。一般来说，一个模块的大小使其实现代码在 1～2 页纸之内，或者其实现代码行数在 50～200 行之间，这种规模的模块易于实现和维护。

（2）模块的扇入和扇出要合理。一个模块的扇出是指该模块直接调用的下级模块的个数；扇出大表示模块的复杂度高，需要控制和协调过多的下级模块。扇出过大一般是因为缺乏中间层次，应该适当增加中间层次的控制模块；扇出太小时可以把下级模块进一步分解成若干个子功能模块，或者合并到它的上级模块中去。一个模块的扇入是指直接调用该模块的上级模块的个数；扇入大表示模块的复用程度高。设计良好的软件结构通常顶层扇出比较大，中间扇出较少，底层模块则有大扇入。一般来说，系统的平均扇入和扇出系数为 3 或 4，不应该超过 7，否则会增大出错的概率。

（3）深度和宽度适当。深度表示软件结构中模块的层数，如果层数过多，则应考虑是否有些模块设计过于简单，看能否适当合并。宽度是软件结构中同一个层次上的模块总数的最大值，一般说来，宽度越大系统越复杂，对宽度影响最大的因素是模块的扇出。在系统设计时，需要权衡系统的深度和宽度，尽量降低系统的复杂性，减少实施过程的难度，提高开发和维护的效率。

27.【答案】D

【解析】不同类的对象对同一消息作出不同的响应就叫作多态。

多态存在的 3 个条件：

（1）有继承关系。

（2）子类重写父类方法。

（3）父类引用指向子类对象。

28.【答案】C

【解析】外模式/模式：保证了数据与程序的逻辑独立性，简称数据的逻辑独立性。

模式/内模式：保证了数据与应用程序的物理独立性，简称数据的物理独立性。

外模式对应关系数据库的视图。

29.【答案】B

【解析】数据库的设计阶段分为 4 个阶段：需求分析阶段、概念结构设计阶段、逻辑结构设计阶段和物理结构设计阶段。数据库概念结构设计阶段是在需求分析的基础上，依照用户需求对信息进行分类、聚集和概括，建立概念模型。

30.【答案】D

【解析】数据模型的三要素如下。

数据结构：是所研究的对象类型的集合，是对系统静态特性的描述。

数据操作：对数据库中各种对象（型）的实例（值）允许执行的操作的集合，包括操作及操作规则，是对系统动态特性的描述。

数据的约束：是一组完整性规则的集合。也就是说，对于具体的应用数据必须遵循特定的语义约束条件，以保证数据的正确、有效、相容。

31.【答案】C

【解析】函数依赖的公理系统（Armstrong）。

设关系模式 R<U，F>，U 是关系模式 R 的属性全集，F 是关系模式 R 的一个函数依赖集。对于 R<U，F>来说有以下的：

自反律：若 Y⊆X⊆U，则 X→Y 为 F 所逻辑蕴含。

增广律：若 X→Y 为 F 所逻辑蕴含，且 Z⊆U，则 XZ→YZ 为 F 所逻辑蕴含。

传递律：若 X→Y 和 Y→Z 为 F 所逻辑蕴含，则 X→Z 为 F 所逻辑蕴含。

合并规则：若 X→Y，X→Z，则 X→YZ 为 F 所蕴含。

伪传递率：若 X→Y，WY→Z，则 XW→Z 为 F 所蕴含。

分解规则：若 X→Y，Z⊆Y，则 X→Z 为 F 所蕴含。

32.【答案】D

【解析】题干的关系代数运算的含义是 R 与 S 先进行自然连接运算，然后在自然连接的基础上进行选择运算，最后做投影运算。

自然连接运算，可以转化为 R 与 S 先进行笛卡尔积运算，在笛卡尔积运算的基础上，进行选择运算，选择运算的条件为：R.A2=S.A2 AND R.A3=S.A3，然后在选择运算的结果集上，进行投影运算，投影运算是消除重复的列。

将表达式综合起来，进行优化可以转换成选项 D 的表达式。

33.【答案】C

【解析】本题筛选条件 A2<'2017'已经给出，关系连接的筛选条件（R.A2=S.A2 AND R.A3=S.A3）和 A4='95'的条件缺失，且这些条件应该是同时满足，应使用逻辑与运算。

34～35.【答案】A D

【解析】本题中由于 C 和 D 只出现在左边，必为候选码的成员。当选择属性 CD 时，由于 D→A，A→E；可以得出 D→AE；由于 D→A，AC→B 利用伪传递率得出 CD→B；由于 D→AE 和 CD→B 利用增广率和合并率得出 CD→ABCDE。因此 CD 属性为候选码。

利用无损连接性的判断定理：不存在 R1∩R2→R1－R2 或 R1R2→R2－R1 被 F 逻辑蕴含的情况，所以分解不具有无损连接性；同时 F1∪F2≠F，所以分解也不保持函数依赖。

36～37.【答案】D C

【解析】并发事务如果对数据读写时不加以控制，会破坏事务的隔离性和一致性。控制的手段就是加锁，在事务执行时限制其他事务对数据的读取。在并发控制中引入两种锁：排他锁（Exclusive Locks，简称 X 锁）和共享锁（Share Locks，简称 S 锁）。

排他锁又称为写锁，用于对数据进行写操作时进行锁定。如果事务 T 对数据 A 加上 X 锁后，就只允许事务 T 读取和修改数据 A，其他事务对数据 A 不能再加任何锁，从而也不能读取和修改数据 A，直到事务 T 释放 A 上的锁。

共享锁又称为读锁，用于对数据进行读操作时进行锁定。如果事务 T 对数据 A 加上了 S 锁，事务 T 就只能读数据 A 但不可以修改，其他事务可以再对数据 A 加 S 锁来读取，只要数据 A 上有 S 锁，任何事务都只能再对其加 S 锁读取而不能加 X 锁修改。

38.【答案】D

【解析】先划分好各个局部应用之后，使用抽象机制，确定局部应用中的实体、实体的属性、实体的标识符及实体间的联系及其类型，然后绘制局部 E-R 图，根据局部应用设计好各局部 E-R 图之后，就可以对各分 E-R 图进行合并。在合并过程中解决分 E-R 图中相互间存在的冲突，消除分 E-R 图之间存在的信息冗余使之成为能够被全系统所有用户共同理解和接受的统一的、精炼的全局概念模型。

39.【答案】C

【解析】使用数据加密技术，可以保障数据在传输过程是机密的。

40～41.【答案】A   D

【解析】题干中："每个供应商可以为多个项目供应多种零件，每个项目可以由多个供应商供应多种零件，每种零件可以由多个供应商供应给多个项目"，说明三个实体间的联系类型应为：多对多对多。

对于多对多的联系在转关系时，应该转为一个独立的关系模式，该关系的主键，应为多方实体码的属性组成。

42～44.【答案】C   D   C

【解析】SELECT 语句的基本语法结构：

SELECT [ALL| DISTINCT] <列名>[, …n]

FROM <表名|视图名> [, …n]

[WHERE <条件表达式>]

[GROUP BY <列名> [HAVNG <条件表达式>]]

[ORDER BY <列名>[ASC|DESC] [, …n]]

本题中，需要进行分组，分组的依据为供应商号；同时在分组的基础上需要指定条件，这时需使用 HAVING 子句，统计项目的个数大于 2（也就是 3 个或 3 个以上）的供应商，由于项目可能重复，因此在统计之前应该消除重复的项目，需使用 DISTINCT 关键字。

题干要求按供应商号进行降序排列，需使用 ORDER BY 子句和关键字 DESC。

45～46.【答案】A   B

【解析】由于员工号→（姓名，部门号，岗位，联系地址），岗位→薪资，利用传递率可以得出员工号→（姓名，部门号，岗位，联系地址，薪资），所以该关系的主码应该为员工号，由于存在传递函数依赖，所以不满足 3NF 的要求。

47.【答案】C

【解析】

若关系模式 R∈1NF，若 X→Y 且 Y ⊄ X 时，X 必含有码，则关系模式 R 属于第 BC 范式，记为：R∈BCNF。

BCNF 是在 3NF 的基础上要求消除键属性对码的部分和传递依赖。

48.【答案】B

【解析】通过 DBMS 管理数据有较高的数据独立性，数据独立性是指数据与程序独立，将数据的定义从程序中分离出去，由 DBMS 负责数据的存储，应用程序关心的只是数据的逻辑结构，无须了解数据在磁盘上的数据库中的存储形式，从而简化应用程序，大大减少应用程序编制的工作量。如果采用文件方式管理数据，应用程序得明确数据的定义等操作，也就是说程序员需要操作文件中的数据。

49.【答案】B

【解析】在数据库中用户可以通过对象的所有者、拥有授予相关权限的用户或者 DBA 执行 GRANT 语句获取对应的权限。

50.【答案】D

【解析】原子性：事务是原子的，要么做，要么都不做。

一致性：事务执行的结果必须保证数据库从一个一致性状态变到另一个一致性状态。

隔离性：事务相互隔离。当多个事务并发执行时，任一事务的更新操作直到其成功提交的整个过程，对其他事物都是不可见的。

持久性：一旦事务成功提交，即使数据库崩溃，其对数据库的更新操作也永久有效。

串行调度：多个事务依次串行执行，且只有当一个事务的所有操作都执行完后才执行另一个事务的所有操作

可串行化保证了事务并行调度时，相互不破坏，同时保证了数据从一个一致性状态到另一个一致性状态。

51.【答案】B

【解析】两段锁协议是：对任何数据进行读写之前必须对该数据加锁，在释放了一个封锁之后，事务不再申请和获得任何其他封锁。这就缩短了持锁时间，提高了并发性，同时解决了数据的不一致性。

两段封锁协议可以保证可串行化，它把每个事务分解为加锁和解锁两段。

52.【答案】C

【解析】串行调度：非交错地依次执行给定事务集合中的每一个事务的全部动作。

可串行化，是指一个调度对数据库的状态的影响和某个串行调度相同，称为该调度具有可串行性。

53.【答案】D

【解析】数据库故障主要分为事务故障、系统故障和介质故障。

事务故障是指事务在运行至正常终点前被终止，此时数据库可能出现不正确的状态，由于事务程序内部错误而引起的，有些可以预期，如金额不足等；有些不可以预期，如非法输入、运算溢出等恢复过程。

（1）反向（从后向前）扫描日志文件，查找该事务的更新操作。

（2）对该事务的更新操作执行逆操作，也就是将日志记录更新前的值写入数据库。

（3）继续反向扫描日志文件，查找该事务的其他更新操作，并作同样处理。

（4）如此处理下去，直到读到了此事务的开始标记，事务故障恢复就完成了。

事务故障的恢复由系统自动完成，对用户是透明的，系统故障（通常称为软故障）是指造成系统停止运转的任何事件，使得系统要重新启动特定类型的硬件错误、操作系统故障、DBMS 代码错误、突然停电等。

恢复过程：

（1）正向（从头到尾）扫描日志文件，找出故障发生前已经提交的事务（这些事务既有 BEGIN TRANSACTION 记录，也有 COMMIT 记录），将其事务标识记入重做（REDO）队列。同时找出故障发生时尚未完成的事务（这些事务只有 BEGIN TRANSACTION 记录，无相应的 COMMIT 记录），将其事务标识记入撤销（UNDO）队列。

（2）反向扫描日志文件，对每个 UNDO 事务的更新操作执行逆操作，也就是将日志记录中更新前的值写入数据库。

（3）正向扫描日志文件，对每个 REDO 事务重新执行日志文件登记的操作，也就是将日志记录中更新后的值写入数据库。

是在系统重启之后自动执行的。

介质故障（称为硬件故障）：是指外存故障，例如磁盘损坏、磁头碰撞，瞬时强磁场干扰等。这类故障将破坏数据库或部分数据库，并影响正在存取这部分数据的所有事务，日志文件也被破坏。

恢复过程：

（1）装入最新的数据库后备副本，使数据库恢复到最近一次转储时的一致性状态。

（2）转入相应的日志文件副本，重做已完成的事务。

介质故障的恢复需要 DBA 的介入，具体的恢复操作仍由 DBMS 完成。

恢复过程：

（1）DBA 只需要重装最近转储的数据库副本和有关的各日志文件副本。

（2）然后执行系统提供的恢复命令。

54.【答案】C

【解析】R 与 S 的笛卡尔积应该形成 M+N 元的关系，其中 M 表示来自关系 R 的列，N 表示来自关系 S 列，如果列名存在重复的情况，则需要带上关系名，表示该列来自哪个关系如：R.A。

55.【答案】D

【解析】

由于 A→B，再加上 A 自身函数决定 A，利用合并率，得出 A→AB；

由于 H→E，E→C，利用传递率，得出 H→C；

由于 E→C，利用增广率和分解率，得出 ABE→C；

函数依赖的公理系统(Armstrong）

设关系模式 R<U,F>，U 是关系模式 R 的属性全集，F 是关系模式 R 的一个函数依赖集。对于 R<U，F>来说有以下的：

自反律：若 Y⊆X⊆U，则 X→Y 为 F 所逻辑蕴含。

增广律：若 X→Y 为 F 所逻辑蕴含，且 Z⊆U，则 XZ→YZ 为 F 所逻辑蕴含。

传递律：若 X→Y 和 Y→Z 为 F 所逻辑蕴含，则 X→Z 为 F 所逻辑蕴含。

合并规则：若 X→Y，X→Z，则 X→YZ 为 F 所蕴含。

伪传递率：若 X→Y，WY→Z，则 XW→Z 为 F 所蕴含。

分解规则：若 X→Y，Z⊆Y，则 X→Z 为 F 所蕴含。

56．【答案】B

【解析】检查点将脏数据页从当前数据库的缓冲区高速缓存刷新到磁盘上。这最大限度地减少了数据库完整恢复时必须处理的活动日志部分。

57～58．【答案】A　　B

【解析】简单属性：属性是原子的、不可再分的。

复合属性：可以细分为更小的部分。例如，职工实体集的通信地址。

单值属性：一个属性对应一个值。

多值属性：一个属性对应多个值。例如，职工实体集的职工的亲属姓名。

NULL 属性：表示无意义或不知道（属性没有值或属性值未知时）。

派生属性：可以从其他属性得来。例如：工龄可以从入职时间计算得出。

本题中年龄可以通过出生日期和系统时间计算出来，属于派生属性。

实体完整性：规定基本关系 R 的主属性 A 不能取空。

用户自定义完整性：就是针对某一具体关系数据库的约束条件，反映某一具体应用所涉及的数据必须满足的语义要求，由应用的环境决定。如：年龄必须为大于 0 小于 150 的整数。

参照完整性/引用完整性：若 F 是基本关系 R 的外码，它与基本关系 S 的主码 K 相对应（基本关系 R 和 S 不一定是不同的关系），则 R 中每个元组在 F 上的值必须取空值；或者等于 S 中某个元组的主码值。

59～60．【答案】C　　C

【解析】NULL 属性：表示无意义或不知道（属性没有值或属性值未知时）。

逻辑运算 UNKNOWN OR TRUE 由于是逻辑或运算，OR 之前非布尔值，结果为 FALSE，OR 之后为 TRUE，所以逻辑运算的结果为 TRUE。

61．【答案】B

【解析】CAP 理论。CAP 简单来说，就是对一个分布式系统，一致性（Consistency）、可用性（Availablity）和分区容错性（Partition tolerance）3 个特点最多只能三选二。

62.【答案】A

【解析】并行数据库体系结构。并行数据库要求尽可能地并行执行所有的数据库操作，从而在整体上提高数据库系统的性能。根据所在的计算机的处理器（Processor）、内存（Memory）及存储设备（Storage）的相互关系，并行数据库可以归纳为 3 种基本的体系结构（这也是并行计算的 3 种基本体系结构），即：共享内存结构（Shared-Memory）、共享磁盘结构（Shared-Disk）、无共享资源结构（Shared-Nothing）。

（1）共享内存（Shared-Memory）结构。该结构包括多个处理器、一个全局共享的内存（主存储器）和多个磁盘存储，各个处理器通过高速通信网络（Interconnection Network）与共享内存连接，并均可直接访问系统中的一个、多个或全部的磁盘存储，在系统中，所有的内存和磁盘存储均由多个处理器共享。

1）提供多个数据库服务的处理器通过全局共享内存来交换消息和数据，通信效率很高，查询内部和查询间的并行性的实现也均不需要额外的开销。

2）数据库中的数据存储在多个磁盘存储上，并可以为所有处理器访问。

3）在数据库软件的编制方面与单处理机的情形区别也不大。

这种结构由于使用了共享的内存，所以可以基于系统的实际负荷来动态地给系统中的各个处理器分配任务，从而可以很好地实现负荷均衡。

（2）共享磁盘（Shared-Disk）结构。该结构由多个具有独立内存（主存储器）的处理器和多个磁盘存储构成，各个处理器相互之间没有任何直接的信息和数据的交换，多个处理器和磁盘存储由高速通信网络连接，每个处理器都可以读写全部的磁盘存储。

这种结构常用于实现数据库集群，硬件成本低、可扩充性好、可用性强，且可很容易地从单处理器系统迁移，还可以容易地在多个处理器之间实现负载均衡。

（3）无共享资源（Shared-Nothing）结构。该结构由多个完全独立的处理节点构成，每个处理节点具有自己独立的处理器、独立的内存（主存储器）和独立的磁盘存储，多个处理节点在处理器级由高速通信网络连接，系统中的各个处理器使用自己的内存独立地处理自己的数据。

这种结构中，每一个处理节点就是一个小型的数据库系统，多个节点一起构成整个的分布式的并行数据库系统。由于每个处理器使用自己的资源处理自己的数据，不存在内存和磁盘的争用，从而提高的整体性能。另外，这种结构具有优良的可扩展性，只需增加额外的处理节点，就可以以接近线性的比例增加系统的处理能力。

这种结构中，由于数据是各个处理器私有的，因此系统中数据的分布就需要特殊的处理，以尽量保证系统中各个节点的负载基本平衡，但在目前的数据库领域，这个数据分布问题已经有比较合理的解决方案。

由于数据是分布在各个处理节点上的，因此，使用这种结构的并行数据库系统，在扩展时不可避免地会导致数据在整个系统范围内的重分布（Re-Distribution）问题。

63.【答案】D

【解析】数据仓库是面向主题的；操作型数据库的数据组织面向事务处理任务，而数据仓库中的数据是按照一定的主题域进行组织。主题是指用户使用数据仓库进行决策时所关心的重点方面，一个主题通常与多个操作型信息系统相关。

主题是与传统数据库的面向应用相对应的，是一个抽象概念，是在较高层次上将企业信息系统中的数据综合、归类并进行分析利用的抽象。每一个主题对应一个宏观的分析领域。数据仓库排除对于决策无用的数据，提供特定主题的简明视图。

因此数据通常是多维数据，包括维属性和量度属性。即数据仓库中的数据组织是基于多维模型的。

64～65.【答案】A　　D

【解析】分类（Classification）：有指导的类别划分，在若干先验标准的指导下进行，效果好坏取决于标准选取的好坏。它找出描述并区分数据类或概念的模型（或函数），以便能够使用模型预测类标记未知的对象类。分类分析在数据挖掘中是一项比较重要的任务，目前在商业上应用最多。

识别社交网络中的社团结构，即连接稠密的子网络一般采用社区分析算法 CNM。

EM 算法是期望最大化（Expectation Maximization）算法的简称，用于含有隐变量的情况下，概率模型参数的极大似然估计或极大后验估计。

Apriori 算法是一种挖掘关联规则的频繁项集算法，其核心思想是通过候选集生成和情节的向下封闭检测两个阶段来挖掘频繁项集。而且算法已经被广泛地应用到商业、网络安全等各个领域。

K-means（K 均值）算法是很典型的基于距离的聚类算法，采用距离作为相似性的评价指标，即认为两个对象的距离越近，其相似度就越大。该算法认为簇是由距离靠近的对象组成的，因此把得到紧凑且独立的簇作为最终目标。

SVM（Support Vector Machine）指的是支持向量机，是常见的一种判别方法。在机器学习领域，是一个有监督的学习模型，通常用来进行模式识别、分类以及回归分析。

66.【答案】A

【解析】本地主机进行 DNS 解析的时候，先查询本地的 DNS 缓存，如果没有再查询本地 DNS 服务器，如果没有再由本地 DNS 服务器进行迭代查询后，将查询结果回返给客户机。

67.【答案】C

【解析】Linux 文件系统只有一个根目录，使用"/"表示。

68.【答案】B

【解析】子网掩码为 255.255.255.224，说明 IP 地址中有 27 位表示网络位，剩下 5 位表示主机位，5 位表示主机位，即每个子网一共有 $2^5-2=30$ 个可用 IP 地址，而本题的 IP 地址的网络号为：10.110.12.0，该网络中的可用 IP 地址范围是 10.110.12.0~10.110.12.31，其中 10.110.12.31 表示子网广播地址。

```
0000 1010 . 0110 1110 . 0000 1100 . 0001 1101    ← 10.110.12.29
1111 1111 . 1111 1111 . 1111 1111 . 1110 0000    ← 255.255.255.224
0000 1010 . 0110 1110 . 0000 1100 . 0000 0000    ← 10.110.12.0
0000 1010 . 0110 1110 . 0000 1100 . 0001 1111    ← 10.110.12.31
```

69.【答案】C

【解析】由于每个字符能传送 7 位有效数据位，每秒能传送有效数据位为：500×7b/s=3500b/s。

70.【答案】D

【解析】静态路由信息是不进行路由信息更新的；

动态路由选择算法就是自适应路由选择算法，是依靠当前网络的状态信息进行决策，从而使路由选择结果在一定程度上适应网络拓扑结构和通信量的变化，需要依据网络信息经常更新路由。

随机路由使用前向代理来收集网络中的有限全局信息即当前节点到其源节点的旅行时间，并以此来更新节点的旅行时间表；算法根据节点旅行时间表所记录的历史信息和当前的链路状态来共同确定一个邻节点的路由质量，并以此为参考随机路由分组来均衡网络负载。

洪泛（mflood）路由算法是一个简单有效的路由算法，其基本思想是每个节点都是用广播转发收到的数据分组，若收到重复分组则进行丢弃处理。

71～75.【答案】A C B D A

【解析】软件的优点在于其功能、内部结构和由团队创建的方式。对于用户来说，通过直观和 (71) 界面呈现的正确功能的程序是出色的软件。对于软件设计师来说，分割的内部结构是一种简单而直观的方式，最小化内部耦合是美观的。对于开发人员和经理来说，一个积极的开发团队每周都取得重大进展，并且生产无缺陷的代码是件美好的事情。

我们的世界需要大量的软件。五十年前，软件是在大多数公司和工业环境中运行的。现在软件存在在我们的手机、手表、电器、汽车、玩具和工具中，并且对新的和更好的软件的需求永远不会 (72) 。随着我们文明的发展和壮大，随着发展中国家建设基础设施，发达国家努力实现更高的效率，越来越多的软件需求 (73) 增长。如果在所有的软件中没有美的存在，这将是一个很大的耻辱。

我们知道软件可能很难使用，有不可靠、容易出错的结构。我们知道这些结构使得它们变得昂贵和难以改变。我们知道有一些软件系统通过尴尬和繁琐的界面来呈现其功能。我们知道有软件系统崩溃和捣乱行为。这些都是 (74) 系统。不幸的是，作为专业人士，软件开发人员开发出难用的系统多过好用的系统。

这是优秀的软件开发者知道的秘密。好用的软件比难用的更便宜、更快。一个好用的软件系统相当于一个难用的系统来说，建立和维护要花的时间与金钱会少得多。很多新手软件开发人员不明白这一点。他们认为做每一个事情必须快速，更快速。他们认为软件之美是 (75) 。不！快速开发使软件变得僵硬，难以理解，而好用的系统灵活易懂，使得开发和维护工作成为一种快乐。难用的软件不切实际，会减慢速度，会使软件昂贵而脆弱。美观的系统成本最低，建立和维护成本最低，交货时间也最短。

(71) A. 简单　　　B. 困难　　　　　　C. 复杂　　　　　D. 复制品

（72）A. 发生	B. 存在	C. 停止	D. 开始
（73）A. 开始	B. 持续	C. 出现	D. 停止
（74）A. 实用的	B. 有用的	C. 美丽的	D. 丑陋的
（75）A. 不实用的	B. 完美的	C. 浪费时间的	D. 实用的

答案：（71）A　（72）C　（73）B　（74）D　（75）A

第4～6学时　数据库系统工程师下午题模拟试卷及其解析

下午题模拟试卷

答题注意：请学员准备答题纸，将答案填写至答题纸上。

试题一（共15分）

阅读下列说明和图，回答问题1至问题4，将解答填入答题纸的对应栏内。

【说明】

某医疗器械公司作为复杂医疗产品的集成商，必须保持高质量部件的及时供应。为了实现这一目标，该公司欲开发一套采购系统。系统的主要功能如下：

（1）检查库存水平。采购部门每天检查部件库存量，当特定部件的库存量降至其订货量时，返回低存量部件及库存量。

（2）下达采购订单。采购部门针对低存量部件及库存量提交采购请求，向其供应商（通过供应商文件访问供应商数据）下达采购订单，并存储于采购订单文件中。

（3）交运部件。当供应商提交提单并交运部件时，运输和接收（S/R）部门通过执行以下 3 步过程接收货物：

1）验证装运部件。通过访问采购订单并将其与提单进行比较来验证装运的部件，并将提单信息发给 S/R 职员。如果收货部件项目出现在采购订单和提单上，则已验证的提单和收货部件项目将被送去检验。否则 S/R 职员提交的装运错误信息生成装运错误通知发送给供应商。

2）检验部件质量。通过访问质量标准来检查装运部件的质量，并将已验证的提单发给检验员。如果部件满足所有质量标准，则将其添加到接受的部件列表用于更新部件库存。如果部件未通过检查，则将检验员创建的缺陷装运信息生成缺陷装运通知发送给供应商。

3）更新部件库存。库管员根据收到的接受的部件列表添加本次采购数量，与原有库存量累加来更新库存部件中的库存量。标记订单采购完成。

现采用结构化方法对该采购系统进行分析与设计，获得如图 1-1 所示的上下文数据流图和图 1-2 所示的 0 层数据流图。

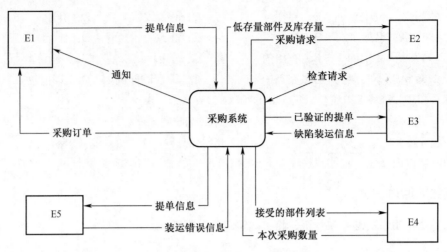

图 1-1　上下文数据流图

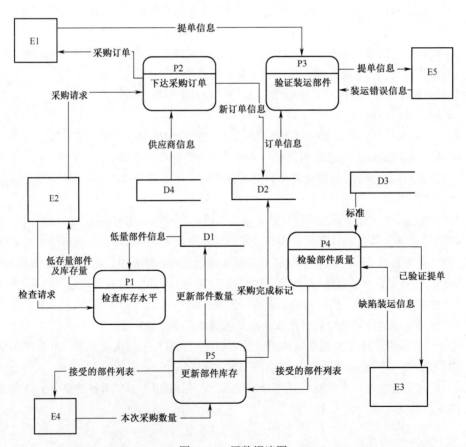

图 1-2　0 层数据流图

【问题 1】

使用说明中的词语，给出图 1-1 中的实体 E1～E5 的名称。

【问题 2】

使用说明中的词语，给出图 1-2 中的数据存储 D1～D4 的名称。

【问题 3】

根据说明和图中术语，补充图 1-2 中缺失的数据流及其起点和终点。

【问题 4】

用 200 字以内文字，说明建模图 1-1 和图 1-2 时如何保持数据流图平衡。

试题二（共 15 分）

阅读下列说明，回答问题 1 至问题 3，将解答填入答题纸的对应栏内。

【说明】

某房屋租赁公司拟开发一套管理系统用于管理其持有的房屋、租客及员工信息。请根据下述需求描述完成系统的数据库设计。

【需求描述】

（1）公司拥有多幢公寓楼，每幢公寓楼有唯一的楼编号和地址。每幢公寓楼中有多套公寓，每套公寓在楼内有唯一的编号（不同公寓楼内的公寓号可相同）。系统需记录每套公寓的卧室数和卫生间数。

（2）员工和租客在系统中有唯一的编号（员工编号和租客编号）。

（3）对于每个租客，系统需记录姓名、多个联系电话、一个银行账号（方便自动扣房租）、一个紧急联系人的姓名及联系电话。

（4）系统需记录每个员工的姓名、类别、一个联系电话和月工资。员工类别可以是经理或维修工，也可兼任。每个经理可以管理多幢公寓楼，每幢公寓楼必须由一个经理管理。系统需记录每个维修工的业务技能，如：水暖维修、电工、木工等。

（5）租客租赁公寓必须和公司签订租赁合同。一份租赁合同通常由一个或多个租客（合租）与该公寓楼的经理签订，一个租客也可租赁多套公寓。合同内容应包含签订日期、租期开始时间、押金和月租金。

【概念模型设计】

根据需求阶段收集的信息，设计的实体联系图（不完整）如图 2-1 所示。

【逻辑结构设计】

根据概念模型设计阶段完成的实体联系图，得出如下关系模式（不完整）：

联系电话 (电话号码，租客编号)

租客 (租客编号，姓名，银行账号，联系人姓名，联系人电话)

员工 (员工编号，姓名，联系电话，类别，月工资，__(a)__)

公寓楼 (__(b)__ ，地址，经理编号)

公寓（楼编号，公寓号，卧室数，卫生间数）

合同(合同编号，租客编号，楼编号，公寓号，经理编号，签订日期，起始日期，租期，<u>（c）</u>，押金)

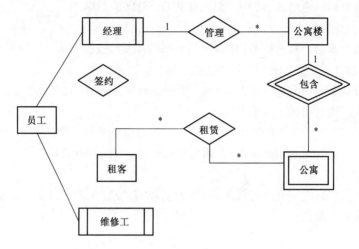

图 2-1　实体联系图

【问题 1】

补充图 2-1 中的"签约"联系所关联的实体及联系类型。

【问题 2】

补充逻辑结构设计中的（a）、（b）、（c）三处空缺。

【问题 3】

租期内，公寓内设施如出现问题，租客可在系统中进行故障登记，填写故障描述，每项故障由系统自动生成唯一的故障编号，由公司派维修工进行故障维修，系统需记录每次维修的维修日期和维修内容。请根据此需求，对图 2-1 进行补充，并将所补充的 E-R 图内容转换为一个关系模式，请给出该关系模式。

试题三（共 15 分）

阅读下列说明，回答问题 1 至问题 3；将解答填入答题纸的对应栏内。

【说明】

某社会救助基金会每年都会举办多项社会公益救助活动，需要建立信息系统，对之进行有效管理。

【需求分析】

（1）任何一个实名认证的个人或者公益机构都可以发起一项公益救助活动，基金会需要记录发起者的信息。如果发起者是个人，需要记录姓名、身份证号和一部电话号码；如果发起者是公益机构，需要记录机构名称、统一社会信用代码、一部电话号码、唯一的法人代表身份证号和法人代表姓名。一个自然人可以是多个机构的法人代表。

（2）公益救助活动需要提供详实的资料供基金会审核，包括被捐助人姓名、身份证号、一部电话号码、家庭住址。

（3）基金会审核并确认项目后，发起公益救助的个人或机构可以公开宣传并募捐，募捐得到的款项进入基金会账户。

（4）发起公益救助的个人或机构开展救助行动，基金会根据被捐助人所提供的医疗发票或其他信息，直接将所筹款项支付给被捐助者。

（5）救助发起者针对任一被捐助者的公益活动只能开展一次。

【逻辑结构设计】

根据上述需求，设计出如下关系模式：

公益活动（发起者编号，被捐助者身份证号，发起者电话号码，发起时间，结束时间，募捐金额），其中对于个人发起者，发起者编号为身份证号；对于机构发起者，发起者编号为统一社会信用代码。

个人发起者（姓名，身份证号，电话号码）

机构发起者（机构名称，统一社会信用代码，电话号码，法人代表身份证号，法人代表姓名）

被捐助者（姓名，身份证号，电话号码，家庭住址）

【问题 1】

对关系"机构发起者"，请回答以下问题：

（1）列举出所有候选键。

（2）它是否为 3NF，用 100 字以内文字简要叙述理由。

（3）将其分解为 BC 范式，分解后的关系名依次为：机构发起者 1，机构发起者 2，…，并用下划线标示分解后的各关系模式的主键。

【问题 2】

对关系"公益活动"，请回答以下问题：

（1）列举出所有候选键。

（2）它是否为 2NF，用 100 字以内文字简要叙述理由。

（3）将其分解为 BC 范式，分解后的关系名依次为：公益活动 1，公益活动 2，…，并用下划线标示分解后的各关系模式的主键。

【问题 3】

基金会根据被捐助人提供的医疗发票或其他信息，将所筹款项支付给被捐助者。可以存在分期多次支付的情况，为了统计所筹款项支付情况（详细金额和时间），试增加"支付记录"关系模式，用 100 字以内文字简要叙述解决方案。

试题四（共 15 分）

阅读下列说明，回答问题 1 至问题 5，将解答填入答题纸的对应栏内。

【说明】

某公司要对其投放的自动售货机建立商品管理系统，其数据库的部分关系模式如下：

售货机：VEM(VEMno,Location)，各属性分别表示售货机编号、部署地点。

商品：GOODS(Gno,Brand,Price)，各属性分别表示商品编号、品牌名和价格。

销售单：SALES(Sno,VEMno,Gno,SDate,STime)，各属性分别表示销售号、售货机编号、商品编号、日期和时间。

缺货单：OOS(VEMno,Gno,SDate,STime)，各属性分别表示售货机编号、商品编号、日期和时间。

相关关系模式的属性及说明如下：

（1）售货机摆放固定种类的商品，售货机内每种商品最多可以储存 10 件。管理员在每天结束的时候将售货机中所有售出商品补全。

（2）每售出一件商品，就自动向销售单中添加一条销售记录。如果一天内某个售货机上某种商品的销售记录达到 10 条，则表明该售货机上该商品已售完，需要通知系统立即补货，通过自动向缺货单中添加一条缺货记录来实现。

根据以上描述，回答下列问题，将 SQL 语句的空缺部分补充完整。

【问题 1】

请将下面创建销售单表的 SQL 语句补充完整，要求指定关系的主码和外码约束。

```
CREATE TABLE SALES (
Sno CHAR(8)   (a)
VEMno CHAR(5)   (b)
Gno CHAR(8)   (c)
SDate DATE,
STime TIME
);
```

【问题 2】

创建销售记录详单视图 SALES_Detail，要求按日期统计每个售货机上各种商品的销售数量，属性有 VEMno、Location、Gno、Brand、Price、amount 和 SDate。为方便实现，首先建立一个视图 SALES_Total ，然后利用 SALES_Total 完成视图 SALES_Detail 的定义。

```
CREATE VIEW SALES _Total(VEMno,Gno,SDate,amount)   AS
SELECT VEMno ,Gno ,SDate ,count(*)
FROM SALES
GROUP BY   (d)  ;

CREATE VIWE   (e)   AS
SELECT VEM.VEMno, Location, GOODS.Gno, Brand, Price, amount, SDate
FROM VEM, GOODS, SALES_Total
WHERE   (f)   AND   (g)
```

【问题 3】

每售出一件商品，就自动向销售单中添加一条销售记录。如果一天内某个售货机上某种商品的销售记录达到 10 条，则自动向缺货单中添加一条缺货记录。需要用触发器来实现缺货单的自动维护。程序中的 GetTime()获取当前时间。

```
CREATE   (h)   OOS_TRG AFTER  (i)   ON SALES
REFERENCING new row AS nrow
FOR EACH ROW
BEGIN
    INSERT INTO OOS
    SELECT SALES .VEMno,  (j)    GetTime()
    FROM   SALES
    WHERE SALES.VEMno = nrow.VEMno AND SALES.Gno = nrow.Gno
    AND SALES.SDate = nrow.SDate
    GROUP BY SALES.VEMno,SALES.Gno,SALES.SDate
    HAVING count(*)> 0 AND    mod(count(*),10)=0;
END
```

【问题 4】

查询当天销售最多的商品编号、品牌和数量。程序中的 GetDate()获取当天日期。

```
SELECT GOODS.Gno,Brand,  (k)
FROM GOODS, SALES
WHERE GOODS.Gno=SALES.GNO AND SDATE =GetDate()
GROUP BY   (l)
HAVING   (m)   (SELECT count(*)
FROM SALELS
WHERE SDATE = GetDate()
GROUP BY Gno);
```

【问题 5】

查询一件都没有售出的所有商品编号和品牌。

```
SELECT Gno ,Brand
FROM GOODS
WHERE GNO   (n)
SELECT DISTINCT GNO
FROM  (o)  ;
```

试题五（共 15 分）

阅读下列说明，回答问题 1 和问题 2，将解答填入答题纸的对应栏内。

【说明】

某抢红包软件规定发红包人可以一次抛出多个红包，由多个人来抢。要求每个抢红包的人最多只能抢到同一批次中的一个红包，且存在多个人同时抢同一红包的情况。给定的红包关系模式如下：

Red(ID,BatchID,SenderID,Money,ReceiverID)

其中 ID 唯一标识每一个红包；BatchID 为发红包的批次，一个 BatchID 值可以对应多个 ID 值；SenderID 为发红包人的标识；Money 为红包中的钱数；ReceiverID 记录抢到红包的人的标识。

发红包的人一次抛出多个红包，即向红包表中插入多条记录，每条记录表示一个红包，其 ReceiverID 值为空值。

抢某个红包时，需要判定该红包记录的 ReceiverID 值是否为空，不为空时表示该红包已被抢走，不能再抢，为空时抢红包人将自己的标识写入 ReceiverID 字段中，即为抢到红包。

【问题 1】

引入两个伪指令 a = R(X)和 W(b,X) 。其中 a = R(X) 表示读取当前红包记录的 ReceiverID 字段（记为数据项 X）到变量 a 中，W(b,X)表示将抢红包人的唯一标识 b 的值写入到当前红包记录的 ReceiverID 字段（数据项 X）中，变量 a 为空值时才会执行 W(b,X) 操作。假设有多个人同时抢同一个红包（即同时对同一记录进行操作），用 $a_i=R_i(X)$和 $W_i(b_i,X)$表示系统依次响应的第 i 个人的抢红包操作。假设当前数据项 X 为空值，同时有三个人抢同一红包，则：

（1）如下的调度执行序列：

a1 =R1, a2 = R2(X),W1(b1,X),W2(b2,X),a3 = R3(X)

抢到红包的是第几人?并说明理由。

（2）引入共享锁指令 SLocki(X)、独占锁指令 XLocki(X)和解锁指令 ULocki(X)，其中 i 表示第 i 个抢红包人的指令。如下的调度执行序列：

SLock1(X),a1 = R1(X),SLock2(X),a2 = R2(X),XLock1(X)……

是否会产生死锁？并说明理由。

（3）为了保证系统第一个响应的抢红包人为最终抢到红包的人，请使用上述（2）中引入的锁指令，对上述（1）中的调度执行序列进行修改，在满足 2PL 协议的前提下，给出一个不产生死锁的完整的调度执行序列。

【问题 2】

下面是用 SQL 实现的抢红包程序的一部分，请补全空缺处的代码。

```
CREATE PROCEDURE ScrambleRed (IN BatchNo VARCHAR(20) ,   //红包批号
( IN RecvrNo VARCHAR(20) )    //接收红包者
BEGIN
    //是否已抢过此批红包
    if exist s( SELECT * FROM Red WHERE BatchID = BatchNo AND ReceiverID = RecvrNo) then
        return -1;
    end if;
    //读取此批派发红包中未领取的红包记录 ID
    DECLARE NonRecvedNo VARCHAR(30);
    DECLARE NonRecvedRed CURSOR FOR
    SELECT ID   FROM Red
    WHERE BatchID = BatchNo AND ReceiverID IS NULL;
    //打开游标
    OPEN NonRecvedRed;
    FETCH NonRecvedRed INTO NonRecvedNo;
    while not error
    //抢红包事务
        BEGIN TRANSACTION;
        //写入红包记录
        UPDATE RED STE RECDIVER ID =RecvrNo
        WHERE ID = nonRECVED AND    (a)
        //执行状态判定
```

```
If<修改的记录数>= 1 THEN
COMMIT;
   (b)  ;
Return 1;
Else
ROLLBACK;
End if;
   (c)  ;
End while
//关闭游标
CLOSE NonRecved RD
Return 0;
END
```

下午题模拟试卷解析

试题一

【问题 1】

E1：供应商；E2：采购部；E3：检验员；E4：库管员；E5：S/R 职员。

依据题干中"下达采购订单。采购部门针对低存量部件及库存量提交采购请求，向其供应商（通过供应商文件访问供应商数据）下达采购订单，并存储于采购订单文件中。"可以判断出 E1 为供应商。

依据题干中"检查库存水平。采购部门每天检查部件库存量，当特定部件的库存量降至其订货店时，返回低存量部件及库存量。"，可以判断出 E2 为采购部。

依据题干中"通过访问质量标准来检查装运部件的质量，并将已验证的提单发给检验员。如果部件满足所有质量标准，则将其添加到接受的部件列表用于更新部件库存。"，可以判断出 E3 为检验员。

依据题干中"库管员根据收到的接受的部件列表添加本次采购数量"，可以判断出 E4 为库管员。

依据题干中"如果收货部件项目出现在采购订单和提单上，则已验证的提单和收货部件项目将被送去检验。否则 S/R 职员提交的装运错误信息生成装运错误通知发送给供应商。"，可以判断出 E5 为 S/R 职员。

【问题 2】

D1：库存表；D2：采购订单表；D3：质量标准表；D4：供应商表。

依据题干中"更新部件库存。库管员根据收到的接受的部件列表添加本次采购数量，与原有库存量累加来更新库存部件中的库存量。"，结合 0 层图的数据流，可以得出 D1 为库存表。

依据题干中"下达采购订单。采购部门针对低存量部件及库存量提交采购请求，向其供应商（通过供应商文件访问供应商数据）下达采购订单，并存储于采购订单文件中。"和"更新部件库存。

库管员根据收到的接受的部件列表添加本次采购数量,与原有库存量累加来更新库存部件中的库存量。标记订单采购完成",结合 0 层图的数据流,可以得出 D2 为采购订单表,D4 为供应商表。

依据题干中"检验部件质量。通过访问质量标准来检查装运部件的质量,并将已验证的提单发给检验员。如果部件满足所有质量标准,则将其添加到接受的部件列表用于更新部件库存。",结合 0 层图的数据流,可以得出 D3 为质量标准表。

【问题 3】

装运错误通知:P3(验证装运部件)→E1(客户)

缺陷装运通知:P4(校验部件质量)→E1(客户)

产品检验:P3(验证装运部件)→P4(校验部件质量)

检查库存信息:P1(检查库存水平)→D1(库存表)

依据题干(3)中 1:否则 S/R 职员提交的装运错误信息生成装运错误通知发送给供应商。",结合 0 层图可以发现缺失数据流:装运错误通知:P3(验证装运部件)→E1(客户)

依据题干(3)中 2:如果部件未通过检查,则将检验员创建的缺陷装运信息生成缺陷装运通知发送给供应商。",结合 0 层图可以发现缺失数据流:缺陷装运通知:P4(校验部件质量)→E1(客户)

依据题干(3)中 1:如果收货部件项目出现在采购订单和提单上,则已验证的提单和收货部件项目将被送去检验。",结合 0 层图可以发现缺失数据流:产品检验:P3(验证装运部件)→P4(校验部件质量)

依据题干(1)中:检查库存水平。采购部门每天检查部件库存量,当特定部件的库存量降至其订货店时,返回低存量部件及库存量。",结合 0 层图可以发现缺失数据流:检查库存信息:P1(检查库存水平)→D1(库存表)

【问题 4】

父图中某个加工的输入、输出数据流必须与其子图的输入、输出数据流在数量上和名字上相同。父图的一个输入(或输出)数据流对应于子图中几个输入(或输出)数据流,而子图中组成的这些数据流的数据项全体正好是父图中的这一个数据流。

试题二

【问题 1】

依据题干中"租客租赁公寓必须和公司签订租赁合同。一份租赁合同通常由一个或多个租客(合租)与该公寓楼的经理签订,一个租客也可租赁多套公寓。合同内容应包含签订日期、租期开始时间、押金和月租金。",说明签约应该是经理与租赁之间的,而一份租赁包括一位或多位租客,以及一个或多个公寓,所以可以考虑为:经理实体集与租赁(由租客和公寓组合成一个大的实体集)之间的联系。

再结合题干中"每个经理管多个公寓楼,每个公寓楼由一个经理管理,和一个楼有多个公寓"的描述,可以判定联系的类型为 1:*

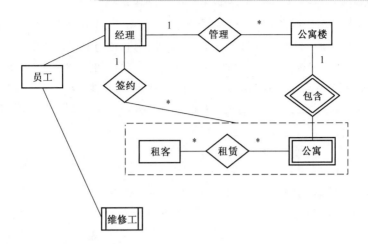

【问题 2】

（a）业务技能；（b）楼编号；（c）月租金。

从题干中"系统需记录每个员工的姓名、类别、一个联系电话和月工资。员工类别可以是经理或维修工，也可兼任。每个经理可以管理多幢公寓楼，每幢公寓楼必须由一个经理管理。系统需记录每个维修工的业务技能，如：水暖维修、电工、木工等"说明需要记录的属性有：姓名、类别、一个联系电话、月工资和业务技能。因此（a）处应为：业务技能。

题干中"每幢公寓楼有唯一的楼编号和地址以及每幢公寓楼必须由一个经理管理"，同时管理联系没有转换成一个独立的关系，也就意味着管理联系被合并到了公寓楼的实体对应的关系中，因此，公寓楼实体对应的关系的属性应该有：楼编号、地址、经理编号；因此（b）处应该为：楼编号。

依据题干中"合同内容应包含签订日期、租期开始时间、押金和月租金。"结合关系合同（合同编号，租客编号，楼编号，公寓号，经理编号，签订日期，起始日期，租期，（c），押金），可以得出（c）处应该为：月租金。

【问题 3】

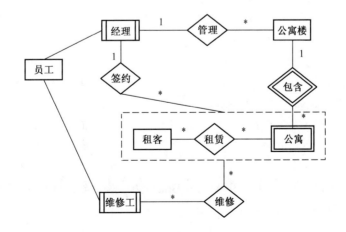

题干中"租期内，公寓内设施如出现问题，租客可在系统中进行故障登记，填写故障描述，每项故障由系统自动生成唯一的故障编号，由公司派维修工进行故障维修，系统需记录每次维修的维修日期和维修内容"说明，维修应该与租赁（由租客和公寓组合成一个大的实体集）之间存在多对多的联系，同时需要有自己的属性：故障编号、维修日期、维修内容。

维修（故障编号，维修工，维修日期，维修内容，楼编号，公寓号，租客编号）。

试题三

【问题 1】

（1）统一社会信用代码。

（2）否，存在传递依赖：统一社会信用代码→法人代表身份证号，法人代表身份证号→法人代表姓名。

（3）机构发起者 1（机构名称，统一社会信用代码，电话号码，法人代表身份证号），主键：统一社会信用代码。

机构发起者 2（法人代表身份证号，法人代表姓名），主键：法人代表身份证号

【问题 2】

（1）发起者编号+被捐助者身份证号。

（2）否，存在部分函数依赖：发起者编号→（发起者电话号码）对码（发起者编号，被捐助者身份证号）存在部分函数依赖。

（3）公益活动 1（发起者编号，发起者电话号码），主键：发起者编号。

公益活动 2（发起者编号，被捐助者身份证号，发起时间，结束时间，募捐金额），主键：发起者编号+被捐助者身份证号。

【问题 3】

支付记录（支付编号，发起者编号，被捐助者身份证号，支付金额，支付时间，被捐助人的相关信息）（被捐助人的相关信息为医疗发票或其他信息），支付编号唯一标识每一次支付。

试题四

【问题 1】

（a）PRIMARY KEY

（b）REFERENCES VEM(VEMno)

（c）REFERENCES GOODS(Gno)

【问题 2】

（d）VEMno,Gno,SDate

（e）SALES_Detail(VEMno, Location, Gno, Brand, Price, amount, SDate)

（f）VEM.VEMno=SALES_Total. VEMno

（g）GOODS.Gno= SALES_Total. Gno

f 和 g 可以互换

【问题 3】

（h）TRIGGER

（i）INSERT

（j）SALES.Gno，SALES.SDate

【问题 4】

（k）COUNT(*) AS 数量

（l）GOODS.Gno，Brand

（m）COUNT(*)>=ALL

【问题 5】

（n）NOT IN

（o）SALES

试题五

【问题 1】

（1）第 2 人，并发操作出现了丢失更新的问题，第 2 个的更新覆盖了第 1 个的更新，原因是破坏了事物的隔离性。

（2）会产生死锁，由于数据 X 同时被 1 和 2 加了 S 锁，在对方没有释放的时候，都无法加成功 X 锁，导致 1 和 2 一直都处于等待的状态。

（3）XLock(X) a=R(X) W(b, X)UNLock(X)

【问题 2】

（a）BatchID=BatchNo

（b）CLOSE NonRecvedRed

（c）END TRANSACTION

参考文献

[1] 王亚平. 数据库系统工程师教程[M]. 3 版. 北京：清华大学出版社，2018.

[2] 全国计算机专业技术资格考试办公室. 数据库系统工程师 2012 至 2017 年试题分析与解答[M]. 北京：清华大学出版社，2018.

[3] 丁宝康，陈坚. 数据库系统工程师考试全程指导[M]. 北京：清华大学出版社，2006.

[4] 全国计算机专业技术资格考试办公室. 数据库系统工程师考试大纲[M]. 北京：清华大学出版社，2018.

[5] 王珊，萨师煊. 数据库系统概论[M]. 5 版. 北京：高等教育出版社，2014.

[6] 白中英，戴志涛. 计算机组成原理[M]. 5 版. 北京：科学出版社，2019.

[7] 阿霍，等著. 编译原理[M]. 2 版. 赵建华，等译. 北京：机械工业出版社，2008.

[8] 严蔚敏，李冬梅. 数据结构（C 语言版）[M]. 北京：人民邮电出版社，2016.

[9] 汤小丹. 计算机操作系统[M]. 4 版. 西安：西安电子科技大学出版社，2014.

[10] 谢希仁. 计算机网络[M]. 7 版. 北京：电子工业出版社，2017.

[11] 张海藩，吕云翔. 软件工程[M]. 4 版. 北京：人民邮电出版社，2013.

[12] 柳玲，王成良，焦晓军. 数据库系统工程师教程[M]. 北京：高等教育出版社，2010.

[13] 西尔伯沙茨. 数据库系统概念（原书第 6 版）[M]. 杨冬青，李红燕，唐世渭，译. 北京：机械工业出版社，2012.

[14] 马晓梅. SQL Server 实验指导[M]. 北京：清华大学出版社，2019.

[15] 秦靖. Oracle 从入门到精通[M]. 北京：机械工业出版社，2011.

[16] 崔洋，贺亚茹. MySQL 数据库应用从入门到精通[M]. 北京：中国铁道出版社，2016.